합동군사대학교 교수가 들려주는

군사전략론

MILITARY STRATEGY

합동군사대학교 교수가 들려주는

군사전략론
MILITARY STRATEGY

황성칠 지음

§ 서문: 전략, 군사전략, 전쟁 이론과 실제를 넘어서……

이 책은 합동군사대학교에서 학생들에게 가르치고 있는 「군사전략」, 「전쟁론」, 「주변국군사전략」, 「합동군사전략」, 「합동작전기획」, 「전략 및 작전지도」, 「서양의 군사사상」, 「군사 관련 이론」, 「북한학」 등 강의 시 강의록을 『군사전략론』(A STUDY ON MILITARY STRATEGY)으로 집대성한 것이다. 장차 대한민국 국방부를 이끌어 나갈 육군·해군·공군·해병대의 최우수 영관급 장교로 선발된 합동군사대학교 학생들에게 군사전략에 관련된 군사이론과 실무적용에 관한 내용을 쉽게 접근할 수 있는 강의요지를 적어 놓은 것에 불과하므로 「군사전략론」이라고 하기에는 부족한 점이 많다.

그러나 합동군사대학교와 일반대학교에서 대단히 영리한 학생들을 대상으로 강의를 할 때 역사 속에서 여러 국제분쟁 위기들 사례 가운데 몇 가지들을 함께 진단해 보았으며, 특히 저자의 박사학위논문에서 분석한 전략 및 전쟁이론 연구와 북한의 6·25전쟁사례에 적용한 내용을 기초로 하였다. 또한 저자는 야전부대 지휘관, 국방부 본부와 육군본부 정책부서에서 근무 시 중·장기 정책기획서를 작성한 경험을 토대로 이론과 실무를 연계하여 집필할 수 있었다. 따라서 국가전략 및 군사전략에 관심이 있는 독자 제현께서 이러한 내용을 숙독한다면, 차후 중·장기 정책전략을 기획하는 국방부 및 정부의 최고급 부서에서 근무할 시에 전략이론을 응용하여 실무에 효과적으로 적용할 수 있을 것이다.

이 책의 구성은 세 가지 기준에 따른 것이다. 첫째는 주제에 맞는 기존 이론으로서, 모두 국가 간의 갈등, 분쟁과 전쟁의 원인, 갈등의 방지 책략을 위하여 전략, 군사전략, 전쟁 이론은 무엇이며, 세계의 유명한 특급 전략가들의 전략사상과 군사이론을 분석하였다. 또한 고대로부터 현대에 이르기까지 세계전쟁 사례를 진단하고 전쟁주관 국가의 전쟁수행 전략을 분석해 봄으로써 이론과 현실적용의 실질적인 감각을 살릴 수 있도록 구성하였다.

둘째는 이러한 국제관계 및 군사이론과 실제 전쟁사례를 기준으로 하여 최고급 정책부서

기획자가 입안할 수 있는 장·단기 군사전략기획의 수립방법을 예시하였다. 예컨대 국방부장관의 입장에서 전·평시에 국가목표를 달성하기 위하여 군사전략기획을 어떻게 계획할 것인가? 즉, 먼저 국가목표, 국가안보목표, 국방목표를 달성하는 데 있어서 군사 분야가 해야 하는 역할을 도출한다. 그리고 이를 달성하기 위하여 한국이 처한 국내외의 전략환경평가를 통하여 안보위협을 도출하고 군사적 대응이 필요한 위협을 분석 및 평가한다. 또한 그 위협이 실제화되었을 시, 이에 대응할 수 있는 장·단기 군사전략기획을 판단하여 가용한 국가 예산 범위 내에서 실제 군사력 건설과 운용을 어떻게 효율적으로 기획하고 계획을 할 것인가에 대한 실무 내용 위주로 구성하였다.

셋째는 사고방식의 유연성에 기준하여 어떤 이론이 내재하고 있는 철학적인 논의를 벗어나서 그 이론의 저변에 깔려 있는 현실적인 발상, 사고방식, 신념 등에 대한 이해에 무게를 두었기 때문에 창의성을 발휘하는 데 도움이 되는 내용을 우선적으로 선택하였다.

이 책을 전개하는 데 있어서는 일반적인 구성 형식을 준수하려고 하지 않았다. 이론마다 중요성이 있으면 지면의 배비를 고려하지 않고 강조하고 싶은 부분은 길게 쓰고 그렇지 않은 부분은 과감하게 줄였다. 다음에 다시 이 저서에 관련된 내용을 보완하여 집필할 기회가 있다면 지금까지 부족한 면을 좀 더 깊이 있게 연구하고 다듬어서 군사전략이론 연구와 실무적용에 손색이 없도록 할 생각이므로 독자 제현의 비판을 바란다.

끝으로 이러한 출판 기회를 준 한국학술정보(주)에 깊은 감사의 뜻을 표한다.

2013년 정월

논현동 서재에서
道溪 황성칠

차례

서문 / 4

제1부 전략이란 무엇인가?

제1장 전략의 탄생과 변천 / 13

제1절 전략의 어원(語源) ···13
제2절 전략개념의 변천 ···15
제3절 정책(政策, Policy)과 전략 ···21
제4절 전략의 현대적 개념(정의, 구성요소) ·································24

제2장 군사전략의 개념과 유형 / 28

제1절 군사전략의 개념(정의, 구성요소) ·······································28
제2절 대전략과 군사전략 ···32
제3절 군사전략의 이론적 체계 ··35
제4절 군사전략의 유형 ···40

제3장 주요 전략이론가의 전략사상 / 62

제1절 손자, 클라우제비츠 ···62
제2절 마키아벨리, 나폴레옹과 조미니 ··73
제3절 풀러, 리델하트, 앙드레 보프르 ··100
제4절 마한, 두헤, 모택동 ···120

제2부 국가안보와 전쟁, 그리고 군사사상이란?

제4장 국가안보 / 147

제1절 국가안보의 개념과 정의 ·······························147
제2절 국가이익과 국가전략 ·································148
제3절 위협의 정의와 유형 ·································149
제4절 위기의 정의와 위기관리 ·······························153
제5절 국력과 전력의 사용 ·································158

제5장 전쟁 / 162

제1절 전쟁이란 무엇인가(정의, 속성) ·······················162
제2절 전쟁의 원인론 ·······································173
제3절 전쟁의 원칙과 유형 ·································211
제4절 전쟁수행 및 용병술체계 ·······························217
제5절 전쟁의 목적과 목표, 종결 ·······························223

제6장 군사사상과 전략사상의 발전 / 227

제1절 군사사상이란? ·······································227
제2절 전략사상이란? ·······································229
제3절 전략사상의 변천과 발전 ·······························230

제3부 전략은 어떻게 만들어지나?

제7장 기획이란 무엇인가 / 247

제1절 기획의 개념과 정의 ···247
제2절 기획의 본질과 특성 ···249
제3절 기획의 유형 ··252

제8장 국가, 국방, 합동기획체계 / 256

제1절 국가기획체계 ··256
제2절 국방기획체계 ··258
제3절 합동기획체계 ··260

제9장 군사전략기획 단계별 수립 절차 / 262

제1절 군사전략기획 수립 절차의 중요성 ·······································262
제2절 국가기획체계 내 합동전략의 위치 ·······································263
제3절 군사전략기획 절차 및 전략의 구비조건 ······························265
제4절 중·장기 군사전략기획 절차 방법 ···270
제5절 단기 군사전략기획 절차 방법 ···287

제4부 합동전략과 전략의 실제

제10장 합동전략과 핵전략 / 297

제1절 합동전략, 합동군사전략의 개념 ··297
제2절 합동군 및 연합군의 운용 ···299
제3절 핵전략 ···301

제11장 역사 속의 전략 / 307

제1절 한니발과 스키피오의 전략 ···307
제2절 제2차 세계대전 시 독·프의 전략 ··317
제3절 6·25전쟁 시 북한·중·소와 미국의 전략 ···································322
제4절 걸프전 시 미국의 군사전략 ···329
제5절 이라크 전쟁 시 미국의 군사전략 ··336

제12장 한반도 주변 국가의 국방정책과 군사전략 / 342

제1절 미국의 국방정책과 군사전략 ··342
제2절 일본의 방위정책과 군사전략 ··346
제3절 중국의 국방정책과 군사전략 ··349
제4절 러시아의 국방정책과 군사전략 ···351
제5절 북한의 국방정책과 군사전략 ··352

참고문헌 / 365

찾아보기 / 370

제1부
전략이란 무엇인가?

- 제1장 전략의 탄생과 변천
- 제2장 군사전략의 개념과 유형
- 제3장 주요 전략이론가의 전략사상

제1장 전략의 탄생과 변천

제1절 전략의 어원(語源)

'전략(戰略)'이란 용어는 싸움할 전의 '戰' 자와 꾀략의 '略' 자가 합친 '싸움하는 꾀'라는 뜻을 가진 전시의 군사력 운용개념이었다. 이 말은 고대 중국의 주(周)나라 시대에 육도(六韜)와 위료자(尉繚子) 등 병서에서 발전된 말이다.[1] 동양에서 전략은 손자(孫子: B.C. 500)의 모공(謀攻) 편에서 전략을 "선지선자야(善之善者也)"라고 하여 "능란한 것 중에 능란한 것"이라고 하고, 전술은 "비선지선자야(非善之善者也)"라고 하여 "능란한 것 중에서 능란한 것이 아닌 것"이라고 하였다. 전쟁은 싸우지 않고 적국을 굴복시키는 것이 최선의 방법임을 강조한다. 따라서 전략은 권모(權謀), 즉 '꾀 중의 꾀'로써 전술의 술수(術數), 즉 '재주'보다는 상위개념에 해당된다. 그리고 전략은 '전쟁을 승리로 이끄는 상위적인 꾀'라고 하고 전술은 '전쟁을 승리로 이끄는 하위적인 재주'라고 말한다.

전략은 춘추전국시대 이전의 주왕조(周王朝) 초기에는 순수하게 무인의 행동소관에 속한 것으로 순수한 군사전략에 한정되었으나 도시국가의 연합체가 형성된 춘추시대에 접어들면서 무력과 권모를 동시에 구사하여 정치를 행한 소위 패권에 의한 정치수단으로 변모됨으로써 순수한 군사개념 이외에 정치·경제·사회·심리적인 개념이 포함된 복합개념으로 발전되었다.[2]

한편 서양의 전략(strategy)이란 용어는 고대 그리스 시대에서 그 어원을 찾을 수 있으며,

---

1) 전략은 '전쟁의 방략' 또는 '군대 운용의 방책'이다. 민중서림, 『민중에센스 국어사전』(서울: 민중서림, 1998). 육도(六韜)에서 문도·무도·용도는 정치와 관련된 전략론이고 호도·표도·견도는 실전과 관련된 전술론이다. 위료자(尉繚子)는 '전권(戰權)' 등에서 전략과 정책을 논하면서 전략적·작전적·전술적 차원의 규범적 가치를 제시하고 있다.

2) 국방대학원, 『안전보장이론』(서울: 국방대학원, 1984), p.386.

그리스어(希臘語)의 'στρατμγια(strategiae)'라는 말에서 유래되었다. 고대 그리스 도시국가들은 방진(方陣, phalanx)이라는 형태의 군대를 보유하고 있었다. 이 군대는 군사령관 (strategus or strategos)이라는 사령관에 의해 관리되고 있었으며 이 지휘관은 사령관실 (strategia)을 운영하여 전쟁에서 승리하기 위해 참모들과 함께 온갖 지혜를 구상하고 성공적인 전투를 위한 지휘술(generalships)을 발휘하였다. 즉 전장에서 장군이 보여준 전투 지휘술이 전략의 어원이 되었다.[3]

그리고 기원전 4세기 초부터 Strategos와 Strategia의 세력이 순수한 군사분야에서 정치에까지 미치게 되었다. 고대중국의 춘추전국시대의 패권정치와 같이 알렉산더 대왕(Alexander the Great, B.C. 356~326)이 그리스를 정복한 이후 군부세력이 시민을 통치하였을 때 Strategia는 대부분의 연합체(Leagues)와 연방체(Federations)에서 최고장관이 되었으며, Strategos는 그리스와 Aetolia의 양 연합체의 국가수반인 동시에 최고사령관과 연방회의 의장 그리고 외무대신을 겸하였다.[4] 즉 당시의 집전관은 교대로 야전군의 사령관을 중임하게 되어 있었다. 정부의 제일 중요한 정책결정자가 전쟁에 관한 결정을 하고 직접 군대를 지휘하였던 것이다.

고대 병서가 담고 있는 군사에 관한 주류는 '병의 궤도(詭道)'란 색깔이 농후하다. 서양 병법이 무력전을 중심으로 한 협의의 전략사상(戰略思想)을 담고 있는 데 반하여, 동양의 병서는 총력전 중심의 광의의 정략사상(政略思想)을 띠고 있다. 그 이유는 서양의 전쟁은 주로 이민족 간 또는 국가 간의 전쟁이었으므로 상대방을 용서 없이 타파하기 위한 섬멸전 중심이었음에 반하여, 동양의 전쟁은 주로 한 민족 간의 세력 다툼으로써 정치·경제력 우위경쟁이었기 때문이다.[5]

이와 같이 동서양을 막론하고 전략(Strategy)이란 용어는 초기에는 순수한 군사적 의미로 사용되었으나 후기에 이르러서 오늘날의 전략개념과 거의 비슷한 군사 이외의 정치분야까지 포함된 포괄적인 개념으로 변했다. 이 전통은 오늘날 통수권이 국가원수에게 집중되어 있는 것과 원리적으로 동일하며, 이런 측면에서 클라우제비츠는 정책결정자와 군사령관이 동일인이 되는 것이 가장 이상적인 지휘방식이라고 주장하였다. 전략이라는 용어는 군사적인 용어로 사용하였으나 현대에서는 보편적으로 비군사적인 용어로도 사용하고 있다.

---

3) *Encyclopaedia Britannica*, 19(1980), p.558: *International Encyclopaedia of the Social Sciences*, 15, The Macmillian Co., & The Free Press, 1974, p.281. 이 'Strategos'라는 용어는 고대 아테네에서 최초 10개의 부족단체로부터 차출된 10개의 연대(聯隊, taxi)를 총지휘한 장군직위의 명칭이었다. 각 연대는 장군의 직위는 아니었으나 'Strategia'라는 명칭을 가진 계층의 직위에 있었던 고급장교들이 지휘하였다. 장군인 'Strategos'의 용병술(The art of the General)을 'Strategia'라고 하였는데 이것이 영어의 'Strategy'이다.

4) 육군교육사령부, 『군사이론 연구』(대전: 교육사령부, 1987), p.146.

5) 이선호, 『고대병법·현대전략』(서울: 팔복원, 1994), p.15.

제2절 전략개념의 변천

전략개념의 변천은 <표 1-1>과 같이 전쟁양상의 변화에 따라 발전하였다.

〈표 1-1〉 전략개념 변천

구분	전쟁 양상	전략 개념	비고
고대 및 근대	· 전투대형 충돌 · 공성전, 용병전 · 대규모 섬멸전	· 목적: 전장 승리 · 수단: 군사력 · 범위: 전시 운용	군사 위주
1·2차 세계대전	· 국가 총력전 (전략 폭격, 기동전) · 대량 소모전	· 목적: 전쟁 승리 · 수단: 군사 및 비군사 · 범위: 전시 운용	국가 차원
2차 세계대전 이후	· 핵전 회피, 제한전 · 정보·과학전 · 탈대량살상 및 파괴	· 목적: 전쟁 승리, 국가이익 추구 · 수단: 국력의 제 수단 · 범위: 전시 및 평시 운용	국가 차원

전쟁양상을 시대별 3단계로 구분하면 고대 및 근대시대(고대시대: B.C. 6세기~A.D. 4세기 말, 중세시대: A.D. 5세기~16세기, 왕조 및 국민전쟁시대: 17세기~19세기), 총력전 시대(제1차~제2차 세계대전), 총력전 시대 이후(제2차 세계대전 이후)로 구분할 수 있다.[6] 전략의 개념은 단순한 무력전 수행을 위한 군사문제의 해결수단이라는 개념으로부터 제1차 세계대전을 계기로 비군사적 요소에 대한 고려까지 포함하게 되었고 제2차 세계대전 이후에는 전략의 개념이 수직적·수평적으로 더욱 확대되는 경향을 보이고 있다.

세계 최초로 전략개념을 확인할 수 있었던 것은 B.C. 6세기 손무(孫武)에 의해 그 원형이 만들어졌다는 『손자병법』이다. 손자병법에는 현대적인 전략·전술이라는 용어는 사용되고 있지 않으나 전쟁철학, 국가전략으로부터 전술에 걸친 내용이 포함되어 있어서 오늘날에는 그 대부분이 유용할 뿐 아니라 이 책을 능가할 만한 종합적인 전략서는 아직까지 찾아볼 수 없다.

유럽에서 최초로 전략개념을 확인할 수 있는 것은 B.C. 4~5세기의 페르시아전쟁, 펠로폰네소스 전쟁, 알렉산더 대왕의 동방원정 등이다. 펠로폰네소스전쟁에 참가한 장군이며 역사가인 Xenophen은 'Strategos'와 'Strategia'라는 말을 사용하였는데 뒤의 Strategy의 어원이 되었다.[7]

---

6) 이 구분은 학자의 견해에 따라 다르게 구분하고 있으나 역사적인 특성의 관점에서 전쟁양상을 보편적으로 구분했다.

근대 서구 군사사상의 원조가 Machiavelli라는 것은 정설이 되었다. 그는 '전술론'에서 국가방위는 특정집단의 임무가 아니라 그 사회 모든 사람에게 관계된 중요한 일이라는 것, 전쟁목적은 자기의 의사를 적에게 강요하는 것으로, 전쟁은 적의 완전한 패배라는 명확한 성과를 달성하여 가급적 조기에 끝내야 하는데 이 목적은 신속한 전투를 통해서만 달성될 수 있다고 했다.[8]

클라우제비츠는 "전략이란 전쟁목적을 달성하기 위해 전투를 사용하는 활동"이라고 하고, 유명한 "전쟁은 다른 수단으로 실시하는 정치의 계속에 불과하다"는 명구와 같이 정치와 전쟁의 관계까지 논하면서, 전략에 대해 전시 전투의 중심으로 정의하였다.[9] 클라우제비츠에게 있어서, 전략은 규범적이었기 때문에 다음과 같이 미국의 현대적인 정의에서도 그대로 남아 있다. "국가의 이익이 실질적·잠재적 또는 단순히 가상적인 적국에 대항하여 효과적으로 증진 또는 유지될 수 있도록 하기 위해 국가(또는 국가연합)의 군사력을 육성, 무장, 사용하는 과학, 술 또는 계획이다."[10]

조미니도 "전략이란 도상에서 전쟁을 계획하는 술(術)로 작전지역 전체를 포함한다"[11]라고 정의하면서 수단이 전투에 구속되어 있다는 것은 클라우제비츠의 견해와 같았다. 그는 전략을 도상에서 전쟁을 계획하는 것이라고 하고, 전략을 취급하는 참모집단과 전술을 실시하는 야전부대라는 제도적 분화와 전략·전술개념의 분화를 촉진시켰다.

먼저, 고대로부터 19세기까지 상황을 보면 <표 1-2> 고대 팔랑스(Phalanx)와 같이 밀집대형, 즉 전투대형과 전투대형이 충돌하여 힘의 우열을 가리는 결전 위주로 치러졌으며, 전쟁은 곧 전장에서의 작전행위와 동일시되었다. 따라서 전투현장에서 군대를 지휘하던 장군의 생각, 즉 작전계획이 전쟁의 승패를 좌우하였기 때문에 장군의 용병술이 중요시되었던 것이다. 당시의 전략개념은 전투대형을 여하히 운용할 것인가 하는 전장 중심의 장군의 용병술, 즉 군사력 운용으로 인식되었던 것이다.

중세 및 근대 왕조전쟁시대에는 기병전술이 발달한 가운데 전쟁은 성곽 중심의 공성전

---

7) 일본방위대학교 방위학연구회 저, 강창구 외 역, 『군사학강좌』(서울: 병학사, 2000), pp.132~133.

8) Niccolo di Belnaldo dei Machiavelli 저, 沛田幸策 역, 『戰術論』(동경: 原書房, 1970): 일본방위대학교 방위학연구회 저, 강창구 외 역, 『군사학강좌』(서울: 병학사, 2000), p.133.

9) Carl von Clausewitz, On War, ed., and trans. by Michael Howard and Peter Paret, N.J.: Princeton Univ. Press, 1976, p.87.

10) King, James E., Jr., ed., Lexicon of Military Term Relevant to National Security Affairs on Arms and Arms Control, Washington: Institute for Defense Analyses, 1960, p.14.

11) 조미니는 전략 분야에 있어서는 일반원리와 불변의 적용원칙이 있으며 그것은 사람이 두뇌로 이해하고 방시화할 수 있다. 군사과학의 주요 분석는 이들 일반원칙을 수립하는 데 있다고 하였다. 상세한 내용은 제3장 제2절 조미니의 전략사상을 참조.

으로 치러졌으며, 전쟁은 비교적 단순하게 전쟁목적 및 수단에서 제한된 가운데 단지 준비된 무력을 어떻게 운용하느냐 하는 군사분야에 국한되었고, 군사력운용 개념도 고대 장군의 용병술 수준에서 크게 확대되지 못하였다. 따라서 당시의 전략개념은 전쟁에서 적을 기만하기 위한 계략, 작전계획 및 군의 기동과 배치방법으로 통용되는 군사력 중심의 운용이었다.

〈표 1-2〉 고대 팔랑스(Phalanx)

그리스 Phalanx: 250명 × 종심 12열＝3,000명
* 3.6m 단창으로 무장
마케도니아 Phalanx: 250명 × 종심 16열＝4,000명
* 6.3m 장창으로 무장
로마 Phalanx Legion: 보병 500명 × 종심 6열＝3,000명
기병 30명 × 10개 대＝300명
로마 Cohortal Legion: Cohort: 100명 × 종심 6열＝600명
Legion: 10개 Cohort ＝6,000명

왕조전쟁시대에는 17세기 화약의 발명으로 밀집대형에 의한 근접전투는 대량 피해를 가져오게 되었다. 당시 전쟁은 용병에 의해 수행이 되다 보니까 용병을 운용하던 절대왕조는 전쟁에 따른 비용을 줄이기 위해 결전을 회피하게 되었으며, 용병 스스로도 목숨을 아끼기 위해서 전쟁을 쉽게, 즉 전투행위는 결전을 통해서 적의 주력을 격멸하기보다는 유리한 지형을 점령한 후 협상을 유도하는 데 역점을 두게 되었고, 적과의 접촉보다는 멀리서 소극적으로 기동하는 것을 생각하게 되었던 것이다. 따라서 이때의 전략개념도 협상에 유리한 여건 조성을 위한 '전장 내 비접적 기동으로 병참선 차단'에 불과한 장군의 술, 즉 군사력 운용에 국한되었던 것이다.

19세기 국민전쟁시대는 3대 혁명(프랑스혁명, 산업혁명, 관리혁명)의 영향으로 총력전 개념이 태동하게 되었고, 대규모 포위섬멸전이 가능하게 되었다. 이 당시 전쟁의 양상은 3대 혁명의 영향으로 대규모 군사력의 동원 및 지휘가 가능하게 됨으로써 총력전의 개념이 태동하게 되었고, 국민군의 형성으로 기동성의 증대와 전투의지의 고양으로 대규모 포위섬멸전이 가능하게 되었던 것이다. 이때 전략개념은 전쟁양상의 중대한 변화에도 불구하고 '전장에서 적을 패배시키기 위한 군사력 운용'에 불과한 개념이었으며, 목표와 수단은 거의 변동이 없었고, 주로 군사력의 운용 즉 방법 위주로 변화되었다고 볼 수 있다.

이와 같이 고대로부터 국민전쟁시대까지 변화된 전략의 개념을 종합해 보면 전략이란 "목표는 전장에서 승리를 추구하는 것이었으며, 무력 위주의 수단으로 전장 내에서 적을 패배시키기 위한 군사력을 운용하는 방법"이라고 정의할 수 있다. 따라서 나폴레옹 전쟁을 연구한 클라우제비츠는 전략을 "전쟁목적을 달성하기 위한 제 전투의 사용"이라고 하여 전쟁 중심으로 정의하였던 것이다.

그 후 Moltke는 "전략은 지식을 상회하는 것이며 실제 생활에 적용하는 것이고, 항상 변화하는 사실에 따른 독창적 이념의 발전이다. 가장 곤란한 전장 상황에서 적의 막중한 압력에 대응하는 행동하는 예술(Art)이다"고 정의했다. 특히 그는 전략은 군대를 전장에 집중하여 전장 지휘관이 자유자재로 전술을 구사하여, 적을 타격할 기회를 제공하는 것을 중시했다.

제1차 세계대전 간 프랑스 재상 Georges Clemenceau는 "전쟁, 그것은 장군들에게 맡기기에는 사안이 너무 중대하다"라고 갈파했고, 전쟁의 전체적 관리운영은 정상인 문민정치가가 실행하여야 한다고 했다. 이른바 전쟁지도 개념의 등장이다. 전쟁지도는 문민정치가가 행하고, 무력전 지도는 군사지도자가 책임진다는 역할분담의 사고방식이 머리를 들게 되었다.

후에 영국의 군사전략가 리델하트는 지금까지의 전략을 둘로 구분하여 전쟁지도의 소프트웨어로서의 대전략(Grand Strategy)과, 군사 전체의 소프트웨어로서의 군사전략(Military Strategy)의 개념을 제창하였다.[12] 또한 리델하트는 전략과 대전략으로 구분하여 전략을 "정치적 목적을 달성하기 위해 군사적 제 수단을 분배 및 적용하는 술"이라 하였고 대전략을 "전쟁의 정치적 목적을 달성하기 위해 국가의 모든 자원을 조정, 관리하는 것"으로 정의하였는데 이 대전략의 개념은 후일 국가전략 및 국가안보전략으로 확대되었다. 따라서 리델하트는 전략을 전쟁 중심적으로 정의하였다.

앙드레 보프르는 전략이란 "정책에 의해 결정된 목적을 효과적으로 달성하기 위해 힘을 사용하는 두 적대의지 간의 변증법적인 사고방법의 술"이라고 하였다. 여기서 변증법적인 사고방법의 술이란 상대방보다 더 나은 행동 계획을 구상하고 고안해야 한다는 것으로 이것은 바로 전략의 본질을 의미한다. 앙드레 보프르의 전략개념은 전·평시를 막론하고 다원적인 안보 차원에서 현대전략의 모든 분야에서 적용 가능하다고 볼 수 있다.

제1차 세계대전 기간 중인 1917년의 러시아혁명으로 탄생한 소련은 마르크스·레닌주의라는 이론지향의 강국이 되었기 때문에 병학이론 역시 지극히 정확하고 치밀했다. 소

---

12) 일본방위대학교 방위학연구회 저, 강창구 외 역, 『군사학강좌』(서울: 병학사, 2000), pp.134~135.

련은 군사전략과 전술 간에 중립개념으로 작전술을 창출했다. 이후 미국을 비롯한 각국의 군사계에서도 소비에트 병학이론을 도입하여 중립개념으로서의 작전전략(Operational Strategy)을 설치했다.

제1차 세계대전 말기의 독일군 총참모장 Ludendorff는 세계대전의 경험을 통해 모든 국민이 참가한 국가의 전 기구를 동원한 총력전을 생각하고 "전쟁은 국민생존의지의 최고의 표현이며, 정치는 전쟁지도에 봉사해야 한다"라고 했다. 오늘날 사고방식으로 볼 때 후반은 완전히 역전된 사상이지만, 단순한 군사전력으로 확대된 사상은 제2차 세계대전에 큰 영향을 주었다. 전쟁양상의 변화에 대응하여 전략과 전술의 의의와 내용도 변화하고 있는데 과거 일본제국 해군은 열강과는 상이한 뜻과 내용으로 받아들였다.13)

제1·2차 세계대전의 비참한 살육과 파괴에 대한 반성과 직접적으로 핵무기의 출현에 의한 인류멸망을 초래할 전면 핵전쟁을 회피하기 위하여 '억지를 위한 전략'이 태어났다. 억지에는 전략적인 핵전력에 의한 제재적 억지, 통상전력을 주로 한 거부적 억지가 있었다. 한편 핵을 동결시킴으로 인한 재래식 전쟁이 발생할 가능성은 여전히 많다. 이런 유형의 전쟁에서 효율적으로 목적을 달성하려는 리델하트의 '간접적 접근전략',14) 또한 군사적 승리 이외의 방법으로 목적을 추구하는 Andre Beaufre의 '간접전략'15)까지 고려되었다.

제1·2차 세계대전 시대의 전략개념은 앞에서 살펴보았듯이 제1차 세계대전의 경험이 구체화되기 이전에는 전략의 개념을 정의하는 데 있어 시각이 크게 확대되지 못하였으며, 제1·2차 세계대전을 경험하면서 비로소 전략의 개념이 군사 차원에서 국가 차원의 대전략수준으로 확대되기 시작되었다. 당시의 전쟁양상은 총력전으로 항공기 등장으로 상대방의 후방을 직접 공격하는 소위 '전략폭격'의 방법이 등장하게 되었고, 기계화부대의 역할 증대로 공세 위주의 기동전을 수행하게 됨으로써 전쟁은 대량소모전 형태의 총력전 양상으로 변화되었다.

실제 제1·2차 세계대전 결과 사상자는 약 2,500만 명, 전쟁비용은 2조억 달러 이상 되는 천문학적인 수치를 기록하였다. 이때의 전쟁은 기계화부대의 역할 증대와 항공기에 의한 장거리 공중폭격, 공정부대에 의한 후방교란활동을 공세 위주의 기동전을 수행하게 됨으로써 전선과 후방, 전투원과 비전투원의 구분이 무의미하게 되었다. 또한 전쟁은 대량

---

13) 일본방위대학교 방위학연구회 저, 강창구 외 역, 『군사학강좌』(서울: 병학사, 2000), p.135.

14) B. H. Liddel Hart, *A Strategy of Military Thought*, London: Butgers University Press, 1977, p.44.

15) Andre Beaufre, trans., R. H. Barry, *On Introduction to Strategy: With Particular Reference to Problems of Defense, Politics, Economics, and Diplomacy in the Nuclear Age*, New York: Fredrick A. Pvoeger, 1965.

소모전 형태의 총력전 양상으로 변화되었다.

이 당시 전략의 개념은 '대규모 군사력의 사용에 관한 사항뿐 아니라, 비군사적 분야'까지 고려하게 되었고 이제 전략은 정치가의 수중으로 옮겨 가게 되었다. 즉 군사 차원에서 국가 차원에 이르기까지 모든 지휘수준에서 사용하게 되었다. 정치지도자와 야전군 최고사령관의 역할이 구분된 것이다. 정치지도자가 전쟁목적을 결정하면, 야전군 최고사령관은 이것을 받아 시행하는 계서적 업무분담체계가 성립하게 된 것이다.

전략은 정치가로부터 소부대 지휘관에 이르기까지 적용되는 지휘의 술, 계획의 사고 등으로 인식되기에 이른 것이다. 따라서 1 · 2차 세계대전을 경험한 리델하트는 전략을 "전쟁의 정치적 목적을 달성하기 위하여 국가의 모든 자원을 조정, 관리하는 것"이라고 정의함으로써 전통적인 군사 중심의 전략개념에서, 국가 차원의 대전략수준까지 확대하여 정의한 것이다.

끝으로 20세기 후반 제2차 세계대전 이후의 총력전시대는 핵전을 회피하는 범위 내에서 제한전의 양상으로 전개되었다. 또한 군사과학기술 발전을 기반으로 전쟁은 정보 및 첨단무기체계에 의한 탈대량살상 및 파괴라는 새로운 양상을 띠게 되었다. 따라서 전략의 개념은 목적, 수단, 범위 측면에서 확대되게 되었다.

세부내용을 알아보면 목적 측면에서는 전쟁에서의 승리뿐만 아니라 국가이익의 추구라는 목적으로 확대되었으며, 수단 측면에서는 군사적 수단뿐 아니라 정치, 외교, 경제, 과학기술, 사회, 문화 등 국가의 총력개념으로 확대되었고, 범위 측면에서는 전시 전쟁 수행뿐만 아니라 평시의 전쟁 준비, 그중에서도 특히 억제개념을 포함한 군사력의 역할이 중요시되었다. 이 당시의 전략개념은 "전 · 평시 국가목표를 달성하기 위한 군사 및 비군사적 수단의 발전과 운용"이라고 할 수 있다.

전략의 정의가 획기적으로 확대되고 심화된 것은 제2차 세계대전 후이고, 이것을 주도한 리델하트는 '전략론'에서, '간접적 접근전략' 및 '대전략'을 제창했다. 그는 '섬멸전략'으로 대표되는 직접전략의 참화를 피하기 위해 적과의 정면대결을 피하면서 적의 취약점을 공격함으로써 적의 패세(敗勢)로 몰아넣는 '간접접근전략'을 주장하는 데 주력했다. 그는 전략을 대전략과 군사전략의 두 가지 카테고리로 구분했다.

리델하트는 대전략은 전쟁의 정치목적 달성을 향해 모든 자원을 조정하고 지향하는 것이며, 군사력은 전쟁 후 평화의 전망까지 포함한 대전략이 모든 수단의 하나라고 했다. 그리하여 정치 · 경제 · 외교 · 사상 등 모든 역량과 함께 유기적으로 통합 운용되어야 한다

고 정의했다.[16)]

냉전이 종결된 후는 대응해야 할 위협이 명백한 위협으로부터 불확실하고 불특정한 위협으로 변했다. 또한 세계평화는 자기 나라의 안전보장과 밀접하고 불가분하여졌고, 그중에서 평화를 어지럽히는 국가를 제재(制裁)하여 현상유지에 의한 안정을 도모하려는 집단안전보장이라는 생각이 힘을 얻었다. 현재화(顯在化)된 대응뿐만 아니라 예방까지를 포함하려는 협조적 안전보장이 고려되어 억지보다는 적극적 안정화전략이 실행되고 있다.

유럽을 주체로 하여 관찰하면 전략개념은 우선 작전을 위한 작전전략으로부터 발단하였고, 다시 무력전을 위한 군사전략으로 발전하였으며, 나아가 국가의 목적 달성을 위한 평화 시와 전시에 통하는 대전략으로 확대했다. 또한 군사전략은 억지를 고려하는 면에서 대전략에 접근하고 억지를 필요로 하는 사태에 이르지 못한 안정화 때문에 군사전략과 대전략의 조화와 일체적 추진이 요청되었다.[17)] 미국 합참에서는 전략에 대한 공식적인 군사용어상 정의는 보다 포괄적이다. "패배의 기회를 감소시키고 승리에 대한 바람직한 결과와 가능성을 증가시키기 위한 제 정책들을 최대한 지원하기 위해 전쟁과 평화 시에 필요한 정치, 경제, 심리 및 군사력을 발전시키고 사용하는 과학과 술(術)이다."[18)] 그리고 웹스터 사전[19)]에서는 보다 광범위하지만 위의 정의와 마찬가지로 규범적인 관점에서 전략에 대해 표준적인 정의를 하고 있다. "전쟁이나 평화 시 채택될 제 정책들을 최대한 지원하기 위해 국가 또는 국가집단이 가지고 있는 정치, 경제, 심리 및 군사력을 사용하는 과학과 술이다."

제3절 정책(政策, Policy)과 전략

사회과학에서의 많은 개념의 경우와 같이 정책(政策)도 지극히 여러 가지 뜻을 가진 개념이다. 앞에서 전략의 어원과 개념의 변천을 살펴본 바와 같이 정책의 개념을 살펴보면 정책과 전략의 관계를 설정하고 이해하는 데 도움이 될 것이다.

---

16) 일본방위대학교 방위학연구회 저, 강창구 외 역, 『군사학강좌』(서울: 병학사, 2000), pp.136~137.

17) 위의 책, p.137.

18) United States Joint Chiefs of Staff, *Dictionary of United States Military Terms for Joint Usage*, Washington: Joint Chiefs of Staff, 1964, p.135.

19) Third New International Dictionary.

모든 사람이 합의할 수 있는 정책의 정의를 내린다는 것은 불가능한 것 같다. 백과사전에 의하면 일반적으로 정부 또는 정치단체가 취하는 방향을 가리킨다. 국가의 정책을 국책(國策)이라고도 부르는데, 오늘날에는 정당을 비롯하여 노동조합이나 경영단체 및 개인의 정책이라도 그 내용과 성질이 공공적인 것이라면 정책이라고 하며, 미국에서는 이것을 공공정책(public policy)이라 부르고 있다. 정책은 일정한 목표를 합리적으로 추구하고 실현하기 위해 불가결한 것으로서 최근에는 컴퓨터의 도입으로 합리적인 장기정책의 수립이 가능하게 되었다. 정책이 국가나 정부 등과 같이 권력을 장악하고 있는 경우에만 운위(云謂)되는 것은 아니며, 정권을 담당하고 있지 않은 정당이나 협력단체 또는 개인도 정책을 가질 수 있다.[20]

Harold Lasswell은 정책을 "문제해결 및 변화유도를 위한 활동"이라고 보는가 하면,[21] Kenneth Boulding은 "특정목적을 지닌 활동을 지배하는 제 원리"라고 정의하고 있다.[22] 그리고 Yehezkel Dror는 "정부기관에 의하여 결정된 미래의 행동지침"이라고 정의하고 있다.[23] 이 밖에도 많은 정책의 정의가 있으며 이를 정리하고 정책개념을 재정립하려는 시도도 있었다.

다소 논란의 여지가 있을는지 모르나 정책이란 "각종 정치적·행정적 과정을 통하여 권위 있게 결정된 공적 목표(公的目標, public goal)"라고 정의할 수 있다.[24]

클라우제비츠는 전투를 계획하고 이를 실시하는 것을 전술(戰術, tactics)이라고 말하고, 이들 전투를 전쟁의 목적에 부합되게 상호 조정하여 운용하는 것을 전략(戰略, strategy)이라고 정의하였다. 그는 전술이 전투에서 군대를 어떻게 사용할 것인가 하는 것을 일깨워 준다면, 전략은 전쟁의 목적 달성을 위해서 전투를 어떻게 운용할 것인가를 가르쳐 준다고 말하고 있다.[25] 그리하여 클라우제비츠는 직접적인 전쟁수행 술은 전술과 전략으로 구분되며, 전술은 각개 전투의 형태와 연관되고 전략은 전투의 운용에 관한 것이라는 점

---

20) 두산백과사전 Encyber & Encyber. com.

21) Harold D. Lasswell, "Research in Policy Analysis: The Intelligence and Appraisal Function", in Fred I. Greenstein and Nelson W. Polsby(eds.), *Handbook of Political Science*, Vol.6, Monterey: Addison-Wesley, 1975.

22) Kenneth Boulding, *Principles of Economic Policy*, Englewood Cliffs: Prentice Hall, 1958, p.1.

23) Yehezkel Dror, *Public Policymaking Reexamined*, San Francisco: Chandler Publishing Co., 1968, p.12.

24) 정책이란 흔히 정부활동의 분야(field)를 지칭하는 경우가 있다. 경제정책, 사회정책, 외교정책이라고 할 때의 정책이 그 좋은 예라고 하겠다. 이러한 넓은 범주 속에서 보다 구체적인 공기업정책, 주택정책, 대미정책 등을 찾아볼 수 있다. 정책은 때로는 정당, 이익단체, 내각 등과 같은 정치단체가 정부가 조치를 취하기를 원하는 뜻에서 제시하는 구체적인 제안이라는 뜻으로도 사용된다. Brian W. Hogwood and Lewis A. Gunn, *Policy Analysis for the Real World*, Oxford University Press, 1984, pp.13~15.

25) Carl von Clausewitz, *On WAR*, ed. and trans. by Michael Howard and Peter Paret, Princeton, N.J.: Princeton University Press, 1976, p.128.

을 분명히 하였다.[26]

영국 군사이론가 리델하트는 클라우제비츠의 "전략은 전쟁목적을 달성하기 위하여 전투를 운용하는 기술"이라고 규정한 것을 전쟁의 목적은 군사적인 영역에서만의 문제가 아니며 이를 달성하기 위한 수단이 반드시 전장에서의 전투일 필요는 없다는 점을 지적하였다. 그는 "전략이란 제시된 목표를 달성하도록 장군에게 주어진 수단을 실천적으로 운용하는 것"이라고 정의한 몰트케의 견해가 더 명쾌하고 현명하다고 보았다. 그는 프리드리히 대왕과 나폴레옹과 같이 군(軍)·정(政)을 동시에 장악하여 정치와 전략의 구분이 명확하지 않은 경우에는 클라우제비츠의 정의가 타당성을 부여받을 수 있으나, 정부가 정책적 목표를 설정하고 군사력을 운용하는 군이 이에 합당한 전략을 수행해야 하는 상황에서는 군지휘관은 정부가 설정한 목표 달성에 부합하는 전략을 수립해야 한다는 입장을 취하고 있다. 그 실례로서 정부가 제한적인 전쟁목적을 상정하고 '회피 및 지연전략(Fabian Strategy)'에 입각한 전쟁목표를 정했다면 군지휘관은 전투에서 승리 쟁취보다는 상대전투력의 소모를 위한 작전을 수행해야 마땅하다고 말하고 있다. 그리하여 리델하트는 전략이란 "전쟁목표를 달성하기 위하여 군사적 수단을 배분하고 운용하는 기술"이라는 정의를 내렸다.[27] 전쟁의 목적을 달성하는 수단이 반드시 전투수행일 필요는 없다는 입장을 감안한 전략의 개념을 규정하였으며, 그는 전술이 하위 차원에서 본 전략의 적용이라고 볼 수 있는 만큼 전략은 '대전략(grand strategy)'의 하위개념이라고 주장하였다. 또한 그는 대전략은 실천적 의미에서 본 정책으로서, 전쟁에 있어서 정치적 목적을 달성하기 위해 한 국가의 가용자원을 분배 및 조정하는 역할을 수행한다고 보았다.

따라서 정책과 전략을 일반적으로 사용하는 어원적인 차원을 감안하면 상호 선 상위개념을 논하는 것이 다소 불명확할 수 있겠지만, 전쟁수행 차원에서 볼 때 정책이 전략보다 상위개념에서 입안되고 집행됨을 알 수 있다. 전략이란 정책을 지원하기 위해서 평화 시에 군사력을 사용하는 것을 다루며, 또한 전쟁을 성공적으로 억제하기 위한 방법도 일연의 기본적인 전략적 임무로서 추가되어 왔다.

---

26) Carl von Clausewitz, *On WAR*, p.132.

27) B. H. Liddel Hart, *Strategy*, New York: Frederick A. Praeger, 1967, pp.333~335.

제4절 전략의 현대적 개념(정의, 구성요소)

1. 전략의 정의

클라우제비츠 이래 전략의 개념은 세 가지 관점에서 발전되어 왔다. 클라우제비츠는 전략을 "전쟁목적 달성을 위한 수단으로서의 전투의 전개"(the deployment of battles)라고 하여 전쟁 중심으로 정의하였고, 리델하트는 "정책목표(전시) 달성을 위한 군사적 수단의 분배와 적용기술"이라고 하여 군사력 중심으로 정의하였다. 양자의 공통된 특징은 모두가 전시에 있어서 무력사용을 언급하고 있다는 점이다.[28]

첫 번째 범위에서 볼 때, 전략의 개념은 정치적·경제적·이데올로기적 및 기술과학적인 것을 포함한 전반적인 정책수단의 수립을 다루기 위하여 무력행사 이상의 의미를 갖는다. 즉 이 개념은 전투의 전략에서 전쟁의 전략으로 그 내용이 변형되었다.

두 번째 범위에 있어서 전략의 개념은 전쟁 이상을 의미하는 것으로 평시에 있어서의 군사 활동도 포함하고 있다. 전략이란 경제적·심리도덕적·정치적 및 기술적 요소 등 비군사적 요소에 대한 관심을 증대시켜야 하며, 또 현재 혹은 잠재적인 적에 대해 중대한 이익을 효과적으로 증진시키고 확보하기 위해 어느 한 국가(또는 국가 연합)의 모든 자원을 통제하는 기술이라고 주장한 얼(Earle, 1944)에 의해 이러한 확대가 이루어졌다. 또한 얼의 견해에 따르면 전쟁에 의한 호소가 불필요하게 되거나, 승리에 대한 최대의 기회를 마련하도록 하는 '대전략'이라는 최고수준의 전략은 국가의 모든 정책과 군비를 통합하고 있다고 한다.[29]

세 번째 범위의 발전은 수단(the means)과 목적(the ends) 범위를 도입했다. 전략이란 가끔은 정치적 목적 전체를 달성하기 위해서 모든 국력 즉 그 국가의 경제적·정치적·이데올로기적·군사적 그리고 다른 잠재적인 힘들의 총체를 사용하는 것이라고 정의되어 왔다.

다른 말로 하면 국가의 전체적 목적 이외에 국가안전의 보존이나 방위도 총체적 목적이다. 즉 국가안전은 국가정책의 대부분의 목표들을 포함하는 것으로 넓게 해석될 수 있다. 이것은 할로웨이(Bruce K. Holloway)가 내린 대전략의 정의에서도 살펴볼 수 있는데, 그는 대

---

28) 전략의 현대적 내용은 Julian Lider, "Military Theory"를 영국의 Gower 출판사가 동연구소의 스웨덴 국제관계연구 시리즈로 출판한 것과, Colonel Arthur F. Lykke, Jr., "Military Strategy: Theory and Application" 저서를 United States Army War College에서 1982년에 참고서 지로 발간한 것을 한국 국방대학원에서 번역한 책, 국방대학원, 『군사전략: 이론과 적용』(서울: 국방대학원, 1984), pp.266~310 참고.

29) Edward Mead Earle, *The Makers of Modern Strategy*, Princeton University Press, Princeton 1944, 'Introduction', p.viii.

전략이란 자체의 안전을 위해서 그 사회의 모든 요소들의 힘을 사용하는 계획이라고 했다. 이러한 안전의 주된 목적은 우리 자신의 생활양식을 상실하는 것을 방지하는 데 있다.[30]

전략의 내용과 범위에 관한 광의의 접근법과 협의의 접근법 간 차이점은 '중대한 이익(vital interests)'이라는 용어의 해석에 있는 것 같다. 협의의 접근법에 있어서 '중대한 이익'이란 이 이익을 방어하거나, 추구하기 위해 필요하다면 정책결정자들이 평화를 희생하더라도 전쟁을 수행해야 하겠다고 할 만큼 대단히 강렬하고 지극히 귀중한 관심사를 뜻한다.[31] 광의의 접근법에 있어서의 군사력은 모든 중요이익을 추구하는 데 필요한 것으로 간주된다. 중대한 혹은 중요한 이익의 평가는 국가 또는 국가의 지배적인 세력이 실제적으로 필요한 사물을 반영한다 할지라도 정책결정자들의 주관적인 견해에 달려 있다. 미국 합참본부와 국방부는 전략을 "정책을 최대한 지원하고, 승리의 공산(公算)과 이의 현실화를 증대시키며 패배의 가능성을 감소시키기 위하여 전시나 평시에 필요한 정치, 경제, 심리 및 군사력을 개발하고 사용하는 과학과 기술"이라고 규정하고 있다.[32] 전략에 대한 미국군의 개념규정은 포괄적이면서 구체성을 띠고 있다. 합동 및 연합작전 군사용어사전에 의하면 전략이란 승리에 대한 가능성과 유리한 결과를 증대시키고, 패배의 위험을 감소시키기 위해 제 수단과 잠재역량을 발전 및 운용하는 술과 과학이라고 정의하고 있다.

전략의 개념과 범위를 설정함에 있어서 미래지향적인 국가전략에서부터 하위전략에 이르는 수직적 구분과 정치·외교, 경제·과학기술, 사회·문화, 군사와 같은 수평적 구분이 고려되어야 하므로, 전략은 "전·평시 군사적 승리뿐 아니라 전쟁억제정책의 계획과 대응에 기여할 수 있는 기술과 과학"이라고 할 수 있다. 그리고 전략이란 "목적성취를 위하여 가장 합리적인 행위를 선택하는 종합계획"이라고 할 수 있다. 전략은 목적을 전제로 하며, 목적 없는 행위는 전략의 대상이 아니다. 전략은 행위 선택의 계획이다. 선택이란 복수의 대안이 있을 때 그중에서 하나를 고르는 행위이다. 전략의 기초는 합리성이며 알려진 보편지식이 행위선택의 기준이 된다. 따라서 전략의 정의는 "국가목표 달성을 위하여 제 국력수단(諸國力手段)과 방법(方法)을 준비하고 운용하는 술과 과학"이라고 할 수 있다.

30) Bruce K. Holloway, "*United States Grand Strategy for the Next Ten Years*", in Holloway et al., Grand Strategy for the 1980s, American Enterprise Institute for Public Policy Research, Washington(2nd printing), 1979, p.19.

31) Charles Burton Marshall, "Strategy: The Emerging Danger", in National Security in the 1980s: from Weakness to Strength, Institute for Contemporary Studies, San Francisco, 1980, pp.428~430.

32) The US Joint Chief and Department of Defense, *Dictionary of Military and Associated Terms*(1984), p.351.

2. 전략의 구성요소

Julian Lider에 의하면 지금까지 전략의 내용은 다음과 같은 다섯 가지 형태로 논의되어 왔다고 밝히고 있다. 첫째, 전략의 차원(the dimension of strategy)인데, 여기에서 차원이란 전략이 효과적으로 수행되기 위해서 고려되어야만 하는 정치적, 사회적, 작전 군수적인 여러 행동분야를 의미한다. 둘째, 전략은 군사적·경제적·외교적·이념적 전략목적을 달성하기 위해서 사용되는 여러 수단(means)이라고 여겨져 왔다. 그런데 이러한 것들은 특히 전시에 있어서 군사문제에 대한 국가전략 전반에 포함되는 종합전략(over all strategy) 내의 부분전략에 반영되어 왔다. 셋째, 전시에는 공개적으로, 그리고 평시에는 비공개적으로 사용되는 한 종류의 방법으로 논의되어 왔다. 넷째, 군대의 주요 기능의 별어(別語)로서 논의되어 왔다. 다섯째, 전략은 군사계획에서 전략에 부여된 임무로서 논의되어 왔다. 비록 이러한 접근들이 서로 다르지만, 이러한 접근법들은 전략의 구성요소들을 일반화시키는 데 기여할 수 있을 것이다.[33]

위에서 논의된 전략에서 군사분야에서 전략이 수행하는 주요임무들을 분석하는 접근법[34]에는 군사계획(military planning)의 다음과 같은 요소들이 주어져 있다. ① 전쟁(혹은 모든 가능한 형태의 전쟁)에서 추구하는 정치적 목적, ② 각각의 정치적 목표와 관련된 전쟁(혹은 전쟁형태)에서의 군사적 목표(군사전략목표라고도 함), ③ 군사적 목표 달성을 추구하는 군사작전 형태, ④ 전쟁의 군사적 목표와 정치적 목적을 달성하기 위한 적절한 힘을 개발하기 위한 방법 등이다.

이러한 접근법은 좀 더 요약한다면 전략이란 두 개 주요 부분으로 구성되어 있다고 할 수 있다. 첫째는 전쟁목표(또는 군사행동)이고, 두 번째는 이를 달성하기 위한 체계적인 수단을 다룬다.[35] 후자는 사용될 방법과 요구되는 무기를 선택하는 것을 포함한다. 이러한 접근법은 실제로 전략과 이론을 동일시한다. 그러나 이러한 접근법은 학자들이 대안적인 해결책을 제시할 수 있는 주요 분야들을 지적해 주기 때문에 전략적 연구에 도움이 안 되는 것은 아니다. 왜냐하면 그것은 학자들이 대안적 해결책을 제시하는 주된 분야를 지적하여 주기 때문이며,

33) Colonel Arthur F. Lykke, Jr., "*Military Strategy: Theory and Application*", United States Army War College, (1982): 국방대학원, 『군사전략: 이론과 적용』(국방대학원, 1984), pp.269~270, 274~275.

34) Cf. Henry A. Kissinger, "*Strategy and Organization*", Foreign Affair, April 1957: E. J. Kingston-McClou-ghry, Defense: Policy and Strategy, Praeger, New York, 1960, ch.2.

35) J. C. Wylie, Military Strategy: A General Theory of Power Control, Rutgers University Press, New Brunswick, New Jersey, 1967, ch.2.

그래서 통솔력(leadership)은 이들 중에 어떤 것을 선택해야만 한다. 가장 넓은 의미에서 전략이란 정책을 뒷받침하기 위해 평시에 군사력을 사용하는 것을 다루기 때문에, 전쟁을 성공적으로 억제하기 위한 방법도 일련의 기본적인 전략적 임무로서 추가되어 왔다.[36]

테일러(Maxwell D. Taylor: 전미육군참모총장) 장군은 1981년 미육군전쟁대학을 방문했을 때, 전략을 목표, 방법 및 수단으로 구성되는 것으로 특징화하였다. 이 전략의 구성요소는 <그림 1-1>과 같다. 전략의 개념을 등식으로 설명하면 '전략=목적(지향하는 목표)+방법(행동방안)+수단(특정 목적을 달성하기 위한 도구)'으로서 일반적 개념은 어떤 유형의 전략(사용되는 국력요소에 따라 군사, 정치, 경제 등) 형성의 기초가 된다. 그리고 군사전략과 국가전략을 혼동해서는 안 된다. 국가전략을 정의하면 "국가목표를 보장하기 위하여 평화 및 전쟁기간 동안 군대를 포함한 정치적·경제적·심리적 힘을 개발하고 사용하는 술과 과학이다"라 할 수 있다.[37]

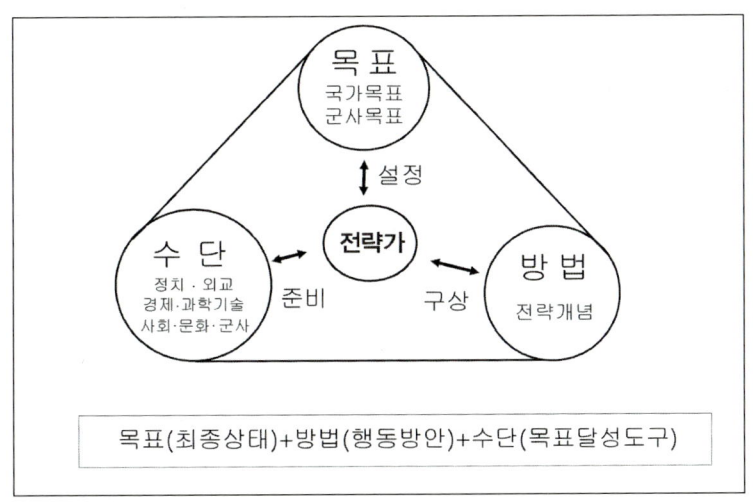

〈그림 1-1〉 전략의 구성요소

그리고 전략의 구성요소에 대한 Julian Lider와 Maxwell D. Taylor 장군의 논점이 상호 공통적인 견해를 가지고 있는 것을 알 수 있다. 즉 전략의 구성요소는 지향하는 목표와 행동방안의 방법과 특정 목적을 달성하기 위한 도구의 수단이 일반적인 개념과 맥을 같이하고 있다.

---

36) Colonel Arthur F. Lykke, Jr., "*Military Strategy: Theory and Application*", pp.274~275.

37) JCS pub. I: *Dictionary of Military and Associated Terms*, Washington: US Department of Defense, I June 1979, p.217.

제2장 군사전략의 개념과 유형

제1절 군사전략의 개념(정의, 구성요소)

1. 군사전략의 정의

군사전략에 대해서는 각 시대와 장소, 사람, 국가에 따라 각양각색의 정의를 내리고 있어서 보편타당한 정의가 없으며, 합의의 근사치에 도달하지 못하고 있다. 따라서 군사전략의 정의는 시대적 변화, 전쟁양상의 변천에 따라 달라졌다.

군사전략은 고대 그리스에서는 '장군의 술'이라 했으며, 미합참에 의해 승인된 정의를 사용하면 "무력의 사용 또는 무력의 위협으로 국가정책의 목표를 확보하기 위한 국가의 군대를 사용하는 술 및 과학"이라고 한다.[38] 우리들은 흔히 군사전략과 국가전략을 혼동할 수 있다. 국가전략은 "국가목표를 보장하기 위하여 평화 및 전쟁기간 동안 군대를 포함한 정치적·경제적·심리적 힘을 개발하고 사용하는 술과 과학이다." 그러나 군사전략은 이러한 모든 것을 망라한 국가전략의 일부분이다. 국가전략의 군사적 부분은 국가 군사전략(national military strategy)이라고 부르기도 한다. 최고 수준에서의 군사전략은 군사계획과 작전의 기초로서 사용되는 작전전략(operational strategy)과는 상이하다. 군사전략은 국가전략을 지원해야 하며, 국가정책에 상응해야 한다. 국가정책은 국가목표를 추구하기 위하여 국가수준의 정부가 채택한 광범위한 행동방안 또는 지침으로 정의된다. 바꾸어 말

---

38) 이 내용은 Colonel Arthur F. Lykke, Jr., "Military Strategy: Theory and Application" 저서를 United States Army War College에서 1982년에 참고서지로 발간한 것을 한국 국방대학원에서 번역하였다. 군사용어사전에서 미육군전쟁대학(U. S. Army War College)는 8가지로 군사전략을 정의하고 있다. 상세한 내용은 국방대학원, 『군사전략: 이론과 적용(1)』(서울: 국방대학원, 1984), pp.83~84 참조.

하면 국가정책은 군사전략의 능력 및 제한에 영향을 받는다.[39]

클라우제비츠는 "전쟁이나 전역의 목표를 달성하기 위한 전투운용에 관한 기술"이라고 정의하였고, 몰트케는 "군사지휘관이 군사목적을 달성하기 위해서 부여된 권한 내에서 군사적 제 수단을 배비하고 적용하는 기술"이라 정의하여 위의 두 전략가는 군사전략이 전시에 국가적 제 수단을 운용하는 기술이라는 입장을 취하고 있다.

제1차 세계대전이 총력전의 양상을 보이게 되자 군사전략의 개념도 전쟁의 영향을 받게 되었다. 즉 전쟁으로 인한 피해의식의 증대로 인해 전시의 군사력 운용 이외에 평시의 전쟁억제에 관심을 가지게 되었다. 이에 따라 마한은 "전·평시를 막론하고 군대를 건설·유지하고, 전쟁을 준비하고 군대를 사용하는 기술"이라 하였고, 리델하트는 군사전략이란 "군사적 제 수단을 분배, 적용하는 기술"이라 하였다. 리델하트에 이르러서 군사력이 전시뿐만 아니라 평시까지 포괄하는 개념으로 확대되어 군사전략개념상 혁신적인 변화가 일어나게 되었다.[40] 리델하트는 제2차 세계대전 말기 등장한 핵무기는 가공할 파괴력으로 인해 "종래의 전략개념과 정의는 쓸모없게 되었을 뿐만 아니라 핵무기 발전에 따라 무의미하게 되었다. 전쟁에서 승리를 위한 목표를 내걸고 목적 그 자체로서의 승리를 기도한다는 것은 정신착란 상태 이외의 아무것도 아니다"라고 말할 만큼 열핵무기에 의한 대량 살상을 피할 수 있는 전쟁억제 개념이 군사전략의 중요한 부분을 차지하게 된 것이다. 따라서 군사전략의 개념은 종래의 전쟁 중심적 정의에서 한 걸음 더 나아가 정치 도구로서의 역할까지 포함하게 되었다.[41]

군사전략은 전시의 군사력 운용은 물론 평시의 군사력 건설 및 유지를 통해 어떻게 전쟁을 억제하며, 전시에서 최종 승리할 것인가에 대한 사고방법으로 인식되고 있다. 즉 군사전략은 "전·평시 국방 및 군사적인 목표를 달성하기 위해서 군사력을 건설하고 운용하는 술과 과학이다"라고 정의할 수 있다.

---

39) 위의 책, pp.84~85.

40) 리델하트에 이르러서 군사전략의 개념은 아직도 전시의 무력사용에 주안을 둔 것이지만, 정책수립이 평시까지 포괄하는 개념으로 확대되었다.

41) 소련은 군사전략이란 "군사술의 구성 부분인 동시에 군사술의 최고분야로서 국가나 군대가 전쟁을 준비하는 실제적인 이론과 전쟁과 전략적 작전의 계획과 수행에 관한 것이다"라고 한다. 일본은 군사전략이란 "일반적으로 전략이라고 말해지고 있는바, 전쟁의 발생을 억제, 저지하기 위해 일단 전쟁이 개시될 경우에 그 전쟁목적을 달성하기 위해 국가의 군사력과 기타 제 역량을 준비, 계획, 운용하는 방책"이라고 하고 있다.

2. 군사전략의 구성요소

앞의 제1장 4절(전략의 현대적 개념)에서 테일러(Maxwell D. Taylor)의 전략의 정의와 구성요소를 살펴본 바와 같이 전략을 목표, 방법 및 수단으로 구성되는 것으로 특징화하였다. 이 개념을 등식으로 설명하면 전략＝목적(지향하는 목표)＋방법(행동방안)＋수단(특정 목적을 달성하기 위한 도구)이라는 공식은 전략의 일반적 개념으로서 군사전략으로 접근할 수 있는 방법을 개발할 수 있다. 목적은 군사목표로 표현할 수 있으며 방법은 군대를 사용하는 여러 가지 방안과 관련된다. 근본적으로 이것은 군사목표를 달성하기 위한 행동방안의 모색을 의미한다. 이러한 행동방안은 군사전략개념(military strategy concept)으로 표현된다. 수단은 임무를 달성하기 위한 군사자원(인력, 물자, 금전, 부대 등)으로 표현된다.

이것은 군사전략에 대한 개념적 접근법은 등식을 형성하는 결과가 되었다. 즉 군사전략(Military Strategy)＝군사목표(Military Objectives)＋군사전략개념(Military Strategy Concepts)＋군사자원(Military Resources)으로서 군사전략에 대한 이러한 정의는 미국 합동참모회의 합동참모본부(the US Joint Chiefs of Staff)가 의견을 같이하는 것이다.[42]

한 국가는 한 개 이상의 군사전략을 가지고 있어야 한다. 예를 들면 한 국가가 단지 억제전략만 갖고 있다가 억제가 실패하면 다음은 무엇을 할 것인가? 축차적인 공격을 시도하고 점증적인 피해만 입을 것인가? 대량 핵 공격을 시도할 것인가? 전쟁 일변도 전략을 가지고 있지 않으면 몇 개의 선택이 있다. 군사전략은 목표가 즉각적으로 변경되기 때문에 신속하고 빈번하게 변경될 수 있다.

3. 군사전략의 범위

미전쟁대학[43]에 의하면 전략이 개념적인 것이기 때문에 개념을 실현시키기 위하여 특정한 계획과 행동을 포함하고 있는 전술과는 다르다. 그러나 양자 간의 한계선은 분명하지가 않다. 보다 낮은 전략적 국면에 비해서 월등히 높은 차원의 전술임무를 띠고 있는 상급제대의 경우에는 전술과 전략을 혼용해서 생각하는 것이 유용한 경우가 있다. 군사전략에 더욱 가깝게 접근하기 위해서는 국가전략이라고 말하는 고차원의 학문에 대해서도

---

42) Lykke, Arthur F., Jr "*Towards an Understanding of Military Strategy*", Carlisle Barracks, PA: Department of Military Strategy, Planning and Operations, US Army War College, 1981: 국방대학원 역, 『군사전략: 이론과 적용(1)』(서울: 국방대학원, 1984), pp.85, 94.
43) 위의 책, p.102.

알아보아야 한다. 이것은 한 국가의 생존을 보장하기 위해서 국내외정세에 심혈을 기울이는 지적인 노력의 전부를 포함하고 있다. 이러한 노력은 국제사회의 정치적 요소가 그의 전체적인 안전보장 그리고 독립과 번영을 위해 추구해야지만, 이는 연속적인 목적에 결국 경주하게 되는 것이다. 군사전략이 장군의 술이라고 한다면, 국가전략은 정치가의 술이라고 할 수 있다.

군사전략과 국가전략 사이에 있는 중복성은 정치적 또는 군사적인 지도자의 관심사항에 뚜렷한 한계점이 없다는 것을 제시하는 것이다. 오히려 양자 간에 서로 상반되는 수준의 관심사항이 존재하는 것이다. 정치가가 국가전략에 관여하는 대부분의 경우 평화 시의 민주주의 범주 내에 있는 군사적 전술에 대한 그의 관심이 겨우 그 명분일 것이다. 군인의 경우에는 그 관심이 반대가 된다. 군사적인 제 요소는 전술 면에 있어서는 현저하게 중요하지만, 국가전략의 발전 면에 있어서는 그렇게 중요한 것이 되지 못한다. 이 말은 군사전략의 영역에 있어서나 양자 간(군사전략과 국가전략)의 어딘가에 교차점이 존재한다는 것을 시준(視準)하는 것이다. <그림 1-2>와 같이 군사전략의 영역에서 분명하게 구분할 수 있다.

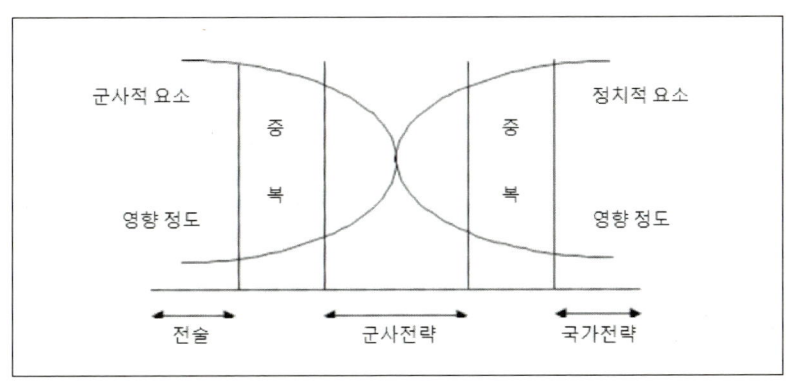

〈그림 1-2〉 군사전략의 영역

두 곡선이 비대칭적으로 영(Zero)에 접근한다는 것은 중요한 사실이다. 정치적 또는 군사적 요소, 어느 것이나 그림의 어디에서도 완전히 비논리적인 것은 결코 아니다. 정치 및 군사지도자들은 국가 공직에 있어서는 불가분의 관계를 가진 동반자이며, 높은 지위에 있어서는 상호 의존하는 것이다. 두 개 요소가 군사전략의 영역에 서로 교차하면서 그 중요성이 높게 유지된다는 것도 설명해 준다.[44]

국가전략은 국가가 그 목적을 달성하기 위해 힘을 이용하는 장기계획이다. 최대의 넓은 의미로서의 국가전략은 전·평시를 막론하고 다 같이 이에 적용한다. 국가전략은 또 국가 내의 모든 자원을 대상으로 사용한다. 이 자원 가운데는 정치, 경제, 심리 및 군사적 자원이 포함된다. 이 밖에도 국가전략은 지리적 위치나 정신적 자세와 같은 기타 국가적 자산까지 이용한다.

미국에서 군사전략의 기본문서(FM 100-5, 1962)는 군사전략의 상위의 개념에서 국가전략의 원칙과 범위를 밝혀 두고 있다. "군사전략은 군사력의 직접·간접적 사용으로 국가전략에 기여할 군사수단의 개발 및 사용을 선도한다. 군사전략은 그 자원을 국가전략에 두고 있으며, 전·평시에 있어서 국가전략의 필요불가분의 한 부분이다. 군사적 고려가 국가전략의 발전에 끼어들고 있지만 최종분석에 들어가면 군사전략이나 국가전략이나 다 같이 국가목적에 의해 결정될 따름이다."

제2절 대전략과 군사전략

Clausewitz는 "전쟁은 우리의 의지를 구현하기 위해 적에게 강요하는 폭력 행위이다"라고 했다. 여기에서 대전략이라는 용어를 사용하고 있지는 않지만 전쟁의 목적은 정치적 목적 추구로 해석을 할 수 있다. 전쟁의 목적을 달성하기 위한 수단으로 군사력에 의한 폭력 위협의 사용이나 조직적인 군사행위를 가하는 것이다. 폭력 사용의 대상은 적의 군사력에 한정될 수도 있지만 크게는 적 국민들에게까지 확대될 수도 있다.

Liddel Hart[45]는 전술이 전략의 저차원에서 적용한 것과 같이 전략은 대전략(大戰略, Grand Strategy)의 저차원에서 적용이라고 했다. 전쟁수행을 지도해야 할 정략(政略)이 그 대상을 지배하기 위해 다시 기본적인 정략과 동음이의(同音異義)인 것과 마찬가지로 대전략이라는 말은 전쟁수행에 있어서의 정략이라는 의미를 내세우는 데 필요하다.

그 이유는 대전략의 역할은 한 국가의 또는 일련의 국가군의 모든 자원을 어떤 전쟁을 위한 정치목적에 활용하는 것이기 때문이다. 대전략은 싸우는 각 군종을 지지하기 위해

---

44) 위의 책, pp.102~103.

45) Liddel Hart, Basel Henry, *Strategy*, Faber & Faber Ltd., London, England, 1967, pp.321~322.

국가의 경제자원 및 인적 자원을 계량함과 동시에 그 자원들을 개발하여야 한다. 또 국민의 의욕을 함양하기 위한 정신적 자원은 보다 구체적인 자원 확보에 비하여 똑같이 중요한 경우가 많다. 전략이 예측할 수 있는 지평선의 한계는 전쟁에 국한되어 있지만, 대전략의 시야는 전쟁의 한계를 넘어 전후의 평화까지 염두에 두고 있다.

대전략(大戰略, Grand Strategy, National Strategy)은 실시하고 있는 국가정책이다. 즉 대전략이란 실천상의 정책이며, 국가목표를 달성하기 위해 그 국가는 모든 국력요소를 사용할 수 있는 방법과 수단을 통합하여 사용하는 기술 및 과학으로서 국가전략의 의미를 갖는다.

군사전략(Military Strategy)의 정의는 각 시대와 장소, 사람, 국가에 따라 정의를 내리고 있어서 모든 사람이 동의하는 공통의 정의는 내릴 수 없다. 클라우제비츠는 "전쟁이나 전역의 목표를 달성하기 위한 전투운용에 관한 기술"이라고 정의하였고, 몰트케는 "군사 지휘관이 군사목적을 달성하기 위해서 부여된 권한 내에서 군사적 제 수단을 배비하고 적용하는 기술"이라고 정의하여 군사전략이 전시에 국가적 제 수단을 운용하는 기술이라는 뜻을 내포하고 있다.

제1차 세계대전이 총력전의 양상으로 전환되어 군사전략개념도 전쟁의 영향을 받게 되어 전시의 군사력 운용 이외에 평시의 전쟁억제에 관심을 가지게 되었다. 마한은 "전·평시를 막론하고 군대를 건설·유지하고, 전쟁을 준비하고 군대를 사용하는 기술"이라 하였고, 리델하트는 군사전략이란 "군사적 제 수단을 분배, 적용하는 기술"이라 하였다. 리델하트에 이르러서 군사전략의 개념은 정책목적이 전시에서 평시까지 포괄하는 개념으로 확대되어 군사력은 전시뿐 아니라 평시에도 유용하게 전략 목적 달성에 기여한다는 점을 인식하게 되었다.

제2차 세계대전 말기 등장한 핵무기는 가공할 파괴력으로 인해 리델하트가 "종래의 전략개념과 정의는 쓸모없게 되었을 뿐만 아니라 핵무기 발전에 따라 무의미하게 되었다. 전쟁에서 승리를 목표로 내걸고 목적 그 자체로서의 승리를 기도한다는 것은 정신착란 상태 이외에 아무것도 아니다"라고 이야기할 만큼 열핵무기에 의한 대량 살상을 피할 수 있는 전쟁억제 개념이 군사전략의 중요한 부분을 차지하게 된 것이다. 핵전략이론가인 앙드레 보프르(Andre Beaufre)는 리델하트의 군사전략개념이 전·평시, 핵 및 비핵전에 이르기까지 망라하여 상당한 수준의 개념 확정에 이르기는 했지만 아직도 군사력을 주대상으로 한정된 것이라고 비판하면서 전략이 모든 상황에 적용되기 위해서는 "정치적 의도에 따라 제시된 목적을 달성하는 데 가장 효과적으로 기여할 수 있도록 힘을 적용하는 기술로서 전략은 인간으로 하여금 어떤 의지의 충동에 의해서 야기된 문제를 해결하는 술"이라고 정의되어야 한다고 했다. 그리고 군사전략은 "군사적 상황과 요청에 의해 주어진 목표를 달성하기 위해 가용한 모든 군사적 자원을 어떻게 활용할 것인가를 선택하는 행동과정상의 사고방법"이라는 것이다.

미합동참모본부는 공식적으로 군사전략을 "무력이나 무력의 위협을 적용함으로써 국가정책의 목표를 달성하기 위하여 한 나라의 군사력을 활용하는 술이며 과학"이라고 정의하고 있으며, 국가전략은 "국가목표를 보장하기 위하여 평시 또는 전시에 군대를 포함한 정치, 경제, 사회, 심리적 힘을 개발하고 사용하는 술과 과학"이라고 하였다.

일본은 "군사전략이란 일반적으로 전략이라고 말해지고 있는바 전쟁의 발생을 억제·저지하기 위해, 그리고 일단 전쟁이 개시될 경우에 그 전쟁목적을 달성하기 위해 국가의 군사력과 기타 제 역량을 준비, 계획, 운용하는 방책"이라고 하였다. 일본의 군사전략개념에 의하면 미국의 공식견해와 같이 전시 및 평시의 전쟁억제와 효율적인 전쟁수행 개념을 포함하고 있으나 수단 면에서 미국이 순수한 군사적 범주에 국한시키고 있는 데 반해 일본은 국가의 군사력과 군사력에 관련된 제 역량을 포함시키고 있다는 점에서 범주를 약간 넓게 잡아 전략의 개념까지 확대시키고 있는 듯한 인상을 주고 있다.

러시아는 군사백과사전에서 군사전략이란 "군사술의 구성부분인 동시에 군사술의 최고분야로서 국가나 군대가 전쟁을 준비하는 실제적인 이론과 전쟁과 전략적 작전의 계획과 수행에 관한 것이다"라고 하고 있다. 즉 군사전략은 군사술의 일부분으로서 전쟁계획 및 수행에 관한 최고수준의 이론으로서 지도적 위치에 있다는 점이다. 러시아의 군사전략 개념은 전·평시를 망라하고, 국가전략을 구성하는 부분전략으로 인정하고 있다는 점에서 개념상의 확대현상을 보이고 있으나 군사전략을 전쟁, 작전, 교리의 준비 및 실시에 관한 기술과 과학으로 인정하고 있다는 점에서 서방세계에 비해 전시의 군사력 사용에 주안을 두고 있다.[46]

이상과 같은 각 국가들과 전략가들의 군사전략개념을 토대로 군사전략을 정의해 보면, "전·평시 국가 및 국방목표를 달성하기 위하여 군사력을 운용하고 군사력을 건설하는 술과 과학"이라고 정의할 수 있다.

---

40) 육군사관학교, 『전략개론』(서울: 육군사관학교, 1991), pp.20~25.

제3절 군사전략의 이론적 체계

1. 군사이론의 주제

　　고대에는 군사문제 연구의 초점이 전쟁이란 무엇인가, 그리고 그것을 어떻게 이길 것인가 하는 두 가지 질문에 놓여 있었다. 전자는 간혹 '전쟁철학'이라고 불렸고 후자는 '전략'이라고 불렸다. 이 전략이라는 용어는 전쟁수행의 이론과 실제 및 군사작전에 있어서 군대의 운용을 의미하였다. 그래서 처음에는 군대는 단지 전쟁도구로서만 간주되어 그것의 다른 사회적 기능에 대해서는 상대적으로 소홀히 취급하였다. 그러나 근대 군사기술의 발달과 더불어 군대는 보다 다양하고 복잡한 형태를 띠게 되었고 그 조직과 전쟁 준비기간은 장기화되고 복합적인 과정을 띠게 되었다. 그래서 이러한 문제들을 연구하는 것은 군사학에 있어서 독자적인 영역을 차지하게 되었다. 이것을 아마도 최초 군사이론 범위의 본질적인 확장이라고 부를 수 있을 것이다.

　　최근에 와서 두 가지 새로운 현상이 군사문제 연구의 내용과 범위에 상당히 영향을 끼치게 되었다. 첫째는 세계가 사회적 변혁과 전환기에 접어들었다는 점이다. 과거에는 과격한 사회혁명시기에만 국한되었던 국내문제에 있어서 군대의 공개적 사용은 이제는 세계의 대부분의 지역에서 거의 다반사가 되어 버렸다. 둘째로 전 인류를 파괴할 수 있는 화력을 가져다준 군사기술의 혁명적 발전과 더불어 강대국들의 전쟁관이 점차 자제적인 성향을 띠게 되었다. 그래서 전통적인 외교정책목적을 달성하는 데 사용되는 것에 추가하여 이제 군대는 핵전쟁을 방지하는 기능을 수행하게 되었다.

　　근세 군사과학의 고전 중의 하나가 클라우제비츠의 명저 전쟁론(On War)이라는 사실은 전통적인 전쟁 중심적 군사이론 접근방법의 표출이라고 할 수 있다. 이 책에서 클라우제비츠는 전쟁의 정치와 군사적 성격 모두를 분석했으며 군사전략이 주제인 전쟁수행이론을 발전시켰다. 그로부터 약 1세기 후에 영국의 군사이론가인 풀러(J. F. C. Fuller)는 그의 명저 『Foundation of the Science of War』에서 전쟁의 원인과 성격 그리고 그것의 수행 및 결과의 예측 등을 주요 주제로 다루었다. 최근에는 전쟁 중심적 접근방법은 주제들(군사이론의 범위)의 선정과 조사의 성격(기본적인 것과 응용적인 것, 아니면 둘 다를 포함한 것)에 있어서 보다 다양성을 띠게 되었다. 이 접근방법에 관한 몇 가지 연구들은 계속해서

전쟁수행전략과 승리를 달성할 수 있는 방법의 분석에 국한되어 진행되어 왔다.[47]

그러나 지배적인 추세는 전쟁수행이론을 전쟁성격 분석과 사회활동의 다른 분석인 정치·경제·사회학적, 정신적 그리고 기타 모든 분야와의 내적 관계를 함께 합할 필요성을 강조하는 것이다. 이러한 현대의 전쟁 중심적 군사연구의 특성은 과거와 같이 국제적 전쟁에만 초점을 두고 있었다. 특히 국제관계에 관한 몇몇의 연구는 외교정책의 수단으로서 전쟁의 도구성을 이 분야에 있어서 대단히 가치 있는 분석적인 문제로 다루고 있다. 그래서 핵시대의 도래는 군사이론에 대한 이러한 전쟁 중심적 접근방법을 적어도 두 가지 중요한 점에서 변화시켰다. 첫째는 전쟁의 원인에 관한 연구가 과거에도 항상 전쟁이론의 주요의제를 이루어 왔지만 이제 그 중요성이 더 부각되었다는 사실이다. 둘째는 종래의 전쟁이론은 전쟁의 성공적인 수행문제에 한정되었지만 이제는 여기서 전쟁방지에 관한 것이 추가되었다. 군사이론상의 이러한 모든 변화는 정치적 목적을 달성하는 데 있어서 군사력을 사용하는 방법의 변화를 반영하며 그것은 군사력이 기본개념을 이루고 있는 군사이론구조의 변화를 현재의 접근방법상에 가져오기에 이르렀다. 적절한 군사력 중심의 접근방법은 군사력을 일상적 국가기능수행의 도구로써 그 고유의 행동력과 기동력에 의해 다른 정치적 수단과 혼합하여 압력과 위협, 공갈(恐喝), 회담 기타의 주로 국가의 대외적 정책을 지원하는 수단으로서 필요한 이론을 제공하는 것을 말한다.

이러한 접근방법의 특성은 군사이론의 주제로서 군사력 사용 문제는 관례적으로 군사력의 대외적 기능에 국한된다. 이에 수반하여 전략문제연구는 국제관계에 있어서 군사력의 역할을 분석하는 것이라는 논리가 나왔으며, 결과적으로 독자적인 연구영역으로서 군사이론이나 전략문제연구에 관한 개념을 국제정치학의 일부로서 변화시키려 하거나 혹은 정치학이론의 한 장으로써 변화시키려는 경향이 있다. 이러한 엄밀한 의미의 군사력 중심의 접근방법에서 벗어난 유형의 변수 중에서도 두 가지 접근방법 중에 하나는 힘 중심적 접근방법이고, 다른 하나는 국가안보에 관한 이론이다. 힘 중심적 접근방법은 두 가지를 포함하고 있는데 첫째는 군사전략은 이른바 대전략(혹은 국가전략이나 정부전략이고 부른다)의 일부로서 간주되며, 둘째는 국가의 힘은 바로 이 대전략을 수행하는 것을 말한다. 힘 중심적 접근방법은 'Comparative Strategy'라고 부르는 미국의 전략문제연구잡지의 서론에 잘 나타나 있는데, 전략의 기능은 정치적 목적을 달성하기 위하여 국력의 수단을 조직

---

47) Julian Lider, *Military Theory*, Swedish Institute of International Affairs, Gower Pub. Co. Lt., England, 1983: 국방참모대학 역, 『군사이론』 (서울: 국방참모대학, 1985), pp.7~10.

하는 데 있다고 정의하고 있다. 여기서 국력은 국익을 추구하는 데 필수 불가결한 수단으로 간주되며 그것은 정치와 경제 그리고 군사라는 3가지 주요 요소를 가지고 있다.[48]

서구의 전략은 정치와 경제 그리고 군사전략을 하나의 총체전략으로 통합하여 냉전이건 열전이건 국가를 일단 전면전쟁에 대비하게 하여야 한다고 주장하여 왔다. 이와 관련하여 최근에 '국가전략'이라는 용어는 모든 국가 목적과 목표를 모든 국력의 요소, 즉 정치, 경제, 이념, 산업, 기술 그리고 군사를 동원하여 달성하는 것을 보장하는 하나의 수단으로서 정의되고 있다.[49] 국가안보 중심적인 접근방법에서는 비록 전략의 개념은 다른 것과 마찬가지로 국가정책의 전략으로 같이 취급되는 포괄적인 것이지만, 군사이론은 전반적인 국가정책의 일부라고 할 수 있는 국가안보정책에만 초점을 맞추고 있다. 여기서 국가안보는 하나의 정치적 체제로서 생존할 수 있는 능력이나 혹은 국가의 안녕을 대외적인 물리적 위협으로부터 보호하는 자유스런 여건을 말한다.[50] 군사문제이론은 군사정책(혹은 방위정책)을 기본개념으로 간주하는 접근방법에 반영되어 있으며, 군사정책이란 보통 국가의 군사적 활동의 이론과 실제를 의미하며 이에는 무엇보다도 군사 독트린과 전력태세가 포함된다. 군사 독트린을 군비와 배치 그리고 군사적 활동에 관한 공식적으로 채택된 체계화된 견해라고 한다면, 전력태세는 국가가 보유하고 있는 군사능력의 총체라고 할 수 있다.

2. 군사이론의 구조

1) 서구(西歐)의 학자

서구의 학자들은 군사문제의 연구가 과연 어떠한 구조를 가져야 하는지에 대해서 직접적인 의문을 가져 본 적이 없다. 그들은 전쟁과 정치와의 관계, 전략과 정책과의 관계, 그리고 사회과학 중에서 군사이론이 차지하고 있는 위치를 논할 때에 이 같은 구조문제를 간혹 다루었지만, 대부분의 경우에 있어서 그들이 갖고 있는 군사이론 요소에 관한 견해는 그들의 연구문제 선택방법과 전쟁이나 전략 그리고 전략연구 같은 개념의 정의에서 유추해 낼 수밖에 없다.

클라우제비츠와 풀러는 전쟁의 정치와 군사적 측면 모두에 관한 광범위한 문제를 다루

---

48) 위의 책, pp.8~12.

49) Elmo R. Zumwalt, *Soviet Strategy and US Counter-Strategy*, in Holloway, 1979, p.42.

50) Bruce K. Holloway, *United State Grand Strategy for the Next Ten Years*, in Holloway, 1979, p.19.

는 연구의 촉진제가 되었다. 군사문제연구는 더 많은 특정한 주제에 초점을 맞추어 왔고 숱한 새로운 연구대상을 창출하여 왔다. 전쟁 원인론에 초점을 맞춘 연구에 있어서 군사 이론은 그 원인의 종류에 따라 구성되어 있다. 이러한 종류의 구분에는 여러 가지 다양한 기준이 있다. 예를 들어서 전쟁의 주요 원인이라고 간주되는 사회활동분야에 따라 정책, 경제, 그리고 이념 등으로 구분되며, 또한 보다 근본적인 전쟁의 근원이라고 생각되는 사회·문화적 레벨에 따라 인간의 본질이나 사회의 성격 혹은 국제체제의 속성 등으로 구분된다. 평화연구나 전쟁해결연구에 있어서는 군사이론은 간혹 근본적·구조적인 것과 정책결정의 과오 같은 당장의 일시적인 것 두 종류의 전쟁원인으로 구분시키곤 한다.

줄리안 라이더[51]는 억제력을 군사문제연구의 초점으로 간주하는 접근방법에 있어서 전쟁의 상이한 형태에 맞는 억제력 형태에 따라 이론을 구성한다. 즉 억제에 적절하거나 예상되는 다양한 전쟁을 수행할 수 있는 전략형태에 따라 이론을 구성한다는 뜻이다. 군사력의 기능에 관한 연구는 현대의 광범위한 군사력 이용문제를 다루며 특히 그 효용성이 공개적 혹은 직접적 사용에서 비공개적이나 간접적 사용으로 전체적으로 변화한 것이나 아니면 전쟁의 성격이나 전쟁방지 그리고 군사적 압력이나 위협의 은밀한 형태에 따라 부분적으로 변화한 것 등을 다루고 있다. 또는 우리는 국가의 대외정책수단으로서 군사력사용과 군대의 대내적 기능과 사용, 즉 혁명과 반혁명의 역할, 사회의 군국화와 사회개혁유도의 역할 등을 분명히 구별할 수 있다. 여기서 특수한 점은 사회적 혁명 시에 그것을 수행하거나 아니면 제압하는 군대의 역할에 관한 것이다.

마지막으로 현대 군사예술과 특히 현대전략에 관한 방대한 문헌들은 대부분 ① 전면전이나 제한전 그리고 혁명 및 반혁명전 등 특정의 전쟁형태에 따라 연구이론이 구성되어 있거나 아니면, ② 사용된 무기의 종류에 따라 전략핵전, 전술핵전, 재래전, 작전가능전역 등으로 구분되고, ③ 개별적 연구에서는 전략의 역사적 유형에 따라 소모전략, 섬멸전략, 간접전략 등으로 구분해 왔다. 전략을 전쟁이론으로 간주하고 전쟁원칙의 체계화나 전쟁수행 방법론에 관하여 몇 가지의 연구가 수행되어 왔는데 그러한 연구는 여러 가지 전쟁여건의 변화에도 불구하고 거의 모든 전쟁 혹은 적어도 모든 현대전의 공통적인 특성을 밝혀 줄 뿐만 아니라 성공적인 전투수행을 위한 이론적 기반을 제공하여 준다고 볼 수 있다. 그러나 대부분의 경우에 있어서는 국가들이나 동맹권의 군사정책에 반영되어 있는 것

---

51) Julian Lider 저, 앞의 책, pp.17~19.

처럼 전략연구는 가장 가능성이 높은 전쟁종류에만 국한하여 전쟁 준비와 전투수행의 이론화를 돕는다기보다는 오히려 하나의 응용과학으로서 행동방책을 제공해 주는 역할밖에 못 한다고 할 것이다.

2) 마르크스 – 레닌주의 학자

마르크스 – 레닌주의 학자들은 군사이론구조의 개념적 측면에 더 많은 관심을 쏟아 왔다. 그 구조의 표준화 문제나 각 구성요소 간의 관계 등이 꾸준히 분석되어 왔을 뿐만 아니라 때때로 이에 관해 여러 가지 중요한 개선이 이루어져 왔다. 현재까지 통념은 군사이론에는 3대 요소가 있다는 것이며, 이것은 소련 군사이론의 표준적인 구조를 볼 수 있다. 이 요소란 ① 전쟁과 군에 관한 교육, ② 군사과학, ③ 군사 독트린을 말한다. 우선 전쟁과 군에 관한 교육은 전쟁의 철학적 그리고 사회적 관점에 관한 이론으로 구성되어 있다. 군사과학은 다음 3가지 주제로 구성되어 있다. ① 전쟁수행의 일반원칙과 전쟁과정 및 결과에 영향을 미치는 여러 가지 대외적 요인들에 관한 일반적인 아이디어들을 포함한 무력투쟁의 성격, ② 전투수단, ③ 전쟁에 군사적으로 대비하는 것 등이다. 군사 독트린은 특정시기에 특정한 상황 아래서 채택된 체계적인 견해로서 주로 장차전의 성격과 목적, 그리고 이에 대비하여 국민적인 군사적 체제를 정비하고 일단 전쟁이 발발하면 그것을 수행할 수 있는 방법을 준비하는 것으로 정의되고 있다.

군사문제는 원래 군사경제나 군사교육 같은 다른 사회활동을 포함하게 되고 군사지리나 군사탄도학 같은 자연과학 지식을 요구하며 군사공학 같은 여러 가지 기술형태를 응용하기 때문에 군사이론의 소위 인접 연구 분야는 상당히 많다고 할 수 있다. 이러한 이유 때문에 비록 이 문제에 관련된 많은 제안들이 나왔고 또 나오고 있지만 뚜렷한 최종적인 통념은 아직 형성되지 못하고 있는 형편이다. 또한 이와는 별도로 전쟁의 비군사적인 측면을 어떻게 다루어야 할 것인가에 관한 문제가 있다. 경제전이나 외교전 그리고 이념전 등 이와 유사한 형태의 투쟁들은 이미 현대전에서 부인할 수 없는 주요 단면을 이루고 있으며, 이에 관련된 개별적 연구에서는 전쟁의 사회 · 정치적 성격 및 무력투쟁의 본질과 함께 군사이론분석의 3번째 주요목표로 간주되고 있다. 하지만 아직까지는 이러한 문제들이 그 객관적 중요성의 부각만큼이나 충분한 연구의 관심을 끌지 못하고 있다.[52]

---

52) 위의 책, pp.20~21.

제4절 군사전략의 유형

군사전략의 유형은 평시 전쟁억제를 위한 억제전략과 억제 실패 시 국가방위를 위한 방위전략, 그리고 기타 (전·평시)전략으로 구분된다.

1. 억제(抑制: Deterrence)전략이론

전쟁억제 개념의 대두 배경은 현대에 들어와 전략의 가장 특징적인 변화를 한마디로 요약하면 무력전 수행보다는 전쟁억제에 비중을 둔 전략을 개발하고 있다고 할 수 있다.

현대전략의 특징
무력전 수행 < 전쟁억제

과거에는 전쟁에서의 승리만을 위해서 군사력의 운용에 대한 전략에 관심을 가졌지만 제2차 세계대전 후 핵무기 및 대량살상무기가 개발되면서 전쟁이 일어나면 공멸한다는 인식하에 전략을 발전시키고 있다.

1) 억제의 개념

억제용어의 어원을 살펴보면 '억제' 즉 영어의 deterrence는 라틴어의 terrere에서 유래하였다. 즉 terrere라는 말은 공포심, 무서움 등을 뜻하고 있으며 여기서 de라는 접두어는 공포심을 강조하는 의미로 사용한다. 따라서 억제라는 말은 엄청난 공포를 줌으로써 상대방이 원하는 대로 행동하지 못하도록 심리적으로 제지하는 것을 말하며, 이러한 억제의 개념은 최근에 등장한 것이 아니라 고대 그리스의 병학가인 베제티우스가 "평화를 원하거든 전쟁에 대비하라"라고 말했듯이 오래전부터 그 개념이 존재해 왔다고 볼 수 있다.

억제의 개념이 국제관계 및 국가안보전략에 본격적으로 사용되기 시작한 것은 일반적으로 핵무기시대라 부르는 제2차 세계대전 이후부터이며 핵무기가 가지고 있는 가공할 파괴력을 이용해서 적대국의 침략이나 전쟁 유발을 방지하려고 하는 차원에서 사용되었는데 이러한 사실들을 기초로 판단할 때 최초의 억제전략은 핵전략이라고 할 수 있다.

억제란 개념을 이해하기 위해서는 먼저 강압(强壓) 개념과의 차이점을 이해해야 한다. 적대관계에 있는 국가 간에 있어서 영향력을 행사하기 위해서는 상대국의 기저가치(基底價値)가 무엇인가를 파악해야 할 것이다. 군사력의 강압적 사용이란 이러한 영향력 행사의 현실화를 위한 구체적인 정책도구 중의 수단으로서 상대의 가치구조 또는 지각에 대한 변화를 유도하여 그들의 기대가치(期待價値)와 요구가치 간 격리현상을 야기하여 아측에 유리한 협상위치를 추구하는 데 그 목적이 있다.

이러한 군사력의 강압적 사용에 대한 이론적 배경은 Thomas C. Schelling에 의해 상징화되었으며, 대두되게 된 직접적인 동기는 소련의 핵능력의 발달과 이에 따른 핵에 의한 공포의 균형현상이 야기됨에 따라 대량보복의 비판결과로서 부각되기 시작했다. Thomas C. Schelling은 억제와 강압의 차이를 "억제란 위협의 사용으로 상대방의 의도에 영향력을 행사하여 무엇을 못 하게 하는 것이며, 강압이란 위협을 통하여 상대방이 무엇을 하도록 하는 것"이라고 설명하면서 양자 간의 가장 큰 차이점을 시기와 주도권 측면에서 분석하였다.[53] 즉 어떤 나라가 강압행동을 할 때에는 보통 상대방이 어떤 행동의 변화를 가져올 때까지 처벌을 계속하는 데 반해, 억제의 경우는 상대가 어떤 행동을 시작할 때 처벌을 가하는 것이다.

억제와 강압의 중요한 차이점 중 시간적인 측면에서 볼 때 억제를 통한 위협에는 강압의 경우와는 달리 언제까지 무엇을 해야 된다는 시간적 제약이 없다. 아측이 일정한 선을 제시하고, 이 선을 넘으면 자위를 위해 발포할 것이며, 지뢰를 폭파시키겠다고 할 경우 상대가 그 선을 넘을 때 비로소 위협을 실행하게 된다. 강압은 이에 비해 시간제한이 존재한다. 왜냐하면 시간제한이 없이 상대방에게 무엇을 강요한다는 것은 비효과적이며 순응의 긴박성을 강하게 인식시키기 위해서는 적정선의 시간제약이 필요하기 때문이다. 또한 상대가 어떤 행동을 할 때까지 무작정 기다릴 수는 없기 때문이다.

일반적으로 억제 위협의 형태는 'X라는 행동을 하지 마라. 만약 그러한 행동을 할 경우 나는 이 곤봉으로 너의 머리를 때리겠다'와 같으며, 강압위협의 형태는 '나는 지금 이 곤봉으로 너의 머리를 때리고 있으며, 내가 원하는 것을 너가 할 때까지 계속 때릴 것이다'와 같은 차이를 보이고 있다. 본 형태에 의하면, 피억제국은 X라는 행위를 취할 의도를 쉽게 거부할 수 있다. 왜냐하면 상대의 위협이 없어도 X행위를 하지 않으려고 했다는 자

---

53) Thomas C. Schelling, *Arms and Influence*, New Heaven: Yale Univ Press, 1967, pp.2~3.

신의 행위에 대한 합리화의 여지가 있기 때문이다. 그러나 강압의 경우 피강압국은 강압 요구에 따라 이미 실시 중인 행동을 중지하기가 쉽지 않은 것이다. 왜냐하면 강압에 의하여 자국의 행동이 중지 또는 후퇴한다는 것은 상대에 대한 명백한 복종을 의미하기 때문이다. 이와 같이 강압적 행위란 상대국가의 위신이나 명예 또는 국민적 감정에 큰 충격을 주기 때문에 확전의 가능성이 잠재하고 있는 것이다.

2) 억제전략의 정의

억제전략은 "적이 침략을 통해서 얻으리라고 예상하는 이익보다 손실이 더 크다는 것을 인식하도록 하거나, 여건을 불리하게 조성함으로써 적으로 하여금 침략행동을 단념케 하는 전략"을 말한다. 즉 억제전략은 적에게 공포심을 주어 전쟁도발을 못 하게 함으로써 평화를 달성토록 하는 전략인 것이다.

3) 억제의 조건

억제전략의 조건은 첫째, 적이 침략했을 때 거부 또는 보복할 수 있는 충분한 능력이며, 둘째, 응징보복 하겠다는 강력한 표명의 의지이며, 셋째, 이러한 능력과 의지를 적이 인식하도록 하는 신뢰성이 있어야 한다. 이러한 억제전략이 실현되기 위해서는 **의지, 능력, 신뢰성의 요건**을 갖춰야 하는데 **의지란** 억제하고자 하는 행위가 무엇이고 그 행위가 이루어질 경우 상대방에게 어떤 일이 일어나리라는 것을 상대로 하여금 알게 하는 것이다. **능력은** 억제자가 상대방이 얻고자 하는 이익에 비해 상대적으로 받아들일 수 없을 정도의 손실을 부과할 수 있는 능력을 갖추고 있어야 한다. **신뢰성은** 억제자가 제시한 위협을 진실로 현실화시킬 것이라는 사실을 피억제자가 믿게 하는 것을 말한다.

☞ 예) 한반도에서 한·미연합 전력에 의한 대북억제를 예로 들면, **의지가 있다는 것은** 한미 연합작계의 작성과 연합훈련을 실시하는 것을 들 수 있고, **능력이 있다는 것은** 훈련 시나 위기 시 미 항공모함이나 스텔스기 등 증원전력의 전개 및 배치 등을 통해 설명할 수 있고, **신뢰성은** 이러한 의지와 능력이 있음을 보여주는 것인데, 현재 한·미 간에는 상호방위조약을 체결하고 있고, 주한미군을 고정적으로 배치하고 있음을 통해 신뢰성이 있다고 할 수 있으며, 위와 같이 북한의 위협에 대해 미군의 의지, 능력, 신뢰성이 있기 때문에 억제전략의 성공으로 북한이 남침을 하지 못하고 있다고 판단할 수 있다.

4) 억제전략의 유형

억제전략의 유형에는 제재적 억제전략, 거부적 억제전략, 총합적 억제전략으로 구분할
수 있다.

(1) 제재적 억제전략

제재적 억제란 <그림 1-3>과 같이 잠재적 침략국에 대해 만일 그들이 침략을 개시한
다면 보복전력으로 견딜 수 없을 정도의 제재를 가할 것이라는 위협에 의해 공포심을 일
으키게 함으로써 결국 침략을 포기토록 하는 전략으로 일명 보복적인 억제라고도 하며
이 전략은 땅벌을 연상하면 쉽게 이해할 수 있을 것이다.

〈그림 1-3〉 제재적 억제

제재적 억제란 한마디로 하면 "보복위협에 대한 공포심을 유발하여 침략을 포기토록 하는
것"으로, 예를 들어 우리가 평시 대북 전략개념을 북한이 침략을 자행 시에는 한·미 연합전
력으로 견딜 수 없을 정도의 보복을 할 것임을 인식시켜서 북한의 침략의지를 분쇄하는 것
이라면 이것은 제재적 억제전략인 것이다.

제재적 억제는 상대적으로 강한 국가가 약한 국가를 대상으로 실시하며 제재적 억제를
달성하기 위해서는 **보복능력의 충분성**, 즉 상대방이 견딜 수 없을 정도의 보복을 가할 수
있는 충분한 군사능력을 갖추고, **보복의지의 전달**, 즉 나의 보복의지가 상대방에게 분명
히 전달되도록 해야 하며, **의지의 신뢰성**은 보복의지의 전달과정에서 전달매개체가 국가

의 입장을 대변하고 있다고 상대가 믿을 수 있는 신뢰성이 있어야 한다. 즉 적대국이 보복의지를 단순히 공갈 및 협박 정도로 인식하지 않고 침략 시 실제로 견딜 수 없을 정도의 보복을 당할 것이라고 인식하게 하는 것이다.

제재적 억제의 성립조건은 첫째, **보복능력의 충분성**으로 상대방이 견딜 수 없을 정도로 보복을 가할 수 있는 충분한 군사능력을 갖추고 있어야 한다. 충분한 군사능력이란 상대방보다 월등한 군사력 즉 제재적 억제를 위한 가장 효과적인 수단은 핵과 같은 전략무기를 보유할 필요가 있다.

둘째, **보복의지의 전달성**은 충분한 보복능력이 있다는 것과 강력한 보복의지를 상대국에게 인식시켜야 한다.

셋째, **보복의지의 신뢰성**은 아무리 확실하게 적대국에게 제재의지를 전달하더라도 적대국이 그것을 단순한 공갈 및 협박 정도로 간주한다면 억제효과를 기대할 수 없다. 따라서 신뢰도 확립을 확실하게 하기 위해서는 국가정책 및 전략에 보복력에 의한 제재의지를 명시하고 이를 실행하는 데 필요한 보복력의 충분성을 지속해야 하며 만일 충분한 보복력 유지가 불가능할 경우(비핵보유국가)는 집단방위조약 등을 체결하고 나아가서는 조약체결국가의 군대와 군사시설 및 그들의 가족 등을 자국 영토 안에 있게 하는 방법 등이 있다.

예를 들어 만일 북한이 한국을 침략할 경우 미국이 강력한 제재를 한다고 의지를 표명한다고 해도 북한은 이를 믿지 않으려 할 수도 있기 때문에 한·미 간에 상호방위조약을 체결하고 한국에 미군을 주둔시키는 것은 곧 인계철선과도 같은 보복력의 자동발동조건을 보여주는 것이라고 할 수 있다.

실제로 1998년도에 클린턴 정부는 신 핵전략을 발표하면서 화생무기를 사용하는 국가에 대해서는 핵을 사용할 가능성을 배제하지 않는다고 하였는데 이는 북한의 도발가능성에 대해 강력한 경고 메시지가 되는 것이다.

(2) 거부적 억제전략

제재적 억제를 위해서는 충분한 보복력의 보유가 핵심이라 할 수 있는데 초강대국 외에는 단독으로 잠재적국에 대한 제재적 억제능력을 보유하기가 어렵기 때문에 최소한 적의 침략을 거부할 수 있는 거부적 억제개념이 발전되었다. 거부적 억제는 잠재적 침략국이 침략을 통해 얻을 수 있는 이익보다 그러한 침략에 수반되는 비용과 위험이 훨씬 크다는 것을 인식하여 침략을 포기하게 하는 것이며 일명 고슴도치 전략이라 한다.

침략 COST / RISK> 이익 ⇒ **침략 포기**

☞ 예) 강대국(독일, 오스트리아, 이탈리아)에 둘러싸인 스위스나 사면(四面)이 적대국으로 포위된 이스라엘 그리고 스웨덴과 같은 작은 나라가 구사하고 있는 국가생존전략을 들 수 있다.[54] 그것은 비록 자국보다 더 강한 상대를 완전히 파괴할 수 있는 능력은 없어도 심대한 타격을 줄 수는 있다는 확고한 의지와 능력을 가짐으로써 가능한 방법이다. 특히 우리나라가 아무리 발전하고 강대해진다 하더라도 중국이나 일본과 같은 주변 강대국과 총력전을 벌여 승리할 수 있는 가능성은 희박한 점을 고려할 때 적이 우리를 공격하여 얻는 이점보다 잃는 손실이 더 클 것이라는 인식을 명백히 심어 줌으로써 우리에 대한 공격을 포기하게 할 수 있다는 것이다. 이러한 개념은 실제로 우리의 주변국을 대상으로 하는 군사전략에 반영하고 있는 개념이다.

거부적 억제 성립조건은 첫째, 거부능력의 충분성은 침략국이 추구하는 전략적인 목적 달성을 거부할 수 있는 충분한 방어능력을 말한다. 이것은 우리의 국방정책서나 합동군사전략서 같은 정책부서의 기획문서에 등장하는 '방위충분성'이라는 용어와 같은 의미이며, 한마디로 말해서 국가를 방위 가능한 적정수준의 전력을 유지하는 것을 말한다. 여기서 충분한 거부능력을 구비하기 위해서는 우선적으로 유사시 즉응체제가 확립되어 있어야 한다. 즉 적의 의도를 조기에 파악할 수 있는 조기경보 및 감시능력과 즉각 대응할 수 있는 능력을 보유해야 한다는 의미이다. 또한 즉응태세가 있다고 해도 거부활동을 장기간 지속할 수 있는 능력이 없으면 적이 장기전을 추구하면서 침략을 감행할 수 있으므로 거부활동을 장기간 지속할 수 있는 능력을 보유해야 한다.

둘째, 장기적인 거부능력과 더불어 국민적 결사항전 정신은 잠재적 침략국은 장기전으로 인한 인명손실이 증대됨으로써 반전여론 등 국민여론이 악화되기 때문에 정치지도자에게 큰 부담이 되어 결국은 전쟁 지속 의지를 포기하게 하는 중요한 요인이 되기 때문이다.

셋째, 다양성 및 적합성의 보유이다. 다양성은 간접침략 등 다양한 형태의 침략에 적절하게 대응할 수 있는 능력을 보유해야 한다는 것이고 적합성은 국력에 적합하게 거부능력을 유지해야 한다는 것이다.[55]

---

54) 이스라엘, 스위스: 국가총력전을 위한 국민 생활화 및 체질화되어 있다. 이스라엘: 24시간 내 50만 명 병력 동원 유지, 스위스: 48시간 내 63만 명 병력 동원 체제 유지.

55) 거부적 억제를 위한 적합성 측면: 예를 들면 국력에 불균형을 초래할 정도의 과도한 거부능력을 가지면 당장은 거부가 달성될 수 있을지 모르지만 경제적으로 불안정이나 곤란을 초래하게 되고 나아가서는 잠재적국의 간접침략을 유인할 수도 있게 된다는 점을 말한다.

거부적 억제는 적국보다 능력이 약한 국가가 사용하며, 또한 제재적 억제에 비해 상대적으로 소극적·수동적인 억제 전략이라 할 수 있으나 대부분의 국가에서는 비용대비 효과 측면에서 거부적 억제전략에 중점을 두고 발전시키고 있다. 침략을 통해 얻을 수 있는 이익보다 침략을 함으로써 비용과 위험이 훨씬 크다(이익 비용 / 위험)는 것을 인식하게 하여 침략을 포기하도록 하는 것이다. 이것은 상대적으로 약한 국가가 강한 국가를 대상으로 실시하는 것이라고 할 수 있으며 거부적 억제를 달성하기 위해서는 충분한 거부능력과 불굴의 저항 의지가 핵심적인 요소이다.

먼저 거부능력의 충분성이란 침략국이 추구하는 전략적인 목적 달성을 거부할 수 있는 충분한 방어능력을 말한다. 이것은 우리의 국방정책서나 합동군사전략서 같은 정책부서의 기획문서에 등장하는 '**방위충분성**'이라는 용어와 같은 의미로서 한마디로 말해서 국가를 방위 가능한 적정수준의 전력을 유지하는 것을 말한다. 여기서 충분한 거부능력을 구비하기 위해서는 우선적으로 **유사시 즉응체제가 확립**되어 있어야 한다.

예를 들면 적의 의도를 조기에 파악할 수 있는 조기경보 및 감시능력과 즉각 대응할 수 있는 능력을 보유해야 한다는 의미이다. 또한 즉응태세가 있다고 해도 거부활동을 장기간 지속할 수 있는 능력이 없으면 적이 장기전을 추구하면서 침략을 감행할 수 있다. 따라서 거부활동을 장기간 지속할 수 있는 능력을 보유해야 한다. 이러한 장기적인 거부능력과 더불어 **국민적 결사항전 정신**을 보유하게 되면 잠재적 침략국은 장기전으로 인한 인명손실이 증대됨으로써 반전여론 등 국민여론이 악화되기 때문에 정치지도자에게 큰 부담이 되어 결국은 전쟁지속의지를 포기하게 하는 중요한 요인이 되기 때문이다.

기타 사항으로 **다양성 및 적합성**의 보유이다. **다양성**은 간접침략 등 다양한 형태의 침략에 적절하게 대응할 수 있는 능력을 보유해야 한다는 것이고 **적합성**은 국력에 적합하게 거부능력을 유지한다는 것이다. 즉 과도한 거부능력은 경제적 불안을 초래하고 잠재적국의 간접침략을 유인할 수 있다.

☞ 예를 들면 **이스라엘**은 자원, 인구, 영토 측면에서 아랍 국가들에 비해 절대적으로 불리하다. 따라서 평소 소규모의 정예부대를 보유하고 그 정예부대는 기동 부대와 항공부대로 구성되어 있으며 유사시에는 대규모 동원에 의해 소규모 정예부대를 뒷받침하고 있다. 또한 동원을 한다 하더라도 장기간 동원하기가 어려우므로 정보 판단에 의존하기 때문에 정보력을 강화하였다. 이렇게 **정보력, 기동력, 항공력, 그리고 동원능력을 집중적으로 향상**시키고 아랍 국가들보다 상대적 우위를 유지함으로써 거부적 억제를 달성하고

있는 것이다. 제재적 억제나 거부적 억제는 모두 군사력에 의한 억제전략으로 볼 수 있다.

(3) 총합적 억제전략

총합적 억제전략 대두 배경은 앞에서 설명한 제재적 억제나 거부적 억제는 모두 군사력에 의한 억제전략으로 볼 수 있다. 그런데 제2차 세계대전 이후 선진국 간에 전쟁이 발생하지 않았는데, 그 이유가 이러한 두 가지 군사적 억제개념이 성공을 거두어서라기보다는 선진국가들이 전쟁억제와 평화유지를 위해 지속해 온 정치·외교적 활동과 국제적 환경 그리고 각 국가 내부의 안정을 추구하는 등 여러 가지 요인들이 복합적으로 작용하여 전쟁이 억제되었다고 보는 것이 타당할 것이다.

현대는 비군사적 수단에 의한 억제의 효용성이 높아짐에 따라 군사뿐만 아니라 비군사적 수단까지를 억제의 수단으로 활용하는 총합적 억제개념이 발전된 것이다. 따라서 총합적 억제전략의 개념은 국가의 군사 및 비군사적으로 이용 가능한 모든 수단을 동원해서 적으로 하여금 침략행동을 단념케 하는 전략이다. 총합적 억제의 방법에는 비적대적 억제, 보상적 억제, 상황적 억제, 상호의존적 억제, 비대의명분적 억제 등 다섯 가지가 있다.

① 비적대적 억제는 적대적 관계를 비적대적 관계로 개선하여 침략의 근원적 조건을 소멸시키는 것이다. 이는 대립적 관계에 있는 국가에 대해서 정치, 경제, 사회, 문화 분야 등에서 다양한 신뢰관계를 구축하고 건실한 공존관계를 형성함으로써 달성할 수 있다.

비적대적 억제: 대적 관계 → 비적대적 관계 ⇒ 침략근원 제거

☞ 예를 들면 우리나라가 북한과의 관계에 있어서 식량지원 및 경제협력 등 제 분야에서 관계를 증진하고 사회·문화적 동질감을 형성하여 적대관계를 청산함으로써 평화공존관계를 형성한다면 북한의 침략을 억제할 수 있는 가장 바람직한 방법이 될 수 있다. 그러나 이와 같은 비적대적 억제는 그러한 노력의 과정에서 분쟁이나 전쟁이 발생할 수도 있다는 점에서 이것 자체만으로는 전쟁억제에 한계가 있다.

즉 총합적 억제란 군사적·비군사적 제 수단을 사용하여 적이 침략을 포기하도록 유도하는 것을 말한다. 이러한 이론이 비교적 합리적으로 받아들여질 수 있는 등장 배경은 다음과 같다. 제2차 세계대전 이후 선진 제 국가 간에 전쟁이 발생하지 않는 이유를 생각해 보면 거기에는 군사적 억제력뿐만 아니라 군사력 외에 비군사적 요인이 존재했을 것이라

는 주장에서 기인한다. 선진 각국 정부가 전쟁억제와 평화유지를 위해 계속해 온 끊임없는 외교적·정치적 활동, 전쟁억제를 위해 작용하는 국제환경의 존재, 각국 내의 안정화 세력 등을 고려할 수 있으며 그들 각 요인이 전쟁억제라는 결과를 가져온 것이라고 보는 것이 오히려 타당할 것으로 간주되었던 것이다. 따라서 전쟁을 정치의 연속으로 보는 현대의 전쟁관에 입각한다면 정치의 일부로서의 전쟁을 억제하기 위해서는 군사적 수단뿐만 아니라 이용 가능한 모든 비군사적 수단을 동원하는 국가전략으로서 총합적 억제전략을 구상하는 것이 보다 합리적인 것으로 생각된다.

② 보상적 억제는 정치적 요구를 강요하는 적대국에게 어떤 대가 즉 경제 및 기술 원조, 편의 제공 또는 위신을 세워 주는 등의 대가를 줌으로써 군사력을 행사하지 않고도 정치적 요구를 거두었다는 만족감을 느끼도록 해서 침략행동을 방지하는 것을 말한다. 예를 들면 북한의 핵무기개발을 억제하기 위해서 경수로지원이라든가 기타 경제지원 등과 같은 대가를 대신 제공한 것을 들 수 있다.

③ 상황적 억제란 <그림 1-4>와 같이 잠재적 침략국에게 불리한 국제적 상황을 조성함으로써 침략할 수 있는 여건을 없애는 것으로 우리에게 침략위협을 가하는 국가가 있으면 그 주변 국가들을 이용해서 침략여건을 없애는 것이다. 즉 적대국과 대립하고 있는 여러 국가들로 하여금 적대국에게 위협을 가하게 하여 적대국이 이들 국가들에게 경계와 대비를 하게 함으로써 자국 및 동맹국에 대한 침략행동을 일으킬 수 있는 여유를 가질 수 없게 하는 것이다.

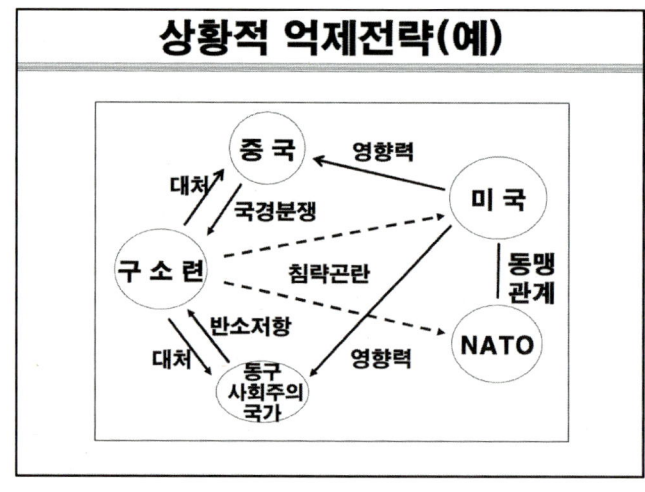

〈그림 1-4〉 상황적 억제

☞ 예를 들면 1960년대 말 냉전시대에 미·소관계에 있어서 미국이 소련의 침략전쟁을 억제하기 위해서 적용하였던 사례이다. 미국과 미국의 동맹세력인 나토국가들, 미국과의 적대국인 소련, 당시 중·소 국경분쟁 등으로 소련과 대립 중이던 중국, 소련에 대한 저항의식을 가지고 있던 동구 사회주의 국가들의 상황이다. 중·소 간에 대립이 격화되면 격화될수록, 소련의 지배체제에 대해서 잠재적으로 적대의식을 갖고 있는 동구 사회주의 국가들의 반소저항이 크면 클수록 소련은 이에 대응할 수 있는 대규모 군사력을 대 중국 국경과 동구제국 내부에 충당하지 않을 수 없을 것이다. 이에 따라 나토국가들에 대한 침략을 시도할 수 있는 여유가 없어지게 될 것이기 때문에 소련의 전쟁발발을 억제하기 위해서는 이러한 소련의 주변국이나 중국에 대해서 특정한 이익을 이용하여 미국에게 유리한 행동이나 태도를 보이도록 유인한다는 것이다.

이와 같은 미국의 상황적 억제의 사례는 고도로 교묘한 정치·외교적 활동이라고 할 수 있다. 이러한 상황적 억제는 실제로 많은 국가들이 자국의 국방이나 외교전략의 기초로 적용하고 있지만 사실 이것은 타 국가에 영향력을 미칠 수 있을 정도로 외교역량과 국력의 뒷받침이 있어야 할 것이다. 그러나 우리의 주변국들이 국가이익과 관련하여 상호 영향력을 미치고 있는 우리의 안보구도를 고려할 때 견제와 협력 정책을 적절히 활용하여 국가이익을 보호 및 증진할 수 있는 측면에서 가치가 있다.

④ 상호의존적 억제란 경제협력 등의 상호의존관계를 강화하여 만일 침략으로 그 관계가 파괴되면 국가이익에 막대한 손실을 초래하게 될 것을 예상하도록 함으로써 억제를 달성하려는 것이다. 또한 적대관계에 있는 나라와 경제적 수단 등을 통해서 상호의존적인 관계를 형성하여 만일 침략으로 그 관계가 파괴되면 국가이익에 막대한 손실을 초래하게 될 것을 예상하도록 함으로써 침략을 자제토록 하는 것이다.

☞ 예를 들면 대북관계에 있어서 금강산 관광, 개성공단 등 경제협력 등을 통해서 상호 간에 이익이 있는 상호 의존관계를 공고히 하여 북한 경제에 극히 중요한 비중을 차지하게 함으로써 북한이 경제적 이익 때문에 도발행위를 못 하도록 하는 것이 바로 상호의존적 억제개념에 해당되는 것이라고 볼 수 있다.

⑤ 비대의명분적 억제는 정치적 수단으로 침략의 대의명분을 없애는 것으로서 우리의 평화이미지를 고양하여 침략의 명분을 없애는 것이다. 이를 위해서는 평시부터 국제사회에 평화국가라는 이미지를 심어 놓는 한편 적대국가에게는 침략의 구실을 없애거나 침략을 감행하기 어려운 여건을 조성하는 것이다.

지금까지 살펴본 억제전략을 종합하면 이론적으로는 제재적 억제, 거부적 억제, 총합적 억제로 구분할 수 있으나 실제적으로 한 국가가 채택하는 전략에는 이 중에서 하나를 채택하는 것이 아니라 상황에 맞게 각 전략의 장단점을 활용하는 지혜가 필요하다. 특히 유념해야 할 것은 전쟁억제를 위해서는 어떠한 억제전략을 채택하더라도 자국을 방어할 수 있는 적정수준의 군사력의 준비가 있어야 한다는 것이다. 즉 국가가 하나의 통일된 의지를 표명하여 억제를 실시해야 하나 국가는 다양한 조직체로 이루어져 있다. 그 조직만큼 다양한 이해관계가 얽혀 있어 하나의 의지를 나타내는 것이 제한적이고 상대방에 대한 충분한 정보와 상황평가로 적절한 억제전략이 구사되어야 하나 상대에 대한 불확실성과 이로 인한 오해로 마찰이 발생될 수 있다. 그리고 양자 간에 특정분야에서의 국익이 일치되어야 하나 북한의 경우처럼 우리와의 직접적인 관계에서는 크게 잃을 것이 없다고 판단할 경우에는 억제전략의 달성이 제한되는 것이다.

　억제와 혼동하기 쉬운 억제와 강압의 개념을 비교해 보면 <그림 1-5>와 같다.

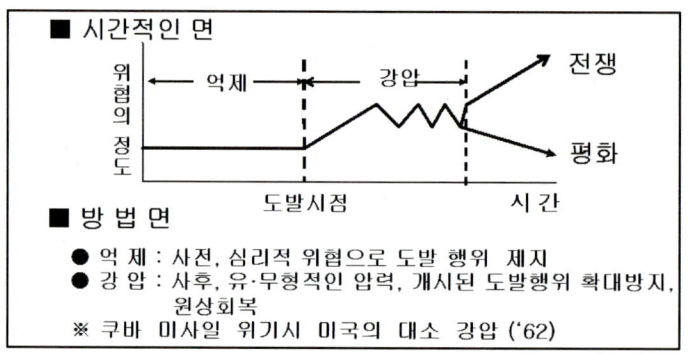

〈그림 1-5〉 억제와 강압의 차이

　먼저 시간적인 면에서 억제는 도발이 발생하기 이전까지의 활동을 말하고 강압은 도발이 발생한 이후 이에 대처하여 종료된 시점까지를 말한다. 방법 측면에서는 억제는 도발 이전 심리적 위협으로 도발행위를 제지하는 것이고 강압은 도발 이후 유·무형적인 압력으로 개시된 도발행위의 확대를 방지하고 원상회복하는 것을 말하다.

　☞ 강압의 실례로는 쿠바에 의한 미사일 위기 시 미국이 멕시코 만 봉쇄를 통한 대소 강압전략을 구사하여 위기를 해결했던 것을 들 수 있다.

2. 방위전략

1) 방위전략의 개념

방위전략이란 억제 실패 시 외부의 침략으로부터 국가를 보호하기 위한 전략을 말한다.

2) 방위전략의 유형

방위전략의 유형은 <표 1-3>과 같이 전략태세, 방위선, 전쟁기간, 작전방식 등에 따라 다양하게 분류할 수 있으며 한 국가는 전략 수립 시 다양한 전략을 선택하고 조합해서 방위전략을 수행한다.

〈표 1-3〉 방위전략

■ **개념**
억제 실패시 외부의 침략으로부터 국가를 보호하기 위해 사용하는 전략

■ **방위전략 유형**
- 전략태세: 수세, 수세 후 공세, 공세
- 방위선: 전진 방위, 국경선 방위, 역내 방위
- 전쟁기간: 속전속결, 지구전
- 작전방식: 연속, 누적, 병행전
- 접근방법: 직접전략, 간접전략
- 대응방법: 대칭전략, 비대칭 전략
- 대상기간: 장기간 군사전략, 단기간 군사전략

출처: 육군장기발전안(육군본부), 합동대 토의 결과

(1) 전략태세에 따른 구분

전략태세별 전략의 구분은 <표 1-4>와 같이 수세전략과 수세 후 공세전략, 그리고 공세전략으로 구분할 수 있다.

〈표 1-4〉 전략태세별 방위전략

```
■ 전략태세별
  ● 수세전략: 방어준비 지형이점 활용, 주도권 제한
  ● 수세후 공세전략: 적의 선제공격 전제하 공세이전
    * 조기경보, 공세 기동전력 배비
  ● 공세전략: 주도권 장악, 유리한 상황하 결전
    ○ 선제 공격 전략
      :전쟁 불가피성 인식 ➡ 위기상황 조성 ➡ 선공세
    ○ 예방 전쟁 전략
      :상대방이 유리한 태세 개전 ➡ 적보다 앞서 개전
```

출처: 육군장기발전안(육군본부), 합동대 토의 결과

① **수세**(Defensive)**는** 일단 적의 공세를 기다렸다가 가용한 모든 수단과 방법을 동원하여 적의 공격을 저지·격멸하는 수동적인 태세이다. 이와 같은 **수세전략은** 군사력 건설 및 운용에 있어서 주기능이 방어에 있는 전략이다. 방어준비와 지형의 이점 등을 활용할 수 있는 장점은 있으나, 시기, 장소, 수단 면에서 주도권을 장악할 수 없고, 적의 방책에 따라서 대응해야 하는 불리한 측면이 있다.

☞ 이 수세전략의 대표적인 예로는 **스위스**를 들 수 있는데, 스위스는 기본적으로 영세중립국이라는 정치적 입장과 더불어 독일, 오스트리아, 이탈리아와 같은 주변 강대국 속에서 알프스와 같은 험난한 지형과 기상의 이점을 이용하여 적의 공격력을 격퇴시켜서 국토를 방위한다는 개념을 적용하고 있는데, 이것은 전형적인 수세전략인 것이다.

② **수세 후 공세전략은** 통상 수세·공세전략이라고 말하는데 기본적으로 공세작전으로 전략목표를 추구하는 것을 원칙으로 하되 상대방의 선제공격을 전제로 일단 전략적 수세를 취하다가 즉시 공세로 이전한다는 전략으로써 적이 공격과 동시에 즉각 반격한다는 개념이다. 이 전략의 성공 여부는 조기경보능력과 공세적 즉응태세 유지에 있다.

☞ 이러한 수세·공세전략은 현대의 대부분의 민주국가들이 채택하고 있는 전략으로써 우리나라도 이 개념을 반영하고 있으며 현재 공세적 방위를 유지하고 있다.

③ **공세전략은** 군사력 건설 및 운용에 있어 주기능이 공격에 있는 전략이다. 공세전략은 자주적이며 능동적으로 행동의 자유를 보장하여 전쟁의 주도권을 장악할 수 있기 때

문에 유리한 입장에서 결전을 기도할 수 있다. 이러한 공세전략은 **선제공격전략**과 **예방전쟁전략**으로 구분할 수 있다. 먼저 선제공격(자위적)전략은 양국이 모두 전쟁의 불가피성을 인식하는 일촉즉발의 위기상황에서 선제공격의 이점을 이용하고, 기선을 제압하기 위해 먼저 공세를 취하는 전략이다.

☞ 대표적인 사례로는 3차 중동전을 들 수 있다. 첫째, 선제공격 전략은 <그림 1-6>과 같이 이스라엘은 3면이 적대국인 아랍 4개국(이집트, 요르단, 시리아, 레바논)에 둘러싸여 있고 전략적 종심이 극히 결여되어 있어 적의 기습공격에 대처할 효과적인 방어와 반격을 위한 시간과 공간이 제한되었기 때문에 국가안보에 위협이 있을 때 선제공격을 적극적으로 사용하고 있다.

〈그림 1-6〉 선제공격 전략

실제 이스라엘은 1967년 3차 중동전쟁 시 이집트와 요르단, 시리아에 대해 자위적 선제기습공격을 통해 단 6일 만에 이스라엘 영토의 6배를 확장한 전쟁의 기적을 이루었던 것이다. 당시 아랍과 이스라엘 측은 갈리리 호에서의 포격전이 확대되어 나타난 시리아군과의 공중전을 기점으로 위기가 급상승하였다.

즉 공중전에서 시리아군 미그기 6대가 격추됨에 따라 시리아 바트당을 지원하고 있던 소련은 시리아 정권의 유지를 위해 이집트를 동원하여 이스라엘을 견제하려는 의도에서 이집트에게 이스라엘의 시리아 침공준비라는 허위정보를 제공하였고 이집트는 시나이 반도에 진군하고 완충역할을 하고 있던 유엔군을 철수시킴으로써 언제든지 직접적인 군사적 충돌 가능성이 있었다. 또한 1967년 5월 23일에 티란 해협을 봉쇄함으로써 이스라엘의 경제를 더욱 취약하게 하였다. 당시 이스라엘에게 위기감을 더욱 고조시켰던 원인은 국경선을 맞대고 있던 요르단과 이집트의 상호방위조약 체결(1967.5.30.)이었다. 이는 실질적인 아랍연합군 사령부의 완성을 의미하는 것으로 실제로 이 사건 이후 이라크는 이집트와 방위협정을 체결하고 군사력을 요르단에 전개하고 쿠웨이트군은 시나이 반도에 배치되는 등 아랍제국 간의 군사적 결속이 가속화되었다.

이스라엘이 아랍 각국에 의해 포위되고 아랍의 가까운 공격거리 내에 노출되는 상황에 직면하자 에시콜 수상은 6월 1일 다얀을 국방상으로 임명하게 되었다. 이스라엘의 위기인식은 다얀의 당시 상황인식에 대한 발언에서 정확하게 표현되었다. 즉 "나로서는 바로 지금은 너무 늦고 또 너무 이르다고 생각한다. 즉 봉쇄를 풀기 위한 군사행동 등의 직접적인 반응을 보이기에는 너무 이르고, 외교적 방법을 통해 어떤 문제의 해결책을 찾아내기에는 너무 늦다는 것이다"라고 하였다. 결국 6월 4일 이스라엘 내각은 최종적으로 전쟁은 피할 수 없는 것으로 확정하고 이스라엘의 선제기습공격이 개시되었던 것이다.

둘째, <표 1-5> 예방전쟁 전략은 전쟁의 발발이 당장 급박한 상황에 이르지는 않았지만 조만간에 일전이 불가피하다고 판단되는 긴장 속에서 적이 유리한 전략태세하에서 전쟁을 개시하는 것을 예방하기 위하여 적보다 앞서서 개전하는 공세전략을 말한다.

〈표 1-5〉 예방전쟁 전략

■ 개념
　조만간 일전이 불가피하다고 판단되는 긴장 속에서 적이 유리한 테세하에서 전쟁을 개시하는 것을 예방하기 위하여 개전하는 전략
■ 전례(제4차중동전)
　● 6일 전쟁 이후 전쟁위기 고조
　　ㅇ 6일 전쟁패전보복기회, 이스라엘 점령지역 현상유지
　● 이집트의 판단
　　ㅇ 이스라엘 방위태세 취약점 노출, 아랍권의 내부결속 공고화

출처: 육군장기발전안(육군본부), 합동대 토의 결과

☞ 대표적인 예로는 4차 중동전 시 이집트의 대이스라엘 공격이다. 당시 이집트는 1967년 6일 전쟁 이후 긴장이 팽배되고 있던 대이스라엘 관계가 조만간 전쟁의 재발로 치달을 것으로 판단하였다. 즉 6일 전쟁 이후 소규모 교전이 지속적으로 전개되고 있었고 이는

1972년에 절정에 다다랐다. 또한 이는 아랍민족의 자존심회복과 빼앗긴 국토회복의 열망에서 비롯된 것이었다. 물론 나세르를 뒤이은 사다트에 의해 전쟁보다는 외교적인 방법에 의한 문제의 해결을 위한 시도도 있긴 했었다. 그러나 1971년을 기점으로 사다트는 외교적 노력만으로는 평화를 달성하기 힘들다고 판단하고 군사공격을 서서히 준비하기 시작했던 것이다.

더욱이 1972년 5월의 닉슨-브레즈네프 회담결과 발표된 상호 간 중동에서의 군사적 긴장완화 결의는 중동에서의 이스라엘의 우위인정과 점령상태의 유지 가능성을 의미하는 것이었으므로 사다트로서는 미·소 간에 이루어지려 하는 현상유지의 기세를 타파하여야만 하는 것이었다. 또 그간 민족주의 측면에서 보복의 기회를 찾아오던 중 대이스라엘 전력이 어느 정도 대등한 시점인 1973년에 개전을 하게 된 것이다.

또한 이 시기는 실제로 이스라엘 방위태세의 취약점이 최대한 노출된 상태에 있었으므로 개전이 아랍권의 내부결속을 삼을 수 있는 좋은 계기가 될 수 있다고 믿었던 것이다. 즉 이스라엘은 10월 말에 총선거에 온 관심을 쏟고 있었으며 5월의 동원으로 경제적 손실이 커 동원을 비교적 용이하게 결정할 수 있는 상황이 아니었다. 또한 3차 중동전쟁 시 선제기습공격으로 국제적으로 비난받아 정치적으로 고립된 상태여서 전략적으로 과거와 같이 선제공격을 쉽사리 행동으로 옮기기에 제한되는 상태였다.

여기서 <표 1-6>과 같이 선제공격과 예방전쟁의 차이점을 살펴보면 선제공격은 비교적 단기간에 양자가 공히 전쟁의 불가피성을 인식하고 어느 한쪽이 먼저 선수를 치는 것임에 반해, **예방공격은** 비교적 장기간 동안에 상대방보다도 아측이 전쟁불가피성을 더 긴박하게 인식하고 개전을 하는 것이다.

〈표 1-6〉 선제공격 및 예방전쟁 비교

구분	선제공격	예방전쟁
기간	단기간 (일촉즉발)	선제공격보다 비교적 장기
목적	'긴박한 위협'에 대한 대응	적 전쟁수행능력 구비제거
기선	적	아측
합법성	전쟁명분획득가능 (국제사회 인정)	전쟁명분 획득 불가
예	제3차 중동전	제4차 중동전

출처: 선제공격전략의 적용과 실제, pp.3~17

선제공격도 적의 공격이 확실한 상황에서의 방어적 선제공격일 경우는 국제적으로 어느 정도 이해를 해 주는 추세이다. 그러나 현실적으로는 **방어적 선제공격**이냐, **기습을 위한 선제공격**이냐 하는 명확한 증거를 확인하기가 쉽지 않아서 전쟁명분에 있어 국제적 지지를 얻기가 매우 어렵다. 또한 국내적으로도 자유민주주의 체제하에서 국민적 공감을 얻기도 어렵기 때문에 이러한 공세전략을 채택할 수 있는 여건은 극히 제한될 수밖에 없었다.

(2) 방위선에 따른 구분

미국의 방위선 전략에 의하면 방위선에 따른 구분은 결전을 어디에서 하려고 하느냐에 따라 **전진방위전략, 국경선 방위전략, 역내 방위전략**으로 구분할 수 있다. ① **전진방위전략**이란 국경선 전방에서 결전을 수행하고자 하는 전략이다. 이것은 작전 및 전술에서 적 지전장확대 개념을 국가적 차원에서 적용한 것이라고 이해하면 되겠다. ② **국경선 방위전략**이란 국경선 지역에서 적을 격멸하려는 전략으로 대부분의 국가가 명시적으로 채택하는 전략개념이다. ③ **역내 방위전략이란** 적을 국토 내부로 끌어들여서 방위하는 개념으로서 예컨대, 제2차 세계대전 당시 구소련이 독일의 공격에 대하여 공간을 양보하는 대신 시간을 획득하여 침략국의 전력을 약화시켜 격퇴하였던 전략개념을 들 수 있다.

☞ 예로 **한국의 방위선에 의한 전략개념**은 〈그림 1-7〉과 같다.[56]

〈그림 1-7〉 방위선에 의한 분류

---

56) 방위선에 의한 전략개념은 일반적으로 감시권, 방위권, 사이버권, 우주권을 구분하여 각 국가들은 방위전략을 수행하고 있다. 이 그림은 예)를 들어 한국의 방위전략을 설명한 것이다.

첫째, 방위선에 의한 분류는 잠재적 위협에 대비하여 군사적 수단 및 능력 확보와 군사력 운용에 대한 지침을 제공하고 거부적 방위를 구현할 수 있도록 전장공간을 감시권, 방위권, 결전권, 사이버·우주권으로 구획하였다.

감시권은 서울 기점 2,000km이다. 잠재적 위협국의 중심을 감시하고 정찰하며 도발 징후를 조기에 포착, 경고할 수 있는 지역이며 전략환경 변화에 따라 확장이 가능하다. 또 이 지역에서는 거부적 억제를 달성하기 위해 지대지, 함(잠)대지, 공대지 미사일 등 전략무기를 선별적으로 운용할 수 있다. **방위권은** 한·중 국경선(통일 이전 MDL) 및 배타적 경제수역(EEZ: Exclusive Economic Zone: 영해 넘어 200해리까지), 한국방공식별구역(KADIZ: Korea Air Defense Identification Zone)까지의 권역으로 신속 대응 전력을 이용하여 분쟁을 제한하거나 확전을 방지하며 적의 침공을 차단하고 격퇴하는 지역이다. **결전권은** 한반도 부속도서 및 영해, 영공을 포함하는 지역으로 어떠한 경우에도 국가의 주권 및 생존을 위해 승리해야 하는 최후의 결전 공간이다. **사이버권은** 정보 기반구조에 대한 해커, 바이러스 등 공격과 방어가 이루어지는 공간으로 우리의 정보 및 정보체계를 보호하고 적의 정보 및 정보체계는 파괴 또는 마비시킨다. **우주권은** 우주력 간의 공방이 벌어지는 공간으로 우리의 우주력 운용을 보장하고 우주력으로 합동전장 운영을 지원한다.

(3) 전쟁기간에 의한 유형은 속전속결전략과 지구전전략으로 구분해 볼 수 있다. ① **속전속결전략은** 현대국가들이 대부분 채택하는 전략으로서 전투력 집중과 신속한 기동을 통하여 적의 핵심 전쟁수행 역량을 무력화시켜 조기에 전쟁을 종결시키려는 단기결전전략이다. ② **지구전전략은** 국가의 제 수단을 활용하여 장기전을 통해 적의 저항의지와 능력을 제거하여 전쟁목적을 달성하려는 전략이다.

☞ 예를 들면 모택동의 지구전 전략을 들 수 있다.

(4) 작전방식에 의한 유형은 <그림 1-8>과 같이 연속전략, 누적전략, 병행선전략으로 구분된다. 이 중 **연속전략과 누적전략은** 미국의 와일리 제독이 주장한 것이다. ① **연속전략(Sequential Strategy)은** 최종목표에 이르는 중간과정을 개념적·시간적으로 순차적 단계를 설정한 전략으로서 앞선 행동의 성공이 바탕이 되어 다음 행동을 실시하는 것을 말한다.

☞ 예를 들면 제2차 세계대전 시 연합군의 반격작전이 아프리카에서부터 이탈리아, 유

럽남부, 독일중심부에 이르는 공격으로 진행했던 사례를 들 수 있다.

② **누적전략(Cumulative Strategy)**은 개념적이거나 시간적인 차원에서 제반 행동을 체계적으로 조직하지는 않았지만 사소한 활동들이 모르는 사이에 누적되어 마침내 누적된 활동들의 총계가 중대한 가치(전체의 붕괴)를 발휘하게 되는 전략으로서 아군에게 유리하고 적에게 불리한 결과를 지속적으로 누적함으로써 목표를 달성하는 전략이다.

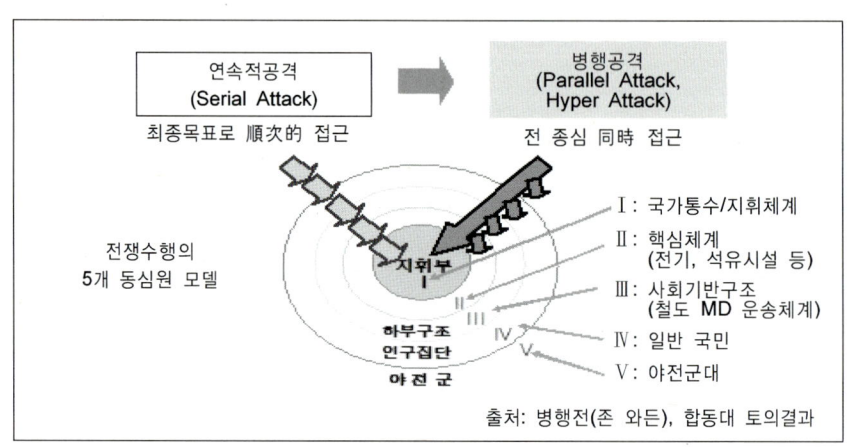

〈그림 1-8〉 작전방식에 의한 분류

☞ 예를 들면 잠수함 전역이나 항공 전략폭격 **등**은 개별적인 군사행동인 듯하나 전쟁 승패에 결정적으로 기여하게 되는 전략으로서 제2차 세계대전 시 태평양에서의 잠수함 전역 등이 될 수 있다.

③ **병행전 전략(Parallel War Strategy: John A. Warden)**은 존 와든이 최초로 주장한 것으로 국가의 구성체계(국가통수 및 군사지휘기구, 핵심체계, 사회기반구조, 일반국민, 야전군대)에 대한 각 중심을 동시 공격하여 파괴함으로써 조기에 전승을 추구하는 전략이다. 미래 군사 선진국들은 재래식 전쟁에서 연속 및 누적전략보다는 병행전 전략을 활용하여 조기 전승을 추구할 것으로 예상된다.

3. 기타 (전·평시)전략

기타 전략에는 접근방법에 따른 유형, 대응방법에 따른 유형, 대상기간에 의한 분류 등 세 가지로 구분된다. 접근방법에 따른 유형은 간접전략과 직접전략이 있으며, 대응방법에 따른 유형은 대칭전략과 비대칭전략이 있다. 또한 대상기간에 의한 분류는 장기 군사전략과 단기 군사전략으로 구분된다.

1) 접근방법에 따른 유형

접근방법에 따른 유형은 직접전략과 간접전략으로 구분할 수 있는데 이와 같은 구분방법과 용어는 프랑스의 앙드레 보프르 장군이 그의 저서 전략론에서 최초 사용하였고 그 뒤 행동의 전략(Strategy of Action)에서 더욱 다듬어져서 일반화되었다. 첫째, 간접전략은 정치, 외교 및 경제, 사회 등 비군사적 방법으로 행동의 자유를 확대하고 그 틀 내에서 군사적 방법을 적용하는 전략이다.

둘째, 직접전략은 군사적 방법을 주수단으로 활용하여 적 주력을 직접 지향하여 격파하려는 전통적인 군사전략이다. 그러면 직접전략과 간접전략의 차이점은 무엇인가? 직접전략과 간접전략의 구분방법은 결국 전략수행의 주수단에 따라 구분할 수 있다. 즉 군사력이 주수단이라면 직접전략이며, 보조수단이라면 간접전략이 되는 것이다.

2) 대응방법에 따른 유형

대응방법에 따른 유형은 대칭전략과 비대칭전략으로 구분해 볼 수 있다. 첫째, 대칭전략은 상대방의 목적과 수단에 따라 맞대응하는 전략이다. 둘째, 비대칭전략은 전략환경과 군사과학기술 및 전쟁수행방법을 고려하여 상대방과 비대칭적인 목표와 수단 및 방법으로 목적을 달성하고자 하는 전략이다.

3) 대상기간에 의한 유형은 장기 군사전략과 단기 군사전략으로 구분할 수 있다. 첫째,

장기 군사전략은 장기 목표연도에 추구할 전략목표를 설정하고 전략목표를 구현하기 위한 전략개념을 수립하며, 전략개념 구사에 소요되는 수단을 산정하여 군사력 건설방향을 제시하는 양병(養兵) 위주의 전략을 말한다.

둘째, 단기 군사전략은 차기연도 전쟁발발을 가정하고 차기연도 가용 전력을 제시하여 이를 기초로 전략목표를 설정하며 전략목표 구현을 위한 전시 전략지침 및 각 군 과업을 제시하는 전략으로 작전계획을 지도하는 용병(用兵) 위주의 전략이다.

4. 군사전략의 구비요건

군사전략의 구비조건은 최초 군사전략기획의 구상단계로부터 최종 결론단계까지 단계마다 적합성, 달성 가능성, 용납성을 고려하여 단기 및 중·장기 군사전략기획을 구상하고 작성해야 한다.[57]

첫째, 적합성(Adaptability)

적합성은 군사전략이 국가목표 달성에 적합하며 국가전략 또는 정책에 부합한가의 문제이다. 군사전략이란 국가목표 달성의 한 수단이지 군사활동 자체가 목적일 수 없기 때문에 군사전략이라는 수단은 항상 상위목적에 적합해야 한다. 따라서 공격적 무력행사 등 순수한 군사적 관점에서 가장 좋은 전략일지라도 그것이 국가목표 달성에 기여하지 못하거나 저해된다면 전략의 가치를 상실하게 된다.

둘째, 달성 가능성(Feasibility)

전략이 적합성을 충족시킨다면 다음은 전략개념 시행으로 군사전략목표 달성이 가능한가 그리고 그 개념이 가용자원 및 능력(정신적·물리적)으로 시행 가능한가 하는 질문에 대한 답이 요구된다. 달성 가능성의 문제는 단순히 가용자원의 충족 여부뿐만 아니라 조직원의 수단운용 능력도 분석되어야 한다. 제4차 중동전 시 아랍 측이 초기 기습의 성공을 확대할 전략을 선택하지 못한 이유는 전략선택의 오류나 자원의 가용성 때문이 아니라 기동전 능력에 있어서 이스라엘군에 비해 이집트군의 상대적인 능력제한 때문이었다.

자원과 능력이 뒷받침되지 못한 전략은 환상에 불과하며 그와 같은 달성 불가능한 전략 선택은 오히려 패배를 자초하게 된다. 예컨대 '보복력이 없는 억제전략', '기동전 수행 능력이 없는 공세전략' 등이 그 예이다.

셋째, 용납성(Acceptability)

용납성은 다음과 같은 두 가지 의미를 포함하고 있다. 먼저 그 전략이 적합성과 달성 가능성을 충족시킨다고 하더라도 비용 대 효과의 측면에서 용납될 수 있느냐 문제이다. 그러나 비용의 문제는 국가 생존과 직결되는 수세의 입장에서 고려되는 것이 아니라 전쟁을 통해 어떤 목표를 달성하고자 하는 전쟁 결심의 경우 또는 반격 시 고려될 문제이며 그것은 목표의 소요수단 간의 가치에 대한 평가문제이다.

---

57) 육군대학, 『전략기획』(대전: 육군대학, 2008) 참조.

또한 용납성은 전략의 수단과 방법의 도덕성을 검토하게 한다. 비록 무력투쟁이 죽이고 죽는 것을 전제로 하고 있지만 국제적 지지가 전략의 성공을 좌우하게 되는 현대 무력투쟁에 있어서 전쟁의 목적에 걸린 명분뿐 아니라 전략의 수단과 방법의 인륜적 관점에서 국내외적인 용납성을 충족시켜야 한다. 예컨대 수단 측면에서 국제적으로 사용이 제한되거나 금지된 화생방 무기의 사용과 방법 면에서 무차별 학살이나 초토화 작전 등은 용납성을 저해시킬 것이다.

제3장 주요 전략이론가의 전략사상

제1절 손자, 클라우제비츠

1. 손자(孫子)

* 중국 제(齊)나라 출생
* 兵者 國之大事 死生之地 存亡之道 不可不察也.
- 전쟁이란 국민의 생사와 국가의 존망이 달린 중대사이니 깊이 살피지
  않으면 안 된다. -
* 百戰百勝, 非善之善者也, 不戰而屈人之兵, 善之善者也.
- 백전백승은 차선이며, 싸우지 않고 적을 제압하는 것이 최선이다. -

1) 생애 및 시대적 배경

중국에서 가장 오래된 역사서의 하나인 사기(史記)의 재태공세가조(齊太公世家條)를 보면 주나라의 서백후(西伯侯)가 바야흐로 사냥하러 나가려 할 때 사관이 점을 쳐서 아뢰기를 보국(輔國)의 어진 신하를 얻을 것이라 하였다. 서백후가 사냥 나가 위수(渭水)라는 강가에 이르렀을 때 한가로이 낚시를 드리우고 있는 여상을 만났다. 몇 마디 주고받는 가운데 그 인물의 비범함을 알고 크게 기뻐하면서 함께 돌아와 스승으로 삼았다. 이로 인해 그는 태공망(太公望)이라 불렸으며 그로부터 낚시꾼의 대명사로 강태공이라는 말이 생겨났다. 이 여상 태공망이 남긴 병서가 육도(六韜)와 삼략(三略)이라고 일컬어져 오늘날까지 전해지고 있다. 아마도 은왕조를 무너뜨린 그의 탁월한 지략과 전략의 권위를 빌려 전국시대에 만들어졌던 것이라고 추정되고 있다. 실제로 병법이 확립되는 것은 태공망으로부터 적어도

5, 6백 년 뒤의 일이다. B.C. 8세기부터 B.C. 3세기에 걸친 약 450년간은 춘추·전국시대라고 불리는 일대 격변기였다.

　손자의 이름은 무(武)이며 그 조상은 대대로 제(齊)나라의 대부(大夫)라는 관직에 있었으며 손자는 B.C. 6세기경 태공망이 세운 제나라에서 태어났다. 중국 오나라 병법가로서 전쟁의 법칙을 최초로 구체화하였다. 손무가 생존했던 시기는 춘추시대로 원래는 주(周)나라가 은(殷)나라를 멸망시키고 그 영토에 왕족과 공신(功臣)을 봉(封)하여 다스렸으나 이때에 이르러 중앙정부가 힘을 잃고 제후들을 통치할 수 없게 되자 제후국들이 난립하여 패권을 다투기에 이르렀다. 이러한 군웅할거의 시대에 많은 제후들은 저마다 부국강병을 꾀하고 강한 자는 약한 자를 병합하여 패권을 차지하고자 하였고 약한 자는 강한 자에게 정복당하지 않으려고 하였다. 이들 사이에는 자연히 여러 가지 책략과 전술 등이 연구되었고 유능한 인재를 기용하는 시대로서 병법의 대가로 명성을 얻은 자가 손무이다.[58]

　손무는 중국 고대의 위대한 군사가이자 사상가이며, '병가의 시조'라는 명성을 얻고 있다. 그가 쓴 『손자(孫子)』라는 책은 '병학성전', '세계 제일 병서'라는 높은 평가를 받는다. 손무와 그의 저서는 중국 역대 병법가들의 호평을 받았을 뿐만 아니라 세계 각국 병법가들의 추앙을 받았고, 오늘날까지도 여전히 그 빛나는 사상가치가 남아 있다. 『손자』는 병서이지만 철학사상을 바탕으로 하여 병법을 철학 속에 융화시켜 나타내고 있다. 『손자』에서 전쟁의 책략과 전략을 논할 때 여러 곳에서 유물론, 인식론, 변증법의 지혜가 빛나고 있다. 이 책은 병법과 철학이 병합된 걸작이다.

　손무는 제나라 사람이지만 오왕(吳王) 합려에게 발탁되었는데 이때 그의 저서로 알려진 손자병법을 왕에게 바쳤던 것이다. 손자병법은 제1장 시계 편에서부터 제13장 용간 편에 이르기까지 총 13편으로 구성되어 있으며 문장이 간결하고 체계화되어 있으면서도 군왕을 비롯하여 장수, 지휘관 등이 해야 할 역할에 이르기까지 전쟁과 국가 경영에 관한 전반적인 문제를 심도 있게 다루고 있기 때문에 병서 중에 으뜸으로 평가되고 있다.

---

58) 전설에 의하면 동양병법의 시조는 강태공(姜太公) 또는 태공망(太公望)이라는 이름으로 널리 알려진 여상이라 한다. 여상은 본성이 강씨였으나 선조의 영지가 여(呂)였으므로 여씨 성을 가져 여상(呂尚)이라 불리었다. 여상은 기원전 12세기경 주왕조의 창건에 크게 공을 세운 공신이다. 그는 주왕조의 3대에 걸쳐 벼슬을 하기 전까지는 빈곤하게 살면서도 낚시만을 즐기는 중늙은이였다. 이 격동기에 살아남기 위해 갖가지 지혜를 다 짜내 제자백가(諸子百家)라고 일컫는 사상들을 낳았다. 이 병가에는 오(吳)나라의 손무, 제(齊)나라의 손빈, 제나라의 사마양저, 위(魏)나라의 오기 등이 유명한 사람들이었다. 그중에서도 가장 우뚝 선 존재가 손무로서 불후의 명저 손자(孫子)를 남겼다. 손무의 생애에 대해서는 '사기'열전의 간략한 기술 외에는 전하는 바가 거의 없다. 육군본부, 『동양고대전략사상』(육군본부: 서울, 1987), pp.17∼18.

2) 손자의 전략사상

손자가 활동하던 시기는 춘추시대로 제(齊), 진(晉), 초(楚), 오(吳), 월(越) 등 강대한 제후국이 있었으며 역사에서는 이를 오패(五覇)라고 한다. 이들 국가들은 부강함을 배경으로 패권을 다투었는데 전쟁에서 패전했을 경우 장수는 목숨을 버려야 하며 군주는 굴욕을 당하고 모든 것을 잃어야 했다. 손자의 군사사상에는 이러한 시대적 환경으로부터 오는 제반 요소가 잠재되어 있는 것이 분명하다. 따라서 그는 전쟁은 국가의 존망을 좌우하는 것이기 때문에 신중해야 된다고 말하면서 전쟁을 하고자 하면 피아능력을 객관성 있게 평가하여 승리할 수 있다는 확신이 설 때 전쟁을 해야 한다고 하였다. 이 피아능력의 객관적 평가 기준을 오사칠계(五事七計)라고 하여 이 기준에 완벽히 도달했을 때 비로소 승리를 보장할 수 있다고 했다. 그러나 그는 항상 전쟁에서 승리한다고 해도 피해는 있기 때문에 전쟁을 하지 않고 승리하는 방법을 강구해야 하고 부득이 전쟁을 할 경우도 온전한 승리를 얻을 수 있어야 한다고 하였다.

손무는 전쟁의 중요한 역할을 인식하게 되었고 전쟁 중에서 여러 요소 간의 상호관계, 전쟁 수행자가 갖춰야 하는 지혜와 능력, 전쟁 지휘자가 알아야 할 지휘술 등 전쟁에 대한 전면적인 인식과 종합분석을 함으로써 손무는 손자병법에서 완벽하고 엄밀하며 방대하고 심오한 군사사상체계를 수립했다.

손자병법 13편은 논리적이고 엄밀한 군사이론체계를 구성하고 있는 것을 알 수 있다. 제1편에서부터 제3편까지는 전쟁의 기본원칙을 논술했으며 '전략'의 시각에서 전쟁 문제를 고려하고 대처하며 분석한 것이다. 제1편 '시계(始計)'는 총론으로 국가안전보장정책이며 서문이다. 제2편 '작전(作戰)'은 동원계획, 경제적인 측면에서 승패 문제를 고려한다. 제2편과 제3편은 제1편에 대한 보충과 구체적인 설명이다. 총 3편을 종합해 보면 전쟁을 결행하고 전쟁을 지도하는 전략과 책략 등에 대해서 논술한 것이다. 제4편 '군형(軍形)'에서 제12편 '화공(火攻)'까지는 전쟁을 수행하고 지휘하는 기본원리와 행동방법, 대적전술과 환경이용 등 원칙과 방법을 분석하고 있다.

제4편 '군형(軍形)'은 군사전략, 제5편 '병세(兵勢)'는 전쟁원칙, 제6편 '허실(虛實)'은 기동작전, 제7편 '군쟁(軍爭)'은 작전목표, 제8편 '구변(九變)'은 통솔론, 제9편 '행군(行軍)'은 상황판단, 제10편 '지형(地形)'은 지형학, 제11편 '구지(九地)'는 지정학, 제12편 '화공(火攻)'은 화공작전, 마지막 제13편 '용간(用間)'은 정보론에 대해서 논술하고 있다. 손자병법은 크게 나눈다면 2가지로 대별된다. 하나는 송대에 간행된 『송본10기주손지(宋本十家注孫子)』이

고 다른 하나는 무경칠서의 『손자』이다. 이 두 계열의 손자를 비교해 보면 60여 군데에 문자상의 이동(異同)이 있으며 중요한 대목의 이동도 30여 군데에 달하고 있다. 그런데 각기 장단점이 있어 어느 편이 낫다고 단정하기는 어렵다. 더군다나 산동지방의 고대 한나라 시대의 묘에서 2100년 전의 죽간이 발견되어 그간 논쟁도 많았던 『손자』의 작자에 대한 이설도 어느 정도 진정되는 듯하다. 그러나 이로 인해서 지금까지의 해석에 약간의 수정을 요하게 된 부분도 있어 앞으로의 연구가 더욱 기대되고 있다.

손자는 불과 6,100여 자(혹은 정확히 6,109자라고 함. 원본에 따라 자수에 변동이 있음)로 된 소책자에 지나지 않는다. 그럼에도 불구하고 국가안보정책론으로부터 시작하여 전략론, 전술론, 지정학을 포함하여 정보론에 이르기까지 수미일관된 완벽한 체제를 갖추고 있는 아마도 전무후무한 기서(奇書)이다. 이처럼 완전한 체제를 갖춘 병법서는 동서고금을 통하여 『손자』가 유일무이한 것이라 해도 과언은 아닐 것이다. 그래서 '손자 13편'을 가리켜 천서(天書)라고까지 극찬하는 사람도 있는 것이다.[59]

전쟁의 궁극적인 목적은 적을 굴복시키는 데 있고 나아가 자기의 의지를 적에게 강요하여 정치적 목표를 달성하는 데 있다. 그러나 손자는 백전백승이 능사가 아니고 부전이굴인지병(不戰而屈人之兵)이 최선의 방법이라고 강조하였다. 또한 부득이한 경우에 전쟁을 하지만 온전한 승리가 보장될 경우에 한해 전쟁을 수행한다는 것이다. 그런데 전쟁에서 승리를 보장받기 위해서는 군사력만으로는 불충분하며 병력이 많다고 유리한 것은 아니기 때문에 현존전력을 정예화하고 경제, 외교 등 모든 잠재역량을 결집시켜야 한다는 것이다. 그러면 이러한 군사력을 어떻게 운용할 것인가? 손자는 가장 먼저 적의 책략과 계획, 즉 전쟁의 의지를 좌절시키는 것이 상책(上策)이고, 차선책(次善策)이 적국을 외교적으로 고립시키는 것이며, 하책(下策)이 적의 군사력을 격파하는 것으로서 부득이할 때만 적을 공격해야한다고 하였다. 적과 전쟁을 할 경우 10배면 포위하고 5배면 공격하며, 적과 싸울 만하면 싸우고 열세하면 피하여 결코 무리한 승리를 요구하지 않고 있으나(謀攻篇) 승리는 공격에 의하여 이루어진다고 하였다(軍形篇). 또한 손자는 전쟁을 잘하는 자는 쉬운 싸움에서 이기고 "승병(勝兵)은 선승이후구전(先勝而後求戰)" 하는 제승(制勝)사상을 주장하고 있다.

그런데 손자병법 제13편을 얼핏 보면 전쟁을 회피하는 듯한 면이 보이지만 그는 전쟁을 수행함에 있어서 매우 적극적인 사고를 가지고 있다고 생각된다. 그는 전쟁결과에 대

59) 육군본부, 『동양고대전략사상』(육군본부: 서울, 1987), pp.77~78.

하여 충분히 예측하고 직접적인 무력으로 문제를 해결하려 하지 않고 있지만 경제, 외교, 모략 등 방법으로 해결하지 못할 경우, 무력을 사용하되 장기 지구전을 회피하고 속전속결을 강조하고 있다. 그는 장기지구전을 했을 경우 군사의 사기가 저하되고 국가의 재정이 고갈되어 쉽게 승리할 수 없을 뿐 아니라 승리한다 해도 그 후유증으로 고생하게 된다고 하였다. 따라서 그는 전쟁을 수행하면 완벽한 준비를 갖춘 후에 총력을 집중하여 속전속결로 완전한 승리를 얻어야 한다고 하였다. 이를 위하여 그는 가시적 군사력 외에 비군사적 요소, 즉 경제, 외교, 모략을 포함한 정치력, 정보능력 등을 중시하였다.

2. 클라우제비츠(Karl Von Clausewitz)

* 독일(프로이센) 출신 * 『전쟁론』 저술(1832년 부인이 출간)
* "war is thus an act of force to compel enemy to do our will." and "War is merely the continuation of policy by other means."
- "전쟁은 우리의 의지를 적이 따르도록 강요하는 행위이다." 그리고 "전쟁은 다른 수단에 의한 정치의 계속이다."

1) 생애 및 시대적 배경

클라우제비츠는 1780년 6월 1일 독일의 마그데부르크 시 동북 약 20㎞ 떨어진 부르크(Burg)에서 탄생하였다. 그의 조부는 하례신학대학 신학 교수였고 그의 아버지는 소위로서 7년 전쟁에 참가하여 중상을 입고 퇴역해서 부르크의 왕실 수세관(收稅官)이 되었다. 6명(4남 2녀)의 형제 가운데 다섯 번째가 클라우제비츠이며 그는 아버지와 마찬가지로 12세 때 군대에 입대해서 포츠담 보병연대에서 중대 기수로 소년병이 되었다. 1793년 13세의 나이로 제1차 대불전쟁에 참가했다. 마인츠 공성전, 호벤겐젠의 진지전 등 실전을 통하여 전쟁경험을 쌓았으며, 1795년의 바젤 평화조약이 체결되자 귀환하여 나폴레옹과 마찬가지로 16세 때 소위로 임관하였다. 먼저 1793~1794년의 초기 라인전쟁에 종군했다. 이에 이어지는 평화 시대에 많은 공부를 하여 그는 1801년 21세 때 베를린에 새로 개설한 군사학교[60]에 입교하여 1804년에 수석으로 졸업을 했다.

여기서 그는 당시의 교장인 프러시아군의 재건자가 된 샤른호르스트 중령의 추천으로

---

60) 베를린 군사학교는 보병 및 기병 청년장교의 군사학교이며, 차후 육군대학의 모체가 되었다. 클라우제비츠는 1803년 수석으로 졸업했다. 이종학, 『클라우제비츠의 전쟁론』,(서울: 도서출판 주류성, 2004), p.20.

아우구스트 친왕의 전속부관이 되었다. 아우구스트는 프리드리히 대왕의 아우 아우구스트 페르디난드의 아들로 대왕의 조카이며 그의 군사적 재능은 높이 평가되어 클라우제비츠가 후에 대성할 수 있었던 것은 군사학교에서 샤른호르스트를 만나 그의 인정을 받았기 때문이었다. 클라우제비츠는 아우구스트의 부관으로 궁정에 출입하다가 5년 후 그의 처가 된 마리를 알게 되었으며 1805년 1월에 대위로 진급을 한 후 약혼을 하였다. 1806년에는 아우구스트를 따라 대대장의 부관으로 프로이센·러시아 동맹군의 대프랑스 전쟁에 출전하여 아우엘슈타트의 전투에서 프랑스군에 패배한 후 아우구스트와 함께 프랑스군의 포로가 되어 1년 이상을 프랑스와 스위스에서 지내야만 했다.

귀국한 후 그는 육군장관 샤른호르스트 장군의 보좌관이 되어 프러시아 군대와 프러시아 국가의 개혁과 정신부흥을 위해 활약했다. 1810년 육군 참모본부 소속 겸 육군대학 교관이 되어 소전(小戰) 및 참모업무의 강의를 했으며 또 당시 15세의 황태자에게 군사학을 강의했는데 이것은 그 후 전쟁론을 배태케 한 중요한 계기가 되었다. 그해 8월에 소령으로 진급했고 12월에 마리와 결혼했다. 마리의 아버지는 백작으로 기병장군이었으며 어머니는 영국인 외교관의 딸이었다.

1811년 프러시아가 나폴레옹과 군사협력을 해야만 했을 때 클라우제비츠는 오늘날의 말을 빌리면 '자유 프러시아인'의 한 사람이 되었다. 1812년에는 나폴레옹의 러시아 원정에도 참가하였다. 그는 러시아군에 근무하여 1813년의 해방전쟁(war of liberation) 초기에는 러시아군의 대령이 되었으며 최초에는 프러시아의 브리헬 장군의 군사령부에 연락장교로 근무하고 후에 러시아·프러시아 연합군단의 참모장이 되었다. 파리에 있어서의 최초의 평화회의 후 그는 다시 프러시아군으로 복귀했다.

그는 1815년 6월 18일에 제3군단 참모장으로 워털루 전투에 참가했으며 마침내 파리에 입성했다. 전쟁 후 그는 신설된 그나이제나우 군단의 참모장으로 코브렌츠에서 근무했으며 1818년 가을까지 그 군단에 있었다. 그 후 그는 1818년 9월에 육군소장으로 진급하여 베를린 군사학교 교장으로 취임하여 1830년 8월 브레슬라우의 제2 포병감으로 전출하기까지 12년간 봉직하면서 '전쟁론'을 저술하게 되었다.

그해 11월에 폴란드인들은 러시아에 대해 계획적인 반란을 기도했다. 프로이센은 이 파급을 두려워하여 그나이제나우 장군에게 새로이 편성된 제4동방군단장에 임명될 때 클라우제비츠는 그의 참모장이 되어 폴란드의 위기에 대비하게 되었다. 1831년 3월 군단사령부의 소재지인 포오젠에 갔으며 그해 유럽은 콜레라가 만연되어 그나이제나우도 그 희생이 되었다. 폴란드의 반란은 러시아군에 의해 진압되어 그는 11월 7일 제2 포병감으로 복귀했으나 불과 9일 만인 11월 16일 콜레라 증상이 나타나면서 심장마비로 급서하였다. 그리하여 그의 『전쟁론』은 미완성으로 세상에 남게 되었다. 마리 부인의 회상에 의하면 "샤른호르스트 장군과 군사학교 그리고 황태자에게 군사학을 강의한 것이 남편의 '전쟁론'의 기초가 되었다"고 했다. 그러나 『전쟁론』은 클라우제비츠와 마리 부인이 떨어져 사는 기간에 교신한 299통 편지의 집대성이기도 하다.[61]

클라우제비츠와 같은 시대의 스위스인 조미니는 경쟁자인 그의 문장이 '지나치고 거만하다'고 말하고 있다. 그리고 프랑스의 19세기 말 군사이론은 대개 클라우제비츠로부터 인용되고 있음에도 불구하고 30년 전의 프랑스의 저술가는 그를 "독일인 중의 독일인이었다. ……누구나 그의 저작을 읽으면 언제나 형이상학의 안개 속에 흐려 있는 느낌이 든다" 하면서 함축성 있는 야유를 했다. 그러나 일반적으로 말한다면 클라우제비츠의 프러시아 기질과 그의 한계를 볼 수 있는 것은 실로 다른 면에서이다. 그는 프러시아 국가주의와 19세기 전쟁광의 대표적 인물이었다. 그의 『전쟁론』은 대체로 사도(邪道)와 사탄(Satan)을 위한 교과서로 간주되었다. 그와 비교하여 능력에 있어서 결코 뒤지지 않은 슐리펜 백작은 "클라우제비츠는 프러시아 장교단 중에서 진정한 의미에서의 전쟁이라는 관념을 존속시켰다"고 증언하고 있다.

2) 클라우제비츠의 전략사상

클라우제비츠는 나폴레옹 전쟁에서 체험한 내용을 중심으로 프러시아적 밀리타리즘 (Militarism)의 전통과 대륙적 관념론(Idealism)에 입각하여 전쟁철학을 규명하고자 하였다. 그는 전쟁론에서 절대주의 시대의 지구전략(소모전 전략)과 나폴레옹의 결전전략(섬멸전략)을 변증법적으로 발전시켜 전쟁 및 용병에 관한 보편적 원리에 도달하고자 한 것이다. 전쟁론의 중요한 명제의 하나인 "전쟁은 다른 수단에 의한 정책의 계속에 지나지 않는다"고 하여 전쟁을 정치목적을 달성하는 수단으로 파악하였다. 그리고 또 다른 명제는 전쟁의 현상을 지배하는 것은 국민(國民: the people, 전투원), 군대(軍隊: the commander and his army), 정부(政府: the government, 국가) 세 가지 삼위일체[62]이다. 이러한 세 가지 요소는 각

---

61) 클라우제비츠는 '전쟁론'을 1818~1830년까지 저술하였다. 마리 부인은 이들 편지를 통하여 군사에 관한 지식을 얻었으며, 실의에 빠진 남편을 격려하여 '전쟁론'의 저술을 가능하게 했고, 내용을 비판했으며, 훌륭한 필적으로 전장(全章)을 정서했다. 따라서 전쟁론은 마리 부인의 내실에서 탄생했다고 보아도 좋으리라 본다. 아이가 없었던 이들은 이 저작을 통하여 즐겁고 유익한 인생을 보냈을 뿐만 아니라 훌륭한 명저를 세상에 남겼다. 이종학, 『클라우제비츠의 전쟁론』(서울: 도서출판 주류성, 2004), p.47.

62) 우리가 수행(遂行)하는 전쟁은 어떠한 모습을 지니고 있을까? Clausewitz는 전략가들이 대상으로 삼아야 하는 전쟁의 모습을 다음과 같이

각의 요소에 깊이 연유된 서로 다른 법칙과 같아서 어느 한 요소가 다른 것을 무시하거나 인위적인 관계를 추구할 경우 현실과 모순을 일으키면서 전체적으로 쓸모가 없게 되며 전쟁수행에 실패하게 된다. 현실전쟁에서 삼위일체의 균형 유지는 필수적이며 어느 한 요소가 '마찰'[63]에 의해서 더 많은 저항을 받게 되면 전쟁의 행태는 조금씩 달라진다. 특히 국민의 지원은 군대가 전쟁을 수행하는 데 있어 본질적으로 필수조건이다.

클라우제비츠는 마찰을 실제 전쟁과 탁상(이론적) 전쟁을 구분하는 유일한 개념으로 정의하고 부대 지휘관이 평시에 부대 운용과 전시에 전장에서 부대를 지휘할 때 나타나는 현상으로서 반드시 고려해야 한다고 강조하고 있다. 나타나는 마찰은 쉽게 보이는 것을 어렵게 보이도록 만드는 요소이다. 따라서 탁월한 야전 지휘관은 경험과 의지 외에도 다른 많은 비범한 정신적 특성을 구비해야 한다는 사실이 명백해진다.

전쟁의 분위기를 조성하고 모든 활동을 어렵게 만들며 전장을 지배하는 요소는 위험(Danger), 육체적 노력(Physical Exertion), 정보(Intelligence), 마찰(Friction) 등이 있다. 이러한 요소는 전장을 지배하는 방해요소들로서 모두 일반적 의미의 마찰이라는 개념에 포함된다. 이러한 마찰을 완화시키는 것은 군의 전쟁습관이다. 군이 평화 시 기동연습을 실시함으로써 전쟁습관을 대신하는 것은 실제 전쟁경험과 비교해 볼 때 미약하지만 기계적 숙달에 중점을 둔 훈련을 하는 다른 군보다 훨씬 유리할 것이다. 평화 시 기동연습은 모든 마찰요소들이 내포된 상태에서 개별 지휘관들의 판단력, 신중함, 결단력이 훈련되도록 계획되어야 한다. 이러한 기동연습은 전쟁경험을 통해 전쟁습관을 알 수 없는 사람들이 생각하는 것보다 훨씬 더 중요한 가치가 있으며 이러한 경험은 이미 절반 정도는 전쟁에 익숙해져 있다고 볼 수 있다.[64]

클라우제비츠의 전쟁론에서 도출할 수 있듯이 그가 예상하고 있는 전쟁수행의 신념은 한 국가가 생존하기 위해서는 국가가 보유하고 있는 모든 폭력을 무제한으로 행사하고

묘사했다. "전쟁은 각각의 특정한 경우마다 어느 정도 그의 색깔을 변경시키는 '카멜레온'과 같은 성격을 지니며, 전쟁은 지배적인 세 가지 극(pole) 또는 경향(trend)을 구성한다. 이 세 가지 삼위일체(trinity: 국민, 군대, 정부) 경향은 각각 고유한 개별적인 본질에 깊이 뿌리박고 있고 다양한 상이한 법을 만들어 내는 것 같지만 하나의 통합을 구성하게 되는 경향이다"라고 했다. Karl von Clausewitz, *Von Kriege: Hinterlassens Werk*, Achzehnte Auflage mit Erweitorter Historisch Kritischer Würdigung von Professor Dr. Werner Hahlweg, Bonn: Perd Dümles Verlag, 1973, p.4: Karl von, Clausewitz, *On War*, ed., and trans. by Michael Howard and Peter Paret, N.J.: Princeton Univ. Press, 1976, p.75.

63) 마찰(摩擦 Friction)이론은 황성칠, 『북한의 한국전 전략』(서울: 북코리아, 2008), pp.52~60 참조. the rubbing of one body against another, the clashing between two person or parties of opposed views. *Webster's New Collegiate Dictionary*, G. & C. Merrian Company Springfield, Massachusetts, U.S.A, 1975. 한 물체가 다른 물체 위에서 운동하려 할 때에, 그 닿는 면에서 받는 저항을 말한다. 또는 의견이 맞지 않아 서로 충돌하는 일, 알력을 말한다. 민중서림편집국, 『엣센스 국어사전』(서울: 민중서림, 1998).

64) Karl von Clausewitz, *Von Kriege: Hinterlassens Werk*, Achzehnte Auflage mit Erweitorter Historisch Kritischer Würdigung von Professor Dr. Werner Hahlweg, Bonn: Perd Dümles Verlag, 1973, p.4: Karl von. Clausewitz, *On War*, ed., and trans. by Michael Howard and Peter Paret, N.J.: Princeton Univ. Press, 1976, p.122.

전쟁노력을 무제한으로 발휘[65]하여 적을 타도, 격멸하는 절대전쟁을 수행할 수밖에 없으며 이와 같은 절대전쟁 개념에 따른 대규모의 전투와 그 결과에 의하여 자기 생존본능을 실현하고자 하는 자기 보존의지가 바로 전쟁수행신념임을 전쟁론에 암시하고 있다. 이와 같은 적극적이고 공세적인 클라우제비츠의 사상은 대륙국가이며 주변이 강국으로 포위되어 있는 프러시아의 지정학적 여건이 크게 작용했으리라고 보아도 무리는 없을 것이다.

클라우제비츠는 전쟁을 적의 전투력 격멸을 기도하는 섬멸전쟁과 적국의 영토 점령을 목표로 하는 제한전쟁으로 구분하면서 후자의 경우는 정치적 긴장 또는 정치적 목표가 작거나 적의 섬멸이 곤란할 때 발생한다고 하였다. 그는 이러한 전쟁을 수행하기 위해서는 전쟁수준과는 상관없이 국가의 전 역량을 경주할 수밖에 없다고 하였다. 적을 타도하려면 우선 적의 저항력을 알고 그에 따라 힘을 가감하게 되는데 이 힘은 분리할 수 없는 두 가지 요소 즉 하나는 가용 자원이며, 또 하나는 의지력의 강도라 하였다.[66] 그는 또한 전쟁은 이성보다 폭력이 지배하는 영역이지만 전쟁의 승패는 전승을 위한 강력한 의지에 의해 결정되기 때문에 클라우제비츠의 사상을 종합하여 볼 때 군사력 건설을 위한 핵심 사상은 전 국민의 전쟁수행을 위한 노력의 결정체인 국민개병사상을 바탕으로 하여 물질적인 유형적 군사력과 비물질적인 무형전력을 균형 있게 조화시켜야 하며 그중에서도 전투수행의 주체인 인간의 정신상태 즉 국민정신을 강조하고 있다.

이러한 그의 군사적 경험과 사상을 결집한 것이 『전쟁론(On War)』이다. 전쟁론은 군사전략사상사에 있어서 특이한 위치를 차지하고 있다. 클라우제비츠가 쓴 군사문제와 전쟁 행위에 관한 책은 그의 사망 후 10권으로 출판되었다. 클라우제비츠에게 오늘날의 명성을 준 그의 저서는 『전쟁론』이다. 이 전쟁론은 3부 8편 125장으로 구성되어 있다. 제1편 '전쟁의 본질에 대하여'는 전쟁의 기본적인 추세 및 절대전쟁과 현실전쟁의 차이점을 밝히고 또 전쟁에서 목적과 수단, 천재와 마찰과 같은 주제에 대해 논의했다. 제2편 '전쟁 이론에 대하여'는 주요 방법론적 분석을 포함하고 있다. 제3편에서 '전략일반'은 병력, 시간, 공간뿐만 아니라 정신적 요인의 상세한 취급도 포함하고 있다.

제4편에서 '전투'는 작전적 문제와 함께 사기와 물질적 요인의 상호작용을 다루고 있다. 제5편 '전투력'은 병력의 수와 그 편제, 전투력의 유지, 그리고 토지와 지형에 대한 일반적 관계를 논의했다. 제6편에서 '방어'는 방어와 공격의 상호관계, 방어의 우월성, 열세

---

65) 위의 책, p.32.
66) 위의 책, p.31.

한 프로이센의 국토방위를 다루고 있으며, 또 절대전쟁관에서 현실전쟁으로 입장을 전환하게 된다. 제7편 '공격'은 방어와의 관계에서 보았고, 공격과 승리의 극한점을 논의했으며, 현실전쟁의 관점에서 논의하고 있다. 마지막 제8편 '전쟁계획'은 제1편의 가장 중요한 주제를 재고찰하고 이론상의 절대전쟁과 현실전쟁의 상호관계를 밝히고 있으며, 이론적·역사적 논술을 통하여 전쟁의 정치적 성격과 정치의 전략에서 상호관계를 분석했다.[67]

  이 책은 전쟁에 관한 최초의 연구로서 전쟁의 근본문제를 정면으로 다룬 것이며 군 실전의 모든 분야에 적용될 수 있는 하나의 사상형태를 개진한 최초의 책이다. 클라우제비츠는 제1편 제1장 '전쟁이란 무엇인가'만이 가장 완전한 것을 생각했으며 이 장은 전쟁론에 부여하려는 방향을 제시하는 데 소용이 된다고 생각했다. 즉 클라우제비츠는 제1장만 원고를 수정하였으며 다른 분야는 수정을 하지 못하고 사망을 하게 되었다. 클라우제비츠의 이 저서는 미완성으로 남아 있으며 그가 일찍 사망하여 마지막 개정판이 완성되지 않았기 때문에 다소의 모순점들이 석연치 못한 채 남아 있다. 한편 철학적 용어의 추상성도 있어 매우 이해하기 어려운 책이다.

  초기 이론가들과는 대조적이며 그와 동시대의 조미니와도 대조적으로 클라우제비츠의 저작이 유명한 이유는 전쟁의 구성요소에 대한 분석과 객관적인 탄력성과 위대한 격식을 다 같이 갖추고 있기 때문이다. 경험과 철학적 사색에 의해 그는 절대전쟁(absolute war) 또는 완전한 전쟁(perfect war)이라 칭하는 개념을 만들어 냈다. 이 말은 뜻을 잘 알 수 없는 점이 있으므로 다소 이를 뚜렷이 해 둘 필요가 있다. 이것은 일반적으로 국가총력전(total war)이란 말과 다소 혼동하여 사용되는 것 같지만 같은 뜻은 아니다. 클라우제비츠의 견해에 따르면 절대전쟁의 개념은 전쟁 자체의 성격에서 나온 것이다. 정의에 의하면 전쟁은 "적에게 자기의 의사를 강요하기 위한 폭력 행위"이다. 다른 문장에서 클라우제비츠는 "전쟁은 사회생활의 분야에 속하고 있다"고 정의하고 있다. 그것은 유혈에 의해 결정되는 커다란 이익을 위한 투쟁이기 때문에 다른 것과 상이하다고 말하고 있다. 그러므로 육체력은 전쟁 특유의 수단이며 전쟁철학에 온건주의를 도입하려는 것은 어리석은 일이라고 말한다.

  적은 그의 무력이 박탈당하거나 혹은 박탈당할 염려가 있는 입장에 몰린 경우에만 이쪽 의사에 굴복할 것이다. 따라서 다음과 같이 결론짓는다. "적을 무장해제하거나 또는

---

67) Karl von Clausewitz, *Von Kriege: Hinterlassens Werk*, Achzehnte Auflage mit Erweitorter Historisch Kritischer Würdigung von Professor Dr. Werner Hahlewg, Bonn: Perd Dümles Verlag, 1973, p.4: Karl von. Clausewitz, *On War*, ed., and trans, by Michael Howard and Peter Paret, N.J.: Princeton Univ. Press, 1976, pp. ⅴ ~ ⅹ. 참고. 제1부(1~4편), 제2부(5~6편), 제3부(7~8편)로 구성되어 있다.

적을 격멸하는 것이 언제나 전쟁의 목적이어야 한다. 적과 자기가 같은 목적 아래 싸우므로 상호 간의 행위는 필경 극단에까지 이르고 만다. 즉 전쟁은 극한까지 추구되는 폭력 행위다." 간단히 말한다면 이것이 클라우제비츠의 절대 전쟁의 개념이다. 그는 이 이론적 중요성을 강조하여 전쟁의 절대적 형식을 최상위의 지위에 두고 이를 일반적 도달목표로 삼는 것은 이론 구성상 필요 불가결하다고 말한다. 그리고 "대결전을 목적으로 삼는 전쟁은 훨씬 단순할 뿐만 아니라 훨씬 자연적이고 모순이 없으며 객관적이다. ……이 종류의 견해(전쟁을 그 절대적 성격으로 보는 것)를 통해서만 전쟁에 통일성을 부여할 수 있다. 그것을 통해서만 우리는 모든 전쟁을 동일 종류의 것으로 볼 수 있다. 그리고 판단은 그것에 의해서만 진실하고 완전한 근원을 얻으며 큰 계획이 책정된다"라고 말하고 있다. 클라우제비츠가 절대전쟁을 철학적 의미에 있어서의 하나의 이상, 갖가지 현상에 통일성과 객관성을 부여하는 규범적 개념, 즉 결코 달성되지 않지만 언제나 접근된다고 생각되는 미술에 있어서의 완전미에 대한 관념과 같은 것으로 보고 이를 중시한 것은 거의 의심할 수 없다. 그는 군인의 직업적 열성과 책임 관념에서 끝까지 추진한다는 신조를 갖고 있었다. 그는 이 궁극의 형태가 완성된 전쟁으로 보았다. 그러나 그에게 있어서도 절대전쟁은 추상적인 것이며 그가 흔히 쓰고 있는 것처럼 '탁상전쟁(卓上戰爭)'이었던 것도 의심할 수 없다.

그리고 클라우제비츠는 다음 말로서 전쟁을 논리적으로 정의하고 있다. "우리가 추상에서 현실로 옮길 때에는 모든 것이 다른 형태를 취한다." 그의 저서에서 가장 철학적인 제1권 제1장에서 전쟁을 이상적으로 하지 않고 그것에 개성을 부여하는 다수의 수정을 가하고 있는데 그것은 논리의 법칙에 이끌리는 것보다 오히려 공산(公算)의 법칙에 이끌리는 것이다. 전쟁은 고립적 행위가 아니며 또한 단일 행위로서 이루어지는 것도 아니다. 많은 요소—새로운 부대의 참가, 전구의 확대 또는 동맹체제의 확대와 같은 여러 가지 요소가 잇달아 개입하여 작용하기 시작한다. "그 상호작용의 결과 힘을 극도에까지 작용시키려는 경향은 한정되어 어느 규모의 노력으로 삭감된다"라고 말하고 있다. 이들 수정의 중요한 것은 제1권의 4장에서 7장까지 논하고 있는데 이것이 그의 현실에의 접근을 보여주는 특징이며 오늘날에 있어서도 전시에 복무한 사람이면 누구나 그 진가를 알 수 있다. 거기서는 위험과 육체적 노력과 전쟁에 관한 정보·불확실성·운동 개념과 실행을 분리하는 다수의 요소를 논하고 있다.

클라우제비츠는 이러한 요소를 '마찰(friction)'[68]이란 제목 아래 종합하고 있는데 이 말은 군사 용어 중에서 불가결한 것이 되었다. 이 마찰은 단순한 기계적인 것 이상의 것이다. 클라우제비츠가 제언한 것처럼 마찰은 일반적으로 실전과 탁상전쟁을 구별하는 유일한 개념이다. 많은 사소한 사정과 계획이 목표점에 미달케 한다. 이 관계는 군사적 문헌에서 흔히 볼 수 있는 일인데 클라우제비츠는 다음과 같이 쓰고 있다. "전쟁에 있어서는 만사가 극히 단순하다. 그러나 가장 단순한 것이 어려운 법이다. 전쟁에 있어서의 활동은 저항하는 매체 중에서의 행동이다. 마치 인간이 물속에서는 지상을 걷는 것과 같은 간단한 동작조차도 할 수 없는 것처럼 전쟁에서는 보통 힘으로는 평범한 수준조차도 유지할 수 없다"라고 말하고 있다. 그러나 가장 중요한 수정은 전쟁과 정치를 관련시킨 데서 나타난다. 이 이론의 중심문제에 접근하기 전에 전쟁의 가장 독특한 수단인 '주전투(主戰鬪: main battle)'에서 수단과 목적과의 관계는 클라우제비츠의 사상 중에서 특별히 소중한 지위를 차지하는 데 주의해야 한다.

제2절 마키아벨리, 나폴레옹과 조미니

1. 마키아벨리(Niccolo Machiavelli)

* 이탈리아 피렌체 출신의 정치관료, 피에르 소델리니가 수반(首班)으로 정치를 통일한 플로렌스 도시국가에서 소델리니의 관방서기관(官房書記官)으로 정치에 종사
* 「군주론」, 「전술론」 저술
* 최초 근대전략사상 정립 및 국민개병론 주장
* 기존의 신학적 전쟁관 탈피, 시민군을 창설하여 군사력으로 운용
* 전쟁목적은 적국의 완전한 굴복에 있다는 원칙 확립
* 전쟁의 승패는 군사조직의 준비 및 효율적인 운용이 성공보장 강조
* 베제티우스와 큰 차이점: 마키아벨리는 전쟁에 있어서 전투의 중요성에 대해 광범위하게 취급하였으나, 베제티우스는 이 문제를 간단하게 취급.

1) 생애 및 시대적 배경

마키아벨리(1469~1527)는 이탈리아 피렌체에서 태어났다. 그의 부친은 토스카나 지방

---

68) Karl von Clausewitz, *Von Kriege: Hinterlassens Werk*, Achzehnte Auflage mit Erweitorter Historisch Kritischer Würdigung von Professor Dr. Werner Hahlewg, Bonn: Perd Dümles Verlag, 1973, p.4: Karl von. Clausewitz, *On War*, ed., and trans. by Michael Howard and Peter Paret, N.J.: Princeton Univ. Press, 1976, p.89. 참고.

의 귀족이었는데 그 후 피렌체에 이사하여 대대로 피렌체 정부의 서기로 봉직하였다. 마키아벨리의 젊은 시절의 교양이며 경력에 대해서는 확실한 자료가 없지만 일찍부터 라틴어를 공부했고 로마의 고전을 탐독한 것으로 알려지고 있으며, 중세의 종교적 전쟁관념을 깨뜨리고 새로운 하나의 혁명적 전쟁관을 제시하여 최초의 근대적 전략사상을 정립한 사람이다. 그는 용병에 의존하던 국방체제를 과감히 개혁하여 시민군을 창설하고 강력한 군주 밑에서 이탈리아를 통일하여야 한다고 역설하였다.[69] 당시 이탈리아는 로마제국이 멸망한 이후 5개 도시국가들로 분열되어 서로 다투고 있었으며 전쟁은 주로 용병들에 의해 이루어지고 있었다.

용병이란 보수를 받고 전투를 수행하는 자들을 말한다. 그들에게 애국심이나 군주에 대한 충성심은 부족하였고 오직 보수에 따라 전쟁을 수행할 뿐이었다. 1494년 프랑스의 찰스 8세의 공격으로 용병에 의존하던 이탈리아가 힘없이 패배하자 여기에 자극받은 것이 마키아벨리였다. 그는 용병체제에 큰 불신을 가지고 있었고 시민군이 필요함을 인식하였으며 로마의 명예를 되찾겠다는 생각을 가지고 있었다. 이러한 사상들을 포함하여 저술한 것이 대표 저서인 『군주론(The prince)』이었다. 그는 이 책을 통해 정치는 도덕과 구별되는 것으로 나라 운명을 용병에 의존하는 것을 과감하게 탈피하고 신에 의한 심판이라는 전쟁관을 벗어나서 시민군을 창설하여 로마의 명예를 회복하여야 한다고 역설하였다.

그의 사상은 정치, 군사 면에서 후세에 많은 영향을 주었다. 그 당시 이탈리아는 A.D. 476년 로마제국이 게르만 용병대장 오도아케르(Odoacer)에 의해 멸망된 이래 사분오열된 도시국가 상태에 있었으며 이들 간의 군사분쟁 역시 로마제국 말기 이래 계속해서 각 도시국가가 돈으로 사들인 용병부대들 간의 전쟁놀이에 의해 처리되고 있었다. 그래서 1494년 프랑스의 찰스 8세가 3만여 명에 불과한 일종의 상비군을 이끌고 이탈리아를 공격하였을 때 간단히 궤멸되어 버렸고 이탈리아는 혹독한 패전의 피해를 입어야만 했다. 여기서 자극을 받은 것이 마키아벨리였다. 당시 이탈리아의 정치적 상황 이외에도 마키아벨리의 사상 형성에 중요한 영향을 미친 두 가지가 있었는데 하나는 당시 르네상스하에 이탈리아의 자유분방한 창조적 사고의 경향이었다. 또 하나는 고대 로마시대의 군사적 유산 특히 베제티우스의 『군사론』이었는데 마키아벨리는 그의 저서 『전술론』의 체계도 베제티우스의 구성을 따랐다고 볼 수 있다.[70]

69) 김상욱, 『세계병법대전집: 정략론·군주론』 9권(서울: 하서출판사, 1980), pp.12~13.
70) 이 내용은 1945년에 발간된 'Makers of modern strategy'의 번역본. 에드워드 M. 얼 편저, 정철 역, 『신전략사상사』(서울: 기린원, 1980)

마키아벨리가 1498년부터 1512년까지 비교적 짧은 기간이었으나 피에르 소델리니가 수반(首班)으로 정치를 통일한 플로렌스 도시국가에서 실제로 정치에 종사했던 것은 그의 생애를 통해 최대의 비극의 원인이 되었다. 마키아벨리와 소델리니와의 결합은 결코 우연한 일이 아니었다. 메디치를 추방한 후 잠시 혼란과 무질서의 기간이었으나 곧 귀족파와 민주파 사이에 타협이 이루어져 소델리니를 옹립하게 되었다. 그러나 소델리니는 이 양파의 어느 쪽도 믿으려 하지 않고 영구적인 관료정치야말로 자기 지배권의 확고한 기초가 된다고 생각했다. 마키아벨리는 몰락한 귀족의 자손이었으나 귀족주의자도 민주주의자도 아니었으며 그는 두 당파의 어느 쪽에 있어도 지도적 지위에 서는 일은 없었다. 그래서 그는 소델리니의 관방서기관(官房書記官)이 되어 소델리니파에 속하여 그의 재능을 나타내는 좋은 기회를 얻었다. 소델리니는 마키아벨리를 측근에 두고 중요한 외교 및 행정에 관한 일을 맡겼다. 그래서 마키아벨리는 소델리니의 모든 시정기간(施政期間)을 통해 현안이 되고 있던 '피사의 탈환'이란 대군사 문제를 다루게 되었다.

2) 마키아벨리의 전략사상

마키아벨리는 기존 전쟁관을 과감하게 탈피하여 전쟁과 정치를 별개로 간주하였다. 신의 심판이라는 신학적인 전쟁관으로 국운을 용병에게 의존하였으며, 전쟁을 국가 총자원과 역량을 동원하여 지혜와 용기를 가지고 전쟁을 수행하였다. 그리고 징집제도인 시민군을 창설하여 군사력을 운용하였으며 전투 위주의 전쟁관을 확립하여 적국의 완전한 파괴에 전쟁목적을 두고 군사력을 건설하고 운용하려고 하였다. 또한 전쟁의 승패는 군사조직의 준비 및 효율적인 운용으로 성공을 보장하였다.

마키아벨리의 사상적 선견지명에도 불구하고 약간의 군사조직과 전술에 관한 것을 제외하고는 상당히 오랜 기간 동안 특별한 변화가 없었다. 왕조전쟁 시대의 군사적 특성은 대부분이 상비 용병형 군주부대에서부터 나온 것이다. 왕조전쟁 시대의 전략사상의 특성은 전략의 목표는 적의 주력부대를 섬멸하는 것이 아니라 군대를 교묘히 기동시켜 적의 병참선을 위협하거나 유리한 지형을 확보하고 적의 후퇴를 강요하거나 진지를 포기토록 유도하여 보다 유리한 친화조약을 맺는 데 있었다. 이 시대의 군사연구는 단지 군대를 어떻게 이동시키느냐 하는 체스게임과 같은 용병술과 현대적 의미에서 주목할 만한 군사전

에서 발췌한 내용임.

략사상 및 이론이 부재하였다.

이 당시의 전쟁이란 군주 간의 이해관계에서 출발한 것인 데 반하여 전쟁의 주수단인 군대는 그의 권위와 이익을 지키는 동시에 바로 군주의 재산상 중요한 부분이기 때문에 그 어느 쪽도 절대적인 희생이 불가능하였다. 따라서 전쟁양상도 상호 간에 극도로 제한되지 않을 수 없었다. 또한 전투는 언제나 통제가 용이한 평야지역에서 밀집 대형으로 실시하고 그러면서도 많은 희생이 따르는 격렬한 전투는 가급적 회피하였으며 아울러 군수보급의 제한으로 과감한 추격작전 같은 것을 상상할 수도 없는 상황이었다. 이때의 전쟁은 극히 제한된 목표를 위해 극히 제한된 수단과 방법으로 싸우는 완전한 제한전쟁이었다.

마키아벨리가 지은 『전술론』의 첫머리에 나오는 구절을 보면 "사회활동과 군대활동만큼 조화를 이루지 못하는 것은 없다고 많은 사람들은 생각하고 있다. 그러나 우리는 국가통치의 본질에서 생각한다면 사회와 군대 사이에는 밀접한 관계가 있으며 그것들은 서로 양립(兩立)하면서 마침내는 연결되고 통합되어야 하는 것임을 알 수 있다." 이것은 군사문제에 대한 그의 견해를 이해하는 단서가 된다. 그는 정치에 있어서 군사력의 결정적 역할에 관해 당시로서는 이색적인 관찰을 하여 국가의 존립과 번영은 군사력이 정치기구 속에서 적절한 위치에 놓여 있느냐에 달려 있다는 결론에 도달했다.

그의 다른 저서 『군주론(君主論)』[71]에서도 "좋은 무기가 없는 한 좋은 법률은 있을 수 없다"고 말하고 있으며 또 "통치자가 그의 권력을 유지하려고 한다면 군사력에 의존하는 것을 잊어서는 안 된다"라고 말하고 있다. 마키아벨리는 그의 논문에서도 같은 문제를 다루고 있는데 여기서 그는 로마의 군사조직 및 로마 공화정부의 정치기구와 로마의 세계제국으로의 발흥(勃興)과의 관계에 관해 웅대한 이론을 전개하고 이 로마의 역사적 연구를 통해 '국가의 기초는 우수한 군사조직에 있다'는 결론을 얻어냈다.

군사조직의 역사는 그 시대의 일반 역사와 분리할 수 없으며 중세기의 군사조직은 중세사회의 중요한 일부를 이루고 있었다. 그러므로 중세 사회기구가 무너짐에 따라 기사도 몰락해 갔는데 기사는 정신적으로나 경제적으로 중세기의 특종산물이었다. 즉 봉건적 군대로부터 직업적 군대로, 봉건국가로부터 전제국가(專制國家)로 서서히 옮겨 가면서 그 완성은 18세기에 실현되었지만 중세의 기사적 정신은 매우 신속히 시들어지고 말았다. 당시의 강국이던 프랑스 및 영국에 있어서는 신구제도의 두 요소가 섞여 봉건적 징병과 직업

---

71) 김상욱, 『세계병법대전집: 정략론·군주론』 9권(서울: 하서출판사, 1980), pp.393~489 참조.

군인이 같이 있었다. 그러나 시대의 총아이던 대화폐국인 이탈리아의 도시 국가에서는 모든 것을 직업군인에게 의존했다. 그래서 소델리니와 그의 측근들은 새로운 방법에 의해 피사공격을 종결로 유도하여 재정적 완화를 가져오는 방책을 필사적으로 모색했다. 제출된 많은 안(案) 속에는 타스카니인으로 구성된 인기 있는 시민군을 편성하자는 안이 있었다. 마키아벨리가 그 최초의 창안자였는지는 명확하지 않으나 이를 위해 그가 1506년 조령(條令)이었던 타스카니의 농민에게만 한정되었다. 그리고 해당자 중에서도 극히 적은 수의 사람들만이 선발되어 시민생활을 방해하지 않도록 세심한 주의가 기울여졌다.

그래서 평시에 있어서는 징병의 훈련도 결코 과중한 것이 아니며 일요일이나 축제일에 마을 사람들은 행군의 기초와 창 쓰는 법을 훈련받고 1년에 두 번씩 각 마을에서 그 지방의 중심도시에 모여 2일간의 군대 훈련을 받는 정도였다. 플로렌스의 정치가들은 이 이상의 과감한 시책을 인정하려고 하지 않았다. 왜냐하면 타스카니의 농민이 무장되면 플로렌스의 지배에 반란을 기도할지도 모르며 또는 소델리니가 강력한 군사조직을 갖는 경우 그들의 원조를 받아 전제군주가 될 것을 두려워해서였다. 이 빠른 계획도 약간의 성과를 거두어서 1507년의 피사 공격에는 2천 명의 시민군이 참가하게 되었는데 이것은 주로 마키아벨리의 노력에 의한 것이었다. 징병 업무는 그의 사무실에서 취급되었는데 그는 말을 타고 국내를 돌아다니며 군무에 복무할 사람들을 선발하고 또 그 훈련을 감독하였다. 또한 그는 장교 선발의 책임도 지고 있었다. 그리고 시민군이 피사의 전면에 포진하였을 때는 그 보급관계까지 감독했다. 시민은 다만 용병대의 보조적 지위에 불과했으나 그들의 참전은 플로렌스의 최종적 성공에 기여하여 큰 힘이 되었다. 즉 시민군은 겨울 내 공성전(攻城戰)을 계속하여 피사의 식량보급을 방해하고 마침내 굶주림으로 인해 그들로 하여금 1509년에 항복하지 않을 수 없게 만들었던 것이다.

시민군이 피사 공격에서 보여 준 이 성과는 새 제도에 대한 플로렌스의 신뢰를 높였다. 그러나 그로부터 2년 후 황제군이 메디치의 지배를 회복하려고 플로렌스로 침입해 왔을 때에 그들은 징모(徵募) 시민군에 큰 기대를 걸고 저항을 꾀하였으나 시민군은 노련한 황제군에 의해 참패의 고배를 맛보았다. 시민군은 플라토라는 작은 마을에서 플로렌스로 가는 교통로를 방어하려고 하였으나 황제군의 일격에 플라토의 성벽은 무너지고 말았다. 이리하여 저항다운 저항도 못하고 도주하고 말았다. 잇단 패퇴로 4천 명 이상의, 주로 시민군이 살해되었는데 참혹과 무자비에 익숙했던 당시에도 이것은 차마 눈뜨고 볼 수 없는 학살이었다. 그리하여 플로렌스로 가는 길은 열리고 메디치는 승리자로서 그의 고향에 돌아왔다.

　마키아벨리는 흔히 그가 화포 발명의 중요성을 그릇 판단하였다거나 전쟁에 있어서의 화폐 역할을 과소평가하였다고 하여 비난받고 있다. 그러나 전쟁에 대한 그의 순수 이론적 견지에 비추어 보면 이 점에 관한 그의 견해는 완전히 이론적이며 충분히 이해할 수 있는 것이다. 그의 논문집「근대 육군에 있어서 포병의 가치와 이에 대한 일반의견의 시비」라는 유명한 장(章)은 포병의 발명이 전쟁의 변화에 미친 영향에 관한 냉정한 논설이 아니라 오히려 이것은 이 문제의 일면, 즉 새 무기의 발명에는 용기와 창의가 중요하다는 것을 강조한 것이다. 마키아벨리는 사람들이 "앞으로는 전쟁의 승부는 포병에 의해 결정된다"고 말하는 것을 들었다. 이 문제에 관한 그의 이론의 전부는 그 견해가 잘못이라는 것을 실증할 목적으로 행해지고 있다. 그는 포병이 공격력을 증대한다는 것을 부정하진 않았다. 그러나 포병만이 결정적 전력이라는 의견에 대해선 단호히 배격했다. 화포 발명의 결과는 전쟁이 과학자나 기술자의 전문이 되어 버린 것은 아니다. 군사적으로나 정신적으로나 일국의 모든 힘의 결합이 더 중요하며 지휘관의 통솔력과 병사의 용기는 항상 결정적 요소라고 논했던 것이다.

　마키아벨리와 동시대의 사람들 이를테면 기샤르디니 같은 사람은 이러한 논설에서 마키아벨리는 실제의 일에는 관계없는 이론가에 지나지 않는다고 단언했다. 그러나 마키아벨리의 논문 가운데는 "정치적 위기에 처하여 그것을 타개하려면 재정적 요소가 중요하다"고 말하고 있다. 그는 경제적 자원이 전쟁수행에 필요치 않다고는 말하고 있지 않다. 그는 플로렌스나 밀라노와 같은 이탈리아의 대도시가 그 부(富)에도 불구하고 외국에 정복당한 것은 무엇 때문인가 하고 묻고 있는 것이다. 즉 그의 논지는 "정치력의 근본은 군사력이며 화폐가 정치력이 되는 것은 다만 그것이 군사력으로 전환되었을 경우뿐이다"라는 것을 말하고 있다.

　군사적 혁명에 대한 마키아벨리의 사상원리는 구제도에 대한 이러한 비판에서 쉽사리 찾아볼 수 있다. 그가 주장한 것은 일반 징병에 의해 편성된 보병 부대인 육군이었다. 그러나 이를 실현하기 위해서는 정치적 개혁이 필요하다. 그리고 그것은 정치의 가치를 다른 모든 것보다 앞세우는 새로운 정신을 수반하지 않고는 성공하지 못하는 것이다. 그리고 스스로를 다스리는 사람들은 스스로를 위해 싸워야 한다는 의지를 가져야 하며 또한 민주적 정신으로 징병에 의해 보병으로 이루어지는 군대를 인정해야 한다. 그러나 독자는 마키아벨리의 전술론에서 그의 의견이 어떻게 16세기의 상황에 적응되었는가 또 그 시대의 전쟁의 실제적 기록에 어떻게 나타났는가에 대한 그의 상세한 이론을 발견할 수 없는데 대해 실망할 것이다.

베제티우스와의 가장 큰 차이는 전쟁에 있어서의 전투의 중요성에 대해 광범위한 취급을 하고 있는 점이다. 베제티우스는 이 문제를 오히려 간단하게 다루고 있으나 마키아벨리의 전술론에서는 전투가 전권(全卷)의 주요한 항목이 되고 있다. 그 책의 제3권은 전권의 중심이 되어 있으며 전투의 양상을 기록하고 있다. 그 제1권, 제2권에는 병사가 선발과 훈련을 기술하고 어떻게 하여 전투에 적합한 군대를 전장(戰場)으로 이동하고 전투로 이끄는가를 기술하고 있다. 클라이맥스인 전투 정점의 묘사 뒤에는 기술의 농밀(濃密)함이 없어지고 이에 이어지는 각 편에는 행군, 대주둔군, 축성법의 원칙이 다루어지고 있다. 이들은 모두 짧고 간단한 논문으로써 각론 상호 간의 관련도 없고 내용은 매우 간단하다.

이와 같이 객관적으로 보면 이 저술의 주체는 전투에 있었다고 말할 수 있을 것이다. 그리고 전투의 중요성에 관해서는 주관적인 표현을 전권을 통해서 곳곳에 독자에게 인상을 주기 위해 쓰여 있다. "만약에 장군이 싸움에 이기면 모든 과거와 실패는 상쇄된다." "전투는 군을 육성하는 최종 목표이다. 그러므로 그들의 훈련에는 세심한 주의와 노력을 기울여야 한다." "양호한 군기와 훈련을 위해 기울이는 모든 주의와 노력은 군대가 올바른 방법으로 적과 싸우는 일과 그것을 준비하는 것을 목적으로 하고 있다. 왜냐하면 완전한 승리는 전쟁을 종결시키기 때문이다. 그리고 싸움의 결단은 운명적인 것이다. 만약에 적이 전쟁으로 대세를 판가름하려고 결의하였다면 그는 언제나 우리에게 전투를 강요할 수 있다. 만약에 적이 결전을 강요하려고 하는 경우에는 지휘관은 전투를 피할 수는 없다. 또한 대포가 발명되고부터는 성도 요새도 적의 전진을 저지할 수 없게 되었다. 전투는 어떠한 전쟁에 있어서도 결국은 중심적 과제가 된다" 등 제3권에 전투의 양상을 다루고 있는데 그 쓴 투로 보아 이것을 이 책 속에서 가장 중시하고 있음을 밝히고 있는 것으로 생각된다.

그는 주의 깊게 극적인 장면을 만들어 이를 상세하게 기술하고 있다. 그가 여기서 상세하게 기술하고 있는 것은 그의 일종 호고벽(好古癖)인데 군은 어떻게 하여 전열에 가입할 것인가 하는 대목에서는 "보병의 주력을 중앙에 배치하고 기병과 경보병을 양익(兩翼)에 배치하여 좌우익의 측익을 엄호한다. 포병의 일제사격 후에 기병과 경보병이 전진하여 가벼운 전투가 벌어지고 이어 주력부대의 본격적 결전이 벌어지도록 전투는 진전된다. 제1열에서 장창(長槍)을 든 병사가 돌진하고 곧 적과의 거리가 좁혀지면 창병(槍兵)은 칼을 든 후열병과 교대하며 이어 결전이 벌어진다. 승패가 갈라지는 것은 이때이며 이때에 대열의 움직이는 기민성이 승자를 결정하는 것이다." "사상자의 수가 뭐냐, 적은 도주하기 시작했다. 보라, 그들은 우익에서도 좌익에서도 도주자를 내고 있다. 그리하여 전투는 종말을 고하고 우리는 영광의 승리를 얻었다."

마키아벨리가 전투문제에 중점을 둔 것은 결국 군기문제에 최대의 관심이 있었기 때문이다. 그러므로 그의 전술론에서 군기문제는 전투에 이은 주요한 테마라고 할 수 있다. 엄정한 군기의 필요성을 그는 기회가 있을 때마다 강조하고 있다. "엄정한 군기는 강한 군대의 기초이다. 엄정한 군기는 병사로 하여금 용감하게 만들고 혼란은 그들을 비겁하게 만든다. 군기는 용기보다 더욱 유효하며 군기가 결여되어 있는 적군을 압도할 수가 있다. 날 때부터 용감한 자는 적으나 양호한 질서의 군기는 많은 자를 용감하게 만들며 군대에 있어서는 이 질서와 군기는 용기보다도 신뢰하기에 족한 것이다."

마키아벨리의 군기에 대한 견해에는 두 개의 다른 면이 있다. 첫째는 각 병사에게 무기의 사용법을 가르치고 이어 부대행동에 익숙하게 해야 한다는 것이다. 그들은 정지·전진·후퇴·행군 및 고전의 어떠한 경우에 있어서도 대오를 정비하고 지휘자의 명령·북·나팔 신호에 따라 양호한 질서를 유지하는 것을 배워야 한다. 둘째는 그 후 2세기 동안에 걸쳐 군사논쟁의 주요한 과제가 된 것인데 군대를 더욱 작은 전술단위로 구분하는 것이다. 전투 시의 군기를 유지하기 위해 보병부대를 더욱 소부대로 나누어 유연성과 기동성을 갖도록 편성하는 것이다.

마키아벨리는 전열형식에 있어서 전후로 겹쳐지는 3개의 사다리꼴 대열을 권장하고 있다. 첫 번째 돌격이 성공하지 못했을 때에 다시 전투를 계속하기 위해 이와 같은 배치를 취할 필요가 있다. 그는 로마의 레기온대(隊)를 본받아 최대 단위는 레기온 대와 같이 6천~8천 명으로 이루어지는 부대로 편성하고 다시 이것을 10단위로 나누어 그 각각을 장교가 지휘하도록 해야 한다고 말하고 있다. 또한 이와 같이 구성해도 큰 군대는 다루기 힘들므로 그 최대를 5만 명으로 하고 그 이상의 군대는 도리어 혼란을 초래하여 다만 통솔하기 힘들 뿐 아니라 잘 훈련된 다른 부대마저 타락시켜 버린다고 하였다. 마키아벨리의 머릿속에는 각국의 군사조직은 어떠해야 한다는 일정한 표준이 있었던 것이 분명하며 이것이 그의 모든 군사이론의 기초가 된다.

그는 누차 특수한 경우의 일을 고려요소에 넣을 필요성을 말하고는 있으나 그가 실제로 최대의 관심을 가진 것은 일반원칙을 세워 이것을 보편적으로 통용되는 법칙으로까지 발전시키는 일이었다. 이 일반원칙을 금과옥조로 한 것과 이에 반해 세부의 이론이 결여된 것은 그의 전략사상이 현실의 군사문제와 관계없는 동떨어진 것은 아닌가 하고 의심나게 만들었다. 이 저술의 현실성에 대한 의혹은 그의 사상의 표현 요령으로 하여 더욱 짙어지고 있다.

그의 전술론은 철학 집회와 철학 이론으로 유명한 루세라이가의 정원에서 그와 세 명의 플로렌스 귀족 및 용병대장 파블리지오 코로나 사이에 교환된 문답을 기록한 형식으로 되어 있다. 그 전권을 통해서 정신적이고 실제와 거리가 멀다는 것과 고대와 로마에 대한 정열이 강하게 나타나 있는 것이 근세의 독자를 곤혹스럽게 만든다. 그가 이야기하고 있는 것이 르네상스시대의 사람인지 고대 사람인지, 그의 사상이 현대의 것인지 과거의 것인지 갈피를 못 잡고 있는 것같이 보인다. 요컨대 전술론에 씌어 있는 것은 낡은 것이며 그 때문에 이 전술은 윤곽이 뚜렷하지 않다. 이것이 군사사상사에서 차지하는 지위에 대해서는 보다 나은 해설과 설명이 붙여지지 않는 한 이 저서가 군사사상의 발전에 있어서 중요한 한 단계를 이루고 또한 발전도상에 있는 군사사상의 기초가 되어 있음을 이해하기는 곤란할 것이다.

전술론은 이미 군사에 관한 고전이 되었다. 이 책은 16세기에 7판을 거듭했고 유럽 각국어로 번역되었다. 몽테뉴는 마키아벨리를 시저·보리비우스·코미네스에 다음가는 군사 권위자라고 하였다. 17세기에는 군사상황의 변화에 따라 다른 저자가 무대에 뛰어나왔으나 그의 저술은 역시 흔히 인용되고 있다. 18세기에는 마샬드 색스가 『전쟁 기술의 몽상(Reveries upon The Art of War: 1775)』을 편찬하였을 때에 마키아벨리에게 깊이 기울고 있다. 그리고 아르가로치는 별로 근거는 없으나 프리드리히 대왕이 유럽을 놀라게 한 전술은 마키아벨리가 스승이었다고 보고 있다. 제퍼슨도 많은 사람들이 군사문제에 관심을 갖는 것과 마찬가지로 그의 서가에 마키아벨리의 전술론을 비장(秘藏)하고 있었으며 또한 1812년 전쟁에서 미국인이 군사문제에 흥미를 가졌을 때에 전술론은 미국판으로 특별히 출판되었다.

그러나 19세기에 접어들어서는 그의 군사전문가로서의 명성은 퇴색하고 새로이 정치사상가로서 각광을 받게 되었다. 그러나 많은 사람들에게 아직도 그의 이름은 근대전쟁의 예언자로 남아 있다. 그가 프랑스 혁명에서의 혁신적인 국민개병을 예견했기 때문이다. 그러나 다른 일면에서는 그는 포병의 중요성에 대한 인식이 없었으며 또한 로마의 군사 조직에 열중하는 것을 보고 군사에 대한 현실적 지식이 없었다고 주장하는 사람도 있다.

이상의 여러 가지 의견의 차이에 관해서는 단적으로 어느 것이 잘못이라고 말할 수는 없다. 이를테면 마키아벨리의 국민 개병론은 현대의 관점에서 보면 놀랄 만한 것이긴 하나 그에게 당시의 실정에 대한 통찰력이 결여되었다는 의견은 수긍할 수 있는 것이기도 하다. 왜냐하면 당시의 정치를 잘 분석 검토해 보면 금권의 흥륭(興隆)과 군주의 전제 정치가 성장하고 있던 시대로서 실로 항구성 있는 직업군대의 출현이 요구되고 로마형의 국민군은 단순히 로맨틱한 꿈으로밖에 생각되지 않았기 때문이다. 또한 마키아벨리의 포병의 효과에 대한 회의론은 기술적 혁신이 군사에 영향을 미치는 바가 있다 하더라도 전쟁의 기본적 요소는 불변이라는 그의 건전한 관찰에서 연유되는 것이다.

그의 로마 방식의 권장은 오늘날 우리가 생각하는 만큼 공상적이고 실행 불가능한 것은 아니었으므로 간단하게 경시해 버릴 수는 없다. 로마의 레기온 부대는 실로 16세기의 군사개혁을 자극한 규범이 되었다. 그 최초는 프랑스의 프란시스 1세가 행한 개혁이며 더 중요한 것은 낫소의 몰리우스의 그것이다. 후자는 로마의 군사기술을 면밀히 연구하여 보병부대의 기본단위로서 연대편제를 창설했다. 그리고 이 편제와 훈련방법은 곧 전 유럽 각국이 모방하는 바가 되었다. 즉 로마의 군사제도는 근대의 그것에 대해 직접적이고 중요한 영향을 준 것이다. 이리하여 마키아벨리의 군사사상은 그 현실성에 대해 한없이 논증될 수 있을 것이다.

전쟁의 최종목적이 적국의 완전한 굴복에 있다는 원칙을 확립함으로써 전략사상은 그 자신의 논리와 방법을 가진 독립된 분야를 창설하였다. 또한 군사문제를 과학적 기초 위에서 연구하는 것도 가능하게 되었다. 다시 말하면 모든 군사행동을 하나의 최고 목적을 향해 합리적인 기준을 가지고 평가할 수 있게 되었다. 그리고 전쟁의 성공은 군사상의 합리적인 법칙에 따라 그 수단을 준비하는 데에 있다고 생각되었다.

이것을 요약하면 마키아벨리는 전쟁에 승리를 가져다주는 이론적 방법의 해결에 심혈을 기울인 것이었다. 당시는 아직 전략(strategy)이라는 말은 없었지만 그의 견해는 전략적 사고(strategic thinking)의 시작이라고 해야 할 것이다. 그 후의 군사사상은 마키아벨리가 구축한 기초 위에서 발전해 갔다.

물론 그의 제안이 모두 결정적으로 채택되었다는 것은 아니다. 그러나 그 후의 논의는 그의 견해에 반대되는 것이 아니라 오히려 그의 사상이 발전되고 확대되어 나타난다. 18세기 말 즉 합리주의 시대의 말기에 이르러 급격하게 합리적 요소 이외의 중요성이 인식되기 시작했다. 전쟁에 있어서는 일반적인 요소뿐 아니라 개개의 특이한 사상이 극히 중시되어야 한다고 생각되고 짐작할 수 없는 것이 합리성의 요소와 마찬가지로 필요하다고 생각되기에 이르렀다.

이 새로운 이론적 경향, 즉 개개의 전쟁이 갖는 특색과 특질을 파악하는 중요성, 과학 이외의 창조적 직감적 요소의 필요성이 클라우제비츠의 이름과 함께 군사이론 속에 채택된 것이다. 다른 군사 이론가에 대해서는 극단적으로 비판적이고 경멸적인 클라우제비츠도 마키아벨리의 의견에 대해서는 신중하게 검토하였을 뿐 아니라 "군사에 대해 극히 건전한 판단을 내리고 있다"고 말하고 있다. 클라우제비츠가 군사이론에서 피력한 새 단면은 마키아벨리의 사상의 테두리 밖에 있는 것이지만 그러나 그 발상의 원점에 대해서는 그에게 동의하고 있다. 클라우제비츠의 모든 교의(敎義)는 전쟁의 본질을 분석하는 데서부터 발단되고 있는 것이다. 그리하여 19세기의 위대한 혁명적 군사사상가 클라우제비츠도 역시 마키아벨리의 기초적인 문제를 무시하지 않고 그것을 그 자신의 이론 속에 넣은 것이다.

2. 나폴레옹(Napoleon Bonaparte)

* 코르시카 출생, 프랑스 황제 취임(1804)
  "나의 결심은 천재의 지시에 의해서가 아니라 실은 연구(硏究)와 사색(思索)에 의한 것이다."
* 전쟁의 승리는 최후의 5분에 있다.
* 전략은 시간과 공간을 사용하는 학문이다. 우리는 잃어버린 공간(空間)은 찾을 수 있으나 잃어버린 시간은 회복할 수 없다.

1) 생애 및 시대적 배경

나폴레옹은 1769년 8월 15일 이탈리아 서쪽의 작은 섬 코르시카에서 출생하였으며, 1821년 5월 5일 위암으로 향년 52세에 사망하였다.

나폴레옹은 1779년에 10세의 나이로 프랑스 브리엔느 유년학교에 입학하여 형 조세프와 함께 6년간 수학을 하고 1984년에 파리사관학교에 입학하여 1785년에 16세에 육군포병 소위로 임관하였다. 1789년 프랑스 혁명이 일어나자 나폴레옹은 중위로서 프랑스 혁명을 틈타 고국 코르시카로 돌아와 혁명군의 사령관이 되었으나 파올리 일당과의 싸움에서 패하게 된다. 1792년에 포병 대위로 진급하여 이듬해 투울롱 항 탈환작전 시 천재성을 발휘하여 혁명군의 포병을 지휘하여 수비군과 항구 내의 군함을 격파하여 투울롱을 함락시켜 일약 육군소장으로 승진되는 행운을 잡는다. 1794년에 이탈리아 원정군 포병사령관으로 임명되었고 1796년에는 이탈리아 원정군 사령관에 임명되어 전투에 참가하였다. 1796년 27세 때 33세의 두 아들을 가진 조제핀과 결혼하였다. 1799년 12월 11일 3인의 통령 중 수석통령이 되어 군을 통제하였다. 1804년 12월 2일 35세에 황제에 즉위하였다.

그 후 1809년 12월 26일 아들을 못 낳는 조제핀과 이혼하고 1810년 4월에 오스트리아의 황녀 마리 루이즈와 결혼하여 후일 로마왕 나폴레옹 프랑수아 파알즈 조세프를 낳는다. 1814년 4월 6일 루이 18세가 즉위하고 5월 4일에 나폴레옹은 폐위되어 엘바 섬에 영주로서 유형을 간다. 1815년 2월 26일 1,050명의 군대를 거느리고 엘바 섬을 탈출하여 3월 20일 전 프랑스 국민들의 환호 속에 파리에 입성하며 6월 22일 제2왕정을 복고한다. 1815년 7월 7일 동맹군이 파리에 입성하고 7월 15일 영국에 투항한 후 센트·헬레나 섬으로 유형을 간 후 1821년 5월 5일 위암으로 사망한다.[72]

나폴레옹의 명언을 살펴보면, 전쟁의 승리는 최후의 5분에 있다. 작전계획을 세우는 것은 누구나 할 수 있다. 그러나 전쟁을 할 수 있는 사람은 적다. 민활(敏活)하고 기운차게 행동하라. '그렇지만'이라든지 '만약'이라든지 '왜 그러냐 하면'이라는 말들을 앞세우지 말라. 이런 말을 앞세우지 않는 것이 승리의 제1조건이다. 전사(戰史)를 결정할 만한 중대한 순간에는 군인적인 것보다는 정치가적인 생각이 필요하다. 전쟁은 첫째도 돈, 둘째도 돈, 셋째도 돈이다. 지휘의 단일화는 전쟁에 있어서 가장 필요한 사항이다. 공격은 병사를 고무(鼓舞)시키고, 새로운 힘을 부가(附加)해 주며, 자신을 불러일으키고 적을 혼란케 한다. 공격을 받은 측은 항상 공격 측의 전투력을 과대평가한다. 나는 대결전(大決戰)이 있을 때마다 포병(砲兵)의 힘으로 승리를 거두었다. 병술(兵術)의 심오한 진리는 전사(戰史)에서 나온다. 모든 전략의 요결(要訣)은 결정적인 지점에 사용 가능한 최대의 병력을 집중함에 있다. 최대의 전과(戰果)를 얻기 위해서는 포병을 집중하여야 한다. 집중 여하에 따라 전과의 크고 작음이 결정된다.

전략은 시간과 공간을 사용하는 학문이다. 우리는 잃어버린 공간(空間)은 찾을 수 있으나 잃어버린 시간은 회복할 수 없다. 고도의 전쟁기술을 얻는 지식은 두 가지뿐이다. 자신의 체험에 의하거나 과거 전쟁에서 우수한 지휘관들이 실시한 전사(戰史)를 연구하는 일이다. 명장들의 전역(戰役)을 읽고 또 읽어라. 그들은 여러분이 지향하는 이상(理想)이 될 것이다. 그리고 그것은 위대한 장군이 되는 길이며 전쟁기술을 터득하는 유일한 길이 될 것이다.[73]

---

72) 안용현, 『나폴레옹 대전략』(서울: 병학사, 1979), pp.522~524.

73) 이 내용은 1945년에 발간된 'Makers of modern strategy'의 번역본: 에드워드 M. 얼 편저, 정철 역, 『신전략사상사』(서울: 기린원, 1980) 참조.

2) 18세기 말 프랑스 군사이론의 발전

(1) 프랑스 혁명 전의 군사이론

18세기 중엽 프랑스는 영국과의 식민지, 무역, 해상력 확보를 위한 7년 전쟁에 패한 1763년 체결한 강화조약에서 "프랑스는 점령지역을 구소유국에게 반환한다(부가하여 군대는 구영토로 철수)"는 굴욕적인 조약으로 말미암아 세계 도처에 있는 많은 해외 식민지를 잃게 되었을 뿐만 아니라 국가의 위신마저 땅에 떨어지게 되자 권토중래(捲土重來)를 위한 군사연구가 활발히 전개되게 되었다.

그중에서도 귀베르트는 1772년 그의 저술에서 ① 시민군의 필요성, ② 기동전, ③ 사단 편성을 주창하였다. 그의 주장을 요약하면 "첫째, 현 용병제를 폐기함으로써 국가에 대한 충성심을 불러일으킬 수 있고, 전 국민이 이에 적극 참여할 수 있는 시민군으로 개혁, 정부와 단합할 경우 막강한 힘을 발휘할 수 있는 군대로 육성할 수 있다. 둘째, 통상 주력군과 2~3일 행군거리 내에 보급기지를 설치하여 기동의 저해요소가 되고 있는 창고급양제를 폐기하고 현지 조달제로 개선함으로써 간편한 치중(輜重)으로 기동력을 증진시킬 수 있다. 그리고 작전수행 전에 대부대를 집결시키던 전술에서 탈피하기 위하여 부대를 세분하여 사단으로 편성함으로써 현지 조달을 용이하게 하는 한편 기동의 신속을 기할 수 있다"라고 하였다. 이어서 그는 부대의 전술적 운용에 언급하여 "우리 병력을 적에게 노출시키지 않고 전개시킬 수 있어야 하고, 분단됨이 없이 적을 포위해야 하며, 또한 우리의 측방을 노출시키지 않으면서 적의 측방을 포착, 우리의 기동과 공격을 상호 연결시킬 수 있어야 한다"라고 하였다. 즉 적의 균형을 붕괴할 수단으로서 신속한 기동과 독립작전으로 적의 측방을 강타할 것을 발전시켜 후세의 전술개발에 많은 공헌을 하였다.

또한 당시 영국의 로이드는 "현명한 지휘관은 불확실한 전장에 임하기에 앞서 지형, 진지, 숙영지[陣營], 행군에 대한 지식을 자기 조치의 기초로 삼아야 하며, 이를 이해한 지휘관은 군사상의 기도로 기하학적인 엄밀성을 가지고 착수하며 적을 격파하려는 절박감 없이 전쟁을 수행할 수 있다"라고 하여 전쟁 전 준비태세의 완비를 강조하면서 군사학이 수학의 일부분임을 주장하기도 하였다.

프랑스의 브뤼세가 저술한 『산악전의 원칙』에 의하면 "우리의 계산된 분산으로 적을 분산시켜 놓고 적보다 먼저 집중시켜 적의 일익을 우세한 병력으로 공격하라"고 계획적인 분산원칙과 "수 개의 방향으로 진격함으로써 적으로 하여금 확실한 목표를 파악하지 못하도록 기만"하는 다지(多枝)계획론을 주창하였다.

(2) 프랑스 혁명과 군사이론 변화

① **징병제(徵兵制):** 이 제도는 고대 희랍과 로마시대 이래의 병역제도였으나 점차 국가가 부강하고 국민생활이 안정되어 가자 노력을 피하려는 경향이 싹틈으로써 병역기피 현상이 속출하게 되었다. 그러나 상업의 발달과 더불어 해외시장이 개척되면서부터 그들의 재산보호가 절실하게 되자 금전으로 병력을 고용하게 되었다. 이때의 전쟁은 국민들 간에 이루어진 것이 아니라 과도정치의 집권자들과 귀족신분들 사이에 벌어졌던 것이다.

이 제도는 18세기 말까지 각국이 채택한 병력제도였는데 병력유지비가 막대(당시 1인 당 평균 100달러)하였기 때문에 도망병 방지에 급급한 나머지 혹한 및 혹서기 등 계절에 따라 전투를 조정하였으며 심지어는 원거리 우회나 추격전 그리고 큰 회전을 회피하는 실정이었다. 혁명 후 프랑스는 정치, 경제, 사회 제 분야에 걸쳐 현저한 변화를 가져왔지만 특히 병역제도의 개혁은 그 의의가 컸다.[74]

② **현지급양제도:** 군보급은 현지 조달하였으나 18세기 초부터 대부분의 전쟁이 군주 또는 귀족 간의 전쟁으로 변하게 되자 용병의 도주방지와 현지주민의 재산과 생명의 보호 등에서 야기되는 작전상의 문제점을 해소하기 위하여 통상 주력군으로부터 2~3일 행군거리 내에 창고를 설치하여 보급하였다. 그러나 이 제도는 창고 수비와 병참선 확보를 위하여 많은 병력을 할당하지 않을 수 없었으며 침투작전의 회피 그리고 창고 피탈 시의 주력군 파멸 우려 등으로 많은 취약점을 내포하고 있었다. 그러나 이를 현지 조달로 바꿈으로써 전 부대의 장비가 가벼워져 어떠한 지형에도 자유자재로 행동할 수 있는 기동력이 증대되었던 것이다.[75]

③ **전술의 개혁:** 첫째, 횡대대형은 18세기 초에 자석총이 발견된 이후 이 전술이 각광을 받았다. 통상 1개 대대(병력 700~800명)를 3열 내지 4열 횡대의 밀집대형으로 배치하고 양익에 기병, 주력후방에 포병을 방열시켜 단일 지휘관 밑에 운용하는 것이 정석이었으며, 일회 전투에서 결정적인 승리를 획득하려는 전법이었다. 따라서 전장은 연병장과 같이 넓고 평탄한 지형이 요구되었고, 적이 진지를 점령하고 있을 때에는 이를 유인하기 위하여 무엇보다도 기동작전이 선행되어야 하였다. 그리고 기동과 사격의 연결을 위한 고도의 훈련과 통제가 필요하였음은 물론, 전쟁에 결정타를 가할 수 있는 추격전은 감히 기대할 수도 없는 취약점을 안고 있었다.

---

74) 안용현, 『나폴레옹 대전략』(서울: 병학사, 1979), pp.15~16.
75) 위의 책, pp.16~17.

둘째, 종대대형은 징병제로의 전환으로 채택한 전술로서 용병에 비하여 경비가 절감되어 횡대전술의 모든 제약조건을 불식할 수 있었으며 정교한 교육훈련이 요구되지 않았다. 전술적인 측면에 있어서는 산개대형으로 운용되며 종심이 깊으므로 충격력이 강하고 융통성이 많으므로 어떠한 전투양상에도 적용시켜 과감하게 섬멸전을 시도할 수 있는 장점이 있었다. 그럼에도 불구하고 각국은 이 종대전술을 채택한 프랑스군에 대하여 '전술의 퇴보'라고 혹평하였으나 후일 프러시아와 오스트리아군은 각각 이를 채택하게 되었다. 셋째, 신전술은 제1선에서 산병대형으로 적을 소모시킨 후 기회를 포착하여 제2전선에 밀집대형으로 집결시킨 충격력이 강한 예비대를 투입하여 결전을 시도하는 것이다. 프랑스 시민군은 최초에 횡대전술을 그대로 답습하려 하였다. 그러나 이 대형이 요구하는 운동과 일제사격의 고도 훈련이 필요하며 대군에 이를 적용하기에는 곤란할 것으로 인식한 프랑스 대신 카르노는 미국독립전쟁 당시 미군이 사용한 산병전법을 도입하여 지형지물을 최대로 이용하도록 하려 하였으나 사격술이 미숙함으로써 단독사격이 일제사격보다 화력집중의 효과가 적다는 것을 알아차리고 밀집대형을 혼용한 전법을 개발하였다.[76]

3) 나폴레옹의 전략사상

프랑스와 대(對)동맹제국(同盟諸國)들 간의 세계적 전쟁(나폴레옹 전쟁)은 몇 차례의 짧은 휴전이 있었으나 1792년부터 1815년까지 계속되었다. 많은 인구로부터 징모(徵募)된 국민군과 군사상의 위대한 천재 나폴레옹이 출현한 것은 전쟁에 일대 혁명을 가져왔다. 나폴레옹의 경력과 인물에 관해서는 광범위하고 소상한 연구를 요하지만 전쟁사(戰爭史)를 통해 나폴레옹의 혼란 당시로부터 우리가 이어받은 참으로 중대한 일대 유산은 실로 대군(大軍)의 운용에 있어서의 신기원을 이루었음을 의심할 여지가 없다.

국민 총동원(Levee en masse)을 요구한 1793년 8월 23일 회의의 유명한 칙령(勅令)은 오늘날에 있어서도 우리에게 그것을 웅변으로 말해 준다. "제1조, 오늘 이 시간부터 적이 공화국의 영토에서 축출될 때까지 모든 프랑스인은 영원히 군에 복무해야 한다." "청년은 전장(戰場)으로 가고 기혼자(旣婚者)는 무기를 제작하고 탄약을 운반한다. 여성은 천막과 군복을 제작하고 병원에 근무한다. 어린이는 낡은 리넨으로 부대(負袋)를 만든다. 노인은 공공광장(公共廣場)에 모여 공화국의 단결과 적국 지배자들에 대한 증오를 역설하여 병사들

---

76) 위의 책, pp.17~18.

의 사기를 고무한다."

　국민 총동원은 프랑스가 거의 몰락하려 할 때 시작되었다. 그로부터 1년 이내에 프랑스는 공세로 나갔다. 공포정치에 의해 국력을 통일하고 징병에 의한 무서운 인적전력(人的戰力)을 가진 혁명 프랑스 공화국은 뿔뿔이 흩어진 동맹제국으로서는 도저히 대항할 수 없는 강대한 상대임을 똑똑히 알았다. 스페인·네덜란드·프러시아 등이 평화조약에 조인(調印)함으로써 1795년에 동맹은 와해(瓦解)되었다. 1796년 공포정치 시대에 탄생한 한 장군인 나폴레옹은 처음으로 독립된 지휘권을 받았다. 그는 알프스를 넘어 이탈리아로 진입하여 그의 신속한 기동력과 정확성으로 사르디니아와 오스트리아군을 공격하여 1797년 캄포니아군을 격멸하는 한편 오스트리아군을 공격하여 1797년 캄포포르니오(Compo Fornio) 조약을 강제로 조인시키고 말았다.

　프랑스는 오랫동안 군침을 흘려 온 라인 강이라는 '자연의 국경'을 획득하고 동시에 새로 탄생한 롬바르디아의 괴뢰 공화국에 대한 지배권을 장악했다. 베네치아 공화국은 와해되고 그 영토는 오스트리아에 양도되었다. 유럽의 세력균형은 여기서 그 면목을 일신(一新)하고 평화는 고작 수개월간 계속되었을 뿐이었다. 영국과 오스트리아는 새로 러시아라는 동맹국을 얻었다. 제2차 동맹도 나폴레옹 혼자만의 힘은 아니라 하더라도 그의 연전연승(連戰連勝)으로 무력화(無力化)되고 말았다. 전승의 위신은 그가 수개월 전 부르메르의 쿠데타 후 자칭한 독재 집정관(執政官)의 지위를 안태(安泰)롭게 만들었다. 실망한 영국은 아미안에서 불리한 조약에 조인하지 않을 수 없었다.

　그로부터 약 1년간(1802~1803) 전쟁은 없었다. 나폴레옹은 그 사이에 프랑스에서 그의 권력을 강화하고 이탈리아·스위스·네덜란드·독일 등에 간섭하여 패전제국의 공포와 야심을 도발(挑發)했으며 재차 영국과 전쟁을 벌였으나 영국과 제3차 동맹을 맺고 위협적 존재가 된 오스트리아와 러시아를 정복할 필요를 느끼고 영국 침입계획을 보류했다. 수주일 간에 그는 오스트리아군을 울름과 아우스테를리츠에서 격파하고 러시아군을 칼파텐 산맥 너머로 격퇴했다. 거의 이와 동시에 트라팔가르에서의 영국 해군이 전승을 거두었기 때문에 영국 침입이 결정적으로 불가능해지고 말았다. 그 이후 프랑스는 영국을 격파하기 위해서는 육상전력(陸上戰力)에 의존할 수밖에 없었으며 나폴레옹은 대륙 제패(制覇)라는 새 야망을 품게 된 것이다. 그는 남아 있는 적국을 따로따로 분리하여 신속하게 이를 격파했다. 대국 프러시아를 1806년 예나의 전투에서 격파하고 1807년 프리드란트 전투 후 러시아로 하여금 프랑스와의 동맹을 맺게 했다. 그해 틸지트(Tilsit) 조약을 맺을 때가 나폴레옹의 세력이 절정에 달했을 때이다.

영국의 경제기구를 무너뜨리기 위해서 그는 '대륙봉쇄'를 실시하여 영국 상품이 유럽 대륙에 도입되는 것을 금지했기 때문에 해안선(海岸線)을 관제(管制)하는 데 필사적인 노력을 해야만 했다. 이로 인해 스페인이 점령당하고 이탈리아에 대한 장악은 엄하며 네덜란드와 독일의 북해 연해(沿海)지방 이탈리아의 일부 및 달마티아(Dalmatia)는 프랑스에 합병되었다. 스페인에서 저항운동이 격화되고 마침내 영국의 파견군이 이를 지원하기에 이르렀다. 오스트리아 정부는 애국자의 격려를 받았으며 스페인 반란에 고무되어 프랑스 황제에게 도전했다. 그러나 오스트리아는 단독으로 시기가 무르익지 않은데도 행동으로 옮겼기 때문에 1809년에 피비린내 나는 짧은 전쟁으로 네 번째 패배를 당했다. 그로부터 2년간 대륙에는 불안정하지만 평화가 계속되었다.

러시아군의 반불친영(反佛親迎)의 공기는 러시아 황제를 그 방향으로 이끌게 했다. 그리고 나폴레옹은 러시아를 반영전선(反英戰線)으로 돌려세우기 위해 1812년에 불행한 전쟁으로 돌입하고 말았다. 그의 군대는 60만을 초과했다. 더욱더 젊은이들을 징병하고 십여 개국의 동맹국과 피정복국으로부터 병사를 징모했는데 이것은 그때까지 유럽에서 어느 한 전쟁을 위해 징집된 병력으로서는 아마 최대의 것이었을 것이다. 그의 운명은 이미 잘 알려진 바와 같다. 점차 나폴레옹 황제의 약점이 드러남에 따라 최근에 그에게 통합된 나라와 또 겁이 많고 의심이 많은 제국(諸國) 정부도 마침내 반항하게 되었다. 프러시아·오스트리아·독일 등 여러 나라가 스페인의 반도(叛徒)와 이탈리아의 반란군과 더불어 영국과 러시아에 가맹했다.

이제까지 대륙의 3대 육군 군주국이 공동행동을 취한 일이 없었으나 그때 그것이 실현되어 1813년 10월에는 라이프치히 전투가 벌어졌다. 이것은 '국가군(國家群)의 전투'라 불리는 것으로서 50만 이상의 군대가 교전했으며 1914년에 이르기까지 구미(歐美)지역에서 벌어진 전투 중에서 최대의 것이었다. 그리고 나폴레옹의 운명은 이 일전에서 결정되었다. 프랑스는 그때까지의 20년간 인력(人力)을 소모하여 유럽제국의 연합군에 대항할 수 없었다. 영국의 외교는 4개의 주요 국가를 합쳐서 이제까지 보지 못한 강력한 동맹을 맺어 프랑스에 대항했다.

나폴레옹은 1814년 봄에 엘바 섬으로 유배되었다. 그가 이 섬에서 탈주, 귀국하여 공포(恐怖)를 일으킨 사건을 제외하고는 이로써 끝장이 났다. 이 전쟁의 규모, 참가한 군대의 크기, 나폴레옹이 움직인 군대의 행동속도, 그의 전승의 완벽함, 유럽국가 조직을 프랑스가 지배하는 새로운 대륙질서로 바꾸려고 한 프랑스의 의도가 점차 밝혀졌던 것 등은 모두 당시의 사람들에게는 신기해 보였고, 또 지금까지의 역사에 유례없는 일로 보였다.

프랑스군에 근무했던 스위스의 한 유명한 장군은 나폴레옹의 행동이 이상한 것으로 생각했으나 18세기의 전쟁과 정치의 탈피라는 점에서 완전히 설명할 수 있는 것으로 생각했다. 그에게는 나폴레옹의 전승이 눈부신 것일수록 그러한 전승은 일반적 진리 즉 '새로 짜인 것이 아니라 예부터 발견된 원칙'이라는 말로 설명될 수 있는 것으로 생각되었다.

나폴레옹은 징병제, 현지급양제도 그리고 종대전술의 획기적인 개혁과 부르세의 계획적 분산원칙, 다지계획과 귀베르트의 기동력과 사단전투 능력의 잠재력에 대한 선구자들의 이론을 유산으로 받아 자기의 것으로 소화시켜 거의 추가함이 없이 실전에서 활용할 수 있었다. 바로 이것이 천재적 두뇌의 소유자 나폴레옹이 아니었다면 한낱 이론으로 그쳤을지 모를 일이다. 다만 추가시켰다면 포병을 보병이나 기병과 같이 집중 운용하였다는 점이다.

오스트리아의 막크 장군은 울름전투에서 프랑스군에 패한 후 "나폴레옹은 전쟁을 정석으로 싸우려 하지 않는다"라고 개탄하였듯이 나폴레옹은 마치 기본적인 3색을 수백 가지 색조로 변화시킬 수 있는 것과 같이 각국에서 상용하는 구태의연한 구전법에서 탈피하여 "전쟁에는 고유한 진형이란 있을 수 없다"라는 자신의 금언과 같이 그는 천부적인 전략안을 가지고 예민한 통찰력과 정확한 판단력 그리고 신속 과감한 결단력으로 전쟁을 지도함으로써 연전연승할 수 있었던 것이다.[77]

그러나 이 같은 나폴레옹의 섬멸전략을 가장 빨리 체득한 것은 프러시아의 장군 샤른호르스트와 그나이제나우로서 그들은 전략을 역이용하여 후일 나폴레옹을 괴롭혔던 것이다. 나폴레옹도 자신이 희망하였던 항구적인 평화를 위하여 전쟁에서 전쟁으로 달음질쳤으나 끝내는 목적을 달성하지 못하였다.

---

77) 위의 책, pp.18~19.

3. 앙트와느 앙리 조미니(Antone Henri Jomini: 1777~1869년)

* 스위스 출신으로 프랑스 및 러시아 복무, 러시아 군대에서 대장 진급
* 조미니는 보통사람으로 무역 및 은행원 공부, 17세에 프랑스 육군에서 행정관으로 군생활을 시작하여 나폴레옹의 이탈리아 원정군에 종군 (조미니는 병사부터 단계적인 진급도 없었으며, 군사훈련도 안 받았음)
* 「대군사작전론」, 「전쟁술」, 「전술개론」, 「혁명전쟁사와 비평사」 저술
* 군사작전 원칙화의 시조, 결정적 지점에 집중 및 작전선 강조
* 군사학의 기초적 개념 정립, 전쟁에 있어서 전략범위 설정
* 작전계획과 정보의 역할에 대한 중요성 정립
* 전 유럽에 일반참모제도와 육군사관학교 설립에 영향을 미침

1) 생애 및 시대적 배경

조미니는 1779년 프랑스령 스위스의 보드(Voud) 주로 몇 대 전에 이탈리아에서 이주해 온 중류의 명문 집안 태생으로 처음 프랑스 육군에서 복무하였다. 그 후에는 러시아 황제의 군대에서 대장이 되었으며 1869년 파리에서 사망하였다.

그는 최초 교육을 보통사람들과 같이 무역, 은행원의 공부를 하였으나 17세에 프랑스 육군에 입대하여 나폴레옹의 이탈리아 원정에 종군하였다. 1805년 프랑스군의 네이 장군에 의해 채용되어 네이 장군의 참모나 나폴레옹의 참모로서 1813년 5월까지 나폴레옹의 화려했던 울름 전투(1805), 예나 전투(1806), 흐리들랜드 전투(1807), 스페인 전투(12808) 등 12회의 전투에 직접 참가하였고, 그의 능력을 발휘하여 공적을 세웠다. 조미니는 프랑스에 있는 동안 한 번도 독립부대의 지휘관이 되지 못하다가 1813년 나폴레옹 황제참모부의 참모장이었던 베띠어 장군과의 불화로 프랑스 육군을 떠나서 배불연합국의 하나인 러시아에 투신하였다.

아미앙(Amiens)의 잠정적 평화 시에는 사업생활로 되돌아갔으나 전쟁이 다시금 일어나자 네이(Neu) 원수의 참모장이란 자리를 맡았다. 조미니는 육군들과 함께 생활한 6년 동안 전쟁기술에 관해 많이 논하고 또 깊이 연구했다. 군사문제에서 작용하는 그의 빠른 머리 회전과 지식이 용감하고 훌륭한 전술가였으며 전쟁기술에 관한 연구에는 별로 열의를 안 가진 네이에게 강한 인상을 주었다. 네이는 아미앙에서의 여가에 조미니가 프리드리히 대왕의 작전에 관한 논문의 제1권을 출판하는 것을 도왔다. 조미니는 그 속에서 군사학의 어느 종류 법칙화를 시도하고 또 프리드리히와 나폴레옹의 군사전략에 대한 비교도 했다.

황제는 조미니의 책 한 권을 읽고 나폴레옹식의 직감적 판단력에 감탄하여 마침내 조미니를 프랑스 육군의 정규 육군대령에 임명하여 그의 지위를 정당한 것으로 만들고 1806년 9월에 마인츠에서 황제에게 신고하게 되었다.

조미니가 다른 많은 예언자처럼 흔히 너무도 정확하게 미래를 예언했다는 것은 그가 나폴레옹의 전략적인 버릇과 사상을 놀라울 만큼 명확하게 이해하고 있었던 증거이며 또 나폴레옹이 조미니 저서의 가치를 인정한 것은 틀림없는 사실이다. 그는 여단장으로까지 승진하여 프러시아·스페인 및 모스크바에서 퇴각 이후에 이르기까지 네이의 참모장으로 근무하였으며 러시아 작전 때는 빌나(Vilna)와 스모렌스크의 지사가 되었으나 조미니는 독립된 지휘권을 받은 일도 없으며 또 그보다도 못한 사람이 받은 지휘봉을 얻지도 못했다. 조미니는 언제나 멸시당하여 화를 내거나 사직서를 내야만 했다. 그는 그동안에 여섯 번이나 사표를 제출하여 반려되었다. 황제를 비롯한 그의 상사는 그를 지휘관으로서는 적임자라 생각하지 않은 모양이다.

진급에 대한 희망이 사라져 몹시 실망한 그는 1813년 8월에 연합군의 전선으로 달려가서 러시아의 알렉산드로를 받들겠다고 신청했다. 조미니는 아직도 스위스 국민이었기 때문에 이 행동은 반역으로까지는 간주되지 않았다. 그래서 조미니는 프랑스의 영웅이 되지는 못했으며 역사가들도 그를 심히 공격하지는 않았다. 그리고 그의 저서를 교과서로 사용하는 것이 금지되지도 않았다. 러시아에서는 중장에서 상급대장의 지위로 승진했고 오랫동안 알렉산더 1세 황제의 밑에서 복무하였고 다음의 니콜라스 1세, 알렉산더 2세의 시대에도 수시로 군사에 관한 자문에 응했다. 그가 죽을 때까지 대장의 지위에 있으면서 군사고문으로 활동하고 러시아 육군사관학교의 창설에 크게 힘썼다.[78] 그리고 말렝고 후에 시작한 역사적·분석적 연구를 완성하는 충분한 시간을 얻었던 것이다. 그는 만년을 러시아와 프랑스에서 번갈아 가며 보냈다. 크리미아 전쟁 때 그는 자주 러시아 황제로부터 조언을 요청받았으며 1859년에는 나폴레옹 3세가 이탈리아에 대한 모험을 시작하기 전에 그의 조언을 요청했다.

1869년에 그가 파리에서 죽을 때까지 조미니의 책은 전 세계의 군사교본으로 널리 읽혔는데 자신이 마치 현자처럼 여겨지고 있는 것을 알고 만족했다. 조미니의 군사경력이 평범한 것은 아니었다. 그는 병사부터 단계적으로 승진한 것이 아니고 사관학교의 정규과

---

78) J. D. Hittle 저, 육군대학 역, 『조미니 전술개론』(대전: 육군대학, 1987), p.13: Jomini의 『Art of War』를 미 해병 준장 J. D. Hittle의 번역서 참조.

정을 거친 것도 아니다. 그는 전에 군사훈련을 받은 일도 없이 프랑스 육군의 행정관이 되었다. 한 스위스 사람으로서 문외한이면서도 특별한 직업적 지위를 부여받은 것처럼 보인 것은 어쩔 수 없는 노릇이었다. 그리고 그의 기질로 인해 언제나 순수한 군인들과는 친근하게 지내지 못했다. 더욱이 그는 문학자나 지식인들에게서 볼 수 있는 특유의 질투심이 많은 일종의 허영심을 갖고 있어 허영심을 누르는 것을 신조로 삼는 군인들에게 싫증을 주었다. 그러나 조미니를 '탁상의 군인', 즉 순수한 이론가, 학구적 경제학자가 실제로 실업에 종사하지 않는 것과 마찬가지로 군대에 직접 관계하지 않는 지식인이라고 보는 것은 잘못이다. 그가 전장에서 군대를 움직이는 것을 도운 것은 확실하다. 네이의 참모장으로서 전장에서 여러 가지 일을 수행함에 있어서 커다란 책임을 갖고 있었다. 그는 특히 울름과 스페인에서는 중대한 결단을 내렸던 것이다.

전쟁에 관한 조미니의 저서는 두 종류로 분류된다. 역사적인 것과 이론적이고 분석적인 것인데 이 분류는 엄밀한 것이 아니다. 왜냐하면 전사에서 조미니는 언제나 '왜, 이렇게 작전행동이 취해졌는가?'를 밝히는 원칙을 탐구하고 있으며 군사이론에서도 이론을 역사적 사실로서 예증하는 일 없이 단순히 추상적 고찰로 그치는 일이 거의 없었기 때문이다. 그리고 몇 편의 소책자가 있는데 그 대부분은 그의 비판에 대한 짧은 답변이었다. 역사에 관한 그의 작품은 프리드리히 대왕, 프랑스 혁명전쟁, 나폴레옹 전역까지 모두 망라하고 있는데 총 27편이나 된다. 그의 주요 작품은 대군사작전론(8권, 파리판, 1804~1816), 혁명전쟁사와 비평사(5권과 도해서, 파리판, 1806/ 15권과 4권의 도해서, 파리판, 1819~1824), 나폴레옹의 군사 및 정치일생(4권, 파리판, 1827), 전략 및 전술의 대종합연구에 관한 소개(파리판, 1829), 1815년 전역의 군사 및 정치개요(파리판, 1839), 전술개론(2권, 파리판, 1838)이다.[79] 나폴레옹은 『대군사작전론』이라는 작품으로 인해 조미니의 재능에 관해 주의를 기울이게 되었다. 역사를 다루는 그의 문체는 간혹 난해한 부분도 있지만 동시대 역사가들의 작품과 그의 뒤를 잇는 군사학 전문가들의 글보다는 덜 난해한 편이었다. 특히 조미니의 전술개론은 4반세기 동안 저술해 온 교리 및 이론에 관한 최종적인 종합작품이었다.

---

79) J. D. Hittle 저, 위의 책, pp.15~16.

2) 조미니의 전략사상

조미니는 시대적으로 18세기 계몽시대의 합리주의 영향을 받았다. 이 때문에 18세기 계몽시대 사람이었던 나폴레옹의 합리적 병력운용을 잘 이해하고 주로 나폴레옹의 1796~1797년의 이탈리아 전역 및 레망고, 오스테를리츠와 니나의 전역을 통하여 나폴레옹의 전역을 분석 검토하여 그의 군사이론 구성을 해낸 것이다.[80] 조미니의 군사이론에 관한 최초의 논문은 "대군사작전론"인데, 이것은 주로 7년 전쟁에 관한 역사이다. 나폴레옹이 오스테를리츠 전투 후에 읽고 매우 깊은 인상을 받은 것은 그 7장과 14장이었다. 대군사작전론의 7장에서 조미니는 그의 작전축선에 관한 이론을 표명하여 외선작전과 내선작전에 관해 중요한 한계를 설정하였다. 14장에서는 이 이론을 더욱 발전시켜 작전축선 선정의 중요성을 강조하고 지리적·기하학적 고찰이 그 선택에 얼마나 큰 영향을 미치는가에 대해 설명하고 있다. 대군사작전론은 유명한 35장에서 끝나고 있는데 그중에서 조미니는 특수한 여러 문제를 벗어나 그의 경험의 보편화를 꾀하고 군사작전 일반에 공통되는 기본원칙을 방식화하려고 했다.

조미니가 전쟁 연구에 착수한 것은 그가 말하고 있듯이 전쟁이 인간활동의 한 형식인 이상 어떤 의미를 파악할 수 있다고 생각했기 때문이다. 그는 드삭스 장군의 다음과 같은 유명한 발언에 대해 단호히 반박하려고 했던 것이다. "전쟁은 암흑으로 덮인 과학이다. 전쟁 중에는 아무도 확신을 가지고 걸어갈 수 없다. 모든 과학에는 원칙을 수반하고 있으나 전쟁의 경우에만은 아무것도 없다." 이 의견에 대해 조미니는 인간은 전쟁에서 성공을 가져올 수 있는 방법과 실패를 가져올 수 있는 방법을 조직적인 방법으로 구조하고 또 이를 표현할 수 있다는 의견을 언제나 갖고 있었던 것이다. 대군사작전론 중에서 그는 "어떠한 경우에도 근본원칙이 있는데, 그것에 따름으로써 좋은 결과를 얻을 수 있다. 그와 같은 원칙은 불변이며 무기의 종류와 역사적 시간과 장소와는 관계가 없다"라고 말하고, 조미니는 이 책의 주목적은 "모든 작전에는 기초적 원칙이 있으며 그 원칙은 성공하는 모든 방법을 지배하는 것임을 논증하는 데 있다"라고 말하고 있다.

그는 뷔로를 비판하여 '전쟁방식'에 반대하는 뜻을 표명하고 있다. 뷔로의 이른바 전쟁방식은 모두 우발사건에 대해 마치 요리책이 조리법을 가르치듯이 군사조직의 모든 문제에 대해 확고한 규칙을 세우려는 것이다. 인간의 이지(理智)는 이와 같은 조직을 발명할 수

---

80) 국방대학원, 『전략 기초이론』(서울: 국방대학원, 1993), p.18.

없다. 특히 전쟁이란 것은 열광적인 드라마이고 결코 수학적 운용이 아니기 때문이라고 그는 생각했다. 조미니에 의하면 전쟁으로 이지가 처리할 수 있는 범위에는 한계가 있다. 그러나 결코 이지를 완전히 제외할 수는 없다. 병사에 대한 교육과 군기는 본질적으로는 이지문제가 아니고 올바른 생각만으로 전쟁을 이길 수 있는 것도 아니다. 용기라든가 이니시어티브 같은 다른 요소가 더욱 중요하다. 그러나 이지는 전략이라는 어느 분야에서든 지상이다. 전략 분야에 있어서는 일반원리와 불변의 적용원칙이 있으며 그것은 사람의 두뇌로 이해하고 방식화할 수 있다. 군사과학의 주요 문제는 이들 일반원칙을 수립하는 데 있다.

조미니는 『전술개론』의 첫머리에서 그의 입장을 밝히고 있다. "장군이 여러 전투의 작전에 참가했다면 전쟁이 하나의 커다란 드라마임을 알게 되고 무수한 형이상학적·형이하학적 요소가 크든 작든 간에 유력하게 작용하여 수학적 계산으로는 도저히 처리될 수 없음을 자각할 것이다." 한편 "나는 20년간의 체험을 통해서 다음과 같은 확실한 신념을 얻었다. 즉 전쟁에는 소수의 기본원칙이 있는데 이를 무시하는 것은 매우 위험하며 반대로 원칙의 적용은 거의 모든 경우에 성공의 영광을 주는 것이다. 그것들은 때로는 상황에 따라 수정되는 일도 있으나 일반적으로는 군사령관이 전투 중 곤란하고 복잡한 작전을 지휘하는 경우에 그를 유도하는 척도가 되는 것이다"라고 했다. 그리하여 조미니는 전쟁학의 기초원칙에 접근하는 제1보를 내디뎠다. 그는 이 일이 너무도 방대하므로 다소 주저하는 기색을 보이고 있다. "나는 이를 수행하는 데 필요한 기능을 갖고 있지 않은데도 감히 이 어려운 일을 시작하려고 했다. 그러나 나는 기초를 만드는 일이 소중하다고 생각한다. 이를 달성하려면 상황이 유리하지 않는 한 긴 시간을 요할 것이다"라고 그는 말한다.

다른 공식화로 경험을 쌓은 후에 조미니가 결정한 전략의 기본원칙은 다음과 같다. ① 전략적 방책으로서 군대의 주력 부대를 전장의 결전 지구에 그리고 될 수 있는 한 적의 병참선을 향해 집중한다. 그러나 아군의 병참선을 위험 속에 빠뜨리지 않도록 주의한다. ② 아군의 주력을 가지고 적 주력 부대의 일부에 대해서만 대항케 하는 식으로 기동한다. ③ 그리고 전투에 있어서는 전술적 기동에 의해 아군의 주력이 결승을 가져오는 장소의 요소 혹은 적이 용이하게 격파할 수 있는 적전선이 있는 곳에 집중한다. ④ 이들 대병력을 단지 결전 방면에 집중할 뿐 아니라 신속하게 또 동시에 전투에 가담시켜 일제히 공격에 옮길 수 있도록 한다.

조미니의 작전축선에 관한 이론은 『대군사작전론』의 제7장[81]에 처음으로 뚜렷이 다루고 있다. 그의 정의에 따르면 작전축선은 군이 그 사명을 수행하기 위한 모든 작전 지대의 일부로서 수 개의 루트를 취하건 한 개를 취하건 상관없다. 제7장은 7년 전쟁의 로이텐 전투 전의 작전에 대한 고찰로 시작되고 있다. 이 작전에서 프리드리히 대왕은 그의 군대를 둘로 나누어 그 하나를 실레아지아에 두고 나머지를 이끌고 삭소니아로 진군했다. 조미니는 이와 같이 군대를 둘로 나누어서 프리드리히는 단선작전으로서가 아니라 복선작전으로 결전한 셈이라고 말하고 있다.

그러면 작전상의 단선과 복선의 상호 이점은 무엇인가? 이에 대해 그는 "어느 쪽이 그 때의 상황 아래서 적보다 우세한 병력을 작전축선의 요소 혹은 공세를 취하는 데 있어서 가장 유리한 곳에 배치할 수 있는가에 귀결된다"라고 답변하고 있다. 본래 전장에 있어서의 군대를 둘로 나누는 것이므로 복선작전은 분리된 부대가 신속하게 재결집되어 단일작전선으로 통합되지 못하면 매우 위험하다. 그러므로 가령 복선작전이 채택되어도 모든 군대가 한 지휘관에 의해 지휘되는 것이 필요하다. 조미니는 복선작전을 채택한 군대도 그것이 내선에 있는 경우에는 적도 역시 마찬가지로 복선작전을 사용하여 병력 통합이 아군에 비해 곤란하므로 안전하다는 의견을 갖고 있었다. "작전축선을 안쪽으로 갖고 적에 비해 보다 접근하고 뭉쳐 있는 군대는 전략기동에 의해 병력을 서로 여러 방향으로 집중할 수 있으므로 적을 각개 격파할 수 있다"라고 말하고 있다. 그의 저서를 통해 조미니는 내선태세의 우월성을 강조하고 있다. 복선작전을 사용하여 병력 통합이 아군에 비해 곤란하므로 안전하다는 의견을 갖고 있었다. 복선작전을 사용하는 군대는 압도적으로 우세하지 않는 한 내선에 있는 것이 현명하다. 그리고 우세한 병력의 경우라도 이 두 선이 수일의 행군거리에 떨어져 있으면 위험하다. 병력이 동등한 경우 복선작전을 서로 근접시킨(즉 내선에 있는) 적에 대해 선정할 것은 "만약 적이 위치의 유리한 점을 활용한다면 아군은 언제나 재앙을 초래한다"고 조미니는 주장한다.

개론에서 조미니는 이 문제에 대한 그의 이론을 요약하고 있다. 다른 조건이 동일하다면 한쪽 국경에서는 단일 작전선을 이용하는 것이 복선작전을 이용하는 경우에 비해 결정적으로 유리하다고 쓰고 있다. 이와 동시에 주의해야 할 것은 복선 작전은 전장의 지형 혹은 적이 복선작전을 이용하는 경우에 비해 결정적으로 유리하다고 쓰고 있다. 이와 동시에 주의해야 할 것은 복선작전은 전장의 지형 혹은 적이 복선작전을 이용하여 적의 두 부대에 대해 아군도 부대를 분산하여 대항할 필요가 있을 때 가끔 사용해야 한다는 것이

81) Baron De Jomini, Art of War, J. B. Lippincott & Philadelphia, 1862: 국방대학원 역, 『조미니의 전술론』(서울: 국방대학원, 1987), pp.261~305.

다. 후자의 경우 이점은 내전작전의 군대에 있다. 이러한 요소를 생각한다면 작전축선의 선정은 작전의 운명을 결정하는 중요한 일이다. 그것은 패전의 재앙을 보상하고 침입을 무효화하며 전승의 이익을 확대하고 또 어떤 국토에 대한 정복을 확실케 할 수 있다고 말하고 있다. 대군사작전론의 14장에서 조미니는 이 선정에 영향을 미치는 요소로서 작전지대의 지형이나 현존하는 도로 및 주어진 전략적 중요 지점을 들고 있다. 이것은 조미니의 전략사상 중에서 매우 중요한 사상이다.

조미니는 전쟁의 실행은 한 조의 일반원칙으로 요약할 수 있는데 그 원칙은 배울 수도 있고, 또 모든 상황에 적용할 수도 있다고 믿었다. 대군사작전론의 35장에서 그는 이와 같은 일련의 내용을 공식화하려고 꾀했다. 이 공식에서는 전략전 선제, 적의 전선의 약점 하나를 선정하여 이에 대한 병력의 집중과 패주하는 적에 대한 추격 및 기습 가치의 중요성을 강조하고 있다. 조미니는 기습의 중요성은 아무리 강조해도 지나치지 않다고 믿고 있었다. 만약 적이 아군의 공격 지점을 인지하고 있을 때는 단순히 수적 우세로써 공격하는 것만으로는 충분하지 않다.

조미니는 두세 가지 점에서 클라우제비츠의 전쟁목적이 적의 무장병력을 격멸하는 데 있다고 하는 유명한 설에 매우 접근하고 있다. 그는 나폴레옹의 커다란 장점은 "핵심이 되는 곳을 단도직입적으로 찔렀다는 데 있다"고 말하고 있다. "그는 1개 또는 2개소의 점령 혹은 국경에 있는 작은 주의 점령을 꾀하는 종래의 관습을 타파했다. 그가 큰 전과를 거둔 첫째 수단은 무엇보다도 적군을 차단하고 격파하는 데 노력을 집중하는 것이었다. 이로써 적이 새로이 방어군을 편성하지 못할 경우에는 그 나라도 자연적으로 그의 수중으로 떨어진다는 것을 알고 있었던 것으로 보인다"라고 말하고 있다.

그러나 조미니는 클라우제비츠와는 기본적으로 다른 입장에 있었다. 조미니의 의견으로는 전쟁의 중심문제는 바른 작전축선을 선정하는 데 있으며, 또 작전지도의 임무를 맡은 장군의 가장 중요한 목적은 작전지대를 지배하는 데 있었다. 그와 같은 지배는 적을 격파하지 않으면 불가능해질 경우가 흔히 있으나 만약 주장이 바른 작전축선을 선정했을 때는 적에 대해 두 가지 입장의 선정을 강요할 수 있다. 즉 불리한 상황에서 싸우거나 작전지대로부터의 철수를 기억해 두어야 한다. 결정적인 기동선의 선정에 대한 강조, 지휘관의 문제는 이론적으로 결정된 선과 실재하는 도로를 일치시키는 것이라는 주장과 언제나 약도를 사용하여 각 작전지대를 기하학적 도식으로 간소화할 수 있다는 조미니의 의견은 모두 그가 본래 적을 섬멸하는 것보다는 영토를 점령하는 것을 우선적으로 생각하고 있었다는 것을 제시하고 있다.

이러한 이유로 조미니는 분명히 방어보다도 공격이 유리하다고 보고 있다. 지휘하는 장군이 정치적 혹은 다른 고려에 의해 방어태세를 갖추지 않을 수 없을 때라 하여도 조미니가 강조하고 있는 것은 공세적 방어이다. 적에 대한 견제, 공격, 그 밖의 모든 수단을 강구하고 재래전쟁에 흔히 있는 방어방식을 배제하며 정신적 침체를 막는 데 필요한 수단을 강구한 방어라야만 한다고 말하고 있다. 근대의 저서 중 '마지노 라인의 심리' 약점을 조미니처럼 주장한 사람은 없다. 튼튼한 진지에서 그 진지에 의존하는 외에는 아무 목적도 없이 적의 공격을 기다리고 있는 것은 가장 나쁘다고 그는 생각하고 있었다.

전쟁의 성격과 그것에 불가결한 정신에 대한 고찰에 머리를 돌린 클라우제비츠와 비교하면 조미니는 전쟁사상사에 전략이론가로서의 지위를 차지하고 있다. 그는 '본질적 전쟁' 또는 '현존 전쟁'이란 관념에서 생기는 철학적 문제에는 흥미를 갖지 않았다. 그는 자기 머릿속에 있는 전쟁의 실제적 문제에만 전념하고 있다. 그의 이론으로는 작전이 중심이며 이것이 결정적 위치를 차지하고 있다. 전쟁의 목적은 적의 영토의 전부 또는 일부를 점령하는 데 있다. 이와 같은 점령은 작전지대의 지배를 추진함으로써 성취된다. 이 지배는 작전이 적대행동을 시작하기 앞서서 신중히 계획함으로써만 가능해진다. 전쟁은 작전축선이 사전에 수립되고 또 모든 가능한 군사적 수단이 작전지대의 지리적·전략적인 사실과 이상적인 수학적 배치로 적용된 경우에만 성공할 수 있다. 조미니는 19세기에 새로운 전략사조의 선구자의 지위를 군힌 사람이지만 그의 관념이 18세기의 사상과 완전히 분리되어 있는 것은 아니다. 그는 뷔로를 지나친 합리주의자라고 비판했으나 그 자신의 관념도 전대에 유행한 합리주의의 강한 영향을 받고 있다. 그는 일반원칙과 절대로 틀림없는 원리를 탐구함에 있어서 계산 범위를 초월한 전쟁의 비합리적 요소를 빠뜨리고 있는 경향이 있으나, 그가 이와 같은 문제를 다루려고 한 것도 역시 사실이다.

조미니의 전략사상은 하나의 사실을 뚜렷하게 표현하고 있으나 이에 대해 19세기의 유능한 많은 자유인은 그가 정당하다는 것을 인정하려 하지 않았다. 이 사실이란 전쟁이 그 자체의 역사만을 가지고 있고 다른 종류의 역사와는 전혀 관계가 없는 인간 생활과 동떨어진 것이 아니라 그것은 문명사의 필수적인 일부분이라는 것이다. 왜냐하면 조미니의 사상은 많은 점에서 칼베커가 18세기에 발표한 "여론의 동향"이란 제목이 붙은 책의 좋은 모범이 되고 있기 때문이다. 18세기 자체가 특히 사상사에서도 단순하지 않다. 조미니에게서 루소아 톰페인이 영향은 볼 수 없다. 그리고 단순한 합리주의인 호르바하아 라메트리의 영향도 없다. 조미니의 저서에는 오히려 18세기의 몽테스큐와 비슷한 데가 있는데, 실제로 그는 많은 점에서 그를 닮아 있다.

당대의 사람들에게는 나폴레옹의 끊임없는 유럽 진군은 아무런 계획이나 체계 없이 행해진 것같이 보였다. 그가 전투의 공격력을 한 점에 집중하여 전쟁에 이긴 것은 비예술적인 무용의 만행으로 보였다. 조미니는 나폴레옹의 전투가 어느 시대에도 통용되는 기초원칙의 적용이 그 근본이 되고 있다는 것을 밝힌 최초의 사람이었다. 그는 나폴레옹이 통수하는 합리적 요소를 밝혔다. 그러나 클라우제비츠가 나폴레옹을 '전쟁의 신'이며 입법자, 규칙을 만든 천재로 보았음에도 불구하고 조미니는 질서를 탐구하는 연구에 즈음하여 규칙만능주의의 경향이 있으며, 나폴레옹을 단지 그것을 실험하는 도구에 지나지 않는다고 보았다. 조미니는 나폴레옹의 찬양자이고 그의 예언자이며 그의 이름은 황제의 이름과 분리할 수 없을 만큼 깊은 관계가 있었으나 그의 깊은 애정과 진정한 찬양은 결국 나폴레옹에 대한 것이 아니라 논리적으로 또 자연적으로 프리드리히 대왕에 대한 것이었다.

그렇다면 근대 군사사상의 발달사에 있어서 조미니가 왜 그다지도 중요한가? 시간의 경과와 더불어 그의 저서의 대부분은 구식이 되었다. 전쟁의 전체주의화가 진전됨에 따라 순수한 지리적 작전의 유효성은 상실되고 또 제한전쟁은 불가능해졌다. 보헤미아에 있어서의 1866년의 전역(프러시아와 오스트리아 전쟁, 몰트케의 외선 작전으로 오스트리아가 패했음)은 조미니가 그 자신의 이론으로 설명하는 데 고심한 전투로써 기술적 발명의 진보가 내선작전의 우월성에 심각한 의혹을 던진 것을 증명했다. 군사사상에 대한 조미니의 커다란 공헌은 다른 방면에 있었다. 즉 군사학의 기초적 개념을 명료하게 했으며 전쟁에 있어서의 전략범위를 정의한 것이다. 작전계획의 중요성을 강조함으로써 그는 동시대의 사람들에게 전쟁에 있어서의 정보의 역할을 밝혔다. 그리고 전 유럽에 일반 참모제도와 육군사관학교가 설립된 것은 적어도 그의 영향이 앞으로도 계속될 것임을 보여주고 있다.

제3절 풀러, 리델하트, 앙드레 보프르

1. 풀러(J. F. C. Fuller, 1878~1966년)

* 영국의 치체스터 출생, 소장 전역(육군사관학교 졸업)
  "뒤를 돌아다보는 어리석은 놈들아! 저 앞을 보라!
  폭풍우가 휘몰아치듯 돌진하는 전차대의 무리를!
  마비상태는 속도에 직접 비례한다. 속도를 내어라! 속도를!"
* 기계화 이론, 마비전 개념, 전쟁원칙 주창 등 45권 저술.

1) 생애 및 시대적 배경

풀러(J. F. C. Fuller)는 영국의 시골도시 치체스터에서 1878년 9월 1일 교구 목사인 영국인 아버지와 프랑스계 어머니 사이에서 태어나 8세 되던 해 스위스 로잔으로 이사하여 거기서 여러 학교를 다니며 어린 시절을 보냈다. 19세에 샌드허드슨 육군사관학교에 들어가 정규군사교육을 받았으며 20세가 되던 해 아일랜드 수비대에서 최초의 군생활을 시작했다. 거기서 그는 동료장교들에게 조금은 괴짜로 보일 정도로 자유시간의 대부분을 철학서적을 읽으면서 보냈다. 보어전쟁 시(Boer War, 1899~1902년) 군에 관해서 큰 흥미가 없었던 그는 정보장교로서 참전하였으나 큰 전투를 경험하지는 못했다. 그러나 후반기 생활 중에 약 150여 권의 책을 읽으면서 당시의 무감각하고 현실에 안주하려는 영국 군인들의 모습에서 변화의 필요성을 느꼈다.

보어전쟁 후 인도로 파견(1903~1906년)되어 인도문화의 신비함에 매료되었고 1906년 열병에 걸려 후송되어 복귀한 그는 영국에서 카르나츠(M. A. Karnatz. 통칭 Sonia)를 만나 결혼하였다. 1907년에 런던에 있는 지원병부대 부관으로 근무하면서 훈련과 사격에 대한 깊은 관심을 가지면서 그의 독창적인 사고를 개발하는 데 도움이 되었다. 그는 전쟁을 연구하기 시작했고 군사훈련, 군기, 전술에 대한 그의 견해를 발표하면서 저술활동을 시작하였다. 풀러의 초기 저서들은 신비학에 깊이 몰입된 그의 정신세계에 지원병부대 근무시절의 경험과 당시 유행하는 전술개념에 의문을 갖게 했다. 그는 올바른 무기취급이 전투에서 승리의 요결이라는 것을 견지하면서 새로운 기술적 발전을 받아들이고자 했다. 그래서 제1차 세계대전이 발발하기까지 그는 영국 육군에서 이단적이면서 빛나는 명성을 얻었다.[82]

1913년 참모대학에 입학한 그는 "돌파전술: 독일군의 수적 우세에 대한 대응"이라는 논문을 작성하면서 당시 참모대학의 사고방식이 포위전술에 기초하고 있다는 사실에 불만을 나타내고 돌파전술에 전념하였다. 사실 제1차 세계대전은 참호전으로 발전하였고 측방이 사라지고 돌파가 핵심이 되었었다. 1017년 11월 깜브레 전투 시에는 전차대의 참모장에 보직되어 전차[83]대를 직접 지휘하였다. 그 후 전쟁성에 보직되어 전차대의 발전을 위해 노력하였고 1918년 5월에는 '마비전 사상'의 효시인 'Plan 1919'를 작성하여 제출하였으며 1919년에는 RUSI(Royal United Service Institution)로부터 금상을 수상하는 등 그 명성을 드높였다. 1922년 참모대학의 교수부장이 되면서 이론을 통해 군의 의식개조에 노력하였고 이때 그의 강의는 명강의로 유명하였다. 풀러는 여러 가지 그의 통찰력을 나폴레옹과 그의 전역을 체계적으로 연구함으로써 나폴레옹식 지식을 많이 갖추고 있었으며 모든 군사격언에 정통해 있었다.[84]

1926년 육군참모총장의 군사보좌관으로 또 제13보병여단의 지휘관을 거치면서 그의 군사적 안목은 더욱 예리하고 날카로워졌고 1930년 소장으로 진급하였다. 1932년 "제3강의록, 기계화 부대 간의 작전"(F.S.R. III: Operations between Mechanized Force)을 발간하였다.[85] 1933년 영국의 역사에서 어떤 군인보다도 더 미래전의 양상을 예견했던 그런 사람에게 전차부대가 아닌 가장 부적당한 최악의 보직인 인도 보병여단에 발령되었을 때 그는 군을 떠나기로 결심하게 되어 퇴역을 하였다. 그는 1966년 88세로 세상을 떠날 때까지 군인으로서, 문필가로서 그리고 역사가로서 기계화 이론과 전쟁, 정치에 관한 연구에 평생을 바쳤으며 일생 동안 45권의 저술을 남겼다.

2) 풀러의 전략사상

(1) 풀러의 마비전(痲痺戰) 개념의 도출 배경

풀러가 전투에서 적의 파괴보다는 적에게 공포심을 주입하는 것이 무장군의 진정한 목

---

82) David H. Zook, Jr. "J. F. C. Fuller Miliary Historian", *Miliary Affairs*(1959~1960, Winter), p.186.

83) 최초의 전차는 1916년 영국의 공병장교인 스윈턴(Swinton) 중령에 의하여 제작되었다. 1916년 솜므(somme) 전투 시 최초로 전차가 등장하였다.

84) Liddel Hart, *The Tank: The History of the Royal Tank Regiment its Predecessors*, Vol.1, New York: Frederick, 1959, pp.120~121.

85) 이 책은 처음에는 영국에서 발간되었으나 독일, 러시아, 체코 등에서 많이 읽혔다. 독일에서는 성서로 생각할 정도였고, 러시아에서는 클라우제비츠의 『전쟁론』과 두헤의 『제공권』과 함께 상비 서적으로 높이 평가되었다. 이 책은 1969년 신정도가 『전격전의 기초이론』이라는 제목을 번역하였다.

표이며 목적[86]이라는 마비전 개념을 도출하게 된 직접적인 계기는 세 가지를 들 수 있다. 첫째는 제1차 세계대전의 질퍽거리던 참호 속에서 기동력을 부활시킨 전차와 전쟁의 차원을 한 단계 높인 항공기의 등장이다. 둘째는 전차대의 참모장으로서 평시의 추상적인 이론을 현실에 적용해 볼 수 있었던 기회를 제공하였다. 또한 참된 승리는 정신적인 면에 있다는 사실을 확인할 수 있었던 '깜브레' 전투였다. 셋째는 1918년 연합군을 대혼란에 빠뜨렸던 독일 춘추 대공세 시에 적용된 '후티어전술(Hutier tactics)'[87]의 충격 등을 들 수 있다. 전차에 깊이 몰입된 풀러는 무모한 정면공격보다는 '측익을 만드는 작전'에 깊은 관심을 가지게 되었고 또 대치하고 있는 전선상의 군대보다 그 후방에 있는 각종 지휘시설과 보급시설 등이 보다 더 중요한 제1의 목표가 되어야 함을 깊이 인식하게 되었던 것이다. 이 전방이 아닌 후방이 제1의 목표라는 것 자체가 이미 기습의 요소가 숨어 있었다. 이 전차는 돌파를 달성하고 기관총을 무력화하기 위한 대안이 있었다.

1917년 9월에 참모장으로서 '깜브레' 전투를 직접 지휘하였다. 공격준비사격을 실시함이 없이 12시간 이내에 4겹의 참호진지를 기습 돌파하는 것을 주안으로 하고 총 378대의 전차가 보병 2개 군단을 선도하여 공격이 실시되었다. 최초 공격이 실시되자 적은 공포상태에 빠져 퇴각하였으므로 영국군은 오후에 약 10㎞를 돌파하였다. 그러나 돌파를 확대할 예비병력의 부족으로 격퇴를 당하고 말았지만 이 전쟁의 교훈은 풀러에게 깊은 인상을 주었다. 깜브레 전투에서 전차의 유력한 가치는 무엇이었던가? 그것은 사기의 효과였다. 파괴가 아닌 공포가 무장군의 진실한 목표이며 목적이었다는 것을 똑똑히 보여주었다. 다시 말하면 군의 신경을 공격하는 것, 그리고 그 신경을 통하여 지휘관의 의지를 공격하는 것이 그의 휘하 병사들의 신체를 가루로 만드는 것보다 더욱 유리하다[88]고 깜브레 전투를 평가하였다.

또한 아미엥 전투(Amein, 1918.8.8.)에서는 약 462대의 대규모 전차가 항공기와 협력하여 3개 군단을 선도하였다. 이 전투에서는 기습에 성공하여 독일군의 전선이 붕괴되었는데 이에 대하여 독일의 공식논문은 다음과 같이 기록하고 있다. "8월 8일 태양이 전장에서 저물어 갈 무렵 독일군은 전투개시 이래 최대의 패배를 당하였음이 누구의 눈에도 명백

---

86) J. F. C. Fuller, *Armoured Warfare*, pp.7~8.

87) '후티어 전술'은 은밀한 기도비닉하에 기습공격을 가해 방어진지가 돌파당하면 대비할 만한 시간적인 여유가 없다는 점에 착안. '꾸로'는 전선의 최전방을 전초선으로 변경하여 적의 공격준비사격에 의한 병력 손실을 줄이고 전초선에서는 관측 임무와 적의 습격을 저지할 수 있는 최소한의 병력만 배치하고 전초선으로부터 적의 사정거리를 고려, 1,800~2,700m 후방에 주진지를 설치하는 종심방어 개념을 수립하는 것이다.

88) J. F. C. Fuller, *Armoured Warfare*, pp.7~8.

하게 되었다."[89] 이 전투에서 전차 살상력보다는 전차가 주는 공포심이 위력을 발휘하였다. 그것은 격전 끝의 퇴각이 아니었다. 전차에 대한 공포심에서 전투를 함이 없이 처음부터 패주하게 된 것이다. 전차 없이는 이처럼 기습에 성공할 수 없었을 것이며 이 기습공격이야말로 공포로 인화되었던 것이다. 더욱이 보병들은 자신들의 소총탄이나 기관총탄으로 저지할 수 없는 상대에 직면하였을 때 완전히 무력감을 갖게 되고 그것이 본능적으로 위험을 과장시키면서 조기 항복이라든가 도망 등의 불명예스러운 행위를 허용하는 것이 되었다. 그 때문에 전차는 물리적인 무기라기보다 '심리적 무기'[90]로 평가되었다.

(2) 풀러의 마비전 전략

풀러의 전략사상은 '마비전'으로 집약될 수 있다. 그의 마비전 개념은 적의 병력을 섬멸하기보다는 적 지휘부의 마비를 통해 적을 와해 또는 붕괴시켜야 한다는 개념이다. 여기서 마비란 신체의 혈액이나 신경과 같은 것으로 비유될 수 있는 군의 지휘부 또는 지휘체계를 갑자기 제거하거나 차단함으로써 그 부대가 제 능력을 발휘하지 못하도록 하는 혼란된 상태를 말한다. 마비전은 전력의 가장 효율적인 운용을 요구한다. 즉 최소의 노력으로 최대의 효과를 기대하는 경제원리가 적용된다고 볼 수 있다. 따라서 상황을 분석하고 선택해야 하는 지휘관의 실천적 지적 판단이 더욱 요구되며 급변하는 전쟁의 불확실한 안갯속을 내다볼 수 있는 혜안을 가진 지휘관의 역할이 보다 더 강조된다. 그래서 풀러는 "이제 파괴적 광증은 제거되고 지적이고 도덕적인 분쟁의 영역으로 한발 한발 다가서야 하고 병참관으로 전략했던 지휘관의 역할이 본래의 위치로 돌아와야 한다"[91]고 강조했다.

군사적 수단에 있어서 피아 상호 간의 인적 살상은 어리석은 방법이며 일격으로 적군의 저항을 마비시킬 수 있는 급소를 공격해야 한다. 이러한 급소는 쾌속전차의 대군을 가지고 직접 적의 사령부와 통신의 중추부를 습격해야 한다. 즉 적의 전투부대가 아닌 적 저항의지의 근원이 되는 지휘부, 통신시설 등을 공격하여 최소의 비용으로 목적을 달성해야 한다고 강조하였다.

그렇다면 어떻게 적의 사령부를 마비시킬 것인가? 풀러는 "알렉산더의 마케도니아 방

---

89) Cited in the British History. Vol.Ⅳ, 1918, p.88: J. F. C. Fuller, *The Conduct of War*, p.176 재인용.

90) Fuller, *The Conduct of War*, p.176.

91) J. F. C. Fuller, *Armoured Warfare*, pp.44~45.

진이 적의 주력을 고착 견제하는 동안 그와 그의 정예기병은 전선을 돌파, 적의 후방(적의 의지)을 강타하고, 그다음에 다리우스의 신체를 집중하는 것이 요체"라고 그 수행방법을 설명한다. 즉 적은 일단 고착되어야 하고, 고착된 적의 전선 중 가장 약한 지점을 기습적으로 돌파하여 그 후방에 있는 적의 지휘부를 마비시킨 다음, 지휘부의 상실로 공황상태인 적의 병사를 섬멸한다는 것이다.

이를 단계화하면 1단계는 항공기로 적 후방의 지휘 및 통신시설을 공격하여 지휘체계를 마비시키고, 2단계로 폭풍적인 경전차 부대와 오토바이 부대 등이 '동력화 게릴라 (Motor guerilla)'로써 적의 배후로 침투하여 적을 공포와 혼란 속에 몰아넣음으로써 전의를 파괴하며, 3단계는 중전차부대가 이를 후속하면서 전과확대를 통해 적을 패주시키는 데 주력하고, 4단계는 자동차 보병부대가 지역의 평정 및 점령임무를 수행하며, 5단계는 병참부대가 후속 지원하는 개념이다.[92]

이와 같은 작전을 수행하기 위해서 그는 기동과 기습 그리고 주도권 장악이 필수적으로 요구되며 또 적을 고착시키고 효과적인 기습을 달성하기 위하여 적은 기만되어야 한다고 강조하였다. 특히 기동에 있어서 승리의 근본은 공격이 아니고 기동에 있으며 승리와 병력 절약은 기동의 속도에 달려 있는 것이라고 그 중요성을 역설하였다. 즉 기동의 방법은 일률적인 전진이 아니라 적의 강점을 회피하여 지그재그식으로의 기동을 통해 침투함으로써 기동의 속도를 증대시킨다는 것이다.

풀러는 이러한 마비전을 실전에 적용시키기 위해 새로운 군 조직모형을 제시하였다. 그 핵심은 첫째, '동력화 게릴라'의 운용이다. 이것은 일반적인 의미의 비정규전을 수행하는 빨치산을 의미하는 것이 아니라 침투식 기동을 보장하기 위해 지형정보를 수집하고 적의 약점을 파악하기 위한 첩보 수집 및 정찰, 기동로 확보, 적후방 및 병참체계의 교란 등을 주임무로 하는 개념이다. 이를 위해 동력차량(경전차 포함)과 오토바이 부대 등 고도의 기동성을 갖춘 소규모 독립작전부대를 운용하자는 것이다.

둘째, 전차부대의 주력 편성과 독립작전이다. 보병부대가 적의 정면주력을 견제하는 동안 중전차 위주의 전차부대는 동력화 게릴라를 후속해서 적의 사령부를 목표로 신속히 적 후방으로 기동함으로써 적에게 혼란과 공포를 조성한다는 것이다.

셋째, 공지 간의 합동작전이다. 그는 항공기가 새로운 정찰분야를 열어 주었고 전술적으

---

92) 신정도, 『전격전의 기초이론』(서울: 동서병학연구소, 1969), pp.15~25: J. F. C. Fuller, Lecture on Field Service Regulations. 3 참조.

로 포병전술을 급진적으로 수정하였을 뿐만 아니라 지상군을 포위할 수 있음으로써 그 후방에 있는 민간 및 군사목표물이 공격에 노출되는 등 용병술을 변화시켰고 장래의 전쟁에서는 공지 간에 합동작전이 필수불가결한 요소로 보인다. 따라서 마비전에 있어 항공기의 중요성은 전차에 못지않은 것으로써 항공대의 주임무를 전차부대의 전위, 적 사령부의 무력화, 전차의 유도, 공중 연료보급, 기지와의 연락, 지휘관의 탑승지휘 등으로 설정하였다.

(3) 마비전과 소모전의 비교

풀러가 제시한 마비전을 소모전과 비교해 보면 <표 1-7>과 같이 그 개념이 더욱 선명해진다. 소모전은 산업적 방법에 의해 수행되는 전쟁이다. 적은 단순한 표적의 배열로 취급되며 승리는 우세한 화력과 물질적 우세의 누진적 효과에 의해 달성되고 항복이나 후퇴의 과정이 없이 적이 완벽하게 괴멸되었을 때 승리하게 된다. 또한 소모전 형식의 전쟁은 기동과 융통성의 결함으로 지나치게 화력에 의존한다. 작전수행 면에서 보면 소모전은 적의 전투력을 닳아 없어지게 하는 방법으로서 화력과 물질적 우세가 승리의 주요 변수가 된다. 용병술의 적용에 의한 기대 이상의 결과를 기대하기보다는 결정적인 지점에 상대적으로 우세한 병력과 장비의 집중만이 요구될 뿐이다. 결국 소모전은 그 결과가 투입된 노력의 질과 양에 비례하여 나타나므로 물질적 우세 없이는 성공을 획득하기 어렵다.

소모전에서는 적의 주전투력을 격멸하는 목적으로 하고 전선지역을 목표로 하여 기동의 목적은 보다 빨리 그리고 조직적으로 적보다 상대적으로 유리한 위치에 병력을 수송하거나 위치시키려는 것이었다.

〈표 1-7〉 풀러의 마비전과 소모전의 비교

구분	소모전	마비전
개념	우세한 화력과 병력으로 적을 소진케 하여 파괴하는 전략	신속한 기동과 기습을 통해 적의 중추신경을 타격함으로써 적을 파괴시키기보다는 마비를 통한 붕괴를 추구하는 전략
목적	적의 완전한 붕괴 (누진적 파괴의 현상초래)	적 체제의 와해와 붕괴
목표	적의 신체(전방부대)	적의 두뇌/중추신경(지휘체계)
전쟁원칙	집중과 우세의 원칙	목표와 기동의 원칙
적용전술	방어우위/포위 전술	공세우위/돌파전술
작전형태	화력전	기동전
전차운용	보병 지원 위주(분산운용)	전차부대 독립운용(집중운용)
결과	물리적 파괴를 통한 승리	심리적 굴복을 통한 승리

따라서 화력의 우세가 제1의 요소이고, 기동은 제2의 요소이었다. 반면에 마비전에서는 적의 중추신경 타격 또는 적 조직을 와해시키는 것에 주력함으로써 공격의 목표는 자연히 적의 두뇌가 있는 곳, 전선이 아닌 그 후방이 된다. 따라서 기동이 제1의 요소가 되고 화력은 단지 제2의 요소일 뿐이다. 이러한 의미에서 기동의 목적은 파괴가 아니라 적 배후로의 기동을 통해 적의 배치 변경을 강요하고 균형을 흐트러뜨리게 하는 것이며 나아가 적 지휘관의 마음을 교란시키는 데 둔다. 따라서 이때 화력은 단지 제2의 요소로서 보조적인 것이 된다.

또한 소모전은 결전을 추구하지만 마비전은 결전수행을 가장 어리석은 방법으로 본다. 소모전은 적의 강점을 공격하여 섬멸을 추구하지만 마비전은 적의 약점을 공격하여 붕괴 또는 와해를 추구한다. 이러한 의미에서 적 야전주력을 격파해야 한다는 클라우제비츠와 불가피한 충돌이 야기되며 풀러는 클라우제비츠를 기술의 진보를 간과하고 무모한 결전을 추구하는 '농경시대의 장군'으로 혹평한 바 있다. 그리고 마비전의 목표는 첫째가 무력화이고 파괴는 단지 부차적 제2의 요소이다. 따라서 지속적이고 빠른 기동이 지속적이고 강력한 강타보다 더 중요하다는 것이다.

2. 리델하트(B. H. Liddel Hart)

* 간접접근전략(Indirect Approach Strategy)
이론의 핵심 개념 등 33권 저술
* 전사의 연구로부터 전략개념을 도출, 귀납적으로 이론체계를 확립
* 영국 출생, 대위 전역(학군단 졸업)
* 저널리스트, 전략가/이론가

1) 생애 및 시대적 배경

리델하트(1895.10.31~1970.1.29)는 파리에서 태어났다. 20세기 초에 영국으로 다시 돌아온 그는 어릴 때부터 전술, 역사, 항공 분야에 많은 관심을 가지고 있었다. 그의 아버지는 웨슬리파의 목사였고 볼로뉴(Boulogne)에 처음 부임한 이후 14년 동안 파리에 있는 영미와 프랑스의 신교도 단체의 영적인 욕구를 돌보았다. 그의 어머니 측 가계인 리델스가는 원래 스코틀랜드 국경에 있는 리데스달 출신이었으나 오랫동안 콘월(Cornwall)에 정주히였고

거기서 하트의 할아버지는 런던과 서남철도의 발전에 깊이 관여하였으며 총부감독으로서 인생을 마감했다. 하트(Hart)가는 세브른 지방을 지나서 글로셔터셔와 헤포드셔 지방에 깊이 뿌리박은 소지주 자작농들이었다. 1903년 하트가는 길드포드에 정착하였으며 하트는 에지버러에서 초등학교를 다녔고 나중에 11세 때에 푸트니 근교의 월링턴으로 이사 갔다.

유아기와 유년기에 많은 병에 걸렸고 그는 결코 튼튼하고 좋은 건강을 향유할 수 없었다. 1920~1921년경에 쓰인 "자서전을 위한 노트"에서 그는 자신의 모친이 그를 간호해서 온갖 유치한 불평거리들을 지나가게 했으며 "나는 자신을 단련시키는 면에서 다소 나를 망쳤고 실제로 어머니는 나를 너무 온순하게 만들어 버렸다"고 말했다. 10대 초기에 그는 매우 키가 컸고 야위어서 키가 힘에 부칠 정도였다. 그리고 이것은 병과 결부되어 13세 때 해군에 입대하려는 초기에 신체검사에서 떨어져 그의 큰 뜻을 좌절시켰다. 제1차 세계대전 발발 직후에 리델하트는 키치너의 자원입대 호소에 응답한 수천 명의 젊은이들 중 한 사람으로서 임시 임관을 하여 대학 학군단과 함께 훈련을 하기 시작했다. 1914년 왕립 요크셔 보병연대에서 소위로 임관했으며 1915년 프랑스에 파견되어 1916년 솜므공세에 참전했고 1924년에 대위로 전역했다.

군에서 전역한 그는 군사 전문기자가 되어 많은 저서와 논문을 발표했다. 명성을 얻게 된 그는 영국정부 고위 관리자들에게 자문을 해 주었으며, 특히 제2차 세계대전 발발 전에는 육군성 장관 호어 베리샤의 군사 고문을 지내기도 했다. 그러나 제2차 세계대전 동안 그의 명성은 쇠퇴를 거듭하였는데, 이것은 제2차 세계대전의 개전에 대한 그의 예언이 결정적으로 빗나가고 영국의 무장과 징병제 도입에 반대하는 정책을 조언했으며 전쟁 중에는 히틀러와 협상을 하도록 영국 정부에 강요했기 때문이다. 그는 1950년 이후 잃어버린 명성을 회복하기 위해 노력했으며 1960년대 중반에는 다시 원래의 명예를 회복했다.

그는 군사문제에 관한 많은 저서와 논문을 남겨 놓았다. 『제1·2차 세계대전사』,『셔먼 장군(전기)』,『영국 기갑부대 발달사』,『독일 장군과의 대담』,『회고록(2권)』,『근대군의 재건』 등 30여 권의 저서를 발간하고 보병, 기갑, 대전략에 대한 혁신적이며 영향력 있는 이론을 주장하였다. 1963년 영국 왕립 군사문제 연구소에서 '체스니' 기념 훈장을 받고 1966년에는 영국왕실로부터 기사 작위를 받았으며 1970년 1월 29일 사망했다. 리델하트의 명성은 분석가로서뿐만 아니라 역사가로서도 지속적으로 유지되고 있지만 정책 자문가로서는 실패했다. 그러나 유럽의 수많은 전역들을 통해서 작전적 통찰력을 입증하였기 때문에 영국과 독일의 군사지도자들도 그의 영향력을 상당히 관대하게 평가했다. 그러나 군사 사상가로서의 그의 업적은 다소 타당성을 잃고 있다. 그것은 "군사력을 전체적으로 사용한다면 기술적으로 사용해야 하고 가급적 억제해야 하며 전쟁의 목표가 더 나은 평화이므로 평화의 원천은 사람에 의해서뿐만 아니라 전쟁을 수행하는 방법에 의해 결정된다"고 주장했기 때문이다.

2) 리델하트의 전략사상

클라우제비츠가 나폴레옹 전쟁을 통하여 그의 전쟁철학을 정립하였던 데 비하여 리델하트는 주로 양차 세계대전으로부터 그의 전략체계를 확립하였다. 리델하트는 그의 전략론 서문에서 "수소폭탄은 서유럽 여러 나라의 안전보장에 대하여 그곳 여러 국민의 이상을 완전하고 최종적으로 실현시키는 해답이 될 수 없다. 수소폭탄은 서유럽 국민들에게 따르기 마련인 위험에 대처할 수 있는 만능약이 아니다. 수소폭탄의 공격력이 증대되었음에 반하여 이러한 현상은 오히려 서유럽 여러 국민의 초조와 우려를 첨예화하였고 불안의 우려를 깊게 해 왔다"[93]고 주장하면서 무기의 현대화 및 대량살상화가 오히려 게릴라전 양상을 가속화시키는 결과만 초래하게 된다는 것을 인식시켜 주었다.

리델하트는 『전략론』의 서언에서 "제2차 세계대전을 둘러싼 환경 속에서 승리의 추구와 그 노력이야말로 비극의 불모로 이르는 운명을 처음부터 안고 있었다"[94]며, "그들은 '전쟁에서 승리를 얻는다'는 직접적인 전략목적 이외의 것을 전망하지 못하였던 것이며 군사적 승리가 평화를 확보하는 것이라고 생각하며 만족하고 있었다"고 하여 클라우제비츠류의 섬멸전사상을 비판하였다. "우리들 자신이 취해야 할 전략은 이러한 개념의 명확한 파악을 기초로 해야 할 것이다"라고 하여 '간접접근전략(Indirect Approach Strategy)'으로의 복귀를 주장하였다. 그리고 전략의 역사는 "근본적으로 볼 때 간접적 접근의 적용과 그 발전의 기록이다"라고 보는 것이다. 또한 "간접적 접근을 취할 때는 그것이 어떠한 경우라 할지라도 진리에서 일탈하지 않도록 주의해야 할 것이다. 그 이유는 간접적 접근은 진리의 쪽으로 진전한다면 그것이 비진리의 방향으로 진전하는 것처럼 치명적으로 위험한 일은 없기 때문이다"[95]라고 하여 전략에 관한 진리의 존재를 긍정하고 있다.

오늘날 우리에게 잘 알려진 전략론은 두 번 발간되었다. 첫 번째는 1929년도에 『역사상

---

93) Liddell Hart, *Strategy: the Indirect Approach*, faber, London, England, Praeger, N.Y., 1954, 1967, pp.xvii~xviii.
94) 리델하트 저, 森澤龜鶴 역, 『전쟁론』(동경: 원서방, 1971), p.1.
95) 위의 책, pp.2~9.

결정적인 제 전투』[96]라는 책으로 발간하였는데 이 책에서 간접접근전략의 개념을 처음으로 제시하였다. 두 번째는 1954년도에 첫 번째 책을 보완하여 재발간한 것으로서 오늘날 우리가 읽고 있는 『전략론: 간접접근전략』[97]이 그것이다. 전략론의 구성은 내용상으로 크게 두 부분으로 분류할 수 있다. 즉 1부에서 3부까지는 고대 페르시아 전쟁으로부터 제2차 세계대전까지를 망라한 전쟁사에 대한 분석과 평가 부분이고 4부는 이러한 광범위한 전사연구를 통해 도출한 간접접근전략이론을 귀납적인 방법으로 서술하고 있다.

1부는 B.C. 5세기부터 20세기까지의 전략을 주요 시대별명장들의 전투를 중심으로 간접접근이라는 측면에서 분석하고 있다. 고대 그리스의 명장 에파미논다스와 알렉산더 대왕, 칸내 전투의 영웅 한니발과 그 한니발을 무찔러 리델하트로부터 나폴레옹보다 더 위대한 장군으로 칭송받았던 스키피오, 간접접근의 거장 벨리사리우스와 나르세스의 전투 등 수많은 역사 자료를 수집하여 분석하고 있다. 중세 이후에는 프레스톤 전투의 승리자 크롬웰, 롯스바하와 로이텐 전투를 통해 참다운 간접접근을 선보인 프레드릭, 프랑스 혁명과 국민전쟁의 시대를 연 유럽의 지배자였고 전쟁의 천재였던 나폴레옹 등을 집중적으로 분석하였다. 그 후 크리미아 전쟁, 남북전쟁의 셔만 장군, 보불전쟁의 몰트케, 그리고 노일전쟁까지를 분석하였다. 그는 25세기간의 전쟁을 분석한 후 다음과 같이 결론을 내리고 있다. 즉 유럽의 역사를 바꾼 30개 전쟁 280회 전역을 분석한 결과 단지 6개의 전역만이 적 주력에 대한 직접적인 접근에 의해 결정적인 승리를 달성하였고 나머지 276개의 전역은 모두 간접적 접근에 의해 승리를 달성하였다는 것이다.

2부는 제1차 세계대전에 대한 분석이다. 리델하트는 회전문 원리를 이용하여 메쯔를 축으로 대우회기동을 실시하고자 한 슐리펜 계획의 간접성은 지리상의 우회에 있는 것이 아니라 7:1이라는 압도적인 병력의 배분과 회전도어와 같이 프랑스군이 진격하면 할수록 함정의 완성도가 증가되는 작전지도 구상에 있다고 평가했다. 그리고 1914~1918년의 서부전장은 전략은 전술의 시녀로 전락하고 전술은 절름발이가 된 참호전이 되었으며 클라우제비츠의 이론을 잘못 이해한 지도층에 의해 절대 전쟁화하여 승자 없는 전쟁이 되었다고 평가하였다. 그러나 전차와 항공기의 등장, 침투전술과 기동성의 부활 등은 새로운 가능성을 제시하였다고 하였다.

3부는 제2차 세계대전에 대한 분석이다. 제2차 세계대전은 리델하트에게 간접접근전략

---

96) Liddell Hart, *The Decisive Wars of History*, Bell, London: Little, Brown, Boston, 1929.

97) Liddell Hart, *Strategy: the Indirect Approach*, faber, London, England, Praeger, N.Y., 1954, 1967. pp.xviii–xix.

이 독일군과 히틀러를 통해 이론적으로 가장 완벽하게 그리고 훌륭하게 시행되고 발전된 전쟁으로 분석되고 있다. 전차와 항공기의 가치를 일찍이 발견하고 그 운용개념을 발전시킨 기계화이론가인 리델하트는 그의 이론이 적대국 독일군에 의해 너무도 성공적으로 시행되는 것에 두려움과 경외감을 느끼고 1940년 구데리안에 의해 수행된 독·프 전역을 가장 대표적인 간접접근의 전례로 제시하였다. 그리고 1948년 이후 그의 수제자 이스라엘군은 중동에서 다시 한 번 간접접근전략을 완벽하게 시행해 보임으로써 리델하트의 명성을 한껏 드높인다. 이로써 참호전의 수렁으로부터 기동력이 완벽하게 부활하였고 행정관으로 전락하였던 장수의 용병술이 전면으로 나서게 되었다고 리델하트는 평가하였다. 리델하트는 전략론의 후반부에서 기계화전쟁과는 별도로 게릴라전쟁을 강조하고 있다. 나폴레옹군에 대한 스페인 국민의 저항으로 시작된 게릴라전이 아라비아 사막에서 로렌스에 의해 전략적으로 발전되고 중국공산당 모택동에 의해 새롭게 탄생되어 20세기의 새로운 전쟁형태로 두각을 나타내기 시작하였다는 것이다. 그래서 그는 미래 군사전략가들은 이에 대한 연구와 분석을 심도 깊게 하여 대처하여야 한다고 강조하였다. 게릴라전쟁은 간접접근전략의 새로운 차원에서의 적용방법인 것이다.

4부는 전쟁사 연구로부터 귀납적으로 도출한 전략과 대전략의 기본원리를 자세하게 기술하고 있다. 간접접근전략에 대한 논리적 서술이며 사고발전에 대한 분석이다. 그의 간접접근전략은 인간의 심리에 대한 중요성을 인식하고 있고 물리적이고 심리적인 통합수행을 전제로 한다. 따라서 그의 이론은 일부 모호하고 포괄적이어서 비판을 받고 있기도 하다. 전략과 대전략에 대한 그의 사고는 전략의 지평과 발전에 큰 획을 그었으며 대전략의 개념은 리델하트의 연구를 통해 시작되었다고 해도 과언이 아니다.

리델하트는 기원전 5세기의 그리스 전쟁에서부터 1948년 제1차 중동전쟁까지 망라한 경험적 연구를 통하여 간접접근원리를 제시하였다. 그는 클라우제비츠와 같이 전쟁의 본질을 연구하지는 않았으나 전략이론에 관해서는 클라우제비츠를 비판적으로 수용하고 있다. 즉 클라우제비츠의 전략개념은 정책 분야까지 침범하고 있기는 하나 수용이 가능하지만 너무 전략과 전투의 사용방법이 얽매여 있는 점을 비판하면서 전략이란 "정책상의 제 목적을 달성하기 위하여 군사적 수단을 분배하고 적용시키는 기술"이라고 정의하고 있다.

그의 간접접근전략의 개념은 전장에서 적군을 직접 파괴시키기보다는 항공기에 의한 폭격으로 적의 심장부나 공업 중심지를 괴멸하여 적의 전투능력 및 의지를 조기에 마비시키는 것이었다. 그러나 제2차 세계대전의 결과 이러한 결정적 파괴에도 불구하고 저항의지는 줄어들지 않아 게릴라전 및 장기전은 회피할 수 없다는 것을 인식하고 "간접접근전략의 참다운 목적은 전투를 구하는 것이 아니라 전략 상황을 유리하게 하는 것이다"[98]라고 그의 견해를 수정하였다. 이러한 점에서 볼 때 그의 전쟁관은 국가의 목적과 이익 실현을 위하여 전쟁은 불가피한 것이지만 클라우제비츠의 이론처럼 적 부대의 섬멸에 주안을 두기보다는 적국의 지휘 및 통신수단 등 중추신경을 마비시켜 조기에 적의 전의를 말살시키도록 전쟁을 수행할 것을 강조하고 있는 것으로 볼 수 있다.

사실 리델하트는 오늘날의 국가전략 또는 총체전략으로 이해되고 있는 대전략(Grand Strategy)의 개념을 정립하였다. 그는 대전략이란 "전쟁의 정치적 목적을 달성하기 위하여 국가가 보유한 모든 자원을 협조시키고 관리하는 것으로써 엄밀하게는 각 군종을 지원하기 위하여 국가의 경제자원 및 인적 자원을 개발하여 경제적·외교적 압력에 의하여 적의 의지를 약화시킨다는 대단히 중요한 도덕심의 힘 등을 염두에 두고 적용시키지 않으면 안 될 국가의 전쟁방책"이라고 규정하고 있다. 그는 제1차 세계대전의 분석을 통해 서부전선의 교착상태를 타개할 수 있는 방법은 전차에 의한 신속한 기동과 집중 운용에 의하여 신속히 전선을 돌파하고 항공화력과 막강한 포병화력으로 적의 사령부나 통신 중추부를 강타하는 기동마비전을 주장하였다.

이러한 그의 주장을 종합한다면 그의 군사력 건설 사상은 화력과 기동력을 겸비한 전차를 중시한 점으로 보아 군사력의 기계화 및 기동 전력화를 강조하고 있고 장거리 기동 및 타격능력을 보유한 항공기의 특성을 극대화하는 데 중점을 두고 있는 것 같다. 뿐만 아니라 국가의 가용한 모든 자원을 전쟁에 총동원할 것도 제창하였다. 군사력 운용 면에서도 간접접근전략에 의하여 적의 심장부를 강타하여 적의 전의를 조기에 마비시키는 사상을 견지함으로써 수세보다는 공세의지를 중시한 것으로 평가할 수 있다.

---

98) Liddell Hart 저, 신상초 역, 『전략론』(서울: 하서출판사, 1980), p.449.

3. 앙드레 보프르(Beaufre: 1902~1975년)

1) 생애 및 시대적 배경

* 프랑스 뇌이쉬르센 출생, 에콜사관학교 졸업, 육군중장 전역.
* 간접전략(Indirect Strategy): 군사력 이외의 국가의 모든 역량(심리적 요소 포함) 사용의 중요성 강조 및 핵무기에 대한 대응전략 수립 등을 제시한 전략사상가. "전략론서설" 논문
* 핵전략을 포함한 국가 차원의 대전략 발전에 영향
* 전쟁에서 패배는 전쟁 이전에 또는 전쟁기간 중에 이미 사고과정에서 점한 과오가 있었기 때문이다.

앙드레 보프르는 1902년 프랑스의 뇌이쉬르센에서 출생하였다. 1921년 에콜(Ecole)사관학교에 입학하여 수학하면서 샤를 드골 교관을 만났다. 그 후 1935년에 프랑스 참모본부에 근무하였으며 제2차 대전 시 웨이간드(Maxime Weygand) 장군 휘하의 사령부에 소속되어 있었고, 1940년 6월 프랑스가 패배한 뒤에는 비시(Vichy) 정부[99]군의 지휘관으로서 북아프리카에서 그를 수행하였으며, 1940부터 1941년까지 알제리에서 국방비서관으로 근무하였다. 1941년 비시 정권에 의해 구속된 후 1942년 석방되었다. 1942년 11월에 실시된 연합군 횃불(TORCH) 상륙작전 이후에는 연합군 측에 가담하여 자유 프랑스군에 배속되었다. 1942년 11월부터 1943년 5월까지 튀니지에서 그리고 1943년 9월부터 1945년 5월까지는 이탈리아에서 독일군과의 전투에 참가하였다. 제2차 세계대전이 끝난 후에는 1950년 12월부터 1952년 9월까지는 인도차이나에서 대령계급으로 진급 후 제1차 월남전 당시 주월남 프랑스군 사령관 타시니(Marshal Jean de Lattre de Tassigny)의 참모로 복무하였으며 프랑스로 귀국해서는 육군중장으로서 1956년 10월 3일에서 11월 7일까지 전개된 영·프의 수에즈 운하 작전에서 프랑스군 군단장이면서 영·프 연합군의 지상군 부사령관으로 활약하였다.

1956년에서 1960년까지는 NATO의 프랑스군 총사령관과 SHAPE(유럽 연합군 최고사령부)의 병참담당 부참모장을 역임하였으며 1961년에 자진하여 사임하였다. 그 후 1963년 유명한 『전략론서설(An Introduction to Strategy)』을 출간하였다. 그는 이와 같은 특별하고도 다양한 경험을 통하여 깊이 사색하고 군인으로서 전략을 실제적 상황과 작전에 적용

---

99) 프랑스의 패배 후 독일에 협조하였던 프랑스 정부의 명칭이다.

시키고 또한 계획을 수립함에 있어서 연구하는 기회와 배경을 누구보다도 충분히 가지고 있었다. 그의 『전략론서설』은 사실상 현세대에 있어서 지금까지 출현된 전략에 관한 논문 중 가장 포괄적이고도 신중하게 작성된 것으로써 여러 가지 면에서 타의 추종을 불허하는 저서다. 또한 이 저서는 이 분야의 지식에 관한 교재로서 고전적 가치를 지니게 될 것이라고 리델하트는 소개하였다. 그 후 1975년에 유고슬라비아에서 향년 73세로 사망하였다.

2) 앙드레 보프르의 전략사상

보프르의 간접전략 형성배경은 기존 전통적 개념의 군사전략과 군사이론이 너무 한정적이고 군사력만을 다루고 있음을 비판하였으며 간접전략을 통해 군사력을 이용한 군사적 승리 추구보다는 정치, 경제, 사회, 심리 등 다른 방법에 의해서 결정적인 승리를 쟁취하기 위한 전략의 수립을 체계적으로 제시할 것이 필요했기 때문이었다.

보프르의 핵심적인 전략사상은 첫째, 전략은 하나의 사고방식이다. 즉 전략이란 하나의 고정된 교리가 될 수 없다는 것이다. 전략은 하나의 사고방식이며 그 목적은 각 현상을 계통적으로 배열해서 그 우선순위를 확정하고 가장 효과적인 행동방책을 선택하는 데 있다. 각개의 상황에는 그것에 맞는 특별한 전략이 있을 것이며 주어진 전략은 어느 상황에서는 최선의 전략이 되기도 하지만 다른 상황에서는 최악일 수도 있기에 이것이 기본적 진리다. 둘째, 총력전사상이다. 오늘날 전쟁은 총력전이다. 전쟁은 정치적·경제적·외교적 그리고 군사적 모든 분야에 걸쳐 수행된다는 것이다. 전쟁이 전면전뿐이라 생각해서는 안 된다. 그러므로 전략도 마찬가지로 총체적인 것이어야 한다.[100]

셋째, 행동의 자유사상이다. 목적은 적의 저항에도 불구하고 계획을 끝까지 수행하는 능력을 보유하는 데 있다. 만약 계획이 훌륭한 것이라면 거기에는 패배의 위험은 없을 것이다. 그 결과는 '위험이 없는' 전략일 것이며, 그 목적은 우리 자신의 행동의 자유를 유지하려는 데 있을 것이다. 작전방향에 있어서 공히 기준이 되는 것은 행동의 자유이다. 전략의 본질은 사실상 행동의 자유를 확보하기 위한 투쟁이다. 따라서 전략게임의 기본은 자신의 행동자유의 보유와 적에 대하여 기습이나 기선을 잡음으로써 행동의 자유를 탈취할 수 있는 능력이다.

넷째, 심리적 요소의 중요성이다. 어떤 심리적 효과가 적에게 주어질 때 결정이 이루어

---

100) 앙드레 보프르 저, 국방대학원 역, 『전략론』(서울: 국방대학원, 1975), p.16.

지는 것이다. 즉 적이 투쟁을 시작하거나 아니면 계속하는 것이 무용하다는 확신을 얻었을 때다. 물론 이러한 결과는 군사적 승리에 의해서 달성될 수도 있지만 그것이 결코 유일한 방법은 아니다. 군사적 승리는 획득되지 않을 수도 있으며 빈번히 증명되었던 바와 같이 다른 방법이 더 효과적일 수도 있다. 레닌은 클라우제비츠 분석에서 결정적 요인이란 심리적인 요인이라는 것을 명확히 보여주는 격언을 많이 인용하였다. 즉 그는 말하기를 "전쟁에 있어서 가장 건전한 전략은 적의 정신적 붕괴가 달성됨으로써 치명적인 공격이 가능해지고 용이해질 때까지 작전을 연기하는 것이다"라고 했다. 이것은 적의 사기는 군사적 승리에 의해서 좌절시켜야 한다는 클라우제비츠의 고전적 군사개념과는 아주 정반대다. 따라서 보프르는 일반적 법칙을 다음과 같이 공식화하고 있다. 즉 "적에게 부과하고 싶은 우리의 조건을 수락하도록 적의 충분한 정신적 붕괴를 가져오는 상황을 조성하거나 이용함으로써 결정적 승리가 획득된다."[101]

간접전략은 여러 가지 이유로서 상대방보다 열세한 군사적 수단으로 어떠한 성과를 달성하고자 하는 측이 적용하여 왔다. 이러한 의미에서 보프르는 이 전략에 대하여 '간접전략'이라는 일반적인 명칭을 사용하였다. 이 전략은 간접적인 것이기 때문에 거기에 숨어있는 특징을 이해할 수 없을 경우가 많다. 이로 말미암아 구소련과의 냉전기간 중 자유주의 진영은 이 분야에서 일련의 실패를 거듭했던 것이다. 따라서 이 전략이 어떻게 수행되는가를 이해하는 것이 무엇보다도 중요하다고 보프르는 주장하고 있다.

(1) 간접접근전략과 간접전략의 차이점

① 간접접근전략이란, 최소 예상선과 최소 저항선을 통해 적 후방을 지향하는 기동으로 간접접근함으로써 적을 심리적·물리적으로 교란시켜 유리한 전략적 상황을 조성하고 최소 전투를 통해 승리를 추구하는 전략을 말한다. 적이 마땅히 예상하는 선을 따라 행동하면 적의 균형은 강화되고 그로 인해 적의 저항은 증가된다. 레슬링에서처럼 발목을 약화시켜 균형을 허물지 않고 적을 넘어뜨리려고 하면 그것은 적에게 긴장만 줄 뿐이고 나의 소모는 증가한다.

따라서 적의 물질 및 심리적 균형을 교란하고 약화시키는 것이 적을 격멸하는 성공의 단서가 되는 것이다. 전사연구 결과 대부분의 전례는 유혹과 함정을 만들어 상대를 약화

---

101) 위의 책, p.27.

시키고 놀라 쓰러지게 하거나 균형이 무너지게 한 후 타격하여 승리하였다는 사실을 증명해 준다. 가장 효과적인 간접접근은 적의 기동이 잘못된 것이 되도록 유혹하거나 또는 깜짝 놀라게 해서 유도 기술과 같이 적 자신의 지나친 행동에 의해 스스로가 돌이킬 수 없는 상황에 직면하도록 하는 것이다.[102] 적을 정복하기 이전에 그 저항을 약화시킨다는 것은 적으로부터 저항의 요소를 제거하는 것이고, 균형을 무너뜨려 심리적으로 불리한 위치에 놓이게 하는 것이다.

이러한 간접접근전략과 앙드레 보프르가 제시한 간접전략의 차이는 무엇인가? 그 차이는 전략의 차원에 관한 문제이면서 본질적으로 상이하다. 간접전략은 국가전략 차원의 문제이고 간접접근전략은 군사전략 차원의 문제인 것이다. 1963년 앙드레 보프르는 간접전략을 제시하면서 이 문제를 언급한 바가 있다. 즉 직접전략은 군사적 수단을 주수단으로 하고, 간접전략은 군사적 수단을 보조수단으로 그리고 정치, 경제, 외교, 심리 등을 주수단으로 하는 전략이라는 것이다. 이 구분에 의하면 리델하트의 간접접근전략은 군사적 수단을 주수단으로 하기 때문에 직접전략의 범주에 포함된다[103]고 하였다. 따라서 간접접근전략과 앙드레 보프르의 간접전략은 명확하게 구분이 되어야 한다.

② 간접접근이란? 리델하트는 전쟁사에 대한 광범위한 연구를 통해 하나의 명제를 도출하였다. 전쟁에서 효과적으로 승리를 거둔다는 것은 적이 방심한 틈을 타서 결정적으로 타격할 수 있도록 간접적으로 접근하지 않는 한 거의 불가능하다는 것이다. 즉 간접적으로 접근해야만 적을 효과적으로 타격할 수 있다는 것이다. 그러면 여기서 '간접접근(indirect approach)' 또는 '간접적'이란 무엇을 말하는가? 적의 후방으로 지향되는 기동이나 최소 저항선을 따라 기동하는 것인가? 아니면 좀 더 특이한 정의가 존재하는 것인가?

간접적이란 사전에 "바로 대하지 않고 사이에 매개를 통하여 연결하거나 그렇게 되는 것"[104]으로 정의하고 있으며 미국의 웹스터 사전에는 "직접방법으로부터 벗어난 마음속에 있는 목적을 다른 사람이 명백하게 인식하지 못하도록 하는 것"[105]으로 정의되고 있다. 리델하트는 전략론에서 간접적이란 용어에 대해 특별한 정의를 하지 않고 전사의 연구와 분석을 통해 그 의미를 다양하게 표현하고 있을 뿐이다.

---

102) 강창구 역, 앞의 책, p.163.: Liddell Hart, Strategy, p.163. 칸내회전에서 로마군의 밀집대형, 과도한 전진은 한니발군에게 스스로 뭉쳐진 상태에서 대항할 수가 없었다.

103) Andre, Beaufre, An Introduction to strategy, N.Y.: Praeger, 1966, p.139.

104) 두산동아, 참국어사전(서울: 동아출판사 1998), p.24.

105) Webster's Third New International of the English language, Merrian Co. Pub., 1964, p.1151.

따라서 전략론에서 다양하게 표현된 내용을 재정의하면 '간접적' 또는 '간접접근'이란 결정적 타격을 가하기 전에 먼저 적을 약화시켜서 정상적인 힘을 발휘하지 못하도록 하는 심리적·물리적 제 활동을 의미한다. 즉 그것은 아군의 힘과 의지를 적의 대비가 가장 미약한 곳(최소저항선)이나 적이 예상하지 않는 방향(최소예상선)으로 지향시키는 것이다. 이 간접성은 물리적으로는 '언제나(usually)' 필요하지만, 심리적으로는 '항상(alway)' 필요한 요소이다. 또 지형적인 측면에서 평탄한 지형을 통한 직접접근보다 산악, 사막, 습지, 계곡 등 험한 지형을 택하여 간접 접근하는 방법도 있을 수 있다.

실제 전장에서 간접접근은 가장 대표적인 적 후방을 지향하는 기동[106]을 포함하여 예상하지 않은 수단과 방법을 사용한 기습이나 기만일 수도 있고 교묘한 심리적 활동으로 적의 전투의지를 약화시키는 시위나 교란활동일 수도 있다. 또 종심 깊은 차단작전일 수도 있다. 중요한 것은 간접접근 방법은 한 가지 고정된 방법이나 수단이 아니고 사전에 적을 약화시키고 혼란시킬 수 있는 물리적·심리적 수단 등이 모두 포함된다. 즉 방법은 어느 것을 택하든 적의 심리와 배치를 교란시키는 정도가 간접접근의 척도가 되는 것이다.

예를 들면, 마라톤 전투에서 페르시아군이 아테네를 직접 공격하지 않고 아테네에서 40km 떨어진 마라톤 지역에 상륙함으로써 아테네군을 마라톤 지역으로 끌어내어 균형을 무너뜨리려 했던 것이나, B.C. 217년의 트라시메네호 전투에서 한니발이 로마 플라미니우스군의 성격과 심리를 교묘히 파악, 활용하여 호수를 이용한 매복공격을 실시한 것이라든지, 반대로 한니발의 강점을 피하고 약점을 확대하고자 한 훼비우스의 지연전술 등은 모두 간접접근의 기본 개념들을 훌륭히 적용하고 있는 것이다.

고대 전쟁에서 간접접근을 효율적으로 구사하여 승리한 대표적인 장군은 동로마제국의 벨리사리우스이다. 벨리사리우스는 항상 방어를 먼저 하면서 적 공격계획에 차질을 초래하도록 유도하고 공격 간 발생한 약점을 이용·포착·타격함으로써 승리를 달성하곤 하였다. 적 심리에 대한 교묘한 조종과 측후방 공격, 심리적 교란, 약점의 확대 등 본격적 전투에 앞서 적을 약화시키고, 무엇보다도 적을 심리적으로 교란하고 균형을 무너뜨릴 줄 아는 것 등이 리델하트가 벨리사리우스를 간접접근의 거장이라고 높이 평가한 부분이었다.

현대전에서 가장 대표적인 예는 1940년 독·프 전역에서 독일 기갑군단이 병참선을 차단하고 영·프 연합군을 포위 차단하여 프랑스군을 6주 만에 항복시킨 것이다. 아르덴느

---

106) 강장구 역, 앞의 책, p.5.

산림이라는 최소저항선의 선택, 연합군의 주력을 벨기에 지역으로 조기에 투입토록 한 B 집단군의 견제, 그리고 무엇보다도 예상하지 않던 지역으로 돌파해 들어가 적 주력을 분리함으로써 전략적으로 유리한 상황을 조성한 것 등이 간접접근의 예이다. 따라서 상대로 하여금 헛발을 딛도록 유도하여 균형을 무너뜨리고 그로 인해 적이 물리적·심리적으로 마비된 전략적 상황을 조성하는 것, 이것이 곧 간접접근이고, 이러한 전략을 추구하는 것이 간접접근전략인 것이다.

(2) 간접전략의 특징

간접전략의 특징은 첫째, 군사적 승리보다는 다른 방법으로 어떠한 성과를 획득하고자 모색하는 것이다. 둘째, 간접전략 형식으로 진행되는 전쟁은 그 이미지와 더불어 어떤 병이 슬며시 전염하는 것과 매우 유사한 것이다. 우리는 이 전쟁이 보다 서서히 그리고 조용히 진행된다는 사실에 속아 넘어가서는 안 될 것이다. 조금씩 이루어지는 세력권의 변화가 후에 세계적인 대변화를 초래할지도 모른다. 셋째, 이 전략 안에 행동의 자유가 아주 특수하게 위장되어 나타난다는 것이다. 오늘날에 있어서도 행동의 자유에는 모든 분쟁이 준수하여야 할 한정된 영역이 있다. 이 영역은 분쟁과정이 국제정세에 미칠지도 모르는 반영에 의해서 결정되기도 하고 별로 중요하지 않은 문제를 둘러싸고 일어난 분쟁이 계획된 목적과는 달리 대전으로 발전될지도 모른다는 공포 때문에 생길 수 있다. 즉 국제적 개입에 의한 압력이나 전쟁의 공포 때문에 군사력에 의존하는 과감한 해결조치를 주저하게 된다는 것이다.

결국 행동자유의 영역이 제한되면 될수록 그것을 가장 잘 이용해야 한다는 것이 더욱 중요하게 되었다. 왜냐하면 그것은 핵 억제력에 의해서 유지될 것으로 생각되는 현상을 깨뜨리는 유일한 수단이기 때문이다. 따라서 행동자유의 영역이 제한되면 이를 이용함으로써 이의 진행과정은 전쟁(즉, 열전)의 양상으로 거의 인식할 수 없을 정도로 더욱 교묘해졌다. 그럼에도 불구하고 이를 통해서 달성된 성과는 주요한 전쟁을 통하여 획득할 수 있는 성과보다 더 큰 것이었다. 그러므로 간접전략은 제한받게 된 행동 자유의 영역을 가장 잘 이용하는 기술이며 또한 목적 달성을 위하여 사용 가능한 군사적 수단이 일반적으로 엄격하게 제한받는 상황에서도 중요하고도 결정적인 승리를 쟁취할 수 있는 기술이 되고 있다.

(3) 간접전략의 2대 구성요소

간접전략에 있어서 먼저 중요한 것은 현 상황에서 행동자유의 영역이 어느 정도인가를 결정하는 것이다. 그다음에 이 영역은 유지될 수 있는가 또는 적이 이용할 수 있는 영역을 최소한도로 축소시키는 반면에 우리의 영역을 얼마나 확장할 수 있는가를 확인하는 것이다. 따라서 간접전략을 수행하기 위한 방법(적이 이용할 수 있는 영역을 축소시키는 반면, 우리의 영역은 확장)에는 두 가지 중요한 책략, 즉 '외부책략(Exterior manoeuvre)'과 '내부책략(Interior manoeuvre)'이 있다.

여기에서 유념해야 할 것은 이용할 수 있는 행동의 자유가 문제의 지리적인 지역 내에서 진행되는 작전에서는 약간의 영향을 받을 뿐이라는 것이며 거의 대부분은 이 지역 외부의 요인, 예를 들면 핵억제 효과, 국제적 반응 그리고 심리적 요인에 대한 판단에 의해서 결정된다는 것이다. 따라서 어떤 특정 작전의 성공 가능성은 범세계적인 국면에서 본 행동의 성공 여부에 따라 결정된다. 보프르는 이것을 '외부책략'이라고 한다. 예를 들면 월남전쟁은 군사작전에서보다는 미국 내의 여론에 의해서 결정된 것이다. 즉 월맹의 외부책략은 훌륭한 것이었다. 지금까지 많은 사람들이 이의 중요성을 인식하지 못했으며 사람들은 투쟁의 초점이 싸움이 일어나고 있었던 그 지역에 있지 않고 그 외부지역에 있었다는 것을 지각하지 못하였다.

이 말은 전쟁이 진행되는 지역에서의 군사작전보다는 심리전과 정치·이념 등이 더욱 중요하다는 것이다. 전쟁은 정치, 경제, 외교 및 군사적 모든 분야에서 전개되는 총력전이라는 점을 파악하지 못했다는 것이다. 바로 이러한 중대한 오해는 서방측이 냉전기간 중 체험한 쓰라린 패배의 원인이 되었다고 보프르는 평가하였다.

① 외부책략의 개념은 우리의 행동의 자유를 스스로 최대한 보장하는 동시에 적을 강력히 억제함으로써 무력화시키는 데에 있다. 억제를 위한 모든 작전에 있어서와 같이 행동은 물론 일차적으로 심리적일 것이며 여기에 부가해서 동일 목적을 위하여 정치·경제·외교 및 군사적인 제반 조치도 병행해서 수행된다. 이러한 억제효과를 거두기 위해서 사용되는 수단은 행위의 극히 미온적인 것으로부터 가장 난폭한 것에 이르기까지 여러 가지가 있다. 국내법과 국제법에 의거한 합법적인 방식에 의하거나 도덕적 인도주의적인 감정에 호소할 경우도 있으며 적의 주장의 정당성에 대해서 의문을 가지게 함으로써 적으로 하여금 난처하게 만들기도 할 것이다.

이와 같은 방법들을 통해서 적국 내부의 일부 여론을 반대 방향으로 유도하는 동시에 국제여론도 또한 자극할 것이다. 또 무기의 대여나 지원병들을 파견함으로써 위협하거나 간접적인 개입을 할 것이다. 만일 필요한 경우에는 정치적·경제적 보복으로 위협하고 최후적으로는 직접적인 행동을 통하여 위협할 수도 있으며 심지어는 핵무기 사용을 포함한 직접적인 행동으로 위협할 것이다. 즉 정치 심리적, 경제적 압력, 그리고 군사적 위협, 평화운동, 인도주의적 호소, 국제적 개입에 이르기까지 다양한 방법이 이용된다는 것이다.

그러나 이러한 외부책략을 수행하기 위해서는 다만 두 가지 조건이 구비되어 있을 경우에만 성공할 수 있을 것이다. 첫째, 군사적 억제력(핵 또는 재래식 억제력)을 적의 대규모적인 반발을 방지하는 데 충분한 위협이 될 정도로 보유해야 한다는 것이다. 둘째, 계획된 모든 행동은 하나의 논리적인 명제가 될 수 있도록 구상된 명확한 정치노선과 일치되지 않으면 안 된다는 것이다. 적절하고 현명하게 정치노선을 채택하는 것이야말로 이념전과 심리전에서 주도권을 쥐게 되는 관건적인 요소가 된다.[107]

② 내부책략의 개념은 우리의 행동자유 정도를 확인한 다음의 단계는 어떤 특정한 성과를 거두기를 바라는 지리적 지역에서 사용될 책략을 안출하는 일이다. 보프르는 이것을 '내부책략'이라고 하며 내부책략에는 두 가지 형태가 있다. 첫째, 월등히 우세한 실질적인 무력을 사용하여 외적 행동자유가 허용되는 한도 내에서 어떤 중간목표를 신속히 탈취하는 데 목적을 두고 있는 것이다. 다음 단계의 작전을 계속하기 전에 중지한 것같이 보이게 한다. 그러므로 이러한 형태의 행동은 협상으로 점철된 비교적 제한된 목표를 탈취하기 위한 일련의 작전으로 이루어지며 이것은 단편적 방법이라고 말할 수 있다. 히틀러는 제2차 세계대전 기간에 이 방법을 구사하였으며 구소련도 비록 결과는 달랐지만 수차에 걸쳐 체코, 한국 등지에서 이 방법을 시도하였다. 둘째, 군사적 승리에 의한 것에는 비하지 못하나 적에게 점점 더 부담이 되도록 계획, 편성된 지구전을 계속함으로써 목표를 달성하는 데에 주안점을 두는 것이다. 이것이 무력화 또는 침식방법이며 그 주요 특징은 지구전이라는 데 있다. 모택동은 이에 대한 뛰어난 이론가인 동시에 가장 성공한 지휘관이다.

---

107) 앙드레 보프르 저, 국방대학원 역, 『전략론』(서울: 국방대학원, 1975), p.143.

제4절 마한, 두헤, 모택동

1. 마한(1840~1914년)

* 미국 출신(해군사관학교 졸업)
  해군대학 전략 교수 및 학장
* 「해양력이 역사에 미치는 영향」 등 137편 논문과 『해양전략론』 등
  21권 저서
* 미국 및 기타 주요 국가의 해양세력 발전에 공헌

1) 생애 및 시대적 배경

마한은 1840년 9월 27일 뉴욕 주의 웨스트포인트에서 출생했다. 마한의 부친인 데니스 하트 마한(Dennis Hart Mahan)은 웨스트포인트 미 육군 사관학교 교수로서 육군 전설에 관한 책을 출간하기도 했다. 그러나 차후 미국의 저명한 전략사상가로 성장하는 알프레드 마한은 그의 부친으로부터라기보다는 그의 삼촌이며 신학대학의 교수였던 밀러 마한의 영향을 더 크게 받았다. 마한은 1856년 아버지의 권유를 거스르며 아나폴리스 소재 미 해군 사관학교에 입학했고 3년 후 해사를 2등으로 졸업했다. 생도시절 그는 친구보다도 적이 더 많은 외로운 학생이었으며 졸업 후에도 성공적인 해군 장교가 되기에는 적격이 아닌 것처럼 생각되었다.

마한이 해사를 졸업한 이후 2년째엔 1861년 미국에서는 남북 전쟁이 발발했으며 마한은 남부의 해안을 순찰하는 경비 임무를 담당했지만 큰 전투를 경험하지는 않았다. 전쟁 기간 중 해군사관학교에서 선박 조정술(seamanship) 강의를 담당하기도 했다. 남북전쟁이 종료되었을 당시 26세였던 마한은 이미 해군을 떠나기에는 너무 아쉬운 소령 계급을 달고 있었고 해군에 대한 불만스러움에도 불구하고 그는 해군에 남겠다고 결심했다. 바로 그 이후부터 마한은 미국이 배출한 유일한 일급 수준의 전략사상가가 되는 길을 걷게 된다. 1886년 미 해군대학의 해군사 및 해양전략론 교수 겸 학장으로 부임하게 된 것은 당시 마한 대령의 인생행로를 전환하는 궁극적 계기가 되었다.

해군대학 학장으로서 그는 '해양세력론의 전도사'가 되었고 그의 학문은 단순히 군에서뿐만 아니라 미국의 역사학계에서도 권위를 인정받는 수준에 이르렀다. 1890년 마한이 자신의 강의록을 정리하여 출간한 "해양력이 역사에 미친 영향, 1660~1783"(The Influence of Sea Power upon History, 1660~1783년)은 마한을 클라우제비츠에 버금가는 전략사상가로 발돋움시킨 불후의 명작으로 인정받는 책이다. 이 책으로 마한은 영국의 옥스퍼드와 케임브리지 두 대학으로부터, 그것도 같은 주일 동안 각각 명예박사학위를 수여받는 영광을 누렸다. 런던 타임스지는 그를 '새로운 코페르니쿠스'라고 격찬했다. 천동설을 지동설로 바꾸어 놓은 코페르니쿠스처럼 마한은 전략사상을 땅에서 바다로 바꾸어 놓았다는 의미일 것이다. 그 후에도 마한은 5개 대학(하버드, 예일, 컬럼비아, 맥길, 다트머스)으로부터 명예박사학위를 수여받았다. 마한은 일생 동안 20권의 책을 저술했으며 137편의 논문을 각종 유명 학술지 및 잡지에 출간했다.

비행기가 발명되기 이전 인간의 전쟁터는 땅과 바다뿐이었다. 그러나 바다는 주로 땅에서의 전쟁을 보조·지원하는 전쟁터로서 인식되었지 바다 그 자체가 국가의 흥망성쇠에 본질적인 요소라고는 생각되지 않았다. 이 같은 생각을 바꾸어 놓은 전략사상이 바로 마한의 『해양전략론』이다. 마한의 해양전략이론은 세계의 주요 강대국들로 하여금 바다 그 자체를 국가의 번영과 발전의 핵심적 요인으로 생각하도록 하는 데 기여했다. 즉 마한의 기여로 인해 바다를 국력의 일부라고 인식하는 소위 '해양세력론'(海洋勢力論, Sea Power Theory)이 전략사상사의 중요한 축으로 등장하게 되는 것이다. 마한의 해양세력론은 육지의 전쟁에 기반을 두었던 전략사상인 클라우제비츠의 전쟁론에 버금가는 전략사상의 지위를 굳히는 데 성공하였다.

인간은 육지에 사는 동물이지만 미 해군 대학의 한 장교가 말했듯이 "물에 떠 있는 통나무를 타고 오래전에 죽은 동물의 주걱처럼 생긴 발로 물을 저어나간 이래"로 해군력은 인류역사에 항상 중요한 문제가 되어 왔다. 로마 제국의 시대에 이르기까지 바다란 지중해, 즉 내해(內海)를 말하는 것이었지만 르네상스 이래 유럽인들은 광대한 세계를 개척하기 시작했으며 이들은 모두 바다를 통해서 접근 가능한 곳이었다. 물론 중국인들도 15세기 초반 유럽의 어떤 선박과 비교해도 질적으로 우수하고 규모가 거대하며 양적으로도 더 많은 함대를 이끌고 세계를 넓혀 나갔다. 다만 이처럼 넓어진 세상을 국력의 발전에 적극적으로 적용시켰는가에 따라 16세기 이후 세계를 지배하기 위한 경쟁에서의 승자는 동양이 아니라 서양이 되었고 그 후 오늘에 이르기까지의 세계는 서양이 지배하는 역사가 된 것이다.

바다를 통한 재화의 집적(集積)으로 막강한 경제력을 갖추게 된 유럽 국가들은 저마다 제국의 건설을 향해 노력했다. 16세기 미주대륙의 금과 은을 재정적 기반으로 막강한 경제력을 갖춘 스페인은 전 유럽을 지배하려 시도했었다. 유럽은 스페인의 위협에 맞서 동맹체제를 형성했고 스페인의 노력은 수포로 돌아갔다. 오히려 영국을 점령하려던 스페인의 무적함대는 참패를 당했고 네덜란드를 제압하려던 스페인의 시도는 오히려 네덜란드 사람들을 짧은 기간이나마 바다의 패자(覇者)로 만드는 데 기여하였다. 네덜란드의 상선대와 해군에 의한 세계 지배가 단기간에 끝난 후 세계의 바다를 둘러싼 대결은 영국과 프랑스 사이에 벌어졌다. 프랑스의 해양제국은 1763년 7년 전쟁의 패배로 말미암아 일소되는 상황이었고 영국은 세계 해양제국으로 부상하는 것이다.

역사상의 강대국들은 모두 지배적인 지위를 얻기 위해 노력했고 지배적인 지위와 해군력 간에는 연속적인 상관관계가 있다는 사실을 발견하였다. 해군력과 국력의 상관관계란 "해양에서의 힘은 무역을 통한 국가의 번영을 의미하며 다른 제반 조건들이 같을 경우 보다 부강하고 번영한 나라들일수록 문화수준도 높고 국력도 강하다"라고 요약될 수 있다. 마한의 해양 세력론은 바로 위 언급을 사실로서 증거하는 영국 해군의 경험으로부터 도출되었던 것이다. 그러나 마한의 전략사상은 복잡한 이론들로 구성되어 있으며 사상을 완전히 이해한다는 것도 용이하지는 않은 일이다.

2) 마한의 전략사상

마한의 전략사상은 보편타당한 일반론이 아니기 때문이다. 그러나 마한의 이론은, 미국은 물론 세계 도처의 자국 국력의 증진을 도모하고 정치, 경제적인 위력을 과시하려던 강대국들의 정치가 및 식자들의 열정을 자극하였다. 일본, 독일은 마한의 책을 시급히 번역했을 뿐만 아니라 마한의 이론을 자국 부국강병론의 기초 이론으로 채택하였던 것이다. 이 같은 점에서 마한의 이론은 21세기인 오늘날의 국제정치, 오늘의 미국 해양전략사상을 그대로 반영하는 것은 아니다. 그러나 마한의 전략론[108]은 1890년 해양력이 역사에 미친 영향이 간행된 이후 거의 100년 이상 미국은 물론 세계 대부분 강대국들의 해양전략을 지배한 사상이 되었다.

마한은 국력의 근간이 되는 해양력의 요소를 자연적인 요소와 인위적인 요소로 크게

---

108) Allan Westcout, *Mahan on Naval Warfare*, Selection from the Writings of Rear Admiral Alfred T. Mahan, N.Y.: Dover Publication, INC., 1999, p.49.

나눈다. 기본적으로 자연조건이 갖추어진 나라들은 효과적인 해양국가가 될 수 있지만 이는 통치자의 의지 및 시대 사정 등 인위적인 요인들과 조화를 이루어야만 한다. 국가의 지리적인 위치, 물리적인 형태, 영토의 크기, 인구, 국민성 등 해양력의 다섯 가지 자연적 요소에 국가의 지도력이 결합되는 경우 그 나라는 세계를 지배할 수 있는 해양국가가 될 수 있는 것이다. 이처럼 해양력의 요소를 강조한 것은 해양력이 국가의 발전 운명에 미치는 긍정적인 영향을 강조하기 위함이었다.

마한의 해양전략은 물론 해전(海戰)의 원칙을 찾아냄으로써 국가의 해양력 건설에 기여한다는 실천적인 측면을 포함하고 있다. 마한은 마치 육군 전략의 원칙을 추구한 조미니와 마찬가지로 해양전략의 원칙을 수립하려고 노력했다. 마한의 해양전략 원칙은 제해권의 확보로부터 출발한다. 마한에게 있어서 제해권이란 "해양에서 인원과 물자를 자신의 의지에 의해 수송하는 능력을 확보하고 반면 적의 그러한 능력을 거부하는 데"에 있다. 제해권의 장악방법은 함대 간의 결전을 통해서 가능하다고 보았다. 즉 바다 위에서 적국의 해군력을 격파시키는 경우 자국을 위한 제해권을 확보하게 된다는 것이다. 미국을 위시한 해양 제국들이 잠재적 적국의 해군력을 바다 위에서 격멸한다는 것을 자국 해군의 존재 이유로 삼았던 전력 개념은 바로 마한의 제해권 확보 방법론을 그대로 따르는 것이었다.

마한은 바다를 장애물이 아니라 국가 간의 이동을 훨씬 원활하게 해주는 위대한 고속도로(great highway)라고 생각했다. 바다는 아무 곳으로나 자유롭게 달릴 수 있는 무한히 펼쳐진 공간(wide common)인 것이다. 그러나 물론 바다에도 길이 있다. 국가들의 재화거래를 용이하게 하는 다른 바닷길보다 훨씬 더 잘 알려져 있고 더욱 유용하게 쓰이는 이 바닷길(SLOC: Sea Lines of Communication, 해상 교통로)을 확보하는 것이 바로 제해권의 요체가 된다. 바닷길은 물론 해적들이 들끓는 위험한 길일 수 있다. 그럼에도 불구하고 바다의 길들은 육지의 길보다 훨씬 빠르고 안전한 길이라고 생각했다.

누구든지 마한의 전략이론을 현대의 상황으로 응용할 수 있는 가능성을 분석하기를 원하는 자는 사전에 해양력의 개념을 현대적인 용어로 요약하는 것이 유용할 것이다. 해양력은 포괄적이고 복잡한 체제이다. 또한 해양력은 해상세력과 해상군사력이란 두 개 하부조직을 가지고 있으면서 전체로서의 시스템의 속성을 지닌다. 이러한 하부조직의 각각은 특별하고 전문화된 속성을 가지고 있다. 대체로 운용 면에서 보면 국가 해양 정책을 반영한 것인데, 즉 국제경쟁 상황에서 국가의 복지를 증진시키고 지원하는 데 해양력을 조직적으로 유지하고 활용하는 것이다.[109]

① 해양력(maritime power)은 필수적으로 주어진 지리적 이점과 국가의지로 된 해양력을 최초로 과잉 생산품을 교환하는 경제적 활동에 의하여 생성되었다. 이러한 과잉의 생산품을 처분하기 위해 해상무역이 일어나게 된 것이다. 그러나 이러한 과정은 그것을 운용하기 위하여 제도적인 장치를 필요로 했는데, 이는 금융, 보험, 수출업, 수입업, 중개인 등과 전문화된 산업인 조선, 수리, 하역업 등이었다. 그러한 장치들이 적절하게 만들어지고 원활하게 운용되지 않으면 국내외시장은 발전될 수 없고, 화물은 구할 수도 없으며 선박들은 이동할 수 없으며 어떠한 잠재력 있는 해양국일지라도 실현될 수 없는 것이다.

② 해상세력(seapower)은 해양력의 발전이 최초의 원동력이 된 해상세력은 해상기동의 전문화된 하부조직이다. 해상세력의 기본요소는 화물을 운반하는 상선들이지만, 그것들의 효과적인 이용은 전술한 지원시설에 달려 있다. 이러한 시설들이 조직적으로 연결되고 이용되면 해상세력은 세계 통상경쟁에서 성공적으로 이길 수 있고, 세계시장 확보가 가능하며 국가 경제활동에 필요한 원자재를 좀 더 용이하게 획득할 수 있는 것이다. 국가 생산의 기초가 되는 해양체제와 해상세력체제의 해상이동능력 사이의 상호작용 논리는 지속적으로 국가의 부와 영향력을 증가시키며 궁극적으로는 해양력의 지배를 가져온다. 그러나 해상세력은 노출된 체제이다. 그것은 정치적·경제적 장애로부터 무력공격에 이르기까지 여러 가지 다양한 개입에 대하여 개방되어 있다. 그래서 조직화된 방어대책이 요구된다.

③ 해상군사력[110](seaforce, 해군)은 본래 해상세력을 방어하고 지원하는 데 준비된 고도로 전문화된 하부조직이다. 이러한 하부조직의 구성요소들은 여기에서 상세하게 기술할 필요는 없는 것이다. 그러나 해상군사력도 해상세력과 같이 주목하여야 할 것은 자체의 특수한 연안기지가 필요하나 이런 것들은 해상세력체제와 제한된 범위 내에서 서로 교환할 수 있는 것이다. 더욱이 해상군사력을 조성하는 특별한 용도에 대하여 좀 더 완전히 인식하게 됨으로써 정책결정자들이 해군력의 기본적이고 제1차적인 기능인 해상세력의 방어와 지원에 대한 우선순위를 낮추려는 경향이 있음을 알게 된다. 그 결과로써 국가 해군력의 전문화된 하부조직으로서 해군력을 보는 것이 아니라 국력의 군사적 요소로서 해군을 점차 동등시하려고 했던 것이다.[111]

---

109) U.S.A. Army War College, *Military Strategy: Theory and Application*: 국방대학원 역, 『군사전략: 이론과 적용』 I 권(서울: 국방대학원, 1984), p.343 참조.

110) 해상군사력(seaforce)은 마한의 용어이다. 해양력(maritime)이 하나의 분명한 통합체제로서 상호 관련성을 갖는 여러 요소들을 포함한다는 그의 주장을 좀 더 명시적으로 설명하기 위해 해상군사력이란 용어를 본문에서 사용하고 있다.

현재까지 마한의 견해는 해군력 체제가 세계 속에 국가의 위치를 향상시키는 작용과 전반적으로 통합된다는 것이다. 해양력은 한 국가의 전 능력을 창출하고, 배분하고, 국제 활동의 추세 속에서 유리하게 영향력을 행사하는 촉매역할을 하였다. 해양력은 해상세력 요소들을 통상경쟁 속에서 공세적으로 사용하였다. 해양력의 해상군사력 요소들은 초기의 분쟁 속에 있어 수세적으로 사용되었다. 마한의 이론이 시종일관 상기시켜 주는 것은 제도, 시설, 통상, 상선, 군함 등이 꽉 짜인 체제를 이루고 있으며, 체제의 효과성이 상실되지 않는 한 이들 요소 중 어느 하나도 부적절하게 작용하도록 허용될 수는 없다는 것을 강조하고 있는 것이다.

　　오늘날 과학기술의 발전은 범선 시대의 역사에 기반을 둔 마한의 해양전략이론의 상당 부분을 다시 생각해 보도록 만들고 있다. 냉전 종식 이후 바다에서 적의 해군을 격멸한다는 해양전략으로부터 바다로부터 적국의 육지를 향해 힘을 투사하는 것으로 해군력의 임무를 재정의한 미국의 해양전략은 마한 이론의 종막을 고하는 것인지도 모른다. 냉전 종식 이후 미국의 새로운 해군 전략 보고서는 그 이름조차 'From the Sea……(바다로부터……)'라고 바뀜으로써 바다 위에서(On the Sea)의 함대 결전과 제해권을 강조한 마한 전략과의 부분적 결별을 선언한다. 미국의 해군은 거의 100년 만에 마한의 전략에 수정을 가한 것이다. 그럼에도 불구하고 잠재 적국의 육지에 힘을 투사할 능력은커녕 멀리 원양을 항해하는 우리나라 어선단 및 상선대를 보호할 능력에도 어림없는 한국 해군에게 있어 마한의 전략이론은 아직도 그 적실성을 잃지 않았다고 말해야만 할 것이다.

---

111) U.S.A. Naval War College Review(1973, 5-6), pp.73~82: 위의 책, pp.343~345 참조.

2. 두헤(Giulio Douhet: 1869~1930년)

* 이탈리아 타셀타 출생, 사관학교 졸업(항공총감)
* 항공전력의 중요성과 효용성을 예견하고 인식시킨 항공전략의 선구자
* 저서: 『제공권』, 『미래전 양상』
* 전략폭격: 적 물자 및 국민 사기 파괴로 단기간 내 전쟁승리
* 공군독립: 효율적 항공세력 운용 보장

1) 생애 및 시대적 배경

두헤는 1869년 이탈리아의 타셀타에서 태어났으며 청년시절 직업군인의 꿈을 품고 사관학교에 들어갔다. 그곳에서 그는 포병장교 훈련을 받았고 그 후부터 과학과 기술에 대한 흥미를 키워 나갈 수 있었다. 1913년에는 "전시 항공기 사용을 위한 법칙"이라는 제목의 군사교범을 만들었고 전쟁에서 야전의 육군 기동문제는 이제 끝났으며 그보다는 전쟁 이전 화면체 국가와 국가 사이의 분쟁으로 발전했다는 전쟁관을 세우게 되었다.

분쟁이 교전국 자원에 의하여 지속되기 때문에 두헤는 적국의 자원고갈을 가속시키는 동시에 이탈리아의 자원을 절약하는 방향으로 전쟁을 수행해야 한다고 생각했다. 이러한 현대전의 성격은 후에 두헤의 항공력 개념의 핵심적인 기본 전제가 되었다. 두헤는 군 관계자는 물론 정부관리를 포함하여 누구에게든지 자신의 견해를 피력하였으며 결코 침묵하지 않았다. 결국 1916년 허위사실 유포 및 기밀정보 누설, 군의 위신 실추 등으로 1년 징역을 언도받았다. 1917년 카포레토(Caporetto) 전투에서 이탈리아는 육군 30만 명 이상의 손실을 가져온 패배를 당하고 나서야 두헤의 주장이 옳았음을 인정하게 되었다. 1918년 그는 공식적인 명예회복과 함께 일반 비행위원회에 복직되었다.

그러나 그는 자신의 연구에 전념키 위해 "이탈리아는 올바른 방향으로 항공자원 개발을 추진해야 한다고 나는 믿는다. 그래서 나는 마땅히 실현되어야 할 것이 안 되고 있다고 생각되는 한 무관심한 채로 있을 수 없다"는 말을 남기고 군을 떠났다. 비록 두헤는 중령으로 퇴역하였지만 1921년 다시 장군으로 승진하였으며 항공총감을 역임하고 퇴역하였다. 그는 1930년 죽음에 이르기까지 군인으로서, 사상가로서 조국 이탈리아가 제한된 가용자원을 가장 효과적이고 효율적으로 이용하고 항공력이 미래전쟁을 지배할 것이므로 이에 대비케 하기 위해 평생을 바쳤다.

2) 두헤의 전략사상

1909년 이래 두헤는 항공전력의 운용에 관한 하나의 일반이론을 수립하였는데 이것은 그 후 줄곧 세계항공계에 큰 영향을 미쳤다. 1939년 엘리엇(George F. Eliot)은 국제간에 있어서의 항공력에 의한 효과에 관하여 아래와 같이 논평을 한 바 있다. "우리가 인류문명사를 통해 알 수 있는 사실 중 군사 측면에서의 새로운 발견이나 발명으로 인한 3대 혁명을 논한다면 그것은 훈련법, 화약, 항공기의 발명이라고 본다. 군대의 훈련은 각개 병사들의 용감성을 상호 협동하는 행동집단에 결정되도록 하였으며, 화약의 등장은 시민군 보병들을 갑옷으로 무장한 기사처럼 만들었고, 항공기의 발명은 적의 지·해상군만을 상대하는 전쟁이 아니라 그들 전력의 근원지를 직접 공격할 수 있는 새로운 전쟁양상으로 몰고왔다. 즉 항공기에 의해서 적국의 시민, 수도, 산업시설, 국가지도부를 공격함으로써 군대를 손상시키지 않고도 그들의 국방목표를 달성할 수 있게 되었다."[112]

두헤는 항공력 운용에 관하여 완벽하고 논리 정연한 철학을 처음으로 정리하였다.[113] 그는 1909년에 항공력의 중요성에 대한 첫 논문을 발표하였는데, 바로 그해는 블레리오 (Louis Bleriot)가 영국해협횡단비행에 성공하여 데일리 뉴스(the London Daily News)사로부터 현상금을 탔던 해로서 비행기가 대단한 호기심을 불러일으키고 있던 시기였다.

그의 주요 저서에는 『제공권(Command of the Air, 1921/1927)』, 『미래전 양상(The Probable Aspects of the War in the Future, 1928)』, 『1900년대의 전쟁(The War of 19C, 1930: 마지막 저서)』 등이 있다. 항공전 기초에 관하여 처음으로 종합적인 기술을 시도한 제공권(Command of the Air)에서 그는 제공권의 획득이 곧 승리를 의미하며 국가를 방위하기 위해서는 전시에 제공권을 획득할 수 있는 필요하고도 충분한 항공력이 있어야 함을 주장하였다.

그는 제공권을 획득하기 위해서는 적을 공중이나 작전기지, 생산지 등 어떤 곳에서든지 공격하여 적의 모든 항공수단을 박탈해야 하며 이러한 종류의 파괴는 오직 공중이나 적국 내부에서 이루어져야 하기 때문에 지상군이나 해군의 무기가 아닌 오직 항공무기에 의해서만 달성될 수 있다고 하였다. 또한 지상군 및 해군의 점차적인 축소로 제공권을 획득하기에 충분할 만큼 상대적인 항공력을 증강시킬 수 있으며 국가방위는 오직 적절한 힘을 가진 독립적 공군에 의해서만 보장될 수 있음을 기술하였다.

전쟁이란 근본적으로 서로 상반되는 의지 간의 싸움이다. 전쟁이 수행되는 지형은 전

---

112) George Fielding Eliot, *Bombs Bursting in Air: The Influence of Air Power on International Relations*, 1939, pp.11, 13.

113) Bernard Brodie, *Heritage of Douhet*, RAND Report RM-1013, December 1952, pp.1, 3, 156. 참조.

쟁의 근본양상을 결정한다. 공중은 또 하나의 새로운 작전분야이며 항공기는 지형의 제한을 받지 않고 속도가 빠르며 수송방법이 용이하기 때문에 가장 우수한 공격무기이다. 따라서 이는 지금까지 근본적으로 지상에서 발달해 온 전쟁의 성질을 새로운 형태로 변화시킬 것이다. 과거에는 적의 방어선을 돌파하지 않고서 적의 영토를 침입한다는 것은 불가능했지만 오늘날에는 제일 먼저 적의 방어선을 뚫지 않고서도 견고한 방어선 후방을 공격하는 것이 가능하게 되었다.

이를 가능하게 하는 것은 공군력이다. 제공권(制空權) 장악은 항공전력에 가장 적합한 형태의 작전으로 방어작전보다는 본질적으로 공세작전이다. 제공권 장악이란 곧 전쟁에서의 승리를 의미하고 반면에 제공권의 상실은 곧 패배를 뜻하며 승자가 당당하게 요구하는 모든 형태의 조건들을 무조건 수용해야 한다는 것을 의미한다. 제공권을 확보한다는 것은 적의 육·해군을 그들의 작전 근거지로부터 차단해서 적이 승리할 수 있는 기회를 없애는 것을 뜻한다.

'제공권'이라 함은 공중에서의 제패를 의미하는 것도 아니고 항공수단의 절대적인 우위를 의미하는 것도 아니다. 이는 적의 면전에서 비행을 함에도 적이 어떠한 조치도 취할 수 없는 상태를 의미한다. 제공권을 장악하게 되면 자국의 육지와 바다를 적의 항공공격으로부터 보호할 수 있으며, 동시에 적의 영토를 공격할 수 있게 된다.

『미래전 양상』에서는 과거 역사의 교훈과 과학기술의 진보로 인한 장차전의 전쟁성격에 대하여 상세히 논의하였다. 그는 제1차 세계대전은 종전의 전쟁과는 달리 병력만 고갈시키는 것이 아니라 전 국가의 생사를 건 투쟁이었으며 승리는 독일군을 격퇴시키는 것이 아니라 독일 국민의 정신적 및 물질적 여유를 고갈시킴으로써 달성되었다고 하였다. 또한 전통적 전쟁관에 항공력을 추가하였으며 이러한 항공력은 전쟁을 더욱 효율적으로 수행할 수 있도록 해 주고 전쟁 종결을 앞당길 것임을 주장하였다.

『1900년대의 전쟁』(The War of 19C)에서는 가상의 항공전(프랑스 대 독일)에서 프랑스 방어망을 독일 전투기가 파상적으로 공격하는 것을 극화(劇化)한 것으로 지상목표물에 최대한의 피해를 주기 위하여 공격항공기를 대량으로 운용하고 화력집중 원리에 따라 단 한 번의 공격으로 최대의 손실을 가할 수 있도록 항공력을 운용하였으며 프랑스 도시의 폭격을 '접근할 수 없는 화로'로 표현하였다. 즉 그는 항공기에 의한 폭격이 가공할 잠재력을 지니고 있다고 보고 이를 바탕으로 적의 항복을 강요할 수 있다고 보았다.

두헤는 항공전략사상의 선구자 역할을 한 이탈리아의 군인으로서 공중을 '제3의 전장'

으로 표현하고 육·해군 전력에 대한 공군력의 우수성을 정당화시켰으며 새로운 전략으로 획기적 전환을 마련하였다. 세계열강이 두헤의 사상을 따랐으며 특히 영국공군(RAF), 미 육군 항공대 그리고 독일공군 교리에 항공력의 기초와 이론에 대한 논리를 제공하였다. 또한 공군의 독립에 관한 군 조직 및 운용에 큰 영향을 주었다. 그는 "공군이 타군으로부터 독립되고 항공력이 장차전 승리의 결정적 수단이 될 것"이라 예언하였으며 그의 사상은 몇몇 오류에도 불구하고 제1, 2차 세계대전 시뿐만 아니라 오늘날에도 그 타당성이 더욱 분명히 드러나고 있다. 항공력은 본질적으로 전략적이며 공세적인 전력이다. 전쟁과 평화는 전쟁의 전략적 수준에서 결정되고 조직, 기획, 지원 및 지휘된다. 육군은 전투승리의 누적이 그들을 결정적이며 전략적인 작전위치로 격상시켜 줄 것이라고 기대하면서 적 육군에 집착함으로써 전술적인 수준으로 전락되었다. 해군도 또한 어느 정도는 전쟁의 전술적 수준에서 싸운다고 비판되어진다.

　　두헤가 주장하는 이론은 폭넓게 경제, 전략, 편제, 전술, 정치 및 공학과 기술 등에도 깊은 관심을 가졌었는데, 그가 논하였던 모든 것들은 결국 하나의 주장인 '제공권'문제로 귀결되었다. 그가 발표한 주제들은 다음과 같이 요약할 수 있다. ① 항공기는 비견할 데 없는 잠재능력을 지닌 전쟁의 도구이다. ② 항공전투에서는 공세에 의해서 절대적으로 우세를 갖게 된다. ③ 국민의 사기는 공중폭격을 당하게 되면 급속히 무너지게 될 것이다. ④ 전쟁에서 승리는 우세한 공군력에 의거하여 신속하고 완벽하게 이루어질 것이다. ⑤ 공중방어는 효과적인 방공작전이 수행되기 전에 전투가 종료될 것이므로 무익한 것이다. ⑥ 방어는 지상전에서 최선의 전술형태인 것이며, 미래전에서는 전선이 국경에서 교착될 것이다. 이러한 전제하에 그는 다음과 같은 종합결론을 내렸다. ① 제공권을 장악할 수 있는 국가는 전쟁에서 승리할 수 있다. ② 제공권은 적의 공군력을 파괴시킴으로써 성취되는 데 가장 최선의 방법은 지상에 있는 항공기와 기지시설을 폭격하는 것이다. ③ 공중우세를 획득한 다음, 공격작전의 수행은 후방에 있는 적의 보급기지를 공격하여 적 지상군의 공격력을 차단시키고, 적국 내에 있는 산업시설과 인구밀집지역을 공격하는 방향으로 이루어져야 한다. ④ 항공기의 기본형은 공중전과 대지상공격을 다 같이 수행할 수 있는 이중목적의 전투기가 되어야 한다. ⑤ 모든 자원은 공격력을 가진 항공력의 건설에 주로 투입되어야 하며 육군과 해군 등 지표면에서 싸우는 전력은 적절한 방어태세를 유지할 수 있을 정도로만 할당하면 된다. ⑥ 항공전력의 전략적 중요성으로 보아 '공군의 독립'이 중요시되며, 육·해·공 3개 군종에 대한 정책결정에 있어서 충분한 전문성과 자원의 적절한 할

당에 원활을 기하기 위하여 통합된 하나의 '최고사령부' 조직이 이루어져야 할 것이다.[114]

두헤의 이론을 검토해 보면, 그의 주장은 논리적이지만 그의 전략사상이 모두 시대적 검증에 부합된 것은 아니다. 두헤는 항공기가 뛰어난 능력을 가졌다고 보고서 이를 열렬히 신뢰하였다. 그는 항공전력이 출현하게 됨으로써 세상을 바꾸어 놓았으며 공중병기의 전략적 운용은 국제간 세력균형유지의 관건이 된다고 보았다. 또한 지상부대의 지휘관들이 그의 사상에 수긍하려 들지 않을 것임을 알고서 육군과 해군이 앞으로 그들의 직접적인 목적 달성을 위한 용도로서 공군력을 사용하려고 할 것을 예견하고 이 때문에 그들이 항공기를 비경제적인 방향으로 운용하려 들 것이라는 판단하에 독립된 공군의 창설이 필요하다는 것을 납득시키려고 하였다.[115]

군사력의 균형 측면에서 그가 통찰력을 가진 항공전략가로 볼 수 있다. 그것은 당시의 항공과학기술이 아직도 극히 초보단계였던 시대에 공군의 창설과 항공력의 운용을 위하여 광범위한 전략개념을 수립하고 이를 조직화시켰던 점이다. 그러한 여건하에서 그는 항공기의 능력을 과대평가하기도 했으며, 인간의 저항의지를 과소평가하기도 하는 등 많은 기술적 과오를 범하였지만, 신세대에 있어서 미래 공군전력의 중요성을 이해하였던 점은 높이 평가할 수 있다. 역사는 그의 사상 모두를 확인시켜 주지는 않았지만 열핵무기와 대륙간탄도탄이 발전되고 있는 시대에 그의 전략사상은 오늘날 세계의 지도자들에 의해서 그 가치가 크게 주목되고 있다.

---

114) U.S.A. Army War College, *Military Strategy: Theory and Application*: 국방대학원 역. 『군사전략: 이론과 적용』 I 권(서울: 국방대학원, 1984), pp.353~367 참조.

115) Giulio Douhet, *The Command of the Air*, Dino Ferrari, 1942, p.70: 위의 책, pp.368~369 참조.

3. 모택동(毛澤東, 1893~1976년)

* 1949년 중화인민공화국 수립(중국 국가주석: 1949~1959년), "무기는 전쟁의 중요한 요소이기는 하나 결정적인 요소는 아니다. 결정적인 요소는 인간이지 물질은 아니다."
* 인민전쟁전략: 敵進我退 敵駐我擾 敵彼我打 敵退我追
- '인민전쟁전략' 핵심 개념: 지구전과 유격전
* 지구전전략:
- 1단계: 전략적 방어, 2단계: 전략적 대치, 3단계: 전략적 공격
* 유격전 전략:
- 조건: 적 强, 아 弱, 자기 보존, 적 소멸

1) 생애 및 시대적 배경

모택동은 1893년 호남성(湖南省)의 한 중농가에서 모안생(毛安生)의 3남 1녀 중 장남으로 태어났다. 모택동의 모친은 온화한 성품의 여성이었으나 그의 부친은 완고하며 잔인한 성품의 소유자여서 부자간에 갈등이 그칠 날이 없었으며 이에 따라 모택동에게는 어린 시절부터 반항적인 기질이 싹트게 되었다. 모택동의 증언에 의하면 서당을 퇴학(13세)하고 농사에 종사하던 중 일본이 조선과 대만을 점령하고 인도차이나, 미얀마 등에 대한 중국의 종주권을 상실했으며 중국마저 분할되고 있음을 개탄한 내용의 팸플릿을 읽고 중국이 처한 민족적 위기에 대해서 처음으로 알게 되었다고 한다.[116]

아버지의 반대를 무릅쓰고 신학문 수학을 위해 동산소학교(東山小學校)에 입학(15세)한 모택동은 자연과학과 서양사정에 대해서 배우면서 숙삼(蕭三)이라는 친구로부터 워싱턴(Washington), 나폴레옹(Napoleon), 피터(Peter) 대제 등의 전기를 빌려 읽고 부국강병의 필요성을 역설했다고 한다. 동산소학교에서 1년여 수학한 모택동은 1911년(17세) 장사(長沙) 소재 성립상향중학교(省立湘鄉中學校)에 입학하였다. 여기에서 민입보(民立報: 혁명동맹회 기관지)라는 신문을 통해 손문·동맹회·삼민주의에 대해서 알게 되고 반만(反滿)사상에 기울게 되었다. 혁명운동에 관심을 갖기 시작한 모택동은 신해혁명(1911.10.10.)이 터지자 혁명군에 가담했으나 청제(淸帝) 퇴위 후 혁명의 주도권이 군벌세력(원세개)에 넘어간 것을 보고 국민혁명과 손문에 대한 기대를 버리고 1912년 3월 혁명군에서 빠져나왔다고 한다.[117]

---

116) 김상협, 『모택동 사상』(서울: 지문각, 1867), p.14.
117) 위의 책, pp.19~20.

혁명군에서 나온 모택동은 호남성립사범학교에 입학하게 될 때까지(1913년, 19세) 공립고등상업학교(1개월), 성립제일중학교(6개월)를 자퇴하고 장사 시내 호남도서관에 다니면서 독학을 시작했다. 6개월여에 걸친 독한기간 동안에 처음으로 세계지도를 보았고, 지리·역사관관계 서적과 『국부론』, 『종의 기원』, 『자유론』, 『법의 정신』 등 중국어 번역본을 많이 읽었다고 한다. 1913년 봄 호남제일사범학교에 입학한 모택동은 여기에서 5년여를 보내고 1918년 봄 졸업을 했다. 제일사범시절을 통해 모택동에게 큰 영향을 미친 교수는 윤리및 논리학·심리학·철학을 강의한 양창제(楊昌濟)였다. 양 교수의 강의를 들으면서 철학사상에 대한 서적들을 탐독하는 한편, 양창제의 소개로 『신청년』지(1915년 창간)를 읽기 시작했다. 신문화 운동에 적극성을 띠는 한편 모택동은 장사에 세워진 '선산학사'(1915년)에 자주 출입하면서 왕부지(1619~1692년)의 역학에 대한 강의를 듣고 왕부지의 역학이론 소개서인 『선산학보』도 탐독하였다. '선산학사'의 설립 목적이 호남 출신 학자의 사상을 보급시키는 데 있었지만 원세개의 정치적 야심이 드러나면서부터는 반원운동의 중심역할을 했다는 점에서 모택동의 '선산학사' 출입은 실천 면에서 큰 영향을 끼쳤다고 할 수 있을 것이다.

1918년 봄 호남제일사범을 졸업한 모택동은 신민학회 회원들과 함께 프랑스 유학을 계획하여 북경으로 갔으나 중도에 포기하고 북경대학 교수로 옮겨 간 양창제의 알선으로 북경대학도서관 조수로 취직을 하게 되었다. 모택동의 북경대학 재직기간은 3개월에 불과했지만 신문화운동의 주역들이자 5·4운동의 지도자들인 된 저명 교수들을 좀 더 가까이서 접촉할 수 있었다는 점에서 모택동의 사상적 발전에 중대한 영향을 미친 시기였다고 할 것이다. 해외유학을 포기한 모택동은 1919년 3월 유학생들을 전송하기 위해 상해에 들러 그 길로 장사로 돌아왔다. 경제 면에서는 어려운 북경 생활이었지만 사상 면에서는 진독수·이대교 등으로부터 깊은 인상을 받음으로써 수확이 컸다. 장사로 돌아온 모택동은 신민학회를 재정비하면서 『신민학회통심(新民學會通訊)』이란 잡지를 발간하여 북경에서 얻은 지식과 사상을 보급하고 있었다.

1920년 2월 두 번째 북경에 간 모택동은 중국어로 번역된 『공산당선언』, 카우츠키의 『계급투쟁론』, 키루쿱의 『사회주의사』 등 마르크스주의 서적을 읽고 4월에는 진독수와의 토론을 위해 상해로 찾아가 그와의 토론 끝에 깊은 감명을 받고 마르크스주의자가 되었다. 1920년 5월 진독수를 중심으로 '마르크스주의 연구회'가 생긴 뒤 호남분회의 책임자가 된 모택동은 7월에 장사로 돌아와 호남제일사범부속 소학교 교장과 '러시아문제 연구회',

'마르크스주의 연구회', '사회주의 청년단' 등을 조직하는 한편 서점을 경영하면서 마르크스주의 사상을 전파하기 시작했다.

1924년 국공합작(國共合作)이 되자 공산당 중앙위원, 국민당 제1기 후보, 중앙집행위원, 선전부장 대리, 중앙농민운동 강습소장, 정치주보 사장 등을 겸임하였다. 국공합작 초기에 모택동은 적극적으로 국민당과 협조하였다. 왜냐하면 모택동은 국민당도 중국의 위엄과 독립을 되찾고 중국을 근대화된 국가로 개혁하려는 것을 기본목표로 하고 있다고 믿고 있었기 때문이었다. 그러나 모택동이 국민당과 협조했다는 사실이 마르크스주의를 포기한 것을 의미하지는 않는다.

국공합작에 적극성을 보이는 모택동에 대해서 당내 일부에서 비판논의가 일자 모택동은 1924년 말부터 2년여 동안 중앙정치무대에서 잠적하는 대신 호남성 내의 농민조직활동에 주력하였다. 1925년 10월 국민당이 세운 중앙농민운동 강습소 교장 취임을 계기로 다시 중앙정치무대에 복귀한 모택동은 1926년 초 두 편의 논문을 통해 중국혁명과 관련하여 계급문제를 본격적으로 거론하기 시작했다. 1926년 장개석(蔣介石)의 숙청으로 상하이에 갔다가 1927년 무한(武漢)으로 가서 중국공산당 중앙농민부장이 되었고 국공분열(國共分裂) 뒤 농홍군(農紅軍) 3,000명을 조직하여 정강산(井岡山)에 들어가 근거지로 삼고 주덕(朱德)의 군대와 합류하였다.

서안사건(西安事件)을 거쳐 국공합작에 성공하자 항일(抗日)민족통일전선을 수립하고 홍군을 국민혁명 제8로군으로 개편하여 일본군에 대항하였다. 장개석의 상해 쿠데타(1927.4.)로 국공합작이 종결되고 난 뒤 호남농민 추수폭동(1927. 가을)이 실패하자 모택동은 당직(정치국 후보위원, 호남성 당제일서기)을 박탈당하고 정강산으로 들어가 이론 전개보다는 농민단체를 조직하고 홍군을 편성함으로써 실천에 치중하였다.

정강산에 들어간 모택동은 농민조직을 통해 홍군을 강화하고 있었지만, 추종자들 사이에서는 공산혁명의 장래에 대한 비관론이 팽배해져 가고 있었다.[118] 정강산의 지형과 지세도 비관론을 배태시킨 원인으로 거론될 수 있지만, 보다 근본적인 원인은 장개석을 중심으로 한 국민당 우파의 반공정책으로 공산당 조직이 도처에서 붕괴되거나 손상되어 가고 있었던 데 있다고 할 수 있다. 이듬해 공농홍군(工農紅軍) 정치위원이 되었고 1930년 홍군 제1방면군 군사위원, 중국 공농혁명위원회 주석에 올랐다. 1931년 강서성(江西省) 서금

---

118) 모택동, 「중국 혁명전쟁적 전략문제」, 『모택동 선집』 제1권(북경: 인민출판사, 1969), p.172.

(瑞金)의 중화 소비에트정부 중앙집행위원회 주석이 되었고, 그 인민위원회 주석으로 뽑혔다. 1934년 10월 서금에서 섬서성(陝西省) 연안까지의 1만 2,500km에 이르는 대서천(大西遷), 즉 대장정(大長征)을 시작하였으며, 1935년 도중에 귀주성 준의(遵義)회의에서 당 지도권을 장악하였다.

모택동 하면 2만 5,000리 대장정과 장정 도중의 준의회의를 생각하게 된다. 대장정이 중공당의 운명을 역전시킨 결정적 모험이었다면 준의회의는 모택동의 운명을 새롭게 가동시킨 전환점이라 할 수 있다. 중공당과 모택동이 운명을 같이하기 시작한 것이 바로 이 때부터이다. 정강산은 그러한 운명의 일치를 이루기 위해 꼭 있어야 했던 모택동 혁명의 전초기지였다. 중국공산당 내에서 모택동의 반식민지론과 이에 입각한 혁명전략·전술이 주목을 받기 시작한 것은 장개석의 소공작전이 적극성을 띰으로써 장정이 불가피해진 상황에서였다. 더구나 1935년 일본의 관동군이 차하르를 점령하고 북경을 위협하면서 중국에 대한 침략정책을 노골화하자 모택동의 전략·전술논의의 중국혁명에 대한 타당성이 인정되기 시작함으로써 1935년 1월 준의회의에서 모택동이 군사위원회 주석이 될 수 있게 되었다.

이후 모택동의 반식민지론은 중국혁명에 있어 주요한 전략개념들의 출발점이 되었다. 모택동은 연안시대 이전에 비해 독서할 수 있는 시간 여유가 생기자 마르크스주의 철학에 관해 소련에서 나온 책들의 번역본을 읽기 시작했고 1937년에는 이에 근거하여 연안의 항전대학에서 '실천론', '모순론'에 대한 강의를 개시했다. 모택동은 중국의 농업사회적 특성을 중시했고 따라서 혁명도 이러한 특성을 이용하여야만 한다는 것을 30년대 초반에 이미 강조해 왔다. 따라서 시기와 장소에 따라서 혁명의 상황이 구별되어야 하며 그 해결방법도 상이한 것이어야 한다는 주장은 소련식의 혁명노선을 거부하는 입장의 표현이라고 할 수 있으며, 동시에 그것은 적과 동지를 구별하는 데 있어서 시기와 장소에 따라 그 기준이 달라져야 한다는 명제라고도 할 수 있을 것이다.

그리고 「지구전론」(持久戰論, 1938), 「신단계론」(新段階論, 1938), 「신민주주의론」(1940)을 발표하였는데 마지막 것은 중국공산당 강령으로 채택되었다. 1945년 4월 중앙 제7차 전국대표대회에서 정치보고로 연합정부론을 발표하였고 중앙위원회 주석이 되었다. 전쟁이 끝난 뒤인 1945년 8월 중경(重慶)에서 장개석과 회담하여 화평건국의 제 원칙에 합의하였으나 실행이 불가능하게 되자 1946~1948년 내전을 벌여 승리하였다.

1949년 10월 1일 중화인민공화국 정부를 베이징에 세우고 국가주석 및 혁명군사위원회

주석으로 뽑혔다. 1949년 12월 소련을 방문하여 1950년 2월 중·소우호동맹호조조약과 기타 협정을 맺었다. 1957년 반우파 투쟁과정에서 '인민 내부의 모순을 바로잡는 문제에 대하여'를 발표하였고, 1958년 제2차 5개년계획의 개시와 더불어 '총노선', '대약진', '인민공사' 등 이른바 3면홍기(三面紅旗)운동을 폈다. 1959년 4월 국가주석을 사임하고 죽을 때까지 당주석으로만 있었다. 1964년 4월 『모택동어록』(毛澤東語錄)을 간행시켰고 1965년 10월 이후에는 당내에서 완전 고립되어 연금 상태에 있었으나 문화대혁명을 지휘하였으며 1960년 이후의 중·소 논쟁과 문화대혁명 기간을 통하여 '모택동사상'을 높이 내걸었다.

1968년 10월, 1959년부터 국가주석으로 있던 유소기(劉少奇)를 실각시켰다. 1969년 모택동-임표(林彪) 체제가 확립되는 듯하였으나 1971년 9월 린뱌오는 반(反)모택동운동에 실패하여 죽었다. 1970년 헌법수정초안을 채택하여 1인 체제를 확립하고 중국 최고지도자로 군림하였다. 그러나 그가 사망하기 직전인 1976년 4월 대중 반란이라고도 할 천안문사건(天安門事件)이 일어나 위대한 영웅·독재자 모택동은 완전히 고립된 채 죽음을 맞이하였다.

그의 전 생애를 살펴볼 때 중국의 독립과 주권을 회복하고 중국을 통일하여 외세에 의해 국토를 유린당한 중국민들의 굴욕감을 씻어 주며 관료제도를 견제하고 대중의 정치참여를 유지하여 중국의 자립을 강조한 그의 목표는 칭송할 만한 것이었으나 2가지 개혁정책인 대약진운동과 문화대혁명은 잘못된 것이었다. 그는 타고난 반항아였다. 집에서 맺어 준 정혼대상을 끝까지 거부했고 아버지와 싸우고 집을 나왔다. 억압과 착취엔 무조건적으로 반항하고 파괴하려는 욕구가 강했다. '반대하는 데에는 반드시 이유가 있다'는 조반유리(造反有理)는 모택동이 일과성으로 써먹기 위해 내건 전술적 차원의 표어라기보다는 그의 일생을 관통해 그를 지배한 하나의 이데올로기였다.

2) 모택동의 전략사상

모택동은 손자병법, 무경칠서를 포함한 고대 중국사상, 마르크스-레닌, 클라우제비츠의 영향을 받았다. 모택동은 위 전략사상가의 이론을 그대로 답습한 것이 아니라 중국의 특색과 당시 상황에 맞게 본인의 전략사상을 특색화·체계화하였다.[119] 모택동은 외국의 군사원칙을 그대로 형식과 내용의 변경 없이 사용한다면 '발을 깎아 신발에 맞추는 것'이라고 하면서 과거의 유혈적 경험은 존중되어야 하지만 '우리의 유혈적 경험과 중국 혁명

---

119) 필검횡 저, 이철승 역, 『모택동 사상과 중국철학』(서울: 예문서원, 2000), pp.5~12.

전쟁의 경험'이 더욱 존중되어야 한다[120]는 점을 강조했다.

중국혁명 당시 중국공산당은 소련의 지원과 국민당 및 일본군으로부터 노획한 무기에 의존하여 전력을 확보하였다. 그러나 이 무기들은 상당히 낙후된 것들이었다. 그런데 이렇게 낙후된 무기로 그들은 많은 전투에서 승리하였다. 따라서 중국 지도부들에게 모든 문제해결의 중요한 관건은 인간에게 있다는 의식이 강하게 자리 잡게 되었다. 이러한 인간의 정신을 중시하는 의식은 중국의 군사전략에 반영되어 군의 혁명화라는 목표를 수립하게 되었다.[121] 중국은 다른 나라와는 달리 국가보다 당과 군이 먼저 창설되었다(국가: 1949년, 당: 1927년). 즉 국가의 군대이기 전에 군은 당의 군대이며 중국의 주권수호, 외부 침략 저지 이외에 국내안정 임무까지 수행하고 있다.

모택동은 중국 고대병법서를 깊이 있게 연구하고 자신의 군사사상에서 비판적으로 계승 발전시켰다. 그는 대장정 도중에도 손자병법을 휴대하고 탐독하며, 주변 사람들에게도 적극 권장[122]했다. 젊은 시절 북경도서관 서기로 근무하면서 악비전, 삼국지, 수호지 등 중국의 고전과 노자, 장자 등의 고대철학과 무경칠서를 포함한 병법서에 심취하게 되었다. 처음 군에 입대하여 봉급 7원 중 5원을 도서구입에 투자할 정도로 독서광이었던 모택동은 중국의 고대병법을 책으로 터득하고 실전에서 적용하여 당시 공산군을 위한 최적의 전략을 만들어 낸 것이다. 모택동은 "중국 혁명전쟁의 전략문제"나 "지구전을 논함"에 있어서 손자병법의 구절을 많이 인용했을 뿐만 아니라, 서양의 전략과 연계하여 실전에서 그 전략을 검증한 바 있다. 손자의 싸우지 않고 이기는 전쟁(不戰而屈人之兵, 善之善者也)[123]은 모택동 전략의 중심철학을 이루고 있다. 특히 지구전과 기만전술에 큰 영향을 미쳤다. 적의 강한 곳은 피하고 약한 곳을 공격하라(避實而擊虛),[124] 인민과 당지도부가 한마음이 되어야 승리한다(上下同欲者, 勝)[125]를 비롯한 지식은 모택동의 전쟁이론에 구체적으로 채용되었다.

모택동은 중국 고대 병법서의 모순전화사상, 특히 약함으로 강함을 이긴다는 손자병법

---

120) 지영철, 「모택동 군사사상에 대한 고찰」(석사학위논문, 국방대, 1997), p.6.

121) 오규열, 『중국군사론』(서울: 지영사, 2000), pp.28~29.

122) 에드가 스노우 저, 홍수원 외 역, 『중국의 붉은 별』(서울: 두레출판, 2002), pp.189~237.

123) 손자병법 3편 謀攻에서 백전백승이 가장 좋은 것이 아니고, 싸우지 않고 이기는 것을 으뜸으로 친다고 하였다. 손자 저, 김광수 역, 『孫子兵法』(서울: 책세상, 1999), p.89.

124) 손자병법 6편 虛實에서 용병은 물과 같아서 높은 곳을 피하여 낮은 곳으로 흐르듯이 강점을 피하고 약한 곳을 쳐야 한다고 하였다. 전게서, p.208.

125) 손자병법 3편 謀攻에서 상하가 하나의 마음이 되면 승리한다고 하였다. 앞의 책, p.105.

과 도덕경의 모순전화사상을 매우 중시하고 비판적으로 흡수하였다.[126) 모택동은 전통에 대한 파괴를 필요하다고 여겼지만 어린 시절에 중국고전인 삼국지, 수호지 등을 탐독하면서 충분하게 전통으로 배울 줄도 알았다.[127) 그는 1938년 "지구전을 논함"에서 다음과 같이 지적하였다. "우리는 전쟁이 어떤 사회현상보다도 판단하기 어렵고 확실성이 적다는 것, 즉 개연성에 머무른다는 것을 인정해야 한다. 그러나 전쟁은 신비한 영역이 아니라 여전히 세상에서 진행되는 필연적인 운동일 뿐이다. 이 때문에 적을 알고 나를 알면 백번 싸워도 위태롭지 않다는 손자의 법칙에는 과학적 진리가 들어 있다."[128) 여기서 모택동은 특히 전쟁이 우연적 특징이 있는 사회 현상이라 하더라도 그것은 여전히 객관적이고 필연적인 운동으로서 자체의 법칙이 있을 뿐 아니라 그 법칙을 파악할 수 있다고 강조하였다.

토지혁명전쟁시기의 홍군, 항일전쟁시기의 팔로군과 신사군, 국공내전시기의 인민해방군, 한국전쟁시기의 중국 인민지원군은 물론 당시 백군, 일본군, 국민당군대, 미국과 대적하는 중국군은 군대의 병력과 장비 면에서 열세임은 물론이거니와 시작할 때의 역량 또한 큰 차이가 있었다. 그러나 "모택동은 중국 혁명전쟁의 전략문제"에서 전략(戰略)이란 1로서 10을 이기고, 전술(戰術)이란 10으로서 1을 이기는 것이라 주장하고 또 이를 실천한 바 있다. 이 또한 손자병법 허실 편의 분석에서 비롯되었다고 할 수 있겠다.

또한 모택동은 적군과 아군의 역량의 강약을 변화시켜 아군에게 유리한 전화를 발생하게 하려면 또한 적군의 약한 부분을 공격하는 것이 필요하다며 다음과 같이 지적하였다. "강한 군대의 작전에 대응하는 약한 군대가 갖추어야 할 또 하나의 필요조건은 약한 부분을 골라서 치는 것이다."[129) 이는 손자병법에서 말하는 사기가 충천할 때를 피하고 나태한 적을 공격하라(避其銳氣, 擊其惰歸[130))와 일맥상통한다. 방어의 강함은 클라우제비츠가 그의 저서 전쟁론을 통해 일관성 있게 제기하고 있는 주장이지만 역사적으로 중국의 많은 전략사상가들도 그와 직접, 간접적으로 유사한 견해를 보여주고 있다. 손자는 방어의 강함을 "무릇 전쟁터에서 먼저 자리를 잡고 적을 기다리는 군대는 편안하고 뒤늦게 싸움터에 달려가는 군대는 피로하다. 따라서 유능한 지휘자는 자신이 원하는 장소에서 적을

---

126) 필검횡 저, 이철승 역, 『모택동 사상과 중국철학』(서울: 예문서원, 2000), p.264.
127) 담창림 저, 민두기 역, 『중국현대 정치사상사』(서울: 지식산업사, 1977), p.263.
128) 김정계 외, 『모택동의 군사전략』(대구: 중문출판, 1993), pp.174~199.
129) 위의 책, pp.145~152.
130) 손자병법 7편 軍爭에서 용병을 잘하는 사람은 적의 사기가 왕성할 때는 공격을 피하고, 나태해진 적을 공격하라고 하였다. 김광수, 상계서, p.241.

맞아 싸우되 적이 원하는 장소로 끌려가지 않는다"[131]라고 강조한 바 있다.

위와 같이 모택동은 끊임없는 독서와 다른 전략사상가들의 이론을 많은 전투를 통해 적용하여 그만의 사상인 인민전쟁 전략사상과 적극방어 전략사상을 수립하게 된 것이다. 앞에서 살펴본 바와 같이 모택동의 전략사상은 지구전(持久戰) 전략과 유격전(遊擊戰) 전략으로 대별할 수 있다.

(1) 지구전 전략

모택동은 전쟁을 결전전쟁과 지구전쟁으로 대별하였다. 무력 이외의 수단을 병용하여 전쟁목적을 달성한다는 것이 협의의 지구전략이며, 결전전쟁에 있어서 단기결전, 즉 속전속결이 아니라 국력의 회복, 동맹국의 개입 등을 꾀하여 전력을 보강시켜 결전에 임함으로써 자연히 전쟁의 장기화를 가져오는 경우 광의의 지구전쟁이라 하였다. 일반적으로 지구전쟁이란 광의의 것을 말하며 모택동 전략사상의 특징 중 하나는 지구전략사상이다. 모택동은 지구전략론을 항일유격전쟁 시에 체계화하여 "지구전론"이라는 논문을 발표하였다. 그러나 그가 지구전쟁을 전략문제로서 생각한 것은 국내혁명전쟁시기까지 언급하였다. 즉 이 시기에 있어서의 지구전략사상을 계속 발전시켜 항일유격전쟁시기에 이론적으로 확립시켰다. 모택동은 "중국혁명의 전략문제"에서 중국혁명전쟁의 특징으로 적이 강한 데 반하여 아군(我軍)은 약소하기 때문에 아군이 급속하게 발전할 수 없으며 또한 조속한 시일 내에 승리할 수 없음으로써 전쟁은 지구적이라고 말하였다.[132]

모택동은 이러한 지구전략이 3단계의 전략적 과정을 거쳐 진행되며 궁극적으로 중공이 승리를 획득할 것이라고 확신하였다. 제1단계는 적의 전략적 공격과 아군의 전략적 방어단계이며, 제2단계는 적의 전략적 수세와 아군의 공격준비 단계인 전략적 대치단계이고, 제3단계는 아군의 전략적 공격과 적의 전략적 퇴각단계이다.[133]

모택동의 지구전략론은 아군과 일본 간의 전체적 세력관계와 그 변화과정의 전 조건에 의해서 규정된다는 논리에서 도출되었다. 즉 모택동은 "전쟁은 힘의 전쟁이다. 힘은 전쟁수행과정에서 그 본래의 형태를 변화시킨다"고 이 내용을 요약하고 있다. 모택동 전략론

---

131) 김광수, 앞의 책, p.185.

132) 항일전쟁의 경우에 있어서도 항일전쟁 전체에 있어 일본침략세력은 강력하고 공격적인 데 반하여, 아군(我軍)은 약소하고 방어적이기 때문에 전쟁은 기구적일 수밖에 없다고 보았다. 모택동, 「중국 혁명전쟁적 전략문제」, 『모택동 선집』 제2권(북경: 인민출판사, 1969), pp.75~79.

133) 모택동, 「중국 혁명전쟁적 전략문제」, 『모택동 선집』 제2권(북경: 인민출판사, 1969), pp.240~252.

의 저변에는 전쟁이란 단순히 군대 상호 간의 힘의 투쟁일 뿐만 아니라 전쟁당사자 간의 전체 역량을 경주하는 힘의 투쟁이라는 인식이 깔려 있다. 그러나 모택동은 이 역량의 1차적인 원천은 '인간'임을 강조하고 군사력이나 경제력, 무기는 아니라고 다음과 같이 말하였다. "무기는 전쟁의 중요한 요소이기는 하나 결정적인 요소가 아니며 결정적인 요소는 물질이 아니고 인간이다. 역량의 대비는 군사력 및 경제력의 대비일 뿐만 아니라 인력 및 인심의 대비이기도 하다. 군사력과 경제력은 인간이 장악하는 것이다."

모택동의 지구전략론은 단순한 지구전략론이 아니며 포위, 지구전 전략이라 할 수 있다. 그의 대전략은 포위전략이며 이것은 혁명기간의 관점에서 파악했을 때 지구전략론이라는 개념이 제기되었다. 모택동이 아군의 초기의 성과와 5차에 걸친 국부군에 의한 포위, 섬멸에 대한 승리에서 얻은 교훈인 혁명에서 경험을 토대로 농촌에 의한 도시의 포위전략과 지구전략론을 체계화하였던 것이다. 모택동의 지구전략론에서의 특징은 첫째, 지구와 결전의 관계를 명백히 하였다는 사실이다. 모택동은 전역에 있어서의 지구전과 전략에서의 속결전에 반대하고 전략에서의 지구전과 전역에서의 속결전을 인정해야 한다는 것을 주장[134]함으로써 '전략지구ㆍ전술결전' 사상을 제시하였다.

또한 그는 국내 혁명전쟁 수행과정에서 전략방어의 일환으로 '속결전'문제를 중요시하였다. 지구와 속결과의 원칙에 관하여 전략적 지구전과 전역 및 전투에서의 속결전은 한 사상의 두 측면으로서 국내혁명전쟁에 있어서 동시에 존중되어야 할 원칙이며 이것은 또한 항일전쟁에도 적용되는 원칙임을 밝히고 있다. 특히 중국에 있어서의 전쟁은 지구전쟁이어야 하며 또 그럴 수밖에 없다는 것을 모택동이 제시했다 함은 이미 언급한 바와 같이 지구전략방침하에 전역과 전투에서의 속전속결원칙을 채택해야 할 이유는 동서고금의 전투가 그것을 입증하고 있는 것이라고 모택동은 강조하고 있다. 그러나 모택동은 확실성이 있는 모든 전역과 전투에서는 단호히 결전을 감행해야 하지만 확실성이 없는 전역과 전투에서는 결전을 회피해야 하며 국운을 좌우하는 전략결전은 근본적으로 회피해야 할 것을 강조하였다. 비록 정세가 유리하더라도 전략결전을 감행해서는 안 된다고 주장하였다. 즉 전술결전은 하지만 전략결전을 해서는 안 되며 확실성 있는 전술결전은 하지만 확실성이 없을 경우에는 그것마저도 피해야 한다는 것이다.[135]

모택동은 군사목적인 '자기보존과 적소멸'이 가장 중요한 것이었다. 따라서 토지를 보

134) 모택동, 「중국 혁명전쟁적 전략문제」, 『모택동 선집』 제3권(북경: 인민출판사, 1969), p.271.
135) 위의 책, pp.304, 308.

존할 전략을 택할 것인가, 아니면 군사력을 보존할 전략을 택할 것인가 하는 양자택일의 문제에 직면하였을 경우 서슴지 않고 토지를 포기하고 군사력을 보존하는 전략을 택해야 한다고 주장하였다. 즉 토지를 포기하는 것도 모택동 지구전략론의 일환인 것이다. 모택동은 지구전략은 결전에서 필승하기 위한 조건의 확립을 목적으로 하는 것이라고 볼 수 있다. 즉 광대한 토지를 시간과 바꾸어 시간을 획득함으로써 적을 피로하게 하는 한편, 아군의 전력을 강화하고 충실화하여 결전에 있어 승리를 획득한다는 전략사상이며 이것은 적의 소멸, 섬멸전 전략으로서 클라우제비츠의 전략사상과 다를 바 없다는 입장이다.

(2) 유격전 전략

모택동의 유격전략은 일반적으로 게릴라 전략으로 통용되고 있다. 그러나 엄밀한 의미에서 보면 게릴라전, 빨치산전(Partisan Warfare) 및 유격전이라는 용어는 각기 이것이 사용되게 된 공간, 시간, 주체 그리고 대상에 있어서 차이가 있다. 그럼에도 불구하고 오늘날 이러한 특수성이 배제되고 공산주의자들의 인민전쟁을 위한 하나의 전략적 수단으로 체계화되고 활용되게 된 것은 모택동의 공헌이었다고 해도 지나친 말은 아닐 것이다.

유격전은 중국어로서 그 구체적인 어원은 명백하지 않으나 1927년 이후 국공 내전과 항일전쟁 과정에서 중국공산당이 그들의 해방지역에서 사용하면서부터 일반적으로 사용되었다고 할 수 있다. 그 후 이 유격전을 모택동은 중국대륙을 적화하기 위한 인민전쟁의 중요한 하나의 전략으로 발전시켰던 것이다. 유격전은 문자 그대로 타격도주(Hit and Run)하는 용병적전을 의미한다.

군사적 견지에서 본다면 게릴라전은 정규군의 전투가 아니며 비정규군 또는 대중 및 민병들이 침략군에게 감행하는 전투행이다. 그러나 모택동은 이러한 전술적 차원의 게릴라전(이후 유격전이라 칭함)을 전략적 차원으로까지 끌어올려 놓았던 것이다. 즉 모택동은 유격전을 전쟁의 한 형태, 한 단계로 규정하고 이 형태는 독립적인 것이 아니며 또한 이 단계는 정지하고 있는 것도 아니고 끊임없이 발전하는 것으로 보았다. 모택동의 유격전략론은 혁명전쟁을 위한 무력투쟁이라든가 기타 투쟁(심리전, 대중운동 등의 정치적 투쟁)을 상호 결합시킨 복합적인 것이다. 모택동은 이미 말한 바 있듯이 전쟁에 있어서의 군사목적인 자기보존과 적 소멸을 전제로 지구전쟁사상에 입각하여 3단계론을 제시하였다. 그러나 이 3단계는 크게 대별하면 전략적 방어와 전략적 공격으로써 전자는 주로 유격전쟁이며 후자는 정규전쟁임을 강조하였다. 즉 전쟁에 있어서 정규전쟁을 수행하고 있는 가운데서의 보조적 역할을 하는 유격전쟁이 아니라 정규전쟁으로 이행하는 하나의 전략적 단계로서 유격전쟁을 평가했던 것이다.

　이러한 전략적 방어단계에 있어서의 유격전의 특징은 첫째 원칙인 주동성, 탄력성 및 계획성이란 구체적으로 무엇을 말하는 것일까? 유격전쟁에 있어서의 주동성문제는 매우 중요한 것이다. 주동성은 군대행동의 자유를 의미하는 것으로써 이것을 상실하면 소멸되거나 그럴 위험성에 빠지게 되기 때문이다. 따라서 모택동은 이 주도권 장악의 필요성을 강조하고 그 구체적인 방법으로 다음과 같은 것을 열거하였다. ① 적의 약점을 찌를 것, ② 정확한 상황판단과 이에 입각한 적절하고 신속한 군사적 정치적 조치를 취할 것, ③ 판단과 조치에 오류를 범했다든가 불가항력적인 압력에 의하여 수동적 위치에 놓일 경우에는 현 위치에서 탈주해야 하는 것을 비롯하여 환경에 따른 최대의 노력으로 그 수동적 위치에서 벗어날 것, ④ 적이 유리하고 유격대가 불리한 경우 적이 선택한 시간과 장소에서의 전투를 유격대는 고의적으로 회피하며, 역으로 유격대가 유리하고 적이 불리한 경우에는 유격대가 선택한 시간과 장소에서 적으로 하여금 전투를 피하지 못하도록 함으로써 유격대가 적을 지휘하는 결과가 되도록 유도할 것, ⑤ 양동작전, 점의 포위, 원근에 대한 공격 및 고의적 퇴각에 의한 유인 등으로 적으로 하여금 오판케 하여 그들 약점 노출을 조성시키도록 노력할 것이나 이 경우에 있어서 중요한 요소는 신중성, 치밀성, 인내성 등이 요구된다. ⑥ 특히 적이 불안하거나 행동 중에 있으면 기습공격을 감행할 것 등이다.[136] 계획성의 문제에 관하여 모택동은 유격대에 있어서 승리의 한 요소임을 강조하면서도 이 계획성을 정규전쟁의 경우가 고도의 것이고, 유격전의 경우는 고도의 것이 되어서는 안 되며 오히려 고도의 세밀한 계획을 작성하면 과오를 범할 우려가 있음을 지적하였다.[137] 모택동은 이 주동성, 탄력성 및 계획성에 관하여 총괄적으로 말하기를 유격전쟁의 전략원칙의 가장 중심적인 문제이며 이러한 문제들이 해결된다면 유격전쟁의 승리는 틀림없이 보장된다고 믿었던 것이다.

　둘째 원칙은 정규전과의 호응이다. 모택동은 유격전과 정규전의 상호관계를 전략적·전역적 및 전투적인 것 세 가지로 구별하고 적의 후방에서 적을 약화시키고 견제시키며, 그 병참선을 방해하며 또 대중의 저항운동을 격려하는 것 등은 모두 전략적으로 정규전

---

136) 모택동, 「중국 혁명전쟁적 전략문제」, 『모택동 선집』 제3권(북경: 인민출판사, 1969), pp.280~287.

137) 모택동, 「중국 혁명전쟁적 전략문제」, 『모택동 선집』 제2권(북경: 인민출판사, 1969), p.288.

에 호응하는 것이라고 말하였다.[138] 셋째는 근거지 문제로서 모택동이 매우 중요시한 것이다. 그는 근거지를 유격대가 전략적 임무를 수행하여 자기를 보존하며 적을 소멸하고 세력을 구축하는 전략적 기지라고 정의하였다. 넷째, 전략적 원칙인 전략적 방어와 전략적 공격에 관해서는 지구전략론에서 이미 언급한 바와 같이 전략적 방어는 적이 공격을 취하고 아군이 방어를 취할 경우에 있어서의 전략적 방침이었고 이것과 반대의 경우 전략적 방침이 전략적 공격이다.

다섯째, 운동전으로 발전에 관한 것이다. 모택동은 항일유격전쟁이 장기화함에 따라 유격대가 필요한 훈련과 전투경험을 쌓아서 점차적으로 정규부대화하고 그 작전방침도 정규화하여 유격전을 운동전으로 전환시켜야 한다고 말했다. 끝으로 지휘관계에 관한 전략적 원칙이다. 지휘관계는 순조롭게 발전시키는 조건이다. 그리고 유격전의 지휘방법은 유격대가 저급의 무장조직이기 때문에 분사주의를 그 특성으로 하므로 정규전의 지휘방법처럼 고도의 집중주의는 적합하지 않다는 것이다. 따라서 유격대와 정규군의 유기적인 관련을 위해서는 유격전의 지휘원칙은 절대적인 집중주의와 분산주의에 다 같이 반대해야 하며 전략적으로 집중주의 그리고 전술적으로 분산주의를 취해야 한다는 것이다.[139]

모택동의 유격전략은 혁명적 게릴라전이라고 불리게 되었다. 또한 중국 유격전의 특징은 후방이 없는 전쟁이라는 데 있으며, 또한 민중의 조직과 동시에 근거지의 조직이었다. 유격전략은 유격전에 있어서는 전선이 형성되지 않음은 물론 근거지가 발전하여 기동전이 큰 비중을 차지하게 되더라도 고정된 전선이 있을 수 없다. 유격전은 '전략적으로 하나를 가지고 열에 대항하는 것'이 원칙이므로 반공격의 최후단계를 제외하고서는 병력, 무기에 있어서 압도적으로 적이 우세한 것이 상례이다. 이런 적과 싸우기 위해서 구상된 것이 유격전전법이었던 것이다.

따라서 모택동의 유격전 전략은 근본적으로 정치 심리전을 강조하고 있는데 모택동이 승리할 수 있었던 요인 중의 하나도 "장개석의 국부군은 부패해서 안 되겠다"라는 심리전을 구사한 것이 그 좋은 예이다. 그리고 모택동의 전략을 제3형태의 혁명전략이라고 한다. 그것은 마르크스·엥겔스의 '사회혁명론'이나 레닌·스탈린의 '볼셰비키혁명론'과 다르다고 보기 때문이다. 모택동전략이 다른 이유는 약자의 입장에서 공산주의 이념을 추구는 했으나 그때의 중국은 시공간적으로 특수한 환경으로서 그의 전략·전술이 특수 형태로

---

138) 위의 책, p.172.
139) 위의 책, pp.199~202.

될 수밖에 없었기 때문이다.

그러나 그도 본질적으로 공산주의자들 전통에서 이탈한 것은 아니다. 첫째, 그것은 약자의 강자 정복형이고, 둘째, 통일전선 원리에 입각한 것이며, 셋째, 정치 심리전적 내용으로 충만되어 있다. 그러나 모택동전략의 다른 점은 첫째, 농촌에서 도시를 포위하는 전략이며, 둘째, 게릴라전을 기본 형태로 한다는 것이며, 셋째, 게릴라전이 전술의 수준이 아니라 전략의 수준으로 높였다는 것이다.

제2부
국가안보와 전쟁, 그리고 군사사상이란?

- 제4장 국가안보
- 제5장 전쟁
- 제6장 군사사상과 전략사상의 발전

제4장 국가안보

제1절 국가안보의 개념과 정의

국가안보(國家安保: National Security)의 개념[1]은 국제정치학에서 오랫동안 논쟁거리가 되어 왔다. 전통적인 개념의 국가안보를 최초로 밝힌 리프만(Walter Lippmann)은 국가가 전쟁을 피하고자 할 때에는 핵심가치를 희생시킬 위험에 처하지 않게 하고 만약 도전을 받게 되면 해당 전쟁에서 승리함으로써 그러한 핵심가치들을 보존시킬 정도로 안전한 것일 때 그 국가는 안보를 확보하고 있다고 정의한다.[2] 그리고 안보를 국가가치의 보호로 정의하는 학자로서 버코위츠와 보크(Morton Berkowitz & P. G. Bock)는 외부의 위협으로부터 내적 가치를 보호할 수 있는 국가의 능력[3]을 국가안보의 주요 관심대상으로 하고 있다. 이러한 국가안보정책은 정치적·사회적·경제적·군사적 과제를 광범위하게 망라하는 개념으로 이해되는 데 반하여 국가방위정책은 군사적·정치적 과제를 대상으로 한다.

광의의 국가안보정책은 국가이익과 국가목표를 결정하며 이러한 국가이익과 목표를 추구하고 달성하는 데 필요한 제반 정치적·경제적·사회적·군사적 수단을 동원하고 운용하는 정책으로 정의된다. 한국의 사활적 국가이익(vital interest)은 대한민국의 헌법상 명시된 정체와 영토의 보존, 국민의 경제적 복지의 증대, 한국적 사회, 정치체제의 발전 등을 들 수 있다. 국가안보는 국내외로부터의 위협과 침략을 방지하고 최소화하기 위하여 독립국가가

---

1) 국가안보의 개념에 관한 논의 내용은 정준호, 『안전보장이론』(서울: 국방대학교, 2002), pp.8~47 참조.

2) Walter Lippmann, *US. Foreign Policy: Shield of the Republic*, Boston: Little, 1943, p.5.

3) Morton Berkowitz & P. G. Bock, "National Security", in David L. Sills(ed.), *International Encyclopedia of the Social Science*, Vol.2, New York: Macmillan Company & Free Press, 1968, p.40.

추구하는 정치적·경제적·사회적·군사적 제반 국가행동과 능력으로 정의된다.[4]

따라서 국가안보란 군사 및 비군사에 걸친 국내외로부터 기인하는 각종각양의 위협으로부터 국가목표를 달성하는 데 있어서 추구하는 제 가치를 보존하고 향상시키기 위해서 정치·외교, 군사, 경제·과학기술, 사회·문화에 있어서의 제 정책체계를 종합적으로 운용함으로써 기존의 위협을 효과적으로 배제하고 또한 일어날 수 있는 위협의 발생을 미연에 방지하며 나아가 발생할 불시의 사태에 적절히 대처하는 것을 말한다.

제2절 국가이익과 국가전략

국가이익(national interests)은 통상적으로 주권국가의 대외정책 차원에서 사용된 중심개념으로서 오늘날에는 국내적 차원에서의 공공이익을 포함하여 포괄적인 개념으로 사용되고 있다.[5] 오스굿은 국가이익을 국가적 이기주의로 보고 국가이익이란 국가에 이익이 되도록만 가치 지어진 하나의 사태이다. 이 목적을 추구하도록 만드는 국가적 이기주의의 동기는 국가가 자국의 복지에만 관심을 갖는 데서 찾을 수 있으며 이는 국민집단에 전이된 자기 사랑이다. 오스굿은 국가이익을 힘에 의하여 정의하는 것이 아니라 목적과 동기로 보고 있다. 구영록은 국가이익은 국가의 최고정책결정과정을 통하여 표현되는 국민의 정치 경제 및 문화적 욕구와 갈망으로 이해될 수 있다.[6] Nuechterlein 교수는 국가이익은 한 주권국가가 다른 주권국가들과의 관계에서 인지하는 필요와 갈망으로 정의하고 있는데 그는 국제관계에서 주권국가가 모든 국민을 대표하여 최종적으로 행하는 행위에서 국가이익을 발견할 수 있다고 본다.[7] 따라서 국가이익은 주권국가의 대외정책 및 국내정책 차원에서 국민이 소중히 여기는 체제의 보존과 신장 등을 추구하는 가치를 의미한다.

국가이익은 그 중요도에 따라 여러 범주로 나눈다. 미국의 경우를 예를 들면 ① 사활적 이익(vital interest), ② 긴요한 이익(significantinterest), ③ 중요한 이익(important interest), ④ 단순한 이익(interest)으로 나누고 있다. 사활적 이익은 전면전쟁을 치르고서도 지켜야 할

---

4) 백종천, 『국가방위론』(서울: 박영사, 1987), pp.6~7.

5) Staudenmaier, *Strategic Concepts for the 1980s*(1982), p.15.

6) 구영록, 『한국의 국가이익: 외교정치의 현실과 이상』(서울: 법문사, 1995), p.25.

7) Donald E. Nuechterlein, "The Concept of National Interest: A Time for New Approaches", *Orbis*, Spring 1979. pp.75~77.

치명적인 이익이다. 긴요한 이익은 전면전쟁 직전의 상황까지 군사력을 사용하여 보호하려는 이익이다. 중요한 이익은 군사력, 시위 등을 통해서라도 지키고자 하는 이익이다. 단순한 이익은 군사적 조치까지는 고려하지 않고 해결하려는 이익이다.

국가전략(national strategy)은 국가목표를 달성하기 위해 국력의 모든 수단을 통합 및 조정하여 개발하고 사용하는 방법을 말한다.[8] 여기서 국가목표란 국가이익을 보장하고 신장하기 위하여 국가가 달성하고자 하는 목표이다. 이것은 사실상 국가이익 그 자체를 의미하는 것으로써 영구적인 것은 아니나 다분히 장기 지속적이며 추상적인 성격을 띤다.[9] 국가가치(national values)는 역사적 혹은 이념적 근원을 갖는 유산이나 규범으로써 국민 전체가 소중히 여기는 것이다.[10] 일부 국가가치는 많은 국가들에 의해 공유될 수 있으나 일반적으로 국가의 특성에 따라 독특한 국가가치의 집합을 상정한다. 국가가치도 국가이익과 함께 국가전략의 중요한 요소로 간주되어야 한다.[11]

국가목표(national objectives)는 국가이익을 유지하기 위해 필요한 요건으로써 국가이익의 하위개념이며 국가이익의 증진·보호·획득에 필요한 행위와 상황으로 정의될 수 있다.[12] 국가이익이 추상적이고 불변적이라면 국가목표는 보다 구체적이고 중장기적으로 변할 수 있는 성격을 가진다. 국가목표가 사실상 국가이익 그 자체라는 견해도 있으나 분명한 것은 국가목표는 국가이익보다 구체적이고 세부적이어야 한다는 점이다. 따라서 국가목표는 국가이익을 보존하고 신장하기 위하여 국가가 달성하고자 하는 목표를 의미한다.

제3절 위협의 정의와 유형

1. 위협의 개념

국가안보에 대한 위협이란 국가의 생존과 번영을 불가능하게 하거나 손상시킬 수 있는

---

8) Snow and Drew, *Introduction to Strategy*, 1984, p.9.

9) W. Lippmann and C. V. Crabb, Jr. *American Foreign Policy in the Nuclear Age*, New York: Harper and Row, 1972, p.173.

10) Laure Paquette, *National Value and National Strategy*, Ph.D. Dissertation, Kingston Queen's University, 1992, p.67.

11) Donald E. Nuechterlein, *America Recommitted/ United States National Interests in a Restructured World*, Lexington: University Press of Kenturky, 1991, p.19: Nuechterlein은 "national value + national interest = national strategy"라는 공식을 제시하였다.

12) Ted Davis, "Concepts of International Politics and Sovereign Nation-States", *Joint and Combined Environments*, Fort Leavenworth, KS: Department of Joint and Combined Operations, U.S. Army Command and General Staff College, 1994, pp.16~18.

대내외적인 능력, 의도, 환경으로 인해 받는 심리적인 긴장상태를 말한다. 이러한 위협은 크게 세 가지로 구분할 수 있다. 첫째는 군사력으로 위협하는 군사적 위협(Military Threat)이며, 둘째는 국가 및 비국가 행위자의 군사력 이외의 수단 또는 자연요인에 의해 발생되어 국가안보를 위태롭게 하는 비군사적 위협(Non Military Threat)이다. 예를 들면 테러, 정보체계마비, 밀입국, 국가재난 등이 있다. 셋째는 탈냉전 이후 중요시되고 있는 새로운 위협으로 국경을 초월하여 발생하는 행위가 국가안보를 위태롭게 하는 비군사적 위협의 한 형태로써 초국가적 위협(Transnational Threat)이다. 예를 들면 국제테러, 사이버 테러, 환경오염, 해적행위 등이 있다.

2. 국가안보의 위협유형

국가안보의 위협유형은 정치·외교적 측면, 경제적 측면, 군사적 측면에서의 위협으로 대별할 수 있다. 첫째, 정치·외교적 측면에서의 위협은 주로 비군사적 위협으로써 국가주권에 대한 위협으로 외부적·내부적 위협이 있다. 외부적 위협은 국가주권에 대한 침해, 국가의 승인이나 지지에 대한 합법성의 거부, 정치 이념에 대한 위협, 국제적 규약(국제법, 국제질서, 국제사회 참여 등) 준수를 강요, 기존 우방이나 잠재 우방과의 이간행위가 있다. 정체성과 공동체 의식 면에서 내부적 위협은 내부 분열에 의한 정치공동체의 위협(국내분란, 정치이념, 종교, 민족, 문화 등의 이질성), 다양한 이익집단의 갈등이 있다.

둘째, 경제적 측면에서의 위협은 수동적 안보능력으로서 외부의 위협으로부터 위협을 최소화할 수 있는 능력과 능동적 안보능력으로서 외부 또는 상대국에게 위협을 가할 수 있는 능력이다. 이러한 위협요인은 국가경제력 부족(생산능력 저하로 인한 생활수준 저하 악순환, 대외종속 심화, 정치·외교적 영향력 및 국방재원 확보 곤란 등), 국가 간 경제력 및 자원의 비대칭, 정치 및 사회적 분배의 극심한 불균형(지역 간, 계층 간 불균형, 분배 불균형으로 사회 불만 팽배 등), 정치 및 사회 불안정과 연계된 경제적 불안정(노사분규, 물가상승, 생산력 감소) 등이 있다. 셋째, 군사적 측면에서의 위협은 대내외적 위협을 고려할 수 있다. 먼저 대내적 위협은 국민이 안보의식과 방위 의지의 약화와 군 내부의 동요, 자치권 획득 등 다양한 원인의 내분과 내전이 발생할 수 있다. 그리고 대외적 위협은 외부로부터의 군사침략이나 기타 군사위협이 있다. 군사침략은 병력으로 공격, 해양봉쇄, 비정규전 침략 등이 있으며 기타 위협으로는 국경부근 대규모 군대 배치 및 인접국에 대한 급격한 군사력 증강 등 군사압력과 상대국과 가까운 국가와의 동맹결성 등이 있다.

3. 위협의 인식기준(능력, 의도, 환경)

위협의 인식기준은 국가안보에 대한 위협으로 간주할 수 있는 범위 설정의 기준이다. 이를 위하여 위협의 인식기준은 '능력', '의도', '환경' 세 가지 요소로 국가안보에 대한 위협의 범위를 설정할 수 있다. 첫째, '능력'은 위협을 가할 수 있는 능력의 보유 여부와 그 수준과 정치·외교적, 경제·과학기술적, 사회·문화적, 군사요소 등으로 국가 제 안보수단들의 총합력을 판단하는 것이다. 즉 강압적인 위협을 가하는 국가능력의 가능 여부를 판단하여 국내에 미치는 영향을 고려하여 대응방책을 결정하는 것이다.

둘째, '의도'는 위협으로 나타나게 될 상대국의 국가목표, 정책, 공약 등에 명시 또는 함축의 의미를 분석하고 위협을 가함으로써 그렇지 않은 경우보다 위협국의 국가 이익에 현저하게 기여하게 될 것이라는 추정을 하고, 상대국이 본질적으로 아 국가이익과 상충된 국가이익 추구 등을 분석하여 판단한다. 셋째, '환경'은 위협국의 의도와 능력에 유리 또는 불리하게 영향을 미칠 국제적·주변적 및 국내적 제 여건을 분석하여 판단한다. 그리고 이러한 위협의 출처는 먼저 지역적인 측면에서 국제적인 관계, 주변국, 국내적인 관계 등을 대상으로 정치·외교, 경제·과학기술, 사회·문화, 군사 분야 등으로 구분하여 분석한다.

4. 위협평가의 제 문제(능력, 의도, 취약점)

국가안전상의 제반 이익, 목표 및 정책은 단지 대내외적인 제 위협과 관련하여 볼 때에만 의미가 있는 것이다. 무엇이 이루어져야 하며, 무엇이 이루어질 수 있고 또 어떻게 착수해야 할 것인가에 대해서는 흔히 적대자 측의 성격이 이를 제시해 주는 경우가 적지 않다. 위협의 기본은 군사적인 것이다. 그것은 확인하기가 가장 쉬우며, 따라서 어떤 모양으로든 맞부딪치기에 가장 용이한 것이다. 왜냐하면, 그것은 직접적이고 공개적이며 모든 당사국들을 아주 익숙한 장소에다 몰아넣기 때문이다. 그러나 묵인과 강제의 간접적 형태는 효과가 동일하기 때문에 이에 대처한다는 것은 더욱더 어려운 것이다. 기만술은 '트로이' 말의 시절 이전에 이미 나타나 있다. 구약성서에는 20세기 '파시스트'의 침투와 공산주의 음모를 연상케 하는 전복의 기록들이 들어 있다. 국가의 이익과 영향력은 무력에 못지않게 정치전·경제전 및 심리전에 의하여 열외 없이 위협받을 수 있는 것이다.

1941년 스탈린이 자기의 옛 나치 동맹국들이 갑자기 서부 러시아를 침공하기 시작했을 때 발견한 바와 같이 단순히 즉각적인 경계의 대상을 확인하는 것만으로도 가장 빈틈없는 첩보업무에 커다란 타격을 줄 수도 있는 것이다. 스페인 공화당원들은 전복이 사실상으로 가장 큰 위험이었던 당시에 유명한 '제오열' 형태의 군사위협에 대처할 태세를 갖춘 바 있다.

게다가 담당자들의 역할은 변한다. 25년 전 미국과 독일은 맞대결하는 상대였는데 오늘날은 훌륭한 우방으로 되어 있다. 특히 현실적인 적(敵)이든 가상적이든 단 하나의 적을 가지고 있는 나라는 운이 좋은 것이다. 위협이 근절되기 어려운 것일 때에는 전략가들은 우선순위를 설정하며 그 후 가장 큰 위험에 집중하지 않으면 안 된다.

위협 평가의 과정에서는 세 가지 기본적인 고려사항으로 구분해서 보게 된다. ① 능력: 적이 무엇을 할 수 있는가? ② 의도: 적이 무엇을 할 것인가? ③ 취약점: 적의 두드러진 약점은 무엇인가? 의도와 대립되는 전략적 ① **능력**은 전·평시를 막론하고 어떤 주어진 국가가 자신의 목적을 만족시키거나 타국의 목표를 특정한 시기 및 장소에서 좌절시킬 수 있는 능력을 조성하는 것이다. 그와 같은 능력은 국가로 하여금 그의 사회·경제적 구조를 부당하게 손상시키거나 자국의 핵심적인 이익에 위협을 주지 않도록 하면서 바람직한 행동노선을 수행해 나갈 수 있도록 해 준다. 능력이란 국력(정치적·군사적·경제적·사회적·과학적·기술적·심리적·도덕적 그리고 지리적인 것 들)과 이를 효과적으로 응용할 수단이 혼합된 채로 총합을 의미하는 것이다. 능력은 비교적 안정적이며 거의 급속한 변화에 좌우되지 않는다. 그것은 수량화되고 비교될 수 있으며 또한 객관적으로 분석될 수 있는 것들이다. 따라서 계획하는 데 상당히 확고한 토대를 마련하여 준다. 그러나 한 가지 주의할 말이 있다. 그것은 '디엔 비엔 푸'에서의 '프랑스'의 참상 같은 외형적인 패배들, '쿠데타'를 포함한 정치적 대변동 등은 가용한 지도력, 사기 또는 그밖에 이와 동등한 요소들을 변경시킴으로써 제 능력이 급변할 원인이 될 수 있다.

② **의도**는 특정계획을 집행하고자 하는 한 국가의 결의를 뜻한다. 이것은 주권적인 마음의 상태이고 은폐되기 용이하며 갑작스러운 변동에 예민하므로 일반적으로는 능력의 경우보다 파악해 내기가 어렵다. 의도는 제반 이익, 목표, 정책, 원칙 및 공약들로 형성되는데 이들 제 요소 중 일부는 결코 표출된 바도 없고 장차에도 없을 것이다. 결과적으로

의도는 다루기가 아주 미묘한 것이다. 특히 군부 인사들은 이들을 제쳐 놓기를 좋아한다. 그럼에도 불구하고 있을 법한 적의 행동 방향에 대한 감지는 의미 있는 전략 형성에 있어서 긴요한 것이다. 적의 능력 아니면 의도에만 의존하는 것은 대단히 위험한 일이다. 영리한 전략가들은 의도의 표현이 흔히 사람들이 말하는 바를 통해서가 아니라 이들이 행동하는 바를 통하여 가장 잘 나타난다는 점을 인식하고 있기 때문에 전기한 두 가지를 모두 고려하고 있는 것이다.

③ **취약점**이란 전쟁잠재력 또는 전쟁효과를 감소시키거나 싸우려는 의미를 저하시키는 어떤 수단이든지 이로 인하여 이루어지는 여하한 행동에 대해서도 한 국가나 그 군사력이 느끼는 감응을 말한다. 전략가의 견지에서 볼 때 취약점은 특수한 것이어야 하며 또한 치명적인 것이어야 바람직한 것이다. 예를 들어 전략지역이 집중된 국가들은 대량파괴무기에 의하여 즉각적으로 전멸할 위험을 안고 있다. 인구가 적은 '이스라엘'과 같은 국가들은 인구가 많은 적대적인 국가들과는 장기적인 재래식 전쟁을 치를 여유가 없는 것이 보통이다. 즉 소모전은 치명적인 지경에 급히 도달하게 된다. 한 가지 분명한 것은 위협평가과정상의 제 단계마다 오판할 여지가 매우 크다는 점이다. 전략가들이라고 해서 반드시 적측의 능력, 의도 및 취약성에 관한 올바른 판단에 접근하리라는 보장은 없으며 심지어는 그들이 옳다고 믿을 만한 해답조차 찾아내리라는 보장도 없는 것이다. 여러 가지 해답 중에는 틀림없이 대략적으로 맞아 들어가는 것들이 몇 개 있고 또 일부는 항상 행방이 묘연한 것들도 있다. 그러므로 임무는 가용한 도구를 가지고 그 한계를 이해하면서 최선을 다하는 데에 있는 것이다.

제4절 위기의 정의와 위기관리

1. 위기의 정의

위기(危機, Crisis)란 국어사전에 의하면 위험한 고비 또는 위험한 경우라고 정의하고 있다. 한편 웹스터 사전은 그리스어의 Krinein, 즉 분리한다는 뜻에 어원을 둔 의학적 용어로서 환자의 상태가 좋아지거나 악화되는 전환점을 의미하며 일반적으로 환자의 고열이 떨어져 정상적인 체온으로 돌아와 심한 통증이 줄어들면서 갑자기 좋아지는 전환점을 의미하고 있다.[13] 그리고 위기란 그 결과가 회복되느냐 혹은 죽느냐를 시사하는 병상의 변화를 의미한다. 넓게 말하면 위기는 어떤 행동 또는 상황이 계속되느냐, 궤도를 수정하느냐 혹은 종착점에 도달하느냐가 결정되는 시점에 관계된다고 말하고 있다. 이 정의로부터 정치적 위기란 통상 어떤 정치체제의 존속에 영향을 미치는 상황 혹은 어떤 상호작용의 패턴의 안정성에 있어서 의미를 가지는 격렬한 정치적 상호작용으로 이해된다고 정의하고 있다.[14] 또 코플린(William D. Coplin)은 대외정책상의 위기란 어떤 상황이 해당 체제 내 하나의 또는 그 이상의 국가와의 관계에 있어서의 전환점을 나타내고 있으며 적어도 한 나라에 있어서 느껴질 수 있는 상태로 정의될 수 있다고 하였다.[15]

위기라는 것은 시스템과 개인행위자라는 관점에서 생각해 볼 수 있다. 시스템이란 관점에서 볼 때 위기란 개념은 국가들의 상호작용이란 측면에서 거시적 분석을 하게 되고 어떤 위협이 시스템을 불안정하게 만들고 혼란을 가져오게 하는 것이라고 본다. 이때 위기는 "국제적 시스템에 어떤 비정상적인 강렬한 주입(Input)이 주어짐으로써 전개되는 특수한 상황" 혹은 "어떤 언저리나 전환점" 혹은 "정상적인 국제시스템을 불안정하게 만드는 충격을 초래하고 그 시스템 속에서 폭력행위가 일어날 것 같은 일련의 사건"이라는 정의를 내릴 수 있다. 개인행위자란 측면에서는 위기 시 의사결정에 임하는 개인들의 배경, 동기, 위협의 인식 및 제한된 시간에서 오는 반응 등에 초점을 맞추어 미시적 분석방법을 사용한다.[16] 따라서 위기는 적대행위의 가능성이 현저하게 증가되고 반응할 시간이 짧은 가운데 중대한 목표나 가치가 위협을 받고 있다는 인지를 정책결정자들의 마음속에 불러일으키는 국제적 혹은 국내적 환경의 변화 때문에 생긴다고 말할 수 있다. 위기의 특성은 기습, 고도의 불확실성, 그리고 충돌의 확대 가능성으로 나타난다.[17]

국가위기의 종류에는 전통적인 안보 분야, 재난 분야, 국가핵심 분야가 있는데 전통적인 안보 분야는 군사력의 사용이 필요한 위협, 비군사적 도발, 내부급변사태, WMD 개발 및 확산 등 국가 간에 분쟁이나 테러 등을 말한다. 재난분야는 자연재해나 인위재난을 말하며 국가핵심기반 분야는 테러, 대규모 시위, 파업, 폭동, 재난 등 원인에 의해 국민의 안

---

13) Webster's Third International Dictionary.

14) Edward L. Morse, "*Crisis Diplomacy, Interdependence, and the Politics of International Economic Relations*", Raymond Tranter and R. H. Ullman(ed.), "*Theory and Policy in International Relations*", 1972, p.126.

15) William D. Coplin, *Introduction to International Politics*, 1971, p.31.

16) Charles F. Hermann, *International Crises: Insights from Behavioral Research*, London: Collier-Macmillan Leinited, 1972, p.124.

17) Richard G. Head, et al., *Crisis Resolution: Decision Making in the Mayaguez and Korean Confrontations*, Boulder, Colorado: Westview Press, 1978, p.30.

위, 국가경제 및 정부 핵심기능에 중대한 영향을 미칠 수 있는 인적·물적 기능체계가 마비되는 상황을 말한다. 위기관리는 위와 같은 상황이 전개되면 위협을 확인하고 위기의 원인과 상대적 가치, 가용시간 등을 판단하여 위기평가를 실시한다. 이에 따라 군사적 대안이 필요하다고 판단되면 시행계획을 수립하여 결재권자의 결재를 득하면 작전명령을 하달하고 시행하게 된다.[18]

2. 위기관리

위기관리(危機管理, crisis management)란 "양국 간 또는 다수 국가 간의 국가이익이 상충되는 곳에서 발생하는 갈등과 분쟁상태가 전쟁으로 돌입하느냐, 아니면 평화회복으로 향하느냐를 결정하는 분수령이 되는 급변 시에 분쟁당사국들이 전쟁으로 확대를 방지하고 이를 수습하기 위하여 위기의 통제와 확대방지에 노력하는 시스템 전체"라고 정의할 수 있다.[19] 위기관리는 국가안보에 있어서 최우선으로 고려되는 요소로서 위기의 발생과정은 '갈등 → 분쟁 → 위기 → 평화 또는 전쟁'으로 전개된다. 갈등은 쌍방 정치집단이나 국가가 추구하는 목표들이 상호 양립하기가 불가능한 상태이며, 이 갈등상태를 해결하기 위한 언쟁으로부터 투쟁에 이르는 분쟁과정 그리고 전쟁과 평화의 축 선상 어느 지점에 위치한 위기과정의 단계로 전환되는 변화과정을 거치는 본질을 가지고 있다.

위기가 시작해서 종결될 때까지 긴장의 정도를 시간별로 표시하면 <그림 2-1>과 같다. 위기는 언제나 심한 갈등을 포함한다. 첫 단계에서 당사자들 간에 심한 이익의 갈등이 발생하지만 그것 자체만으로는 위기를 유발하는 데 충분하지 않다. 갈등은 A와 B 양자 간에 어느 한 쪽이 이 같은 갈등을 표면화시키는 자극적인 행위를 시작해야 한다. 만일 A가 현재의 이익의 갈등을 자기에게 유리하게 해결하려는 시도에서 현상타파를 위한 행위를 하게 되고, B는 이에 도전하며 A가 이에 저항함으로써 위기는 조성된다. 자극적인 행위(precipitant)는 그것이 주어지는 위치에 따라 외부적인 것과 내부적인 것으로 구분된다. 외부에서 오는 자극적인 행위란 어느 일방의 행위가 타방에게 안보의 위협, 국제경쟁력에서 경제적 생존능력에 미치는 영향, 국가명예와 위신에 먹칠을 하는 등 참을 수 없는 상황을 감지하게 되는 경우이다. 예를 들면 제1차 세계대전이 일어난 1914년 위기는 오스트리아—

---

18) 황성칠, 『북한의 한국전 전략』(서울: 북코리아, 2008), pp.50~51.
19) 近藤三千男, 「危機管理의 意義와 課題」, 『共産圈研究』(極東問題研究所, 1980), p.59.

헝가리 제국 내의 세르비아 혁명기지가 문제가 되어 오다가 그해 6·28 사라예보피격 (Francis Ferdinand 부부)사건이 자극적인 행위가 되고, 7·28 오스트리아가 세르비아에 대한 최후통첩을 보내는 것이 도전이 된다.

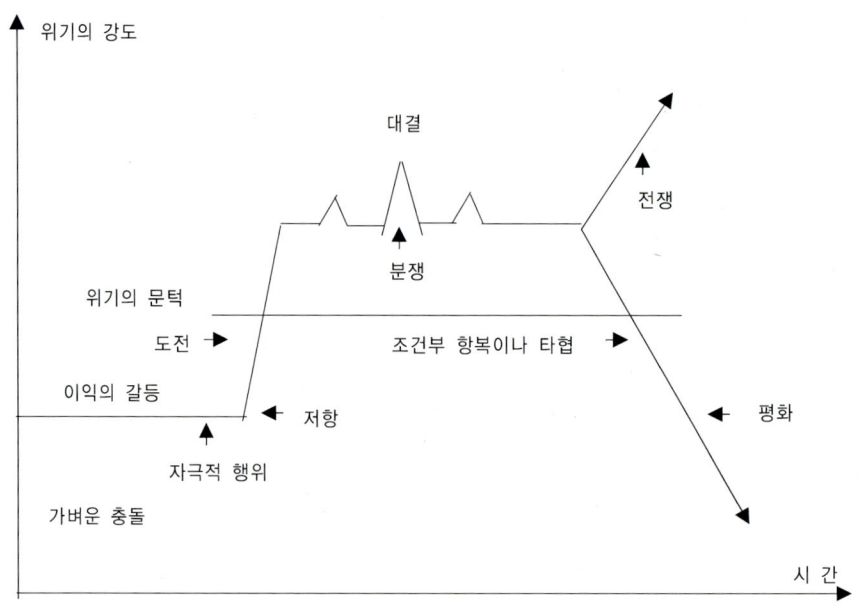

* 자료: Glenn H. Snyder and Paul Diesing, *Conflict among Nations: Bargaining, Decision Making, and System Structure in International Crises*, Princeton New Jersey: Princeton University, 1977, p.15.

〈그림 2-1〉 위기의 단계

이 경우 도전자의 이익이나 가치가 변한 것이 아니라 외부압력에 의해 이와 같은 가치가 위협을 받고 있는 것이다. 이러한 관점에서 보면 도전자가 반드시 전쟁을 일으키는 자로 볼 수만은 없다 할 것이다. 이와는 반대로 내부적인 자극적 행위는 지도자의 가치와 인지에 변화가 오거나 정권 자체의 변화 등에서 연유하며 국가지도자가 강압으로 이러한 상황을 변경하여 자국에 유리하도록 해야 된다고 생각함으로써 자극적인 행위를 일으키고 결과적으로 위기를 유도하는 것이다. 예로서 제2차 세계대전을 전후한 위기는 베르사유 조약에 의하여 만들어진 독일 국경에 대해서 모든 독일 국민들이 불만을 품기는 했어도 히틀러가 집권하면서 외부적인 환경이 독일의 불리함에 어떤 변경도 가져오지 않으니까 견딜 수 없게 되고 따라서 팽창정책을 추구하는 독일 내부의 변화 때문에 도전을 한 것이다.[20]

20) 국방대학원, 『안전보장이론 1』(서울: 국방대학원, 1989), pp.68~69.

다시 말하면 평화 시 어떤 국가 간에 잠재되어 온 이익의 갈등이 어느 일방의 어떤 자극적인 행위 때문에 타방은 이에 도전하게 되고 그 도전이 다시 저항함으로써 긴장이 고조되어 위기의 문턱을 넘어서게 된다. 저항자는 저항과 억제를 동시에 실시할 수 있으며 일전(一戰)을 불사하는 공공연한 혹은 묵시적인 방법으로 상대방을 위협할 수도 있다.[21]

3. 위기관리의 원칙과 적용한계

위기관리의 원칙은 위기가 발생했을 때 이를 어떻게 효과적으로 관리하여 참화를 방지할 수 있느냐 하는 것이다. 위기관리 원칙들을 리처드슨(J. K. Richardson)이 정리한 것을 중심으로 해서 살펴보면 다음과 같다.

① 최고 결정자는 정책결정 과정에서 특정 개인이나 부서 또는 특정 견해뿐만 아니라 그 이상의 다양한 건의 및 선택에 접하게 되며 그는 상이한 견해나 제안 간의 토론을 통해서 보다 정확한 판단을 할 수 있어야 한다. ② 결정된 정책을 실행에 옮길 때 시행착오가 발생하지 않도록 면밀한 정치적 통제가 있어야 한다. 책임감 있는 정치지도자는 위기 시 군부 등에 평소보다 훨씬 강한 정치적 통제력을 행사하여 정치적 목표 달성을 그르치는 일이 없어야 한다. ③ 최고 정책결정자는 목표를 어느 정도 제한하여야 한다. 케네디 대통령은 쿠바 사태 때 미사일의 제거라는 한정된 목표만을 달성코자 노력했지 카스트로 정권을 전복시키는 목표는 추구하지 않았다. ④ 위기관리를 위해서는 유연한 선택과 점진적인 선택들을 유지하여야 한다. 유연성이 결여된 극단적인 선택은 굴욕적인 패배가 아니면 위기를 확대시켜야 하는 궁지에 몰리게 한다. 현명한 선택은 쌍방의 운신 폭을 남겨 놓고 물러날 수 없는 극단적인 선택 대신에 상대방의 위신도 세워 주면서 위기를 진정시킬 수 있는 선택이 되어야 한다.

⑤ 시간이 많을수록 더욱 신중한 선택을 할 수 있게 된다. 스스로도 가능한 시간을 두고 위기를 수습해야 되겠지만 상대방에게도 충분히 생각하고 판단할 시간을 허용하여야 한다. 극심한 시간 제약은 긴장도를 증가시켜 선택의 폭을 줄이게 된다. 시간에 쫓겨 대안들을 충분히 검토하지 못하거나 강구하지 못한다면 원만한 위기관리는 그만큼 어려워질

---

21) 위기협상과 관련된 전략과 게임이론을 발전시킨 Thomas Schelling에 의하면 위협과 억제에 대한 개념은 위협의 노력과 결부되며 위협의 노력은 그 강도는 물론이고 그의 신뢰도에 의존한다. 위협하는 자가 상대방에게 그의 위협을 믿을 수 있도록 하려면 자기의 행동이 일부 비이성적으로 보이도록 상대에게 인식시키고 또 실제 그렇게 비이성적인 행동을 함으로써 위협의 신뢰도를 높일 수 있다. Thomas C. Schelling, *The Strategy of Conflict* Cambridge, Mass: Harvard University, 1980, pp.12~18.

수밖에 없게 된다. ⑥ 상대방을 상대방의 시각에서 인지하고 이해하려고 노력하여야 한다. 위기 시 어떤 행동을 취할 경우에 상대방이 어떻게 인지하거나 받아들일 것인가를 충분히 고려하여야 한다. 만일 상대방이 그들 식으로 이쪽의 신호나 의도를 잘못 인지한다면 선의의 행위일지라도 사태를 그르칠 수 있게 된다. ⑦ 위기관리에서는 정확한 의사전달이 요구된다. 상대방이 사활적인 국익이나 제한된 목표추구를 제대로 파악하지 못한다면 문제가 생길 수 있다. 따라서 메시지는 가능한 한 분명하고 정확해야 하며 어떤 신호가 중요한 것인지를 구분할 수 있도록 해 주어야 한다. 직통전화의 설치나 특사의 파견은 오해나 그릇된 기대의 소지를 줄임으로써 위기관리에 큰 도움을 줄 수 있다.

이 밖에도 상대방의 영향권이나 고유 이익의 인정, 위험한 전술 및 행위의 회피, 유사한 위기사례에 대한 깊은 관심, 국제법의 중요성 인식, 위기의 형태에 알맞은 정책 수립, 미래지향적인 결정 등이 위기관리 원칙으로 제시되고 있다. 그러나 이러한 위기관리의 원칙 혹은 전략이 너무 일반화되고 단순화되었으며 또한 현실적인 제약점들을 충분히 감안하지 않고서 너무 단기적 시각에서 제한적인 목표 달성에만 집착하여 위기 후의 생존기회 개선에 소홀하기 쉬우며 정책결정자들에 대한 심리적·정치적 제약요소가 제대로 반영되지 않았기 때문에 무분별하게 적용하면 오류를 범할 수 있다는 적용한계의 비판도 있다.

제5절 국력과 전력의 사용

1. 국력

사람은 사회적 동물로서 사회를 떠나서는 살 수 없는 것처럼 국가 역시 국제사회의 주권적 인격자로서 국제사회를 벗어나 독립해서 존재할 수 없다. 사람은 누구나 내 가정으로부터 시작해서 이웃과 동네 그리고 내 고장, 내 나라, 세계의 차원에서 삶을 영위한다. 그리하여 남보다 많은 재산을 모으고 보다 높은 지위와 권력을 갖기 위해서 투쟁을 벌인다. 이와 같이 투쟁상태를 근본적인 속성으로 하는 인간사회에 있어서 그나마 평화롭게 서로 공존할 수 있는 것은 국가라는 일정한 범위 내에서 통용되는 윤리관과 도덕률에 의하여 사람들의 생각과 행동이 정도(正道)와 사도(邪道)를 가려서 하도록 규제되거나 이성

적인 행위를 구체화시켜 놓은 법에 의해 구속을 받기 때문이다.[22]

칸트는 "서로 생활하는 사람들 사이에 있어서 평화상태는 결코 자연상태가 아니다. 자연상태란 오히려 전쟁상태를 뜻하는 것이다. 가령 항상 적대행위가 일어나지 않는다 하더라도 그러한 위협은 언제나 있는 것이다. 따라서 평화상태는 수립되지 않으면 안 된다"라고 하였지만 인류가 그 오랜 역사의 과정 속에서 부단히 희구해 온 것은 영원한 평화이지 전쟁이 아니었다. 그러나 칸트의 영원한 평화라고 하는 철학적 명제는 그가 바로 전제하고 있는 인간상호 간의 자연상태는 바로 전쟁상태라는 숙명 때문에 전쟁의 역사를 되풀이해 온 엄연한 사실을 통해서 볼 때 하나의 유토피아적 몽상에 불과하다. 왜냐하면 국제사회에는 국가를 초월하는 권력이 존재하지 않을 뿐만 아니라 독립적인 주권국가가 병존하는 장소에 지나지 않기 때문이다. 이러한 국제사회의 특징이 국제사회 내의 개별국가들의 관계를 설정하는 데 있어서 '힘이 곧 정의 내지 법이다'라는 명제가 보편타당성을 갖게 하는 것이다.

개별국가는 스스로의 힘으로 자기보존을 해 나갈 수밖에 없다. 즉 힘을 유지하고 과시하며 또한 강화해 나감으로써만이 국가는 주권국가로서의 독립성을 보전할 수 있는 것이다. 이러한 독립성의 보존은 개별국가에 있어서 최우선되어야 할 국가이익이며 이의 달성과 옹호는 모든 국가행동의 궁극적인 목표가 되는 것이다. 이러한 국가의 생존, 환언하면 국가안전보장이라는 국가행동의 궁극적인 목표 달성을 위한 배경적 기반이 되는 것이 바로 국력인 것이다.[23]

국력은 많은 학자들이 정의하고 있지만 대표적인 것을 선택해서 소개한다. Carr[24]에 의하면 "국력은 다른 여러 나라와의 관계에서 바라는 목적을 달성하는 종합적인 능력이다"라고 했으며, Dyke[25]는 "광의로는 국가의지를 달성하는 국가의 능력이며, 협의로는 타국가로 하여금 복종토록 하는 능력이다"라고 하는 등 많은 학자들이 국력을 정의하고 있지만 공통적인 내용을 정리하면 국력은 광의의 국력과 협의의 국력으로 구분할 수 있다. 광의의 국력은 "국가가 현재(顯在)적 및 잠재(潛在)적으로 보유하는 유형과 무형의 제 요소가 총합된 국가의 능력"이다. 여기서 현재적이란 겉으로 드러나 있는 인구, 국토면적, 기후,

---

22) 국방대학원, 『안전보장이론 1』(서울: 국방대학원, 1989), p.178.

23) 위의 책, p.180.

24) E. H. Carr, *The Twenty Year's, 1919~1939, an Introduction to the Study of International Relations*, 1964, p.102.

25) V. Von Dyke, *International Politics*, 1957, p.175.

지세, 천연자원, 사회복지, 교육, 문화 및 과학기술의 수준, GNP, 금 및 외화보유고, 군사비, 군비 등의 유형적인 요소와 지정학적 위치, 지도력, 권력구조, 여론, 선전, 보도의 기술, 국민성, 사기 등 무형적인 요소를 합한 능력을 가리킨다. 잠재적이란 속에 숨어서 겉으로 드러나지 않고 있는 천연자원 특히 전략자원으로서의 석유, 천연가스, 철, 우라늄 등 유형적인 요소와 단결력, 개발 및 발명능력, 전투능력 등 무형적인 요소를 합한 능력을 뜻한다. 이처럼 광의의 의미로는 국력을 "유형·무형의 현재적 및 잠재적 제 요소가 총합된 국가의 능력"으로 정의할 수 있다.

협의의 국력은 국가의 물리적·정치적·경제적·정신적 생존에 대한 내외로부터의 위협과 압력 및 저항을 미연에 방지하고 이들이 현실로 발생하였을 때에는 이들을 배제하는 한편 특정국가 또는 특정국가군에 대하여 정치적·경제적·군사적 위협 또는 압력을 가하거나 혹은 무력을 행사함으로써 자국의 의지를 관철시키는 군사적·정치적·경제적·정신적 국가능력이 총합된 작용을 지칭한다. 다시 말하면 협의의 국력개념은 '국가안보정책의 수행능력'이라고 규정할 수 있다.

따라서 국력은 군사력뿐만 아니라 정치력, 경제력, 정신력 제 요소가 유기적으로 통합되고 상호 보완되어 기능할 때 비로소 국가의 생존역량으로서 국가의지를 관철시키는 국가안보정책 수행능력으로 작용할 수 있게 된다.[26)

2. 전력

전력이란 "직접적인 전쟁수행력으로서 부분적으로 조직된 국력"이라고 할 수 있다. 그러나 오늘날과 같이 국력의 제 요소가 평시에 전쟁 억제 및 전쟁 준비를 하는 잠재적 요소일 뿐만 아니라 전쟁이 개시되자마자 현재적인 전쟁수행력으로서 발휘되어야 하기 때문에 전력은 보다 확대된 의미 즉 '총력안보역량'이라 할 수 있다. 현대에 있어서 국가 간의 분쟁은 무력전뿐만 아니라 외교전, 사상전, 경제전 등 다양한 형태로 전개되고 있으며 이러한 각각의 분쟁점은 국가의 생존과 직결되고 있다. 특히 오늘날의 전쟁양상이 총력전 형태로 변화됨으로써 전 국력을 무제한 극한상태에 이르기까지 발휘하여 싸우지 않으면 안 되게 되었다.

---

26) 국방대학원, 앞의 책, pp.181~184.

여기서 전력이란 전투력(war power)이지 전쟁 가용력(war potential)은 아니다. 다시 말하면 국력의 제 요소 가운데 군사력만을 전력이라고 하는 것은 아니며, 군사력뿐만 아니라 정치전력, 사상전력, 경제전력이 유기적인 일체로서의 '총력전력'을 형성하여야 하는 것이다. 전력은 국력의 한 부분에 불과하며 각 부분 전력이 유기적으로 결합되고 상호 보완되어 한 덩어리가 된 총력안보전력이 곧 국력이다. 여기서 국력배양은 부분전력의 증강이라는 측면과 총력안보전력화라는 측면을 동시적으로 수행해 나가는 것이 가장 바람직하다.[27]

---

27) 위의 책, pp.190~191.

제5장 전쟁

제1절 전쟁이란 무엇인가(정의, 속성)

1. 전쟁의 본질과 정의

1) 전쟁의 본질

인간의 역사에 있어서 과학기술의 발달은 역사 발전의 원동력이 되어 왔다. 과학기술 수준의 향상은 인간의 자연지배 능력을 확대시켜 왔으며 그 결과로 인간의 질서 자체가 변화해 왔다. 인간의 자연지배 능력이 한정되어 있던 시대에는 의식주를 어떻게 해결하며 나아가서 어떻게 부족한 물자를 확보해 나갈까 하는 것이 모든 사회 집단의 연구과제였으며 그 시대의 최대 정치적 과제가 되었다. 모자라는 물자를 구하는 가장 간단한 방법은 남의 것을 빼앗는 방법이다. 남의 것을 빼앗으려면 남을 제압할 무력을 갖추어야 한다. 그래서 인간 역사가 시작된 이래 인간들은 부국강병(富國强兵)을 삶의 수단으로 삼아 왔다.

따라서 현재의 각 국가들도 국가이익을 추구하기 위하여 부국강병 정책을 목표로 하고 있다. 이러한 국가의 행위를 그 국가가 처해 있는 환경구조의 특성에서 설명하는 이론을 구조이론이라고 한다. 어떤 체제 속에 두 개의 적대 국가만 존재할 때와 제3의 중립국가가 포함되어 있을 때는 국가의 행위양식이 달라진다. 이런 시각에서 국가행위를 설명하는 이론으로 카플란의 체제이론, 해러리의 구조균형이론 그리고 웬트의 구성주의이론 등을 분류할 수 있다.[28] 구조주의 이론가들은 무한경쟁의 경제 질서에서는 우승열패[29]의 원리

---

28) Frank Harary, "A Structural Analysis of the Situation in the Middle East in 1956", *Journal of Conflict Resolution*, Vol.5, No.2, 1961, pp.167~178: Morton A. Kaplan, *Systems and Process in International Politics*, New York: John Wiley & Sons, 1957. op. cit., pp.150

에 의해 강한 자는 더 강하게 그리고 약한 자는 더 빈곤하게 되는 빈익빈 부익부 현상이 진행되어 결국 그 질서에서는 지배 및 피지배의 구조가 형성되며 이 구조 속에서 빈부의 재생산구조로 말미암아 지배구조는 더욱 강화된다고 한다. 중국의 노신[30]은 우승열패의 사회진화론 차원에서 타 국가를 침략해서 노예의 지배자가 되기 위해서 싸우는 것이 아니라 압제자에 반항해서 인간적 독립을 얻기 위하여 싸우는 존재로서 약자의 입장에서 강자에 반항했으며 그 여력이 있으면 다른 약자를 도와주는 일을 하는 것을 인류 중에서 가장 진화된 모습으로 파악하였다. 즉 승자 중심의 세계관을 뒤집어 놓은 주장으로 진화의 이름으로 상식적인 진화론에 대결한 논리였다. 그 당시 일부 학자들은 일제의 성격을 우승열패의 진화론적 경쟁에서 승자로 설정하고 침략당하는 것이 마치 자연의 법칙처럼 당연한 것으로 생각한 것은 침략자의 잘못이 아니라 피침략자가 스스로 초래한 잘못으로 인식하여 이 현상을 합리화시키는 원리로 사용하기도 하였다.

인간의 일상생활에 있어서 언제나 존재하는 현상은 충돌(衝突, conflict)이다. 특히 문명이 발달함에 따라 충돌의 양상도 증대되었으며 이러한 충돌에서 상대적인 우위를 달성하기 위해서 국가단위의 집단적인 생활을 하게 됨으로써 국가 간의 충돌은 분쟁과 전쟁으로 발전하게 되었다. 전쟁이란 언제나 존재하기 마련이며 또한 너무나도 흔히 발생하는 것이기 때문에 우리는 전쟁의 본질에 관해서 이해하지 않으면 안 될 것이다. 클라우제비츠는 전쟁의 개념으로서 "전쟁이란 일종의 폭력행위로서 그 목적하는 바는 상대방에게 나의 의지를 관철시키는 데 있다"고 말하였다. 여기서의 폭력행위를 담당하는 것은 군사력이다. 그리고 "폭력행위에는 한계가 없다. 따라서 교전자는 서로 자기 의지를 상대방에게 강요한다. 이로 말미암아 피아간에는 교호작용(交互作用)이 생기며 이 교호작용은 극한에 달하지 않을 수 없게 된다"고 말하였다. 즉 이 무한계적인 폭력행사, 다시 말하면 군사력의 제한 없는 발동이 전쟁을 형성하는 것이다.

전쟁은 생동하는 힘을 생명 없는 물질에 가하는 것은 아니다. 무릇 절대적 수동의 것은 전쟁이라고 말할 수 없는 것이다. 전쟁은 파괴를 가져오는 것이기는 하나 궁극적으로는

~163: Alexander Wendt, "Anarchy is what states make of it: the social construction of power politics", International Organization Vol.46, No.2, Spring 1992, pp.391~425. 웬트는 구조란 물질적인 것이 아니라 사회적인 것이라고 한다. 국제행위는 각 국가가 다른 국가에 대하여 가지는 믿음과 기대로 결정되는데 이러한 믿음과 기대는 물질적인 요소보다 사회적 요소로 결정된다.

29) 이상우, 『국제관계이론』(서울: 박영사, 2006), pp.630~631.

30) 노신(魯迅, 1881~1936), 중국 현대의 위대한 문학가이며 번역가이며 신문학운동의 창시자이다. 노신은 본명이 주수인, 호는 예재, 절강 소흥 사람이다. 절강성의 지주·관료의 가정에서 태어났는데 어릴 때 집안이 몰락하였다. 1902년에 일본에 유학하여 의학을 공부하다가 그 후 문학으로 전환하였다. 1918년 처음 노신이란 필명으로 중국현대문학사에서 첫 번째 백화소설(광인일기)를 발표하여 신문학운동의 기초를 다졌다. 그는 문학의 길 30년 동안 모두 29종, 250여만 권의 저서를 내놓음으로써 우리에게 소중한 문화유산을 남겼다.

생명에 대한 폭력행위 즉 인명의 살상인 것이다. 그것은 무장한 군인이거나 비전투원이거나 관계없는 것이다. 손자는 전쟁을 "兵者國之大事 死生之地 存亡之道 不可不察也"라고 말하고 있다. 즉 전쟁이란 국가의 중대사로서 국가의 존망과 국민들의 삶과 죽음의 기로이기 때문에 신중하게 고려해야만 한다는 것이다. 또한 그는 "夫用兵之法 全國爲上 破國次之........ 是故百戰百勝 非善之善者也 不戰而屈人之兵而善之善者也"라고 말했던바 전쟁의 본질이란 싸우지 않고 적을 이기는 데 있다는 것으로서 정치가 항상 주체가 되고 작전은 그 정치목적을 달성하기 위한 객체이며 수단에 지나지 않는다는 것을 말하고 있다.

적은 생명이 없는 개체가 아니라 스스로 목표와 계획을 가지고 있는 생명이 있는 개체임을 명심해야 한다. 적에게 우리의 의지를 강요할 때 적은 저항하고 적의 의지를 우리에게 강요하려고 한다. 이러한 인간의지의 역학적인 상호작용을 이해하는 것이 전쟁의 기본 본질을 이해하는 데 긴요한 요소이다. 전쟁의 목적은 우리의 의지를 적에게 강요하는 것이다. 그러한 목적을 달성하기 위한 수단으로 군사력에 의한 폭력 위협의 사용이나 조직적 군사행위를 가하는 것이다. 폭력 사용의 대상은 적의 군사력에 한정될 수도 있지만 크게는 적 국민들에게까지 확대될 수도 있다. 전쟁은 대규모 군사력 간의 강력한 충돌에서부터─때로 공식적인 선전포고의 지원하에─폭력의 범주에 겨우 속하는 기묘한 비정규전 적대행위까지 포함한다.[31]

총력전과 완전한 평화는 실제로는 존재하지 않는다. 오히려 대부분의 집단 간의 관계에서 존재하는 극단의 상태이다. 이러한 범위는 평범한 경제경쟁, 다소간의 정치적·이념적 긴장 및 집단 간에 야기되는 간헐적인 위기를 포함한다. 비록 상대적인 평화의 시기라 할지라도 이러한 극단적인 상황하에서 군사력 사용에 의존하는 결심을 하는 것은 발생 가능하다. 목적이 다른 양상과 한가지로 군사력은 주민의 질서나 재해 구난작전에서 질서 유지나 회복을 위해 사용될 수도 있다. 다른 극단적인 상황은 군사력은 단일 사회나 두개 또는 그 이상의 사회에서 존재하는 질서를 송두리째 전복시키기 위해 사용된다. 문화적으로 어떤 집단은 평화적인 제반 수단을 다 강구해 보고 이것이 실패했을 경우에 전쟁에 의존하는 것을 고려한다. 또 다른 집단은 목표 달성을 위해 지체 없이 군사력에 의존하는 집단도 있다.

---

31) Department of the Navy Headquarter United State Marine Corps, *Warfighting*, Washington, D.C. 1989. p.2.

2) 전쟁의 정의

전쟁의 요체는 두 적대적이고 독립적이며 배타적인 의지 간의 폭력적인 투쟁으로서 일방이 상대방에게 자신의 의지를 관철시키려는 것이다. 전쟁은 본질적으로 상호 사회적 작용이다. Clausewitz는 이를 결투(two-struggle)라고 했고 레슬링에서 서로 상대방을 집어던지려고 맞잡은 채로 기진맥진하는 그러한 이미지를 제시하였다.[32] 이리하여 전쟁은 계속적인 상호 수용 작용, 주고받기, 이동 및 역이동의 과정이다. Quincy Wright는 전쟁의 정의를 일반적인 관점에서 볼 때 전쟁은 서로 다른 정치집단이나 주권국가 간의 정치적 갈등을 각기 상당한 규모의 군대를 동원하여 해결하려는 극한적인 군사적 대결을 지칭한다.[33] 전쟁이란 군사력 사용으로 특징지어지는 두 개 또는 그 이상의 조직 간의 폭력적인 이해의 충돌이다. 이러한 조직은 전통적으로 국가였지만―국제적인 동맹 혹은 현존 국가의 내·외부적인 결속 등과 같은―정치적 이해나 현저한 정치적 결과를 얻기에 충분한 조직적인 무력을 보유할 능력을 갖기 위해 국가가 아닌 조직을 포함할 수도 있다.[34]

위에서 살펴본 전쟁의 정의를 종합해 보면 전쟁은 조직적인 집단 간의 관계에서 법률상의 동등성, 고도의 적대성 및 폭력을 내포하는 법적 상태 및 투쟁의 형태 또는 보다 단순히 둘 이상의 적대집단이 똑같이 군대를 사용하여 투쟁을 하게 하는 법적 상태임을 알 수 있다. 전쟁의 정의는 문헌의 분석을 통해서가 아니라 전쟁을 분석함으로써 규정할 수 있다. 따라서 전쟁의 정의는 상호 대립하는 2개 이상의 국가 또는 이에 준하는 집단 간에 있어서 군사력을 비롯한 각종 수단을 행사하여 나의 의지를 상대방에게 강요하려는 행위를 말한다.

전쟁의 개념에는 몇 가지 특징이 있다. 그 가운데 주요한 특징을 제시하면 다음과 같다.[35] ① 전쟁수단에는 무력행사가 수반된다는 것이다. 경제전쟁, 심리전쟁 또는 냉전 등과 같이 전쟁이라고 불리는 것이 많으나 여기에는 무력행사가 수반되지 않기 때문에 전쟁과는 구별된다. ② 전쟁은 국가 제 역량의 동시적 투쟁이다. 즉 전쟁은 오로지 무력만으로 그 승패가 좌우되는 것이 아니라 경제, 정신 등 제 요소에 의하여 크게 영향을 받는다. 따라서 전쟁수단에는 반드시 무력행사가 수반되나 전쟁 그 자체는 무력행사를 포함한 국

---

32) Clausewitz, *On War*, p.75.

33) 전쟁은 상당 규모의 군사력이 동원된 군사적 폭력행위가 상당 기간 동안 계속되는 경우를 의미한다. Quincy Wright, *A Study of War*, 2nd ed., Chicago: University of Chicago Press, 1965, p.8. 참조.

34) Department of the Navy Headquarter United State Marine Corps, *Warfighting*, Washington, D.C. 1989, p.1. 참조.

35) 국방대학원, 『안보관계용어집』(서울: 국방대학원, 1989), p.85.

가 제 역량의 동시적 투쟁이라 할 수 있다.

③ 현실적으로는 전쟁에 있어서 무력이 행사되지 않는 경우가 있다. 전쟁에 있어서 무력행사가 끊임없이 계속되는 것이 아니라 때에 따라서는 중지되는 경우가 있다. 예컨대 제2차 세계대전 중 일본과 유고슬라비아 사이에 전투 그 자체는 없었으나 유고슬라비아가 연합국의 일원으로서 선전포고에 가담하였기 때문에 양자 간에는 전쟁상태가 성립되고 있었다. 유고슬라비아는 연합국의 한 구성국이었기 때문에 연합국 전체로서는 무력을 행사한 결과가 되는 것이다. 이런 의미에서 보면 전쟁이란 무력행사 그 자체를 말하는 것이 아니라 국제법적으로는 선전포고로부터 강화에 이르기까지의 일련의 상태개념이라고 간주되고 있다.

④ 전쟁은 다만 국가 간의 투쟁만을 뜻하는 것이 아니라 이에 준하는 집단 간의 투쟁도 포함된다. 고대에 있어서의 전쟁은 부족 또는 부락 간의 투쟁이었던 것이 보통이었으며 오늘날에 있어서도 내란 등의 경우 반란을 일으킨 정치단체 등이 교전단체로서 여러 나라로부터 승인되면 국제법상 정식으로 전쟁의 주체가 된다. 예컨대 1930년 스페인 내란에 있어서의 프랑코정권 등이다.

Quincy Wright 교수[36]는 전쟁의 특성을 ① 국가 간의 비정상적인 법적 상태, ② 사회집단의 갈등, ③ 극심한 적대적 태도, ④ 군사력을 사용한 의도적 폭력행위 등으로 보고 이러한 변수들의 조합이 전쟁이란 현상으로 집약될 수 있음을 암시한 바 있다. 즉 이들 변수에 조합이 어떤 분기점을 넘을 때 새로운 상태가 출현하고 이것이 곧 법률과 여론에 의해서 전쟁으로 규정된다고 보고 있다.

2. 전쟁의 속성

1) 클라우제비츠의 삼위일체이론

전쟁의 속성[37]은 클라우제비츠의 '삼위일체(三位一體, trinity)'이론에서 구현되고 있다. 우리가 수행하는 전쟁은 어떠한 모습을 지니고 있을까? 클라우제비츠는 전략가들이 대상으로 삼아야 하는 전쟁의 모습을 다음과 같이 묘사했다. "전쟁은 각각의 특정한 경우마다

---

36) Quincy Wright, *op. cit.*, pp.12~13. 그는 전쟁의 유형을 분류하여 ① 주권국가 간에 발발하는 국가 간 전쟁, ② 서로 다른 문화를 가진 국가 또는 국가집단 사이에서 발생하는 제국전쟁(imperial war), ③ 국내의 반란에 의하여 일어나는 시민전쟁(civil war)으로 구분하였다.
37) 클라우제비츠의 이론인 전쟁의 속성과 마찰에 관한 내용은 황성칠, 『북한의 한국전 전략』(서울: 북코리아, 2008), pp.52~60 재인용.

어느 정도 그의 색깔을 변경시키는 '카멜레온'과 같은 성격을 지니며, 전체적인 현상으로서의 전쟁은 <그림 2-2> 삼위일체에서 보는 바와 같이 지배적인 세 가지 '극(pole)' 또는 '경향(trend)'으로 구성된다. 이 세 가지 경향은 각각 그 고유한 개별적 본질에 깊이 뿌리박고 있고 다양하고 상이한 법을 만들어 내는 것 같지만 하나의 통합을 구성하게 된다."[38]

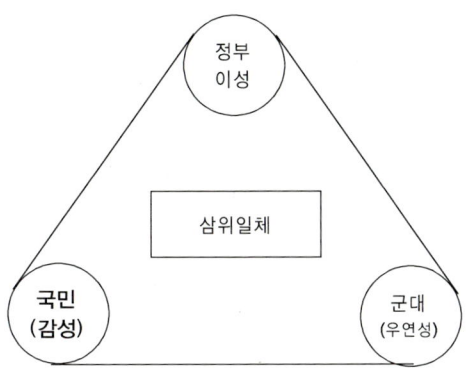

〈그림 2-2〉 클라우제비츠의 삼위일체

이 세 가지 경향은 "맹목적인 자연적 본능이라고 생각되는 원시적인 폭력과 증오나 적대감정, 창조적 정신이 자유롭게 발휘될 수 있는 우연과 확률성이 지배하는 환경의 역할, 그리고 이성의 영역에 속하는 종속의 요소, 즉 정책의 도구가 되는 지적 경향(요소)이다. 이 세 가지 중 첫째는 주로 국민대중(the people, 전투원)에 관한 것이고, 둘째는 전장 환경 하의 지휘관과 군대(the commander and his army)를 의미하며, 셋째는 정부(the government, 국가)에 관한 것이다. 전쟁에서 타오르는 정열은 항상 국민대중에게 내재하며, 우연과 확률성이 지배하는 전장 환경에서 생기는 용기와 재능의 역할 정도는 지휘관과 그 군대의 독특한 특성에 의존하지만 정치적 목적은 정부만의 업무이다."[39] 여기서 클라우제비츠는 현실의 본질을 포함하는 하나의 이론은 이 세 가지 경향을 균형 있게 포괄해야 함을 다음과 같이 지적했다. "하나의 이론이 이들 세 가지 경향 중 어느 하나를 무시하거나 그들 사이의 자의적인 관계를 설정하려고 시도한다면 그것은 현실에 모순이 될 것이며, 그 이유 하나만으로도 그 이론은 전체적으로 무용한 것이 될 것이다. 그러므로 우리의 할 일은 마치 자석 사이에서 그 자석이 당기는 힘에 의해 교묘하게 지탱되고 있는(schwebend, suspended)

---

38) Clausewitz, *On War*, p.89.

39) *Ibid.*, p.89.

물체처럼 이 세 가지 경향 간에 균형을 유지하는 이론을 발전시키는 일이다."[40]

그것은 하나의 현상이 종합적인 것이 되려면 이 세 가지 경향이 어느 한쪽으로 기울지 않고 중심점 또는 지렛목에서 '균형 있게 버티어야 함(suspended)'을 의미한다. 이 균형 있게 매달려 있는 상태가 곧 하나의 통합적인 전체로서의 '삼위일체(trinity)'의 상태인 것이다.

① 제1극 감성(인적) 요소(국민: the people, 전투원): 제1극(경향)은 감성(인적, 人的) 요소로서 원시적인 정열과 적대적 증오를 나타내고 있다. 인적 요소는 단순히 요즘 우리가 흔히 듣고 있거나 피상적으로 말하고 있는 도덕적 요소 또는 정신적 사기를 의미하는 것은 아니다. 오히려 특정한 경우에 과격한 행동이나 무모한 용기나 폭력적 군중심리로 나타나는 인간의 본성에 내재하는 종합적인 심성을 의미한다.[41] 클라우제비츠는 인적 요소를 측량과 계량이 가능한 물질적 실체와 대립시키면서 "그것은 느낌, 흥분, 열정, 야망 및 정열과 같은 것이며 군사적 미덕, 대담성, 지구력이기 때문에 객관적이고 과학적인 요소는 아니다.

어떤 경우에는 불만 붙이면 원시적인 파괴적 증오심과 적대감정으로 치달아 폭도적인 군중행동을 가능하게 하는 심리적 요소이다. 이 요소는 개인적 차원에서보다 집단적 차원에서 발휘될 때 노도와 같은 큰 힘을 발휘하게 된다"고 하였다.[42] 클라우제비츠는 이 인적 요소를 '증오와 적대감정'으로 정의하고 '맹목적인 자연적 폭력'으로 간주했다.[43] 이러한 인적 요소에 대한 정의가 그의 절대전(absolute war) 개념의 기초가 된다는 것이다. 절대전은 모든 요소의 교류가 불가능한 단일한 일방적 흐름의 기능만을 갖게 된다. 그래서 이런 형태의 절대전은 이론(개념)상으로만 존재하는 형태의 전쟁(ideal war)이 된다. 이러한 절대전은 순수형태의 전쟁으로써 '전쟁 그 자체'를 위한 전쟁이라면 그것은 불확실성을 반영하는 제2의 경향 및 인간의 지성과 이성(정부의 정책)을 반영하는 제3의 경향에 대립된다.

우연성이 없는 순수증오의 전쟁에서는 "일단 전쟁이 시작되면 정치적 고려는 완전히 끝나고 순수증오에서 생기는 생과 사의 전쟁만이 인식된다."[44] 이러한 제1의 극단적인 경향만을 반영하는 클라우제비츠의 삼위일체 개념에서는 현실적인 전쟁이 될 수가 없다. 전쟁이 현실적인 것이 되려면 다른 두 경향과 연결되어야 하는 것이다. 여기서 논자는 인적

---

40) *Ibid.*, p.89.
41) 유재갑 외, 『전쟁과 정치』(서울: 한원, 1989), p.78.
42) Clausewitz, *On War*, pp.184~193.
43) *Ibid.*, p.89.
44) *Ibid.*, p.607.

요소는 인간이 가지고 있는 원초적인 감성을 반영하는 뜻이 내포되어 있기 때문에 인적 요소를 감성으로 표현한다.

② 제2극 우연성과 개연성의 요소(군대: the commander and his army): 제2극(경향)은 우연성(偶然性: chance)과 개연성(蓋然性: probabilities)의 요소로서 전장의 불확실성을 의미한다. "모든 인간 활동분야 중에서 전쟁을 가장 도박적인 놀음으로 만들어 버리고, 전쟁은 가끔 예기치 아니한 행운 또는 추측의 업무가 되게 한다."[45] 우연성과 개연성의 경향은 이중적 기능을 수행한다. 그것은 비합리적이고 가설적인 전쟁의 본질이며 또한 이론과 현실 간의 차이를 연결시키는 기능을 갖는다.

다시 말하면 전장의 안개 속에서 불확실성의 환경적 마찰로 인하여 어느 극단으로의 경향에 대해서도 제한적인 작용이 생기게 된다. 불확실성 때문에 순수한 합리적 경향으로 귀착될 수도 없고 완전히 비합리적일 수도 없게 된다. 전장에서는 전장 환경의 불확실성 외에도 적의 의도와 행동을 읽을 수 없는 불확실성이 있다. 이 점이 바로 전쟁의 1차원적이 아닌 2차원적인 현상으로 만드는 요소이다. 따라서 순수한 것은 현실에서는 순수하게 존재할 수가 없게 되는 것이다. 클라우제비츠는 "전쟁술이 인간의 창조적 정신의 자유로운 활동이 되게 만드는 것은 이 우연성과 개연성의 역할"[46]이라고 정의하고 이 딜레마를 해결하기 위해 탁월한 자(천재)의 개입이 불가피하다고 강조하고 있다.

일반적으로 천재는 어떤 특정 분야에 탁월한 능력을 발휘하는 사람을 말하는데 군사적 천재[47]는 많은 힘들을 조화롭게 합치는 사람을 말한다. 군사적 천재의 자질은 창조적인 능력보다는 사려 깊은 사람, 편중된 접근보다는 포괄적인 이해를 갖춘 사람, 격렬한 성격보다는 냉정한 성격의 소유자여야 한다.

③ 제3극 이성(지적) 요소(정부: the government, 국가): 제3의 극(경향)은 이성(지적, 知的) 요소로서 국가의 이성적인 통제능력을 의미한다. 제3극은 본 연구에서 지적 요소를 이성 요소로 전환하여 사용한다. 지적인 요소에서 뜻하고 있는 것은 이성으로 표현하는 것이 쉽게 이해될 수 있기 때문이다. 클라우제비츠는 정부 또는 국가를 유일한 지적 통합실체로 보고 정치 또는 정책을 지성(intelligence, verstand)과 동일시한다. 이 지적 능력이 전쟁을

---

45) *Ibid.*, pp.85~86.

46) *Ibid.*, p.89.

47) 군사적 천재는 일반적인 천재와는 다르다. 모든 행동이 대가의 행동답게 이루어지려면 그 행동은 독특한 성향의 이성과 감성을 필요로 한다. 이 자질이 고도로 탁월하고 비범한 실행능력으로 나타날 경우 이 자질을 지닌 위대한 정신의 소유자는 천재로 표현된다. 군사적 천재는 일반적인 천재와는 달리 모든 요소의 조화로운 배합체로서 하나의 또는 다른 요소가 우월할 수 있지만, 그것이 다른 어떤 요소들과 모순되지 않는다. 군사적 천재에 대한 내용은 Clausewitz, *On War*, pp.100~108을 참조.

종속적 도구로 만들고, 전쟁을 통제와 분별의 대상이 되게 만들며, 목적적이고 이성적(합리적)인 현상이 되게 만든다는 점을 강조한다.

여기서 그가 사용한 용어 지성은 본능의 맹목적 충동에 정반대되는 것이며 극단을 추구하는 대신에 균형을 의미하며 충돌 대신에 조화, 일방의 제거 대신에 공존, 속수무책보다는 자율적 통제, 무지 대신에 지식, 무모함 대신에 분별지를 의미한다.[48] 클라우제비츠의 전쟁 정의 중 "전쟁은 다른 수단에 의한 정치의 계속에 지나지 않는다"[49]는 정의는 국가의 지적 능력을 반영하는 표현이다. 국가의 지적 역량은 순수한 수단으로 인적 요소를 사용하는 목적을 설정하고 유지하는 힘이다.

감정적 힘(인적 요소)은 순전히 사물 그 자체(thing-as-such)이며 목적을 지니지 아니한 상태의 힘이다. 그러나 국가의지가 작용함으로써 비로소 목적을 지닌 수단이 되어 실천적인 의미를 지니게 되는 것이다.[50] 다시 말하면 국가의 마음은 고립적인 단순한 대상 또는 사물을 어떤 목적을 위해 통합시키는 능력을 지니고 있다는 뜻이다. 즉 국가야말로 '전쟁 그 자체(war itself)'를 '정치를 위한 전쟁(war-for-politics)'으로 전환시키는 능력을 지니고 있음을 의미한다. 포괄적 이해란 고립적인 사물 그 자체를 보다 광범위하고 포괄적인 전체로 통합시키는 과정을 의미한다.[51] 국가의 지성이 완전히 작용한다면 전쟁은 정치적 기능의 한 부분적 수단이 되는 것이다. 이때 전쟁은 국가적 통제와 자제의 영역에 속하게 되고 완전히 정치적인 전쟁이 된다. 그러나 현실은 제3의 경향이 완전히 지배할 수 있는 것이 아니기 때문에 현실전은 완전히 정치전, 지성의 전쟁이 되지 못하고 세 가지 경향이 통합된 형태로 존재하는 이중성을 띠게 된다.

전쟁은 절대전쟁과 현실전쟁이 존재하지만 절대전쟁은 현실적으로는 존재할 수 없으나 전쟁의 본질상 관념적으로만 존재하는 전쟁으로서 전쟁의 폭력현상만을 극단적으로 추구하는 전쟁이다. 절대전은 모든 요소의 교류가 불가능한 단일한 일방적 흐름의 기능만을 갖게 된다. 그래서 이런 형태의 절대전은 이론(개념)상으로만 존재하는 형태의 전쟁(ideal war)이 된다. 이러한 절대전쟁이 현실전쟁으로 변하기 위해서는 제1극(인간) 하나만 가지고 될 수 없다. 반드시 2극 이상이 작동을 해야만 현실전쟁으로 변한다.

---

48) J. Gabriel, *Clausewitz Revisited: A Study of the Debate over Their Relevance to Deterrence Theory*, Ph.D. Dissertation Washington, D.C.: The American University, 1976, p.55.

49) Clausewitz, *On War*, p.87.

50) 유재갑 외, 『전쟁과 정치』, p.83.

51) J. Gabriel, *Clausewitz Revisited: A Study of the Debate over Their Relevance to Deterrence Theory*, p.87.

클라우제비츠가 말하는 현실전쟁(Real War)은 정치 목적이 지배하는 전쟁, 전쟁이 정치적 수단으로서 존재하는 전쟁이 현실전쟁이며, 현실적 여건과 정치 목적을 고려한 제한전쟁이다. 전쟁을 지탱하는 세 지주들은 극단으로 치달으려는 전쟁을 정지시키고 균형을 유지하며, 전쟁을 현실전쟁으로 되게 하는 핵심적인 요소이다. 즉 인적 요소로부터 발생되는 증오심 및 적개심에 의해 전쟁은 절대전의 성격을 띠게 되는데 여기에 우연성과 불확실성의 마찰요소가 작용함으로써 절대전쟁에서 이탈하게 되며, 또한 국가라는 지적 요소가 작용함으로써 비로소 전쟁은 합리적 목적을 추구하는 현실전쟁이 된다는 것이다. 절대전쟁에서 이탈하여 삼위일체가 균형을 유지하도록 하여 현실전쟁으로 전환하게 하는 요인은 마찰요소이다.

2) 클라우제비츠의 마찰이론

클라우제비츠의 '삼위일체'이론에 영향을 미치는 마찰요소는 여러 가지 요인에 의해서 나타나고 있다. 클라우제비츠의 마찰[52](Friction)이론에 대해 살펴보자. 마찰은 실제 전쟁과 탁상(이론적) 전쟁을 구분하는 유일한 개념이다. 군사조직이나 군에 속한 모든 것은 본질적으로 매우 단순하므로 다루기 쉽게 보인다. 그러나 그 가운데 어떤 부분도 단일체로 구성되어 있지 않고 모든 것이 전 방위로 독특한 마찰력을 지닌 여러 개체들로 복합적으로 구성되어 있다는 것을 염두에 두어야 한다.

예컨대 대대장은 주어진 명령의 이행에 대해 책임을 지는 인물로 공인하는 열정적인 인물이며, 대대는 군기를 바탕으로 굳게 결속되어 있기 때문에 마치 하나의 철축을 중심으로 각목이 거의 마찰을 일으키지 않고 회전하듯이 대대장을 중심으로 대대가 마찰 없이 움직이는 것은 이론상 가능하다. 그러나 실제로는 그렇지 못하다. 관념상의 모든 과장과 허위는 전쟁에서 곧바로 드러난다. 대대는 수많은 인간들로 구성되어 있으므로 그중 가장 하찮은 구성원일지라도 우연한 기회에 대대기동을 정체시키거나 다른 부정적인 영향을 줄 수 있다.

전쟁 자체가 가져오는 위험과 전쟁이 요구하는 육체적 노력은 앞에서 거론한 해악을 더욱 증대시키는 까닭에 이러한 위험과 육체적 노력은 해악이 중대한 원인들로 간주되어

---

52) 마찰(摩擦, Friction): the rubbing of one body against another, the clashing between two person or parties of opposed views. *Webster's New Collegiate Dictionary*, G. & C. Merrian Company Springfield, Massachusetts, U.S.A. 1975. 한 물체가 다른 물체 위에서 운동하려 할 때에, 그 닿는 면에서 받는 저항을 말한다. 또는 의견이 맞지 않아 서로 충돌하는 일, 알력을 말한다. 민중서림편집국, 『엣센스 국어사전』(서울: 민중서림, 1998).

야 한다. 이와 같은 마찰은 역학에서처럼 몇몇 지점에만 국한되지 않는다. 이 마찰은 어디서든지 우연과 만나게 되면서 예측할 수 없는 현상들을 초래한다. 왜냐하면 이 현상들은 대체로 우연에 속하는 것이기 때문이다. 이러한 우연의 예로 기상을 들 수 있다. 안개는 적을 적시에 발견하는 것, 포병이 적시에 사격하는 것, 상황 보고가 사령관에게 적시에 전달되는 것 등을 방해한다. 비가 내리면 대대는 3시간 내에 행군하여 도착할 수 있는 거리를 8시간 만에 도착하게 되고 진흙밭에서 정체되기 때문에 기병이 효과적으로 돌격하지 못하게 된다.[53]

마찰은 쉽게 보이는 것을 어렵게 보이도록 만드는 요소이다. 따라서 탁월한 야전 지휘관은 경험과 의지 외에도 다른 많은 비범한 정신적 특성을 구비해야 한다는 사실이 명백해진다. 전쟁의 분위기를 조성하고 모든 활동을 어렵게 만들며 전장을 지배하는 요소는 위험(Danger), 육체적 노력(Physical Exertion), 정보(Intelligence), 마찰(Friction) 등이 있다. 이러한 요소는 전장을 지배하는 방해요소들로서 모두 일반적 의미의 마찰이라는 개념에 포함된다. 이러한 마찰을 완화시키는 것은 군의 전쟁습관이다.

군이 평화 시 기동연습을 실시함으로써 전쟁습관을 대신하는 것은 실제 전쟁경험과 비교해 볼 때 미약하지만, 기계적 숙달에 중점을 둔 훈련을 하는 다른 군보다 훨씬 유리할 것이다. 평화 시 기동연습은 모든 마찰요소들이 내포된 상태에서 개별 지휘관들의 판단력, 신중함, 결단력이 훈련되도록 계획되어야 한다. 이러한 기동연습은 전쟁경험을 통해 전쟁습관을 알 수 없는 사람들이 생각하는 것보다 훨씬 더 중요한 가치가 있으며 이러한 경험은 이미 절반 정도는 전쟁에 익숙해져 있다고 볼 수 있다.[54] 여기서 강조하고 있는 내용은 우리들이 아무리 완벽하게 전쟁계획을 수립하였다 해도 현장에서 접하는 상황은 계획대로 작전이 수행되지 않는다는 것이다. 앞에서 열거한 위험, 육체적 노력, 정보, 마찰 등이 끊임없이 방해를 하고 또한 적들의 대항력과 수시로 변하는 기상도 상상력을 초월하기 때문에 이러한 우발상황을 수없이 많이 상정해서 전쟁에 대비한 기동훈련만이 이러한 마찰을 극복할 수 있다는 것이다.

---

53) Clausewitz, *On War*, p.119.
54) *Ibid.*, p.122.

제2절 전쟁의 원인론

전쟁의 원인이란 말은 많은 의미를 가지고 사용되어 왔으며 전쟁의 원인은 학자들에 따라 학설이 다양하다. 퀸시 라이트에 의하면 전쟁의 원인이 어떤 특정한 전쟁에만 관련된 사건, 상황, 행위 혹은 개성이라고 보는 사람들이 있는가 하면 다른 한편에서는 전쟁의 원인은 많은 전쟁에 적용될 수 있는 일반적인 명제라고 보기도 한다. 한편에서는 전쟁의 원인은 인간의 충동, 사상 혹은 가치들의 종류로 보기도 하나 다른 한편에서는 비인간적인 힘, 상황, 과정, 유형 혹은 관계들의 종류로 보기도 한다.

전쟁의 원인은 안정된 상황 속으로 교란요소를 유입 혹은 투입하는 것으로 보기도 하나 한편에서는 상황 자체 내의 본질적인 안정조건의 결핍이나 잠재가능성에 대한 인간인식의 실패로 보기도 한다. 이러한 견해의 차이는 전쟁의 원인이란 말에 대한 의미의 차이를 나타내 주고 있다. 사회과학자, 역사학자 및 정치인들은 의미의 차이를 종종 원인으로 돌리기도 한다. 그리하여 그들은 전쟁의 원인에 관하여 차이 나는 관점을 가지고 있다.

1. 전쟁에 대한 제 관점

전쟁의 원인에 대한 연구와 논쟁은 오랫동안 계속되어 왔으나 전쟁의 발발동기, 목적, 진행과정, 결과양상이 복잡하기 때문에 쉽게 정립되기란 어려운 것이 사실이다. 전쟁연구에 있어서 학자들은 여러 관점에서 전쟁의 원인을 보아 왔다.

첫째, 인간은 본능적으로 호전적이라는 관점이 있으며 이러한 관점에서 보면 인간생활에는 투쟁이 필요하다는 것이다. 즉 인간의 경쟁적이고 투쟁적인 본질이 사회적으로 파괴적인 면에서 건설적인 면으로 표출되는 배출구를 찾게끔 유도함으로써 파괴적 행태를 조작하여 전환한다는 것이다.

둘째, 생물학적 학설에서 Charles Darwin은 그의 명저 『종의 기원』에서 "생존경쟁은 개체 간 및 변종 간에 가장 격심하게 행해진다"고 말했으며 Charles Letourneau는 『인류의 제 종족 간 전쟁』에서 "전쟁이란 동물에 있어서나 인류에 있어서나 동종에 속하는 집단 간의 생사를 건 야만적인 투쟁이다"라고 말하였다. 그리고 다윈이나 르토르너는 전쟁을 생물계의 보편적 현상이라고 보았으며 생물진화에 관한 생물학적 법칙을 전쟁에 적용함으로써 전쟁발발 및 진화의 법칙을 규명하려고 하였던 것이다.

둘째, 인류학적 학설에서 Lewis Morgan은 그의 저서 『고대사회』에서 인류의 진화과정을 야만시대, 미개(未開)시대 및 문명시대 등 3시대로 구분하고 야만시대와 미개시대를 다시 각각 전기·중기·후기로 세분하는 한편, 문명시대를 고대와 근대로 구분하였다. 그런데 그는 인류가 처음으로 무기를 갖게 된 것은 야만시대 후기부터의 일이라고 말하고 있다. 미개시대에도 전쟁에 대하여 눈을 싹트고 있었으나 문명시대에 들어서서 비로소 전쟁이 발전되었다고 말하였다. 몰강을 비롯한 인류학자들은 인류학적 방법으로써 전쟁을 연구하고 특히 원시사회에 있어서의 전쟁현상을 실증적으로 파고들어 전쟁의 기원과 진화에 관하여 연구하였던 것이다.

셋째, 사회학적 학설에서는 사회생물학파, 사회심리학파, 낙관주의학파, 미관주의학파 등 많은 분파가 있다. 사회생물학파로 불리는 일파를 사회다윈주의라고도 하는데 Lndwig Gumprowitz는 생존경쟁의 법칙이 생물계의 철칙일 뿐만 아니라 인류계에 있어서의 필연의 법칙이기 때문에 이종의 종족적 통일체에는 크건 작건 종족 대립이 작용하며 이 최소의 종족대립은 사정에 따라 투쟁 및 전쟁을 일으키는 데 충분한 원인이 된다고 보았던 것이다. 그리고 Gustor Ratzonnofer는 정치적 투쟁의 근본원칙으로서 절대적 적대성법칙을 세워서 국가 내에 있어서 수 개의 정치적 인격자 간의 대립이 일정한 경우에 반드시 정쟁 또는 내분을 일으키듯이 국제간에 있어서도 제 국가의 관심의 적대가 필연적으로 국제투쟁 또는 전쟁을 야기한다고 보았다. 한편 사회심리학파라고 불리는 일파는 사회심리학의 원리를 전쟁현상에 확대 적용함으로써 전쟁의 본질이나 원인을 분명히 하려 하였던 것이다. 이 학파의 특색은 전쟁의 원인을 인간에게 고유한 투쟁본능에서 구하고 있다는 점이다.

넷째, 마르크스주의 학설에서는 공산주의자들은 전쟁을 생산수단의 사유를 유지·강화·확대시키기 위한 집단 간의 무력적 투쟁형태라고 규정하고 있다. 특히 전쟁도 정치와 같이 그 시대에 있어서의 경제적 제 관계를 기반으로 하여 발생하는 현상이라고 보고 있는 것이다. 마르크스·엥겔스에 의해서 기초를 이룬 전쟁론을 종합 정리한 것은 레닌이었다. 그는 클라우제비츠의 "전쟁은 다른 수단에 의한 정치의 연장이다"라는 명귀를 애용하였다. 그는 "자본주의의 최고단계로서의 제국주의"라는 논문 가운데서 제국주의시대에 있어서의 정치의 본질은 독점자본에 의한 세계재분할을 위한 투쟁이라고 지적하고 각 자본주의제국의 불균등한 발전으로 말미암아 파괴된 균형을 다시 회복하기 위해서는 제국주의 진쟁이 발발하지 않을 수 없는 것이라고 주장하였던 것이다. 즉 공산주의자들은 모든 것을 경제에 귀일시키고 있듯이 전쟁의 원인도 경제관계에 있다고 보고 있는 것이다.

다섯째, 정치학적 학설에서 클라우제비츠는 실제로 여러 전쟁은 정치의 표현 또는 그 표상 이외에 아무것도 아니라고 보고 정치요인이 전쟁을 결정하는 이상 정치적 관점을 군사적 관점에 종속시키려는 것은 무의미하다고 주장하였다. 따라서 그는 일류공동사회의 투쟁, 즉 전 국민의 투쟁 중에서도 문화가 발달한 국민의 전쟁은 반드시 정치적 동기에 의해서만 야기된다고 보았으며 전쟁은 하나의 정치적인 행위라고 주장하였다. 이와 같이 클라우제비츠는 전쟁의 원인을 정치에서 규명하려 하였던 것이다.[55]

이와 같이 전쟁의 원인에 관해서는 여러 학설이 있으나 이것은 어디까지나 하나의 학설에 지나지 않으며 또한 전쟁원인의 한 면을 설명해 주는 데 불과한 것이다. 왜냐하면 전쟁원인을 일률적으로 규정할 수 없기 때문이다. 다시 말하면 전쟁원인은 이 지상에 전쟁이 있었던 것만큼의 수와 비례할 만큼 각양각색이라고 보아야 할 것이다. 따라서 전쟁원인은 개개 전쟁사를 연구하여 개개 전쟁이 왜 발생했는가를 이해해야 할 것이며 모든 전쟁의 원인을 추상화하여 일반화한다는 것은 학문의 세계에서는 혹시 가치가 있을지 모르나 현실에 있어서는 큰 도움이 되지 못할 것이다.

2. 전쟁원인의 의미

1) 전쟁의 과학적 원인

과학자들은 현상의 원인을 추구함에 있어 보편적인 것과 특수한 것은 하나의 실체의 여러 측면임을 가정한다. 그들은 특정한 사건들을 일반개념이나 사상으로 분류하고 혹은 종합하여 분석하려 한다. 그리고 이러한 일반개념이나 사상은 측정 가능하고, 제재 가능하며, 반복 가능하고, 그리고 관측 가능한 현상들로 나타내지고 이 현상들은 하나의 공식 속에서 변수나 상수로 취급 가능하다. 과학자들은 비록 어떤 연구분야에 정확히 정의될 수 있거나 측정될 수 있는 종류에 포함되지 않는 사건들이 있음을 인식하기는 하지만 어떤 요소들이 영구히 모호하고 평가할 수 없다는 것을 믿기를 꺼려한다.

과학적 사고방식은 국제관계 속에서 내재된 힘, 이해관계, 통제 및 동기에 대한 정상적인 기능을 기술하려 하고, 세력균형, 국제법, 국제기구 및 국제여론에 관한 추상적인 명제

---

55) 국방대학원, 『안전보장이론 1』(서울: 국방대학원, 1989), pp.329~331.

를 공식화하려 해 왔다. 따라서 그들은 국가의 주요결정이 전체 상황에 대한 올바른 평가 없이 도출된다면 평화는 늘 위험상태에 있다고 믿는다. 그러므로 과학적 사고방식은 전쟁의 원인을 그러한 평가를 어렵게 하고 매우 불가능하게 만드는 조건과 일치한다. 이들의 견해에 의하면, 전쟁의 기본원인은 인류가 평화조건의 수립에 실패한 데 있다는 것이다. 또 그들은 전쟁은 정글세계에서는 불가피하고 평화는 인위적 조작물이라고 생각한다.

2) 전쟁의 역사적 원인

역사가들은 미래는 미래지향적인 의지와 야망을 내포한 과거의 발전이라는 것을 가정한다. 그들은 사건들을 변화와 발전에 대해서 공통적으로 관측된 과정을 나타내 주는 사상으로 분류하려 한다. 축적된 힘을 발산하는 사건들에 대한 공통경험으로 인하여 역사가들은 전쟁의 원인으로부터 전쟁의 위기를 구별하는 경우가 종종 있다. 사람들은 인간의 본성, 경제 및 정치적 이해관계, 사회적·정치적 및 법적 절차와 조직, 그리고 종교적 및 이데올로기적 구속에 대해서 정통하다고 생각하기 때문에 역사가들은 가끔 이러한 표제로서 전쟁의 원인을 분류한다.

그리하여 역사가들은 어떤 특정한 전쟁의 전례에 관한 상세한 지식으로부터 인간의 동기, 충동 및 의도에 관한 실제적·정치적 및 법률적인 상식으로서 전쟁에 관련될 수 있는 사건, 환경 및 조건들을 묘사함으로써 원인을 입증하려 추구해 왔다. 역사가들이 보다 더 일반적인 방법으로 전쟁의 원인을 기술하려 할 경우에는 단순히 역사의 어느 주어진 기간에 일어난 특정한 전쟁들의 원인을 분류하는 것만을 의미했다.

3) 전쟁의 실제적 원인

실제적인 정치가, 정치평론가 및 법학자들은 변화는 환경 안에서 작용하는 자유의지로부터 기인한다는 점을 가정으로 하고 있다. 이들은 사건들을 사건이 유래하는 동기와 목적에 의해서 분류를 하려 한다. 그리하여 이들 가정은 비록 문제들을 실제적인 목표에 따라 형체화했고, 또 역사가들이 자주 생각하는 사건과 비인간적인 힘을 배제하기는 하지만 역사가들의 가정과 유사하다. 인간은 자신의 행위를 합리화하려는 성향 때문에 정치평론가들은 가끔 전쟁의 원인과 구실을 구별한다. 이와 똑같은 방법으로 의사들도 보다 빈번하게 환자의 병을 유전이나 병든 건강상태로 인한 환자의 민감성이나 사회의 공공의료혜택의 실패보다는 세균이나 적절한 예방조치의 실패로 돌린다.

그래서 실제적 사람들은 언제나 전쟁을 야망, 욕망, 증오, 열망 및 불합리의 복합체로서의 인간의 본성의 표현으로 보아 왔다. 이들은 의식이나 책임감의 정도는 문제를 취급하기 위하여 궁리하는 조치의 중요한 요소라고 주장한다. 이러한 과정에 의한 인간 동기의 분류는 법과 경제학에서 친숙해 있다. 정치평론가들은 가끔 전쟁의 인과관계에 있어서 필연적·관습적·합리적 및 변덕스러운 행위를 구별한다. 이들은 다음과 같은 상황에서 전쟁이 일어난다고 제시한다. ① 인간과 정부는 그들이 싸워야만 하거나 존재를 끝내야만 하는 그래서 필연적으로 싸워야만 한다고 믿는 상황에 그들 자신이 처해 있을 때, ② 인간과 정부가 부, 권력, 사회적 전염성과 같은 것을 바랄 때 그리고 전쟁의 책략은 잘 숙지되어 있고 다른 방법이 실패한다면 이들은 전쟁을 그들이 원하는 것을 얻는 합리적인 방법으로 사용한다. ③ 인간과 정부는 어떤 자극 앞에서 싸움을 요구하는 이데올로기를 위하여 싸우는 관습을 가지고 있고 그리하여 싸워야 할 상황에 처해 있을 때, ④ 인간과 정부는 싸움을 잘하고 지루하다거나 혹은 좌절과 열등감의 희생물이기 때문에 싸움하기를 좋아한다고 느낀다. 따라서 그들은 구원이나 완화를 위해서 자발적으로 싸운다.

3. 전쟁의 원인에 관한 이론

1) 인간적 수준의 이해 이론

월츠는 전쟁 원인에 대해서 미시적 단위로 인간의 본성을 기준으로 연구했다. 그러나 이에 대한 해석은 낙관론과 비관론으로 구분된다. 행태주의자들로서 구성된 낙관론자들은 전쟁의 원인이 인간의 본능에 내재하고 있다고 보는 데 반해, Augustine, Spinoza, Reinhold Niebuhr, Morgenthau와 같은 비관론자들은 전쟁의 원인을 낙관론자들과 마찬가지로 인간의 본능에서 찾고 있지만 이러한 전쟁본능을 제거될 수 없고 교정될 수도 없다고 주장한다. 따라서 비관론자들은 전쟁과 사회적 갈등을 인간존재의 부산물로서 당연한 현상으로 받아들이며 그들은 이러한 인간의 전쟁본능은 오직 강제적 권위에 의해서만 억제될 수 있다고 믿는다.[56] 그런데 이러한 인간의 수준은 국제정치에서 정책결정자로서 적용된다. 왜냐하면 국가 간의 전쟁 결정은 결국 국가외교정책을 최종적으로 결정하는 권한을 지닌 정책결정자의 결심에 달려 있기 때문이다. 따라서 전쟁 원인은 인간 본성에서도 찾을 수 있지만 직접적으로는 외교정책결정자의 심리적 측면에서도 규명될 수 있다.

---

56) 백종천, 『국가방위론』(서울: 박영사, 1987), p.35.

(1) 사회적 진화이론

다윈은 『종의 기원』과 『인간의 혈통』[57]에서 인간의 기원과 역사, 진화, 본성, 생식의 변화 등에 대한 관심, 특히 성(性)의 선택문제에 대한 집중적 논의를 전개했다. 그는 고등동물의 진화과정은 성의 선택을 통해 가장 많은 영향을 받고 이런 성의 선택은 두 가지 형태의 성적 투쟁을 통해 이루어진다고 했다. 첫 유형의 성적 투쟁은 정쟁의 축출이나 살해이며, 둘째 유형은 상대성의 호감이나 관심을 얻으려는 경쟁이다. 이런 선택으로 인한 인간의 투쟁은 다른 자연적 선택으로 인한 경쟁보다도 더욱 직접 표출된다는 것이다.

사회적 진화론(Social Darwinism)은 Ludwig Gumprowitz, Gustor Ratzenhofer, Herbert Spencer가 대표적 학자이다. Gumprowitz는 생존경쟁의 법칙이 생물계의 철칙일 뿐만 아니라 인류계에 있어서의 필연의 법칙이기 때문에 서로 다른 종류로 구성된 종족적 통일체에는 크건 작건 종족대립이 작용하며 이 최초의 종족대립은 사정에 따라 투쟁 및 전쟁을 일으키는 데 충분한 원인이 된다고 보았다.[58] Ratzenhofer는 정치적 전쟁의 근본원칙으로 절대적 상대성법칙을 세우고 국가 내에서 수 개의 정치적 인계자 간의 대립이 일정한 경우에 반드시 정쟁 또는 내분을 일으키듯이 국제간에도 모든 국가의 관심(종교적·왕조적·민족적 관심)의 상대가 필연적으로 국제투쟁 또는 전쟁을 야기한다고 보았고,[59] 스펜서는 다윈보다도 먼저 '적자생존'의 중요성을 강조했으며, 진화론을 인간사회뿐만 아니라 우주 전체의 발전과정에 적용하려 했다.

특히 스펜서는 초기의 인간사회는 공포로 가득 찬 불안한 상태였기 때문에 인간은 사회적 통제의 필요에 의하여 종교적·정치적 제도를 발전시켰다는 것이다. 그러나 사회적 조직이 확대됨으로써 사회적 통합을 위한 강제의 기능은 점점 약화되었으며 반면에 생존을 위한 협동의 기능이 점점 증대됨에 따라 사회는 강제적 통제를 특징으로 하는 군대사회로부터 산업사회로 진화되었다는 것이다. 여기서 스펜서는 산업사회가 발전할수록 갈등은 점점 둔화되지만 개인 대 개인 또는 제도 대 제도 간의 간접적 경쟁은 계속되므로

---

57) C. Darwin, The Original of Species by Mans of Natural Selection or the Preservation of Favored Races in the Struggle for Life(1859); Darwin The Descent of Man(1871).

58) Ludwin Gumprowitz, Der Rassenka, pf, Soziologische Untersuchungen, 1983, pp.154~195.

59) Gumprowitz는 "생존경쟁의 법칙이 생물계의 철칙일 뿐만 아니라 인류계에 있어서의 필연의 법칙이기 때문에 이종의 종족적 통일체에는 크든 작든 종족대립이 작용하여 이 최소의 종족 대립은 사정에 따라서는 투쟁 및 전쟁을 일으키는 데 충분한 원인이 된다"고 하였다. 그리고 랏센호퍼는 정치적 투쟁의 근본원칙으로서 절대적 적대성 원칙을 세워서 국가 내에 있어서 수 개의 정치적 인격자 사이의 대립이 일정한 경우에 필히 정쟁 또는 내분을 야기하듯이 국제간에 있어서도 제 국가의 관심(종교적·왕조적·민족적 관심)의 적대가 필연적으로 국제투쟁 또는 전쟁을 야기한다고 했다. Ibid. pp.154~195: Gustan Ratzenhofer, Wesen Zwech der politik, als Teil der Soziologie und grundlage der Staatwissenschafften 3 Bde, 1893, pp.20~21.

이런 투쟁을 통해 적격자와 부적격자가 구별되며 장기적으로 계속되는 생존경쟁 속에서 최우수한 적격자만 생존한다고 하였다.

요약하면 사회적 다윈주의는 사회도 생물과 마찬가지로 경쟁을 통해 진화하고 발전할 뿐만 아니라 적자생존의 원칙에 의해 약자는 제거된다는 이론이다. 따라서 사회적 진화론은 전쟁을 문명발전의 필요악으로 간주했다. 이러한 사회적 진화론은 적자생존의 원칙에 입각한 자국의 국가이익의 극대화 명분을 전제로 전쟁의 순기능을 주장했던 국제적 사회 진화주의로 발전하여 결국은 역사적으로 파시즘, 나치즘과 결부되었다.[60] Benito Mussorini는 제국주의를 파시즘의 정수라고 부정하고 자국 내에서만 국가이익을 추구하는 정책은 퇴폐의 징후이며 범세계적 평화의 불가능을 믿었기 때문에 평화주의를 거부했다. 한편 나치즘은 전쟁 원인을 종족주의와 영토주의에서 찾아 국제적 사회진화론은 갈등을 찬양하고 국가들 간의 전쟁을 강조한 이론이라는 것이다. 오늘날 파시즘과 나치즘은 찾아볼 수 없지만 공산주의자들이 전쟁과 무력의 수단을 통해 세계적화를 지향하고 있다는 점에서 명분은 다르지만 공산주의가 국제적 사회진화론과 맥을 같이하고 있음을 알 수 있다.

(2) 공격본능 이론

인간 공격의 유기체적 근원에 관해 사회 심리적으로 다음의 가설이 제시되고 있다. ① 공격은 오직 본능적이라는 입장과 ② 공격은 오직 학습되는 것, 그리고 ③ 좌절에 의해 활성화되는 내적 반응이라는 것이다.[61]

먼저 공격본능이론은 인류문화학자들이 대체로 전쟁을 인류 진화 과정에서 표출된 전환기 현상으로 본다. 루이스 리키(Louis Leakey)는 원시시대의 동물인간들이 폭력을 사용하기 시작했다고 가정한 데 반하여, 로버트 아드레이(Robert Ardrey)는 인간은 처음부터 공격성 본능에서 발생된 폭력을 사용하기 시작했다고 주장했다.[62]

20세기 초의 저명한 공격본능이론 분야의 학자로는 윌리엄 제임스(William James)와 맥도우걸(William Mcdougal)을 들 수 있다. 맥도우걸은 본능은 "습득되는 것이 아니라 배움으로써 수정될 수 있다"고 하여 공격의 본능은 인간 속에 상존하는 것으로서 항상 배출구를 찾고 있다고 하였다.

---

60) James A. Schellenberg, The Science of Conflict, New York: Oxford University press, 1982, pp.19~26.

61) cf: Leonard Berkowitz, Aggression: A Social Psychological Analysis, N.Y.: McGraw Hill, 1962, ch. 2.

62) Edward E. Azar, probe for Peace, Minneapolis, Minnesota: Burgess, 1973, pp.7~8.

근대에 와서 이러한 이론을 펼친 사람은 프로이트(Sigmund Freud)와 로렌츠(Konrad Lorenz)이다. 또한 국제정치학의 영역에서 모겐소(Hans J. Morgenthau)는 이러한 공격본능을 다른 생존번식, 지배의 본능과 밀접한 관계를 가지고 있는 것으로 보고 권력정치이론을 정립하였다.[63]

그러면 제 이론 중에서 특히 인간의 공격성과 정치적 갈등의 관계를 과학적으로 규명하려고 노력했던 로렌츠의 공격본능이론을 연구해 보고자 한다.[64]

로렌츠는 다른 동물과 마찬가지로 인간도 공포, 성욕, 굶주림 등과 더불어 공격본능을 갖고 있다고 주장했다. 공격성이란 타인으로부터 도전을 받을 때 회피나 도주하지 않고 분노를 느끼고 싸움으로 대항하려는 성향인데 이런 공격성은 자신과 종족을 보호하고 식량을 확보하는 데 필요한 영토를 지키며 종족의 진화를 위한 성의 선택과정에서 긍정적으로 작용한다.

로렌츠는 이러한 공격성 이론을 인간에 적용했다. 인간은 이빨, 독성 등과 같은 본래의 위력을 지닌 공격수단을 가지고 있지 못하지만 고도의 살상력을 발휘할 수 있는 무기 제조 능력과 그에 따른 큰 파괴능력을 보유함으로써 거의 제한을 받지 않고 공격성을 발휘할 수 있다는 것이다.

그가 인간의 공격성, 정치적 갈등 관계를 과학적으로 규명하려고 노력한 연구결과는 다음과 같다.[65] 첫째, 공격성이란 다른 종 사이에 발생하는 것이 아니라 같은 종의 구성원 간에 주로 일어난다는 것이다. 어떤 종의 동물이 먹이를 얻기 위해 다른 종의 동물을 죽일 때 이는 공격이 아니라 전형적인 공격본능을 물고기나 동물 혹은 새가 같은 종의 구성원들부터 자기의 영역을 보호하려는 집요한 성격에서 행해지는 행동이다. 따라서 공격성이란 진화론적인 의미에서 볼 때 종족보존 기능을 제공하는 것으로 보았다.

둘째, 침입자와 싸움을 걸게 되는 장소는 대개 자기 영역의 중심이라는 것이다. 로렌츠는 같은 종류의 종족 내에서 이웃에 대해 공격을 조금이라도 하지 않으면 타 동료에 의해 자신의 영역을 상실할 뿐만 아니라 새끼들을 위한 식량원을 상실하기에 공격하지 않으면 안 된다고 주장했다. 셋째, 결속행위를 강하게 나타낼수록 공격적이게 된다. 가족을 기초 단위로 맺어진 인간의 결속도가 다른 동물보다 상당히 강하다고 할 때 인간들이 가장 공

---

63) Hans J. Morgenthau, Politics Among Nations : The Struggle for Power and Peace, 4th ed., New York: Alfred A. Knopf, 1978.

64) Konrad Lorenz, On Aggression, New York: Harcourt Barce Jovanovich, 1966.

65) 백종천, 앞의 책, pp.39~41.

격적일 수 있다는 결론을 도출해 낼 수 있다.

넷째, 로렌츠는 여러 동물 중에서 완화된 공격본능이 존재한다고 본다. 특히 큰 먹이를 구하는 동물과 떼 지어 사는 동물들 간에 공격억제 메커니즘이나 완화된 제스처가 존재함을 발견하고 인간도 하등동물처럼 그의 공격적 충동을 통제하고 의식화할 것을 바란다. 여기서 공격의 본능, 즉 공격의 의식화(Ritualization of Aggression)란 같은 종류의 침입자를 격퇴하기 위해 위협하는 일련의 의식화된 행위를 포함하는 고정된 동기의 형태인데, 암컷 오리의 예를 들어 의식적 유인(Ceremonial Inciting)을 설명하고 있다. 즉 암컷오리는 다른 한 쌍의 적의 오리가 자신의 대담성에 놀랄 때까지 위협적으로 대항하다가 그 후 적대적인 싸움이 있기 전에 자신의 용기를 재정비하기 위해 재빨리 수컷오리에게 감으로써 실제 싸움에 가담함이 없이 암컷오리는 자신의 경고를 전달한다는 것이다.

다음은 국제정치학의 영역에서 공격본능이론을 적용한 모겐소의 이론이다. 그는 힘의 투쟁이란 시공간을 초월한 보편적 사회현상으로 모든 인간은 다른 인간들(개인, 집단, 국가)을 지배하고자 하는 공격본능이 있기 때문에 지배의 욕구에서 파생되는 인간관계는 권력투쟁을 유발하며 이러한 힘의 투쟁관계는 결국 국가 간의 대립상태로까지 확대된다고 한다.

힘의 개념은 대략 3가지 특징으로 설명될 수 있다. 첫째, 국가의 지배계층이 궁지에 빠지면 전 국민을 전쟁수행 및 준비에 광분케 해 정부를 지지하도록 유도하며 또한 국가 지배계층의 권위가 높아지고 힘이 축적되면 해외에서 전쟁을 획책하려 한다는 것이다. 둘째, 특정지역에 정치, 군사적 힘의 공백이 발생하면 인접국가나 이해관계가 있는 타 국가가 새로운 영향력 행사의 기회를 갖거나 자국의 정책목표를 위해 전쟁을 도발한다고 보았다. 셋째, 어느 한 국가의 경제력과 군사력의 증강이 현저하거나 또는 팽창주의 추구의 야심적인 정책결정자들이 군사력 등을 급속히 증강해 영향력 행사의 새로운 전기를 마련할 때 타국과 직접 대립하는 경우가 있다고 했다. 즉 독일과 일본의 경제력, 군사력이 증강되었을 때 자연스럽게 취해진 외부 지향적 팽창정책은 필연적으로 영·미의 세력불균형의 예상에 기초한 강력한 대응책에 견제당함으로써 제2차 세계대전을 자초할 수밖에 없었다는 것이다.

(3) 좌절 – 공격 이론

전쟁의 발발은 공격본능의 발산보다는 긴장, 좌절, 염려, 박탈감 따위로 생기는 극도의 불만상태가 공격으로 지향되어 전쟁으로 확대된다는 견해가 심리학이나 사회심리학계에서 크게 대두되고 있다.

비교적 오랜 이론으로서 맥도락, 프로이트 등에 의해 가끔 주장되다가 고전적 주장으로 인정되게 된 것은 제2차 대전 발발 전 돌라드와 동료들의 연구였다. 그들은 '공격성은 언제나 좌절감의 결과'라는 가정을 출발점으로 한다. 특히 그들은 '공격행위의 발생은 언제나 좌절의 존재를 전제로 하며 반대로 좌절의 존재는 언제나 어떤 형태의 공격으로 이끈다'는 것을 당연히 생각했다. 이들은 좌절이란 "행동의 연속에서 적절한 시간에 동기 유발된 목표 반응이 일어나는 것을 방해하는 것"으로 정의하였다.[66]

돌라드는 공격에 대한 충동의 강도가 ① 좌절된 반응에 대한 충동의 강도, ② 좌절된 반응의 방해 정도, ③ 좌절된 반응의 수 등에 따라 변한다고 했다. 공격은 목표 지향적 활동이 좌절되었을 때에만 일어나고 박탈이 인식되지 않을 경우는 일어나지 않고 모든 좌절 행동이 반드시 노골적인 공격행위를 야기하지는 않는다고 지적했다. 공격이 행해질 때 처벌이나 바람직하지 않은 결과의 가능성이 크면 클수록 공격행위의 가능성은 적어진다.[67]

돌라드-두드(Dollard-Dood)의 가설은 1940년대 초기 이래 수정·정비되고 있다. 이 가설의 문제점은 좌절이 항상 공격을 가져오지는 않는다는 것이다. 여러 학자들이 좌절감 이외에도 공격의 원인이 있다는 이유로 좌절-공격의 가설을 비판했다.[68] 이런 비판을 받는 문제점은 사회심리학의 영역 이전에 개인 심리의 수준에서도 야기된다. 이는 좌절-공격이론의 가치를 떨어뜨린다고 할 수 없으나 그 이론을 복잡하게 만들고 있다. ① 심리학자들은 좌절-공격 관계가 단순한 것이며 사실상 자동적인 자극-반응 형태인지 또는 분노나 공포와 같은 감정적인 상태가 개입되어야 하는 것인지 혹은 개입될 수 있는지에 대해 심리학자들은 의견 일치를 못 보고 있다. ② 좌절의 구성은 완전히 객관적인 문제가 아니고 개인의 인식과 해석에 의존한다.[69] ③ 어떤 학자들은 일차적인 좌절과 이차적인 좌절을 구별하고 능동적인 좌절과 피동적인 좌절 사이를 구분해, 어떤 형태가 다른 종류

---

66) John Dollard, Leonard W. Dood, Neal E. Miller, et. al., Frustration and Aggression, New Havan: Yale University Press, 1939, pp.1~7.
67) Ross Stagner, "The Psychology of Human Conflict", Elton B. McNeil, The Nature of Human Conflict,. p.28.
68) Leonard Berkowitz, Aggression: A Social Psychological Analysis, N.Y.: McGraw Hill, 1962, p.29.
69) Ibid. pp.32~48.

의 공격적 반응을 유발시킨다고 생각한다.[70] ④ 일상적인 또는 자주 반복되는 목표지향적인 행동을 방해받는 데서 생기는 좌절 사이에 분명한 구별이 안 되어 있다. ⑤ 좌절-공격 징후를 어린이에게는 비교적 쉽게 볼 수 있지만, 어른들에게는 애매하다. ⑥ 공격행위가 일어날 때 그것은 최초의 목표와는 빗나가거나, 가장되거나, 대치되거나, 지연되거나, 그렇지 않으면 변경될 수가 있다.[71]

따라서 개인의 심리행위 연구로부터 도출된 가설의 적용을 통해 사회적인 행위를 설명할 때에는 좌절-공격 이론이 실험적 증거에 의해 뒷받침되나, 비교적 간단한 자극-반응 실험으로부터 더욱 미묘하고 복잡한 인간행위의 양태, 특히 정치적으로 조직된 인간 행위의 양태들을 설명하려고 연장·확대하려 할 때는 보다 많은 문제점들이 해결되어야 한다는 데 주의해야 한다.[72]

(4) 사회학습 이론

앞의 이론은 인간이 자신의 유전적 본능과 문화적 유산에 의해 전쟁을 일으킨다는 결정론적 변수를 강조하나 사회학습이론은 보다 환경적 변수를 강조하며 공격성향은 학습의 결과로 습득된다고 하며, 이런 개인적 공격성이 문화적 영역으로 전이된 결과로 야기된 폭력현상이 바로 전쟁이라 한다.

즉 사회학습이론은 자극-반응 이론에서 또 하나의 변수, 인간의 인식을 개입시켜 인간의 침략성을 설명하고자 한다. 다시 말하면, 인간은 외부로부터 어떤 자극을 받게 되며 그에 상응하는 반응을 보이는 것이 아니고 그 자극을 나름대로 검토·평가한 후 자기에게 가장 유리한 반응을 보인다는 것이다. 즉 자극-반응 이론은 '자극⇒반응'으로 도식되지만, 학습이론은 '자극(독립변수)⇒인식(매개변수)⇒반응(종속변수)'으로 도식될 수 있다.

Hardley Cantrill은 자극-반응의 기계적인 반응이 아니고 오히려 과거 경험에 의해 형성된 여러 전제들에 근거를 두고 있다고 강조했다. 즉 "우리가 사물을 보는 방법과 우리가 형성한 태도와 견해를 생을 통해 우리의 경험으로부터 배운 전제에 기초를 두고 있다. 일단 전제들이 형성되고 다소 효과적이라고 증명되면, 그들은 관심으로 초점을 모으고 명백히 관련 없는 것을 가려낸다. 그리고 우리의 목적과 직접적인 관계를 가지는 것처럼 보이

---

70) Sanford Rosenzweig, "An Outline of Frustration Theory", J. McV. Hunt ed., Personality and the Behavior Disorders, New York: Ronald Press Company, 1944, pp.381~382.

71) Elton B. McNeil, "Psychology and Aggression", op. cit., p.204.

72) Dougherty & Pfaltzgraff, Jr., op. cit., p.269.

는 환경이 다른 면을 강화하는 요인으로 작용한다."[73]

자극-반응이론과 학습이론에 대한 참고자료로 1950년에서 1967년까지의 중·소 외교 형태를 분석한 연구결과는 매우 유익하다. 연구결과 양국은 상대방에 대한 인식보다도 상대방의 행동에 의해 더 큰 영향을 미친다. 즉 자극-반응 이론이 설명력이 더 강하다고 분석했다.[74] 또한 1950~1969년간의 아랍-이스라엘 관계의 분석 결과를 보면 시간적 요소나 관계가 있고, 학습이론은 단기적인 국가행위를 설명하는 데는 어느 정도 정확하나 장기적인 국가행위의 설명에는 자극-반응이론이 더 정확하다는 것을 시사한다. 즉 이스라엘의 보복행위 후에는 아랍국의 공격이 주저하게 하고 시간이 경과하면 이스라엘의 보복행위가 아랍국의 행동을 견제하는 효과가 약해진다. 즉 시간의 경과 후 아랍국은 다시 이스라엘의 보복행위에 도전한다는 것이다.[75]

즉 어느 이론이 보다 설득력이 있다고 단정할 수는 없다. 그러나 통상 학자들은 자극-반응이론이 현실적으로 부합한다는 견해를 갖고 있다.[76]

(5) 이미지 이론

심리학자들은 국제 갈등을 분석함에 있어서, 치환(Displacement)과 투사(Projection)의 현실을 '국민상(national images)'의 개념과 연관시킨다.[77] 앞에서의 이미지는 교육제도, 민속, 뉴스 미디어와 다른 사회화의 수단을 통하여 전달되는 이른바 다른 나라에 대한 전통적인 역사적 견해에 의해 이루어지는 선택적인 인식(따라서 어느 정도의 인식상의 왜곡)의 과정을 반영한다. 하나의 '이미지'에 신비로운 것은 없다. 켈만(Kelman)에 의하여 이 용어는 단지 "개인의 인식체계 내의 어떤 대상에 대한 조직된 표현······ 그 대상이 어떤 것이냐 하는 개개인의 관념"을 설명할 뿐이다. 집단 간이나 국제적 갈등으로 발전하는 집단 간의 긴장과 결정은 간혹 개개인의 심적 상태로 추적되는 경우가 많은데 그와 같은 심적 상태

---

73) Hadley Cantrill, The Human Dimension: Expression in Policy Research, New Brunswick, N.J.: Rutgers University Press 1967, p.16.

74) Franz Mogdis, "The Verbal Dimension in Sino-Soviet Relations: A Time Series Analysis", paper presented the American Political Science Association Meeting, L.A. California, 1970.

75) Barry Blechman, "The Impact of Israel's Reprisals on Behavior of the Bordering Arab Nations Directed at Israel", Journal of Conflict Resolution. ⅩⅥ. No.2(June 1972), p.171.

76) 박상식, 『국제정치론』(서울: 집문당. 1989). p.309.

77) Dougherty & Pfaltzgraff, Jr., op. cit., p.281 : 치환이나 투사는 사람이 스트레스를 해소할 때, 직접적인 스트레스 원인을 해결하지 않고 문제 자체보다는 문제왜곡을 통해 해결하는 '자아방어기제'의 일종들이다. 투사란 자신에게 설정하고 싶지 않은 바람직스럽지 못한 특성이나 성질을 타자에게 돌림으로써 우리를 보호해 주는 하나의 무의식적 장치이다. 투사를 통해서 자신이 좋지 못한 성질을 시인한다는 것을 다른 사람에게 과장되게 전함으로써 어느 정도 자신을 변호할 수 있다. 예로써 첩으로 들어온 여인이 '전실 자식들'이 자기를 미워한다고 하소연하는 것이 예가 될 수 있다. 그리고 치환이란 한 형태에서 충족될 수 없는 동기를 새로운 채널로 방향 전환시키는 것이다. 좌절을 준 대상에 대해 분노를 나타낼 수 없는 경우, 덜 위협을 주거나 더 쉽게 얻을 수 있는 대상으로 분노를 전향시킨다. Ernest R. Hilgrand L. Atkins and Richard C. Atkins, Introduction to Psychology, 7ed., N.Y.: Harcourt Brace Jovanovich, 1979, pp.429~430.

는 정치적으로 조작 가능하고 그곳에서는 왜곡된 인식이 정확한 인식보다 더 중요할지도 모른다.[78]

전문분야로 보면 심리학자라기보다는 경제학자인 Kenneth Boulding은 복잡한 정치적 조직체의 행위는 가능한 선택분야에서 원하는 위치의 선택을 위시한 제 결정에 의해 이루어지며 그리고 그것은 더 나아가 결정자의 '이미지'의 기능이라고 지적했다. 그 이미지는 과거에 받은 메시지의 산물이다. 즉 메시지의 단순한 축적물이 아니라 '중요한 정보의 고도로 구조화된 부분'이다. 모든 국가는 국가에 대해 생각하는 국민의 이미지의 복합체이다. 따라서 이미지는 하나가 아니라 여럿이다. 더욱이 국가에는 중요한 결정을 하는 비교적 소규모의 권력자들이 이미지와 권력자들의 결정에 의해 영향을 받고 단지 간접적으로 결정에 참여하는 일반 국민(대중)의 이미지가 있다. 이것은 민주적인 체제에 있어서 더욱 그렇고 독재나 전체주의 체제에 있어서는 덜하다.[79] 또한 볼딩은 제국은 소수의 강력한 집단이 이미지를 형성하고 결정해서 대중에게 영향을 주고 있으나 타국에 관한 인상들은 대부분 어린 시절에 주로 가족 집단에 의해 형성된다고 한다. 이미지를 권력자 대중에게 현명하게 부여한다고 생각하는 것은 잘못된 생각이다. 설령 이런 현상이 있다 해도 역의 현상이 있다는 것이다. 즉 이미지가 본질적으로 대중이미지거나, 가족과 친숙한 상면집단을 통해서 전수되는 '민중의 이미지(folk image)'이다. 특히 수립된 지 오래인 역사적인 국가의 통치자일수록 대중에게 이미지를 부과하기보다는 그들과 공유된 이미지를 많이 갖고 있다고 한다. 신생국가에게 가족문화는 종종 국가적 충성심의 강한 요소를 포함하지 못하고 오히려 종교적 이상이나 가족에 대한 충성심을 강조한다.[80]

이러한 이미지 중에서 특정국가에 대한 적대적 이미지가 역사적으로 계속되고 강화되면 '거울 이미지(Mirror Images)' 현상이 나타난다. 각 국민들은 자국민은 미덕과 인내성을 지니고 평화를 사랑하는데 적대 국가는 기만적이고 제국주의적이며 호전적이라고 생각한다. 사회심리학자들에 의하면 적에 대한 인식은 틀린 것일지라도, 현 상태를 형성해 주고 자기실현적 예언을 가져오는 데 기여할 수 있다. 즉 의심이 고조될 때, 일방의 방어적인 움직임은 다른 쪽에게 '도발적(挑發的)'으로 보여 더 심한 '방어적인' 반작용을 불러일으킨다. 이것은 전자의 의심을 단지 확신시켜 주는 데 기여할 뿐이다.[81]

---

78) Dougherty & Pfaltzgraff, Jr., op. cit., p.281.

79) Ibid.

80) Kenneth E. Boulding, "National Images and International Systems", Journal of Conflict Resolution, III, June(1959), pp.20~21.

이러한 거울 이미지의 개념으로 여러 전쟁형태를 설명하고 있다. 먼저 Ralph K. White는 양차 대전과 월남전을 모두 자신과 적을 객관적으로 관찰하지 못했던 결과라고 한다. 그는 이 전쟁에서 양측이 모두 죄가 있다고 평하면서, 비록 어느 측이나 어떤 더 크고 작은 점의 정도의 차이는 있겠지만 6가지 인식적 왜곡이 있음을 지적하고 있다.[82] ① 적의 이미지는 악마적이고, 비인도적이고, ② 자국의 이미지는 일단 자세가 취해지면 남성적이며, 강력하고 꾸준하다. ③ 자국의 이미지는 도덕적이고 문명화되었고 어떤 희생을 무릅쓰고라도 구원할 가치가 있다고 여기며, ④ 선택적인 부주의가 있다. 자신의 실수와 적의 가치를 얼버무려 버리고 자신의 파괴를 제외하고는 주변 제국에 주는 모든 가능한 폭력적 효과와 모든 가능한 미래의 결과를 모호하게 숨기고 있다. ⑤ 자신의 의도가 아무리 무죄라 해도 특정 행동이 적에게 어떻게 보일 것인지에 대한 이해능력이 없으며, ⑥ 제3국의 군인개입에 대한 고려 능력의 부족을 비롯해서 군사력의 과대확신에 차 있었다고 한다.

또한 스탠포드대학의 Holsti, North 및 Brodie 등의 교수들은 분쟁 중인 국가 간의 착각과 상호의 악마관 따위에 관하여 분석을 했다. 분쟁 중인 국가들은 자신을 선하고, 평화적이고, 조장이 정당하다고 보고 있고, 적은 나쁘고 공격적이며 호전적이며 음모적이라고 보고 있다. 결국 이것들은 상호 오해와 부정적 이미지의 고정화를 가져와서 결국은 분쟁상황에 있어서의 현저한 특징을 이루며, 이것이 빈번한 적대감의 악화를 가져온다는 보고를 하고 있다.[83]

따라서 거울 이미지와 관련된 어려움의 하나는 서투른 관찰자의 생각에 따라 쉽게 의사추론을 불러일으킨다는 점이다. 이러한 의사추론 혹은 사이비추론이 불러일으키는 문제점에는 다음과 같은 것들이 있다. ① 쌍방의 사회·정치적 가치는 구분이 어렵게 된다. ② 어느 쪽도 공격자나 방어자의 역할을 적절히 배역받을 수 없다. ③ 양측 모두 똑같이 장단점이 있고, 국제긴장을 야기한다. ④ 양측의 전략적 행동은 근본적으로는 비슷한 사고과정에서 나온다. ⑤ 이미지 왜곡의 감소는 쌍방이 똑같이 쉽게 성취할 수 있다. 거울 이미지의 지지자에 대하여 공평히 말한다면 그들은 그것으로부터 도출될 수 있는 비이론적인 추론으로부터 그들 자신을 분리시키려는 노력을 종종 하고 있다는 것이 지적되어야 한다. 예를 들어 화이트는 "쌍방에 어느 정도 진실이 있을 것이라는 명제는 쌍방에 똑같은 정도의 진실이 있을 것이라는 아주 다른 명제와 구별되어야 한다. ……자민족 중심주의

---

81) Ross Stagner, "The Psychology of Human Conflict", Elton B. Mcneil 편, The Nature of Human Conflict, Englewood Cliffs, N.J.: Prentice-Hall, 1965, p.46.

82) Ralph K. White, "Misperception and the Vietnam War", Journal of Social Issues(1966), pp.22~23.

83) Edward E. Azar, Probe for Peace: Small-State Hostilities, Minneapolis, Minn: Bugress Publishing Co., 1973, p.12.

를 피하기 위해 지나치게 뒷걸음침으로써 상대방의 견해에 너무 많은 타당성을 부여하는 것이 전적으로 가능하다. ……"[84]고 경고하고 있다.

브론펜브렌너(Bronfenbrenner)는 미국인의 대소관(對蘇觀)을 변경시키는 것이 소련인의 그것보다 훨씬 쉬울 것이라는 확신을 피력하고 있다. 폐쇄사회, 교조사회에 살고 있는 소련인이 훨씬 더 상투적 성향(stereotype)에 빠져 있으며 부정과 전위에 의한 자신의 방어에 집착되어 있다고 한다. 양측을 비교 연구해 보면 소련이 더 강한 흑백사고, 도덕적 자기제일주의, 불신, 귀인성, 책임전가, 지각적 왜곡 및 현실부정을 보여주고 있다고 한다.[85]

이미지에 대해서 또 다른 측면에서 살펴보면 선입견, 편견, 고정관념과 같은 현상에 대한 이해들이다. 카렌 호니(Karen Horney)는 개인이 신경질적으로 영광을 추구하려는 것에 대한 관념을 알아보면, 사람은 어린 시절에 겪었던 모욕을 풀기 위해서 개인적인 승리와 눈에 보이는 성공을 요구하는 이상적인 자신의 모습과 자신의 실제의 모습을 혼동하고 있다는 것이다.[86]

현대의 인간이 자유의 부담으로부터 도피하려는 욕구에 관한 Erich Fromm의 명제는 국내와 국제 정치의 특정한 모습을 이해하는 데 또한 중요하다. 인간은 자신이 통제할 수 없는 거대한 조직과 사회적 힘 앞에 무력감과 고독감을 느껴 피학적(被虐的)으로 자신을 전능한 국가에 맡기고 국가와 완전히 동일시하고 그렇게 함으로써 더 거대한 집단의 운명 속에서 만족을 추구하려는 유혹을 받게 된다고 말하고 있다.

국가의 권력에 스스로 기꺼이 복종하려 하며 그는 그의 국가가 약자를 희생시켜 자국의 국경 밖으로 권리를 주장하기를 원한다.[87] 국내의 권력 앞에 자신을 맡겨 버릴 준비가 되어 있는 인간은 국가가 약자인 국민을 희생하여 국경 너머로 국가 자신을 시위해 나갈 것을 원하게 된다.[88] 즉 이것은 개인이 자신의 약함을 국가가 대신해서 폭력과 전쟁으로 보완해 줄 것을 원하고 있다고 해석할 수 있다. 결국 프롬은 국가의 지도자 집단이나 거대한 민중의 집단이 현저한 신경증에 빠지게 되면 국제적 행위에 공격적인 영향을 줄 수 있다고 하였다.

---

84) William Eckhardt and Ralph K. Whike, "A Test of the Mirror Image Hypothesis: Kennedy and Khruschev", Journal of Conflict Resolution. XI(September, 1967). p.240.

85) Urie Brofenbrenner, "Allowing for Soviet Perceptions", in Roger Fisher. ed., Intentional Conflict and Behavioral Science. The Craigville Papers, N.T.: Basic Book, 1964, p.172.

86) Karen Horney, Neurosis and Human Growth, New York: W. W. Norton and Company, 1950, pp.21~27.

87) Erich Fromm, Escape from Freedom, New York: Rhinehart and Company, 1951, pp.21~22, 141~142, 164~168.

88) Ibid.

끝으로 심리학적 이론 중의 하나로 Leon Festinger에 의해 개발된 인식상의 불일치(Cognitive Dissonance)와 일치성에 관한 이론이다.[89] 간단하게 서술하면 그 이론은 개인이 그의 가치와 환경 그리고 그의 행동에 관한 그의 지식 속에 일어날지도 모르는 불일치를 줄이려는 정상적인 경향에 관한 것이다. 불일치는 가치, 환경, 행동 세 가지 중 하나를 수정함으로써 줄여질 것이다. 담배를 피우지 않는 사람은 오늘날의 과학적 연구의 결과로부터 유추해 볼 때 흡연이 건강과 생명에 위험하다는 사실을 너무나 쉽게 깨닫게 된다. 그러나 상습적인 흡연가는 이 문제가 야기될 때, 인지상의 불일치를 겪는다.

그는 건강이 중요한 재산이라고 생각하고 앞으로의 결혼, 자녀 양육과 생명의 연장을 위해 신중히 행동해야 할 도덕적 의무를 느낄 것이다. 그는 아내로부터 금연 요구에 부딪히게 되고 그렇지 못한 사실 때문에 고통을 받는다. 그는 갖은 방법을 써서 이런 불일치점들을 줄여 나가려고 시도한다.[90]

우선 그는 담배를 끊을 수 있다. 그러나 끊을 수 없는 여러 유혹 즉 피로를 풀어 주고 창의력을 높여 주거나 핵전쟁으로 한꺼번에 죽을 수도 있는 미래의 위협 속에서 현재의 즐거움을 희생시켜서는 안 된다는 사실 등을 떠올리려 할 것이다. 그러나 담배의 악영향으로 죽음을 상상하고 가족들의 경제적 어려움을 인식해 생명보험을 들 수도 있다. 그는 자기와 불일치를 가져오는 원인이 아내의 강력한 권유에 의해서라는 사실을 생각하고 이러한 의견을 바꾸려는 자신의 주장을 펼쳐 나갈 것이다. 애연단체를 찾거나 흡연이 주는 유리한 정보를 얻기 위해 노력과 자원을 투자할 수 있다. 이상과 같이 개개인은 그의 행동이나 가치 또는 환경을 바꿈으로써 내부의 불일치를 줄이려고 노력한다. 물론 자기의 지식을 재구성하는 것은 행동을 변화시키거나 외부의 현실을 변화시키는 것보다 더 쉬운 일이다.[91]

인지상의 불일치로부터 벗어나면 또는 인지상 일치를 모색하려는 이러한 정상적인 경향은 국제관계 수준에서의 갈등의 연구를 위해서 중요한 암시를 주고 있는가? 이것이 만약 관계가 된다면 그것은 최고정책결정자의 마음속에 있을 것이다. 예로서 특정국가의 지도자들이 그들 국가의 가치체계와 반대되는 가치체계를 가진 적국을 전쟁에서 승리하여 무장 해제나 궤멸시킬 때까지는 영원한 안전을 이룩할 수 없다는 이론적 근거를 확신하고 있다고 가정해 보자. 그러나 핵무기 비축이 늘어남에 따라 또한 그 지도집단은 두 강

89) Leon Festinger, A Theory of Cognitive Dissonance, Stanford: Stanford University Press, 1957: Conflict, Decision and Dissonance, Stanford: Stanford University Press, 1964.

90) Dougherty & Pfaltzgraff, Jr., op. cit., pp.284~285.

91) Ibid.

국 간의 직접적 적대행위는 상호 간의 자살을 가져옴이 분명하다는 것을 알고 있다. 그러므로 대부분의 지도자들은 인지상의 불일치를 줄이려는 노력으로 세계 상황에 대한 그들의 지식형태를 재구성하기 시작한다. 어떤 지도자들은 적국의 파괴에 대한 그들의 최초 주장을 표하고 자국의 안전이 '공포의 균형'에 의해 보장받을 수 있다는 관점에서 만족을 얻으려 한다.

다른 지도자들은 두 국가의 가치체계의 대립되는 성격을 감소시키고 종속적인 수렴이 이루어지기를 희망한다. 또 다른 지도자들은 불일치 감소를 위한 다른 길을 추구하고 있다. 더러는 군사적 수단보다는 오히려 정치 심리적 수단에 의해 적을 무력화시키기를 바란다. 더러는 전략적 우월이 성취될 수 있고, 그 후 과감한 핵 제1격은 신속하고 감당할 만한 대가를 치른 승리를 가져올 것이라고 믿는가 하면, 더러는 제3국의 출현에서 전통적인 두 적국이 그것을 견제하기 위해 지금은 협동해야 하는 공통의 위협을 인식할 수도 있다.[92]

앞에서 논의한 이러한 인지상 불일치 이론은 한 사회 내에서 내부 혁명의 문제에 실마리를 던져 줄 수 있다. 인간이 그의 사회적 이상과 현존하는 정치체계의 실제 사이에 참을 수 없이 넓은 차이를 인식할 때 그들은 현실로부터 소외감을 느끼게 되고 그들의 이상적인 비전에 따라 외부의 환경을 재구성할 목적으로 혁명적 조건을 지향함으로써 내적 불일치를 줄이려고 추구한다. 즉 수동적인 지지를 하거나 폭력에 의한 저항을 하는 등 여러 가지 행동 속에서 불안정하게 방황할 것이다. 이것은 부분적으로 예상되는 보상과 처벌을 저울질하는 문제로서, 심리학자들이 말하는 개인 내부의 '접근－회피(approach-avoidance)' 갈등의 범주에 속한다. 그리고 여기서는 적대적 경향이 매우 강해서 상극되거나 신경증적 행위를 낳게 된다.[93]

따라서 이러한 내용을 바탕으로 인지상 불일치이론과 다른 한편으로는 국제적인 전쟁 및 내부적인 혁명적 갈등의 원인에 관한 이론 사이의 관계에 대해 다음과 같은 가설을 제시할 수 있다. 즉 현대 기술의 발달, 특히 핵미사일 무기와 사회적 갈등의 요소로서의 커뮤니케이션 미디어의 발달은 개인과 사회적 집합체의 마음속에 하나의 인지상 불일치 형태를 야기한다. 그리고 이러한 인지상의 불일치는 핵국가와 비핵국가에 있어 사회 내부의 갈등과 폭력의 가능성을 증가시키는 반면 적어도 그동안에 핵 강대국과 그 직접적인 동맹국 사이에 직접적인 국제적 군사 적대행위에 대한 압력을 희박하게 할 것처럼 보인다.

---

92) Ibid., pp.285~286.
93) Judson S. Brown, "Principles of International Conflict", Journal of Conflict Resolution, I(Jane, 1957). pp.137~138.

여기 합류점에 있어서는 여러 가지 다른 요소들이 있다. 즉 사회과학자에 의해 오랫동안 가설로 받아들여졌으나 결코 결정적으로 증명되지는 않는 사회 내부의 폭력과 사회 외부의 폭력 사이의 역관계에 대한 발달된 무기기술과 커뮤니케이션의 영향이다.

(6) 오지(誤知)에 의한 전쟁

정치심리학자들은 전쟁의 원인을 설명하기 위해서 전쟁의 개시 여부나 위기관리과정을 국가 상호 간의 정책결정자들이 타방의 의도와 능력에 대한 오지(misperception)의 소산에서 비롯되었다는 이론을 주장하고 있다.[94] 전쟁이 촉진되는 과정에서 지도자들의 오지가 결정적인 작용을 했다는 것이다.

이러한 오지의 발생은 다음과 같은 상이한 관점에서 발생한다. 첫째, 지도자의 자기 자신에 대한 자각이다. 즉 대부분의 국가지도자들의 공통적인 사항은 단기결전에서 승리하고 전쟁 전체를 승리로 이끌 수 있다는 과신이다. 이는 지도층의 과대망상증에서 비롯된다고 볼 수 있다. 따라서 많은 지도자들은 전쟁 직전에 가졌던 현실과 동떨어진 괴리적인 시각을 전쟁 자체를 치름으로써 시정받는 경우가 허다한 것이다. 양차 세계대전 시 카이저와 히틀러의 과신, 6·25전쟁 시 2개월의 단기결전으로 남한을 석권할 수 있다고 판단한 김일성의 과신, 1956년 수에즈 운하를 둘러싼 영·프의 전투, 인디라 간디에 대한 파키스탄의 야하칸의 허장성세와 월남전의 미국의 개입 동기 등에서 발견할 수 있다.

둘째, 적의 성격에 대한 지도자의 오지이다. 적에 대한 편견이 전쟁을 촉진한다. 제2차 세계대전 시 히틀러의 슬라브 민족에 대한 편견, 증오와 경멸이 빚은 1941년의 소련에 대한 공격의 한 요인이었음은 주지의 사실이다. 셋째, 자기를 보는 적의 의도에 대한 지도자의 오지이다. 지도자가 적이 자기를 공격할 것이라고 생각할 때 전쟁 확률은 높아질 것이다. 이런 판단은 상호 확산의 과정을 겪어 쉽게 전쟁에 이를 것이라고 이해될 수 있다. 4차 중동전쟁의 원인 중 하나는 1967년 이후 이스라엘이 점령지를 영원히 소유하려 한다는 생각에 사로잡힌 시리아와 이집트의 확신이 전쟁의 직접적인 원인이 된 것이다. 넷째, 적의 힘과 능력에 대한 지도자의 오지이다. 즉 적의 능력에 대한 오판이다. 월남전 시 케네디로부터 닉슨에 이르는 5명의 대통령들은 지상과 공중의 무자비한 공격 등으로 월맹은 붕괴되리란 생각을 했고 이는 미국의 오판임이 드러났다. 한국전쟁 시 맥아더의 오판

---

94) cf: Robert Jervis, et al., Psychology and Deterrence, Baltimore, John Hopkins University Press, 1985, in Richard N. Lebow, Between Peace and War: The Nature of International Crisis, Baltimore, John Hopkins University Press, 1981.

중의 하나는 중국의 전쟁 개입 불가라는 판단이 전쟁을 장기간 끌게 되는 원인이 되었던 것도 동일한 예에 속하는 것이다.

오지에 의한 전쟁의 원인을 설명하는 것은 결과론적인 해석일 수도 있다. 그리고 과거의 사실을 명백히 증명하는 데에도 사실과 다를 수도 있다. 그러나 전쟁 발발에 있어서 지도자의 성격에 나타난 치명적 결함이나 자아 약점 등이 결정적인 작용요소이며, 더불어 전쟁발발의 가장 중요한 촉진요인이 오지에 기인한 것이라 부정할 만한 반증도 제시할 수 없다고 본다. 왜냐하면 평범한 인간사에서도 과대망상과 자기망상은 분명히 전쟁의 의미에서의 파괴와 같은 불행을 자초할 수 있기 때문이다. 그러나 오지에 의한 전쟁의 설명은 전쟁의 촉진요인을 설명해 줄 수는 있지만, 근본적인 전쟁의 원인을 설명해 줄 수 없는 제한점을 갖고 있다.

2) 사회·국가적 수준의 이해 이론

인간과 관련된 제 현상을 사회나 국가적 수준에서 연구하는 사회학자, 인류학자, 정치학자들은 갈등을 어느 집단에서든지 자연적으로 생기는 정상적인 병발현상(倂發現像)으로 간주하는 경향이 있다. 사회적 적응, 공동가치의 지향, 체제유지를 강조하고 있는 점에서 Talcott Parsons에 동조하는 학자들은 예외에 속한다. 사회변동보다는 사회질서에, 동태적 사회보다는 정태적 사회에 보다 깊은 관심을 갖고 있는 파슨즈 학파는 갈등을 분열적이고 역기능적인 결과를 초래하는 병적 현상으로 본다. 그러나 마르크스로부터 George Simmel 과 Ralf Dahrendorf에 이르는 서구의 많은 사회학자들과 파슨즈 학파 이전의 대부분의 미국 사회학자들과 최근의 몇몇 학자들은 갈등이 사회적 목적에 긍정적으로 작용한다는 견해를 보여준다.[95] 이러한 견해를 참고로 월츠의 국가적 분석수준에서 전쟁의 원인을 연구해 보고자 한다.

월츠의 두 번째 분석수준인 국가 분석수준에서 일국의 호전성은 그 국가의 정치 제도의 특성, 생산과 분배 양식, 엘리트 구성, 국민성 등에 의해 결정된다고 본다. 이런 관점에서 국가는 통상 합리적 행위자로 간주되어 국가는 자국의 국가이익과 국가목표를 최대로 달성하기 위하여 행동을 결정하며 이로 인하여 야기된 국가들 간의 목표 갈등은 전쟁을 유발하기 쉽다는 것이다. 결국 국가적 수준에서 국가행동은 바로 그 국가사회의 특징(민

---

95) Dougherty & Pfaltzgraff Jr., op.cit, p.302.

주주의 또는 전체주의, 자본주의 또는 사회주의, 선진국가 또는 발전도상국가 등)에 의하여 결정된다는 것이다. 여기서 사회적·국가적 수준에서의 전쟁원인을 그 국가사회의 성격과 사회집단의 행동에서 찾아보고자 한다.[96]

(1) 사회현상으로의 공격

전쟁은 사회적 공격이며 집단현상이며 사회현상이라고 한다. 인류학자인 Leonard Berkowitz는 전쟁을 생물학적 유기체현상이 아닌 사회적 현상이라고 했다.[97]

태평양 연안의 제 종족들을 전문적으로 연구해 온 바이다(A. P. Vayda)는 전쟁을 인간과 자원 및 토지 간의 적응과 부적응 과정의 일부로 보았다. 동부 뉴기니아 고원의 마링족(族)을 연구한 후 전쟁은 식량의 감소와 이로 인한 영토 확대의 결과임을 알게 되었다고 한다. 전쟁을 가져오는 생태적 균형의 파괴는 인구와 식량보급에서의 일련의 변화로 그 균형이 회복될 때까지 계속된다고 하였다.[98]

개인적 좌절은 상황의 인식 같은 환경에 의해서 공격으로 진행되거나 퇴행되거나 완화되며 다른 방향으로 전향되기도 한다. 즉 자신을 포함한 사회적 환경에 의해서 큰 영향을 받는다. 거대한 집단형태의 수준에서 이 가설은 무엇보다도 시간소요의 차이로 가설을 검증하기 매우 어렵다. 즉 시간차가 크면 클수록 양 요소의 관련성이 불확실하다.

사회현상적 공격론자들은 집단적·조직적 싸움이 개인의 자발적 폭력과 구별된다고 주장한다. 후자는 살인이나 내적 무질서의 전조는 되어도 전쟁의 조건은 될 수 없다는 것이다. 대규모 전쟁은 생물학적 욕구나 심리적 상태보다는 사회적 구조나 조건에 의해 발생된다고 한다. 섬너(Sumner)는 전쟁은 개인 간이 아닌 집단 간의 분쟁으로부터 근원된다고 한다. 외부의 적과 대항하기 위해 내적 단결력을 강화하고 평화와 협조적 정열을 증진시키기 위해서 외부집단과의 전쟁과 적개심의 앙양이 필요한 요소가 될 수 있다.[99] 감정과 가치에 대한 복잡한 문화적 반응이 모두 전쟁이라고 한다. 복잡한 문화의 변수를 이해함이 없이 전쟁을 이해할 수 없을 것이다. 즉 전쟁에 있어서 포함하고 있는 제 요인들은 이러한 사회나 집단이 가지고 있는 현상으로서의 전쟁을 의미한다고 이해할 수 있겠다.

---

96) 백종천, 앞의 책, pp.35~36, 43.

97) Leonard Berkowitz, op. cit., p.29.

98) 홍양표, 앞의 책, p.141.

99) William Graham Sumner, *War and Other Essays*, New Haven: Yale University Press, 1911, excerpted in Bramson and Goethals, eds., *War: Studies from Psychology*.

(2) 집단 갈등론

전쟁은 집단 간의 분쟁현상이다. 집단은 갈등의식을 느끼고 이것이 표면화되면 조직을 형성하고 조직은 갈등을 의식하면 강화된다. 집단분쟁은 개인분쟁과 여러 면에서 상이한 성격을 지닌다. 구성원은 통일되고 대표된 이익이나 의사 또는 제도에 따른다. 즉 국가 간 분쟁은 지도자나 외교관 등이 아닌 국가라는 집단 또는 조직의 구속이나 특성에 기인하는 분쟁이 된다.[100] Simmel이나 Weber는 "분쟁은 사회생활에서 배제될 수 없다"[101]고 하며 이들의 주장의 중심은 많은 사회심리학자들처럼 개개의 정책수립자에 두지 않았고 파슨즈와 같은 구조 기능론자들처럼 사회체제에 두지도 않았으며 오직 자기중심적인 집단 간의 투쟁에 두었다.[102]

집단갈등의 주요한 분석개념은 개인 및 개인에 의해서 만들어지는 조직과 집단이 추구하는 물질적·이념적 이익에 있다. 이들은 구조 기능적 입장에서처럼 정치과정이 사회 전반적인 이익을 충족시킨다고 보지 않고 또 마르크스적 입장에서처럼 지배계급의 이익에만 봉사하고 있다고 보지 않는다. 집단갈등의 입장에서는 정치과정이 국내, 국제적으로 정치적 이익을 얻기 위한 계속적인 투쟁으로 보인다. 광의의 입장에서 이와 같은 투쟁은 강제와 지배의 상황하에서 수행된다고 말하고 있다. 집단 간에 일어나는 정치적 투쟁의 성과는 Randall Collins가 언급하다시피 마르크스의 이론처럼 "유일하게 또는 지배적으로 집단들의 경제구조와의 관계에 의해서 결정되는 것은 아니다"[103]라고 한다. 집단갈등론은 집단의 특성이 중심이 된 체제균형이론이며 이익을 추구하기 위한 이익투쟁, 이익균형, 이익조절 및 이익지배 과정의 설명이다. 이익들은 개인적이면서도 때로는 별개의 집단성을 지닌다. 따라서 개인적 분석과 체제적 분석은 밀접히 연결될 수 있다.[104]

---

100) 홍양표, 앞의 책, p.143.

101) Quoted in Edward A. Sills and Henry A. Finch, *Methodology of the Social Sciences*, Flencoe, Ill.: Free Press, 1949, p.26.

102) 이에 대해서는 제4장 제1절 2항을 참조: Nelsoc & Olin, op. cit, pp.51~57.

103) cf. Randall Collins, *Conflict Sociology*, N.Y.: Academic Press, 1975.

104) 홍양표, 앞의 책, p.152.

(3) 제국주의 전쟁이론

국가 간의 전쟁원인이론 중에서 레닌이 마르크스 이론을 토대로 제1차 대전의 원인을 밝히고자 개진한 전쟁이론에 대해서 주로 레닌의 이론과 모택동의 이론에 대해서 분석한다.

레닌의 제국주의 전쟁이론은 제국주의는 자본주의의 최고 단계에서 필연적으로 나타나는 현상이며 이 제국주의는 더 이상 '무주(無主)'의 식민지가 남아나지 않은 상태에서는 전쟁을 통한 식민지 재분할을 필연적으로 야기한다고 주장하고 있다. 특히 레닌은 제1차 세계대전은 가장 완벽한 '식민지 재분할'을 위한 제국주의 전쟁이라고 지적하고 있다.[105]

원래 마르크스는 자본주의가 성숙되면 자연발생적으로 혁명이 일어나 자멸하게 된다고 주장했었다. 그러나 현실에서는 자본주의의 절정기였던 영국 등 나라에서 혁명이 일어나지도 않았고 오히려 번창해 가고 있었다. 이러한 마르크스이론이 현실과 동떨어지게 나타나자 납득할 만한 설명을 찾기 위해 레닌이 제국주의론을 제시했다고 보는 것이 타당하다. 즉 레닌은 제국주의화 때문에 고도의 자본주의사회에서 혁명이 일어나지 않는다고 본 것이다.

제국주의는 세계의 분할을 통하여, 그리고 일국에 의한 타국의 착취로 몇몇 극소수의 부강한 나라에 독점이윤을 주게 되고 이 부국들은 이 이윤으로 자국 내의 프롤레타리아를 대중에서 떼어 내게 하며 이들의 의식을 임금인상 등 당장의 이익만을 추구하는 노동조합원적 의식으로 타락시켜 혁명을 방지한다고 주장했다. 레닌은 이런 분석을 토대로 프롤레타리아 혁명에 대한 몇 가지 결론을 도출해 냈는데 ① 독점자본주의하에서는 선진국의 프롤레타리아 중에서 일부밖에는 혁명에 동원할 수 없으며, ② 선진국은 최초의 공산혁명이 일어날 곳이라 할 수 없고, ③ 프롤레타리아 혁명은 세계적으로 보았을 때 제국주의의 수탈을 제일 많이 당하는 변방국가에서 일어날 것이다.[106]

또한 중국공산당의 전쟁이론도 레닌의 제국주의 전쟁이론에 기초하고 있다. 중국에서는 레닌의 주장처럼 자본주의가 제국주의 전쟁을 일으키게 된다는 점도 인정하고 있으나 더욱 중요한 것은 사회주의 국가도 수정주의로 타락하면 제국주의화한다고 주장함으로써 자본주의의 발달로 제국주의 전쟁이 불가피해진다는 점은 부인되고 있다는 점을 알 수 있다. 더 나아가 이것은 제국주의를 강대국 또는 패권국의 지배욕에서 연유하는 일반적 현상으로 이해하고 있지 자본주의의 발달이 가져오는 특수현상으로 보고 있지 않다. 따라

---

105) V. I. Lenin, *Collected Works*, Moscow: Foreign Language Publishing House, 1963, p.87, p.103.
106) 이상우, 『국제관계이론』(서울: 박영사: 1991), p.103.

서 중국은 자본주의가 아닌 사회주의 국가도 제국주의로 될 수 있으며 자본주의의 발달로 생기는 것이 아니라는 것이다.

그러나 이 이론은 문제점과 현실과의 괴리를 안고 있다. 레닌의 제국주의 전쟁론은 마르크스주의의 이론체계를 연장하는 선에서 발전시킨 이론으로 경제구조의 변화가 숙명적으로 전쟁을 가져온다는 일종의 역사적 결정론적 이론이다. 그러나 경험적 입증이 레닌 전쟁론의 보편적인 타당성을 부정해 주고 있다. 제국주의는 고대에서부터 있어 왔으나 오늘날까지 일부 존재하고 있다. 이는 힘으로만 남을 지배해 이득을 연결시킬 수 없는 것이다. 특히 과거 가장 막대한 제국주의는 자본주의와 거리가 먼 소련제국주의였다는 점을 본다면 제국주의를 자본주의 경제체제와 직결시키는 것은 무리한 얘기이다. 또한 20세기 초 강대국 식민주의가 독점자본주의자들의 압력으로 강화되었을 가능성은 충분히 있을 수 있지만 경험적 사실이 그 당시의 식민세력과 독점자본주의의 세력이 일치하였음을 보여준다는 것도 인정한다. 그러나 역사상 우연의 일치이지 두 현상 사이에 논리적 필연성을 주장할 수 있게 만든 것은 아니다. 그리고 제국주의가 전쟁으로 발전한다는 데에는 제1차 대전의 원인 규명에는 일부 수긍할 수는 있을지 몰라도 보편적으로 받아들일 수 없다. 2차 대전 이후 1970년 초까지 있었던 무력충돌 사례로 전 세계적으로 53개의 사례가 있는데 이 중에서 제국주의 전쟁이론으로 설명할 수 있는 이론은 단 하나도 없다. 이로써 얻을 수 있는 사실은 첫째는 오늘날의 자본주의가 레닌이 상정했던 대로 발전되어 가지 않았기 때문에 자본주의는 예정코스인 제국주의로 치닫지 않았다는 것이다. 둘째로 제국주의와 전쟁은 논리적으로 반드시 연결되는 것이 아니라는 것이다. 따라서 이 제국주의 전쟁이론은 현시대에 적용하기에는 부적절한 이론으로 평가할 수 있겠다.[107]

(4) 사회심리학적 이론

사회심리학적으로 사회 내에 불만이 증가하면 변화에 대한 압력이 증가하게 되고 변화에 대한 압력이 저항을 받게 되면 폭력행동은 더 과격해짐으로써 차츰 전쟁을 유발하게 된다는 것이다.

사람들은 행복과 복지를 약속하는 정치적·경제적·사회적 제도를 창조하고 유지하기 위하여 집단행동을 하는 성향을 가지고 있다. 많은 사람들은 기존의 제도가 억압적이라고

---

107) 위의 책, pp.109~110.

생각하면 점차로 저항하기 시작한다. 그리고 이러한 대중의 저항을 사회지도자들이 받아들이게 되면 사회적 개혁이 일어나게 된다. 그러나 이에 대한 정부의 반응이 너무 더디거나 받아들이기를 거부하게 되면 사람들은 자제력을 상실하게 되고 불안과 저항을 집단행동으로 나타낸다.

이와 같은 좌절─공격 가설은 사회 내에 존재하고 있는 불만의 정도가 시민의 투쟁과 폭동을 예측할 수 있는 척도라고 말한다. 상식적으로 말하면 불만이 많으면 많을수록 주요한 폭동이 일어날 가능성이 크다

그러나 브린튼(Crane Brinton)의 연구에 의하면 혁명은 경제사정이 가장 어려운 시기와 장소에서 발생하는 것은 아니라고 하였다.[108] 브린튼은 영국의 시민혁명(the Britain Civil War), 미국혁명(the American Revolution), 프랑스혁명(the French Revolution), 러시아혁명(the Russian Revolution)을 비교 분석한 결과 다음과 같은 결론을 내렸다.

그의 주장에 의하면 영국, 미국, 프랑스, 러시아는 혁명 전에 점진적 경제발전을 이룩하였지만 일부의 주요 사회인사들은 그들의 기회가 부당하게 박탈을 당했다고 불만을 가졌으며 그와 동시에 계급 간의 대립이 나타나고 지식인들은 구체제로부터 격리되었으며 정부는 비효율적으로 운영되게 되었던 것이다. 따라서 혁명의 초기 단계에서 모든 국가들은 재정적 위기를 경험하게 되고 불만계층은 공개적으로 혁명적 개혁을 요구하게 되며 점차로 좌익세력이 혁명을 주도하게 된다. 이 단계에서 정부는 무력에 의하여 반란을 진압하려고 하지만 이미 효율성을 상실한 상태가 되고 따라서 사회는 혁명의 목적을 달성하기 위하여 채택한 과격한 조치로 인하여 사회적 위기를 경험하게 되며 이후 사회는 점점 정상으로 회복되는 것이다.

이러한 역사적 연구에 의하면 혁명은 절대빈곤과 절대독재하에서는 발생하지 않았으며 혁명은 상당한 기간의 경제적 · 사회적 발전을 이룩한 후에 따르는 단기간의 퇴보를 경험하게 될 때 일어날 가능성이 커지게 된다.[109]

위와 같은 맥락에서 Ted R. Gurr의 이론을 소개하고자 한다. 그는 "폭력적인 시민의 갈등을 유발하는 필요전제조건이 가치박탈이며 이는 기대하고 있는 가치와 그에 대한 환경의 가치충족능력 사이의 명백한 가치에 대한 행위자의 인식으로 정의된다"[110]고 주장하

108) Crane Brinton, *An Anatomy of Revolution*, New York: Prentice-Hall, 1965.

109) James C. Davis, "Toward a Theory of Revolution", American Sociological Review, Vol.6(1962), pp.5~19.

110) Ted R. Gurr, "Psychological Factors in Civil Violence", World Politics XX(January, 1968), pp.252~253.

였다. 그가 주장한 '상대적 박탈(relative deprivation)' 이론에 의하면, 사람들은 그들이 기대하는 수준에 도달하지 못하는 경우에 상대적으로 박탈감을 느끼게 되며 점점 불만을 고조시키고 폭력을 행사하려는 가능성을 증가시키게 된다. 따라서 그는 시민혁명을 설명하는 일련의 변수들을 찾아내고 혁명이 일어날 수 있는 조건들은 규명하려고 노력하였다.

상대적 박탈감의 정도와 범위는 집단적 폭동의 가능성을 결정한다. 이러한 불만이 정치적 폭동으로 확산되는 문제는 정치적 폭동을 특히 정당화시키는 데 관련되는 여러 가지 조건들에 의하여 결정된다. 대부분 시민들이 정치적 폭동을 인정하고 이러한 폭동이 성공할 수 있는 가능성이 높을 경우, 불만은 쉽사리 정치적 폭동으로 발전하게 된다. 그러나 실제로 정치적 폭동이 일어나는 정도는 정치화된 불만의 정도뿐만 아니라 사회적 변수들의 영향에 의하여 결정된다. 무엇보다도 정치적 폭동의 가능성은 정치체제가 행사한 강제력과 제도적 지지 간에 형성된 균형 정도에 의하여 영향을 받게 된다. 실로 정체체제가 군대, 무기, 경찰 등과 같은 강제력을 효과적으로 독점하고 있을 때는 정치적 폭동이 일어나기 어렵다. 마찬가지로 정치체제가 기업체, 노동자, 교회, 교수, 지식인 등으로부터 제도적 지지를 제대로 얻고 있을 때도 폭동이 일어날 가능성은 줄어든다. 따라서 정치체제의 강제적 통제가 잘 안 이루어지고 제도에 대한 지지가 없는 경우에 정치적 폭동이 일어날 가능성이 크게 되는 것이다.

그는 이러한 상대적 박탈이론에 따라 시민투쟁을 연구한 결과는, ① 체제의 정당성이 도전을 받게 되고, ② 역사적으로 시민투쟁의 경험이 있으며, ③ 폭도들이 상당한 강제력을 행사할 수 있을 뿐만 아니라, ④ 특히 폭도들에 대한 제도적 지지도가 높을 때 집단적 폭동의 가능성이 크다고 보았다.[111]

3) 국가 간의 전쟁 유발 행태에 관한 이론

국제체제란 다양한 수많은 국가가 여러 가지 국면에서 기능적으로 서로 교섭하는 행위체제이다. 이러한 국제체제란 자연히 복잡한 국제적 현상을 포함하고 있고, 이러한 현상들을 설명하는 이론을 발견한다는 것은 무척이나 어려운 일이다. 특히 국제체제 연구의 핵심적 과제라고 할 수 있는 전쟁의 원인에 대한 연구는 아직도 이론화를 이루기에는 요원한 일이다.

---

111) Ted Robert Gurr, "Sources of Rebellion in Western Societies: Some Quantitative Evidence", in James F. Short, Jr. & Marvin E. Wolfgang(eds). Collective Violence, Chicago: Aldine-Atherton, 1972, pp.132~148.

월츠는 국제체제적 수준에서, 전쟁의 원인을 국제관계의 무정부적 특징과 이로 인해 생기는 안보딜레마(security dilemma)에 있다고 보았다. 즉 개별 국가들의 정책과 행동을 조정 및 통제하는 초국가적 기구의 부재에서 비롯되는 국가안보의 딜레마로서 무정부적 상황에서는 국가들 간의 협동과 조화를 기대할 수 없기 때문에 국가들 간의 전쟁은 불가피한 것으로 보았다. 다시 말해 외부 위협에 대처하기 위해 한 국가가 자위적 조치로서 군사력을 강구하게 되면 다른 국가는 이런 위협으로부터 자국을 보호하기 위한 군사적 조치를 함으로써 안보 딜레마를 형성하게 되는 것이다.

이러한 분석수준에서 보면 모든 국가는 다른 국가들을 자국의 본질적 이익을 위협하는 잠재적 적국으로 간주한다. 따라서 모든 국가는 안보적 위협을 인식하고 서로 불신하는 경향을 보이며, 이런 상황에서 외부로부터의 위협에 대처하기 위해 모든 국가는 적어도 잠재적 적국만큼 강력해지지 않으면 안 되는 것이다. 이와 같은 국가들 간의 힘의 논리적 상황에서 모든 국가들은 타국에 대한 장기적인 이익보다도 단기적인 이해관계의 계산에서 행동을 결정해야 하고 자신의 행동은 다른 국가의 행동을 예측해서 결정하게 되므로 국제체계적 수준에서 전쟁의 원인은 국제체계 내에서 힘의 분배현상과 국제체계를 구성하는 국가들 간의 상호작용 관계에서 설명될 수 있다.

(1) Richardson 모델

Richardson은 영국의 수학자, 물리학자, 기상학자이며 동시에 우호협회(Society of Friends)의 일원으로서 1930년대 자신의 관심인 국제분쟁의 원인 이해를 위해 노력하였던 학자이며 그의 업적은 이론형성 및 통계적 가설 검증의 혁신에 기여하였다. 리처드슨은 군비경쟁을 대표하는 학자로서 그의 이론은 주로 전쟁 이전에 당사국들의 군비경쟁행태에 기반을 두고 있다.

리처드슨은 모든 국가는 잠재적인 적대국가가 투자한 군사비에 비례하여 군사비를 증가시킨다는 가정을 기초로 하여 군비경쟁 모델을 구상하였다.[112] 그는 사후에야 발간된 저서[113]를 통하여 군비지출의 기본적 상호 관련성에 대하여 모델을 제시하여 1975년 미국 정치학계의 방법론에 영향을 주었다. 특히 국가들 간의 공포, 경쟁의식, 적개심 등이

---

112) Anatol Rapoport, *Fights, Games, and Debates*, Ann Arbor: Univ. of Michigan Press, 1960, pp.18~28.

113) cf: Lewis F. Richardson, *Arms and Insecurity*, Pittsburgh: The Bookwood Press, 1960: *Statistics of Deadly Quarrels*, Pittsburgh: Boxwood Press, 1960. 리처드슨은 물리학 분야에서는 명성을 얻었지만 그의 갈등에 관한 연구결과는 알려지지 않았다. 이러한 이유로 그는 생존 당시 갈등에 대한 연구업적을 발간할 수 있는 출판사를 구하지 못했으며, 그가 운명한 지 7년이 지나서야 위의 제목으로 출판됐다.

군비경쟁을 초래하며, 군비경쟁이 안정적일 때에는 전쟁이 억제되었으며 불안정적일 때에는 전쟁 발생이 증가하였다는 것을 양차 세계대전 전의 유럽 각국의 군비지출자료를 통해서 군비경쟁 간의 상관관계를 계량적으로 분석하였다.

리처드슨 모델은 1908~1914년의 제1차 세계대전 직전과 1929~1939년의 제2차 세계대전 전의 각국의 군비경쟁에서 얻은 자료를 그의 수학적 공식에 적용시켜 예증하려는 것이었다. 그는 전쟁당사국들의 상호 군비 증강이 전쟁 유발에 영향을 미치는 과정을 탐색하고, 군비경쟁이 유도하는 당사국들의 향방을 수학적 모델로서 정확히 예측할 수 있도록 했다. 오늘날 계량정치학의 득세에 힘입어 현재까지 전쟁연구의 새로운 관심과 논쟁을 불러일으키고 있다.

두 나라 사이의 군비경쟁은 상대국의 군사비지출과 과거에 결정되었던 군사물자구입에 지불되어야 할 경제적 부담, 양국관계에 잠재되어 있는 불만, 불안정, 불신, 야심, 공포 등이 영향을 받는다는 미분방정식으로 표현하였다.[114] 이 연구에서 전쟁 당사국들이 흔히 전쟁 전에 군비를 증강시킴으로써 군비경쟁의 양상을 띤다고 보았다. 즉 A국의 군비증강은 B국의 안보에 대한 위협으로 받아들여져 B국의 대응책을 유발시키고, B의 반응은 다시 A국에 대한 위협과 도전으로 지각(perception)된다. 따라서 이러한 군비경쟁은 지각의 문제와 밀접한 관련을 갖고 있다. 비록 A와 B의 동기가 순수한 방어책이나 기타의 제 요인에 의하여 비롯되었다 할지라도 상대방이 첫 움직임을 어떻게 지각하는가에 따라 반응체계가 형성되며 이러한 상황은 반응·역반응의 연쇄작용에 의해 군비경쟁이 가속화되는 악순환이 일어나는 것이다.

또한 정치·경제·이념적 적개심의 기본적 요인인 불만요인도 같은 역할을 하며 군비경쟁은 끊임없이 악순환을 거듭할 것이라고 하였으나 실제의 세계에서는 악순환의 지속보다는 전쟁의 발발 방지 등 여러 가지 이유로 하여 군비통제를 실시하고 있다. 군사비지출의 부담에서 오는 피로계수는 군사비지출이 민간분야의 요구(소비 및 투자)로부터 전이된 것이라는 사실과 군사비지출은 전체 경제를 소비할 수 있는 정도를 넘을 수 없음을 표시한다. 대신에 평화시대에 있어서의 경제적 고갈은 군사적 확장의 속도를 늦추거나 중지시키도록 하는 정치적 행동을 자극시킨다는 것이다. 이 같은 사실은 국내정치 또는 국제정치적 요인들이 군비수준에 영향을 미치는 중요한 요인임을 상기시켜 준다.

---

114) 미분 방정식은 다음 책을 참조. cf: Normax Z. Alcock, *The War Disease*, Oakville, Ontario: Canadian Peace Research Institute Press, 1972, pp.215~217.

일반적으로 이 모델에 대한 긍정적인 평가로서, 일국의 군사력 증대는 상대국에게 의심과 적개심을 불러일으키게 되고, 이는 국민의 호전성이나 공격성 때문에 생기는 것은 아니다. 군비증강을 실제적인 갈등의 측면으로 받아들여 이를 상대국의 호전성이나 갈등으로 간주하게 되기 때문에 군사력을 증강하는 국가와 이를 의심하는 상대국 사이에 갈등을 인정하려는 방향으로 진행된다는 주장은 위협의 인식 즉 방위의식이 군비증강의 기본요인이라는 데에 견해의 일치를 보고 있으며 국제정치에서 많은 연구들이 이 모델을 기초로 하여 이루어지고 있다.

(2) 국내혼란과 국제전쟁의 연계

국내혼란과 국제전쟁의 관계를 찾고자 하는 이론들은 여러 가지가 있다. 이러한 관계를 밝히는 데 기여한 James N. Rosenau의 연계이론과 기타 여러 이론들이 있다.

먼저 연계이론으로서 연계이론이 대상으로 하는 현상은 국가시스템과 국제시스템이 겹치는 부분에서 일어나는 제 현상으로서 그 자체가 본질적으로 어떤 고유특성을 가져서 하나의 독립연구영역이 된 것이 아니고, 순전히 현실적인 경험적 사실들로서 다만 이것을 효과적으로 분석·처리하기 위해 새로운 분석시각의 필요성에서 제시된 것뿐이다. 즉 국가시스템과 국제시스템 속의 현상에 연결되는 반복되는 행위현상들을 확인하고 분석하려는 생각에서 '연계(linkage)'라는 개념을 설정해 본 것이다. 로제나우는 "한 시스템에서 연유하여 다른 시스템 속에서 반응을 얻는 반복되는 행위계기를 연계라고 한다"[115]고 정의하였다.

이러한 연계 행위의 시초단계와 종말단계를 구분하기 위해 산출과 투입이라는 개념을 쓰고 그리고 행위의 시작 시스템을 구분하기 위하여 정체인가, 환경인가를 구분하여 정체산출과 환경산출이라는 용어를 사용한다. 예를 들면 정체투입이란 환경산출이 야기한 정체 내의 일련 행위들이 되는 것이다. 그리고 각 행위의 직접적(direct), 그렇지 않고 의도와 관계없이 결과적으로 어떤 반응을 일으키게 된 경우를 간접적(indirect)이라는 말로 부른다. 즉 외교정책과 같이 한 정체가 다른 시스템의 반응을 일으킬 것을 의도하고 행위 한 것일 때 직접적 정체산출이 되는 것이다.

이러한 상호연계의 개념들이 나타나는 과정은 다음과 같은 세 가지 형태의 '연계과정

---

115) James N. Rosenau, ed., "Toward the Study of National-International Linkages", *Linkage Politics: Essays on the Convergence of National and International System*, New York: The Free Press, 1969.

기본유형'으로 나타날 수 있다. ① 침투과정으로서 한 정체의 구성원들이 다른 정체의 정치과정 참여자가 될 때 일어난다. 예로써 점령군, 원조국 사절단원, 국제기구직원 등이 해당되며 이런 침투연계에서는 산출행위와 투입행위가 직결되게 된다. ② 반응과정으로서 침투과정의 정반대의 경우이다. 즉 국가시스템 경계를 넘는 반복되는 반응행위의 계기 때문에 연계가 형성된다. 행위자는 초연한데 반응자가 반응을 함으로써 연계가 생기는 것이다. 예로써, 외국에서의 전쟁에 대한 민심의 흔들림 등이 이 예에 속한다. 월남전이 미국 지방선거의 쟁점이 된 때와 같은 경우에는 간접적 산출(월남전 수행자가 미국의 지방선거를 의식하고 전쟁을 하지 않으므로)과 간접적 투입 간에 연계가 형성되는 경우이다. ③ 모방과정으로서 반응과정의 특수한 경우이다. 다른 시스템에서 산출된 행위에 대해 똑같은 행위를 하게 되는 경우이다. 이 경우 행위자는 닮아 가는 자를 의식하지 않는 경우가 보통이므로 간접적 산출과 간접적 투입만을 연결시켜 주게 된다. 확산이나 전시효과라 부르는 현상이 대표적인 모방과정의 예이다. ④ 이 밖에 특수한 경우로서 혼합연계가 있다. 이는 S1이라는 시스템에서 일어난 행위가 S2라는 시스템으로 투입되고 다시 산출되어 S1 시스템 투입으로 되돌아가는 경우가 반복되는 경우로 상기 세 가지 상황이 혼합되는 경우이다.

이러한 연계이론에 적용된 국내갈등과 대외갈등의 관계를 검토해 볼 필요가 있다. 갈등이란 '배타적인 동기나 목표가 병존하는 상태'로 정의했을 때 개인의 심리적인 내적 갈등 혹은 심리적 갈등과 타인과의 관계에서 일어나는 외적 갈등 혹은 사회적 갈등 두 가지 형태가 있다. 국제정치적 영역에서는 사회적 갈등이 관심의 대상이 된다.

이러한 갈등의 관계를 설명하고자 한 일련의 연구결과는 다양한 측면의 연구결과를 보여주고 있다. 먼저 일반상식 차원에서 내적인 혼란이 대외적인 갈등행위를 조장한다고 받아들여지고 있다. 특히 이러한 경우는 민주정권보다는 국민여론을 무시할 가능성이 높은 전제정권에서 더 흔할 수 있다고 한다.[116] 한 국가의 경제적 낙후성도 대내갈등과 대외갈등 행위를 연계시키는 매체가 된다고 보는 주장도 있다. 로제나우는 후진국 지도자들이 국내 불만을 대외관계에서의 위기로 관심을 돌려 해결하려는 경향을 갖고 있음을 지적하고 있는 것은 좋은 예이다.[117]

---

116) R. Barry Fattell, "Foreign Politics og Open and Closed Political Societies", *International Encyclopaedia of the Social Sciences*, 1974, pp.167~208.

117) J. N. Rosenau, *Domestic Sources of Foreign Policy*, New York: Free Press, 1967, p.25.

그러나 이런 연계이론을 부정하는 실증적 자료를 제시한 학자로서 Rummel은 1963년에 학위논문을 요약 발표하면서 "대외갈등행위는 일반적으로 국내갈등행위와는 전혀 무관하다"고 주장했다. 77개국에 대한 자료를 갖고 9개의 국내갈등변수와 13개 대외갈등변수에 걸쳐 자료를 계량화한 결과였다. 럼멜의 조교였던 Raymond Tanter도 반복된 실험에서 동일한 주장을 폈다.[118]

이러한 주장은 그간의 여러 주장들에 반대되는 것으로 논란의 대상이 되었다. 전쟁연구에 상당한 기여를 한 것으로 알려진 라이트도 대내·외 갈등 간의 연계를 확인했고, 로제크란스(Richard Ne. Rosercrance)도 국가사회의 엘리트들의 불안은 국가 간의 불안정한 관계와 밀접한 상관관계가 있을 것이라고 했었기 때문이다.[119]

이러한 내·외부 갈등에 대한 이론들은 논리적 결함과 실증적 연구를 위한 종속변수의 설정, 그리고 이러한 갈등현상 중 전쟁으로서의 진행을 설명하지 못하는 문제점 등을 나타내고 있다. 그러나 전쟁의 원인을 설명하는 국가체제의 영역을 중점으로 한 새로운 관점에서의 이해의 폭을 넓혀 주는 계기를 부여하고 있음은 명백하다고 하겠다.[120]

(3) 힘의 전이이론(轉移理論)

힘의 전이이론은 오간스키(Organski)가 전쟁의 원인을 국제구조의 변화에서 찾는 이론이다. 즉 국제사회는 주권국가들로 구성되어 있으며, 각 국가는 힘의 크기에 따라 최강의 지배국가로부터 최악의 종속국가에 이르는 계층적 위계질서에서 일정한 위치에 놓이게 되는데 전쟁은 국제정치질서를 지배하는 기존의 강대국과 이 지배권에 도전하는 신흥강대국 사이의 지배권 쟁탈전의 형식으로 일어난다고 보는 것이다.[121]

이 이론은 다음과 같은 전제사항을 전개하고 있다. ① 국제 정치사회는 정치질서가 없는 무정부상태로 보고 있다. 이는 홉스(Hobbes)가 말하는 자연의 상태인 무정부의 상태, 즉 국가주권은 이론상 어떤 권위도 인정하지 않는 최상의 권위이므로 주권국가들의 집합으로 이뤄진 국제정치사회는 초국가적 권위도 작용 못 한다는 상태로 파악되는 것이다. ② 국제정치질서는 그 시점에서 가장 강한 국가와 그 국가를 지지하는 국가들의 집단 간

---

118) R. J. Rummel, *Field Theory Evolving*, Beverly Hills: Sage, 1977; Raymond Tanter, "Dimensions of Conflict Behavior Within and Between Nations, 1958~1960", Journal of Conflict Resolution, Vol.10(March 1966), pp.41~64.

119) cf. Richard N. Rosercrance, *Action and Reaction in World Politics*, Boston: Little, Brown and Co., 1963, pp.304~35.

120) cf. A. F. K. Organski, *World Politics*, New York: Alfred A. Knopf, 1968, pp.338~376.

121) Ibid

힘으로 유지하는 것이며 그 질서는 최강의 지배국이 보다 큰 이익을 갖도록 되어 있어, 어느 나라이든지 최상의 계층에 올라서려 한다는 것이다. ③ 각국의 국력은 시간에 따라서 변한다는 것이다. 국가 간의 힘의 차이의 가변적 변화야말로 힘의 전이이론의 핵심이 되는 힘의 전이를 가능하게 해 주는 전제이다.

여기서 오간스키는 힘의 3대 변화요소로서 ① 부와 산업능력, ② 인구, 그리고 ③ 정부조직의 효율성을 들고 있다.[122] 이 중에서 산업능력의 증강이 주도적 역할을 한다고 보고 있다.

그리고 한 국가가 산업화의 진행에 따라 강대국이 되는 과정을 3단계로 보았는데 ① 잠재적 힘의 단계, ② 힘의 전이적 성장단계, 그리고 ③ 힘의 성숙단계 등이다. 즉 힘의 전이이론은 바로 이 현상, 즉 전환적 성장을 하고 있는 국가와 힘의 성숙기에 접어든 국가와의 힘의 격차가 좁아지는 현상을 포착하여 전쟁의 원인을 찾고자 하는 것이다. 참고적으로 힘의 위계질서를 기준으로 국력에 의한 위계구조는 지배국>중급국가군>약소국군>종속국가군 등의 피라미드적 체계를 이루고 있다.[123]

이러한 피라미드적 구조하에서 각 국가들이 기존의 국제정치질서를 받아들이는 자세는 다르게 마련이다. 즉 지배국과 특별한 관계를 누리는 몇몇 강대국들과 중급, 약소제국을 제외하고는 불만스러우나 힘이 없어 승복하는 수가 많은 것이다. 즉 이러한 만족-불만족의 분류는 네 부류로 나뉜다. ① 최강의 지배국과 함께 만족해하는 강대국, ② 불만스러워하는 강대국, ③ 만족해하는 약소국, 그리고 ④ 불만스러워하는 군소국 등이다. 피라미드 체계에서 강대국으로 올라갈수록 불만족국가의 비율이 낮은 유사 피라미드적 구조를 보여준다. 이 이유는 약소국들은 자기의 희생으로 인하여 강대국들에게 이익을 희생당하기 때문이다. 따라서 강대국의 하나가 지배국에 도전하면 도전자편에 서려고 하므로 전쟁의 원인을 설명할 수 있다.

오간스키는 자신의 이론을 검증하기 위해 3개의 이론가설을 설정했다.[124] 즉 ① 세력균형가설(勢力均衡假說)로서 "힘의 균형은 평화유지에 도움을 주고, 힘의 불균형은 전쟁을 유발한다. 힘이 강한 측이 공격자가 된다." ② 집단안보가설(集團安保假說)로서 "힘의 불균형 분포는 평화유지에 기여하며, 균등 또는 거의 균등한 힘의 분포는 전쟁을 촉진한다." ③ 힘의 전이이론가설(轉移理論假說)로서 "서로 대결 중인 국가 간에 정치·경제·군사역량

122) Ibid., p.345.
123) Ibid., p.365
124) A. F. K. Organski & Jack Kugler, *The War Ledger*, Chicago: The University of Chicago 1980.

의 균등분포가 이루어지면 분쟁의 확률은 높아진다. 침략국은 불만을 가진 강대국들로 구성된 소수집단에서 생긴다. 그리고 강자가 아닌 약자가 공격자가 된다."

오간스키는 이 가설을 미국 등 9개국을 주요 강대국으로 선정하고 이들이 참여한 전쟁을 주요 전쟁으로 분류하였다. 그리고 이들을 분석해 '전쟁발발'과 '힘의 분포'라는 두 변수 간의 결합도를 조사한 결과는 다음과 같다.[125] ① 우선 전쟁과 힘의 분포상태 그 자체와는 별로 관련이 없다는 점이다. 힘의 분포가 균등하거나 불균등한 여부에 따라 전쟁이 발발한다. ② 힘의 분포에서 힘의 추월 여부를 고려해 전항(前項)을 분석한다면 "강대국 간에 힘의 균형이 안정이 안 되어 있을 때만, 즉 일국이 타국의 힘을 앞지르는 과정에 있을 때만 전쟁이 일어난다." ③ 이런 현상은 나라의 크기와 국제사회의 지위와는 상관이 없는가의 문제다. 전쟁당사국의 국제질서 속에서의 지위가 힘의 분포와 전쟁관계를 연결하는 주장에서는 아주 중요한 중간변수 역할을 한다는 것을 발견했다. 즉 약소국군(弱小國群) 내의 힘의 불균등 분포, 즉 국력의 한쪽이 기울 때만 전쟁이 발발했음을 알 수 있으나 지배경쟁국가군에서는 "일국이 상대의 국력을 앞지르는 과정이 있을 때만 전쟁이 일어난다"는 사실이다.

이러한 조사결과를 통하여 판단해 볼 때 세력균형 가설은 약소국군 내에서만 맞고 국제사회의 지배권을 다투는 강대국에서의 전쟁행위에 대해서는 힘의 전이이론의 가설만이 맞는다고 할 수 있다. 이 이론을 통해서도 경험적 검증과정과 같은 계량적 관리를 위한 검토를 통해서 새로운 판정을 할 수 있으며 전쟁의 원인에 대한 국제체제적 이해를 높여 준다고 할 수 있겠다.

(4) 위계이론(位階理論)

위계이론이란 국제정치에서 국제질서를 계층구조로 파악하는 이러한 구조적 특성에서 각 국가의 행위를 설명하려는 것이다. 즉 개인 또는 국가 등 집단행위를 설명함에 있어서 그 개인이나 집단이 조직 내에서 차지하고 있는 지위에서 비롯되는 기초 행위력에 의존하는 이론들이 보통 위계이론이라고 불린다는 것이다. 따라서 이러한 위계이론을 통해서 동일하게 국가의 행위인 전쟁현상을 이해할 수 있을 것이다.

이러한 칸트적 견해[126]에서 출발하는 네오-마르크시즘적인 시각이다. 이들은 현존 질

---

125) Ibid., pp.50~52.
126) 볼 Hedley Bull 교수는 국제정치질서를 보는 시각을 세 가지 시각에서 요약・정리하고 있다.

서는 국가 간의 관계로 이뤄지고 있는 것처럼 보이지만 깊은 저변을 살펴보면 실제에 있어서는 국가를 구성하는 개인들 간의 관계임을 알게 된다고 주장하고 있다.[127]

네오-마르크시즘의 시각은 인간사회를 계급적 시각에서 본다는 점에서는 고전적 마르크시즘과 같으나 네오-마르크시즘은 국가를 단위로 하여 구성된 세계질서에 있어서도 한 사회 내의 질서와 마찬가지로 계급관계가 존재한다고 보는 점에서 보편적인 계급시각이라 할 수 있는 차이점이 있다. 또한 국내사회에서의 자본주의의 고도화가 빈익빈 부익부(貧益貧富益富)의 궁핍화 과정을 거쳐 구조적으로 프롤레타리아 계급에 대한 교환을 통하여 빈부국 간에 빈익빈 부익부의 현상이 일어나 선진국의 후진국 착취가 구조화되게 되어 있어 후진국은 선진국이 될 수 없다고 본다.

즉 세계는 하나의 계급사회, 하나의 자본주의체제로 되어 있어 핵심국가의 발전 자체가 주변국의 저발전을 가속화한다고 본다.[128] 그러나 네오-마르크시즘은 인류의 실질적 평등을 추구한다는 점에서는 칸트적 인류공동체 시각에 입각한다고 할 수 있겠으나, 현 단계의 민족국가시대에서는 국가 간의 불평등을 문제 삼는다는 점에서는 오히려 그로티우스적인 국가들의 공동체라는 시각에 더 가깝다고 할 수 있다. 따라서 볼(H. Ball) 등은 이들의 궁극적인 관심에 따라 칸트적 시각으로 분류하고 있다. 즉 전통적 시각에서 보면 한 나라가 잘 살고 못 사는 것은 그들 나라의 탓이었다고 볼 수 있었지만, 네오-마르크시즘적 시각에서 보면 그렇지 않은데, 세계질서의 구조적 특성 탓이라고밖에 볼 수 없다.[129]

이상과 같이 위계이론은 기존의 전통적 시각과 다른 시각에서 국제질서를 보기 때문에 상이한 이론이 나온다는 점을 이해하여야 하겠다. 이러한 위계이론도 행위에 영향을 주는 요소를 기준으로 다음같이 세 유형으로 분류해 볼 수 있다. ① 행위에 영향을 주는 요소를 구조 속에서의 위계 그 자체에서 찾는 이론 중에서의 하나인 라고스(Gustavo Lagos)의 아티미아(Atimia)이론, ② 행위에 영향을 주는 요소를 여러 위계 간의 부조화 내지는 불균

---

① 홉스적 전통인 현실주의적 국제질서관은 국제정치 질서를 무정부적 상태로 보는 것이다. 국제사회란 주권국가들이 벌이는 마당이라고 보며 국가와 국가관계는 제로-섬게임(zero-sum game)과 같은 순수한 갈등관계로 전제하는 견해이다.

② 칸트적 전통 또는 보편주의 전통에서는 국제정치질서를 국경을 초월하는 인간들의 관계로 이뤄지는 인류공동체로 본다. 국제정치는 국가 간 관계로 표면상 보이지만 실제는 인류사회의 모든 인간들 간의 관계이며, 언젠가는 국가가 소멸하고 세계에 보편적 단일질서가 서리라고 보는 시각이다.

③ 그로티우스적 전통이라고 부르는 국제주의 국제질서관으로서 위의 시각들의 중간쯤의 생각들의 흐름이라고 할 수 있다. 이 전통을 따르는 사람들은 국제사회질서를 '국가들의 사회' 도는 '국제사회'라고 보고 있다. Hedley Bull. *The Anarchical Society*: A Study of Order in World Politics. New York: Columbia University Press, 1977.

127) cf: Hedley Bull, "Martin Wright and The Theory of International Relations", *British Journal of International Studies*. Vol.2, No.2(July 1976).

128) K. J. Holsti, *The Dividing Discipline*: Hegemony and Diversity in International Theory, Boston: Allen & Unwin, 1985, p.65.

129) Ibid., pp.66~68.

형에서 찾는 이론 중에서 갈퉁(Johan Galtung)의 공격행위의 구조이론 혹은 ③ 행위에 영향을 주는 요소를 행위국과 대상국 간의 위계 차에서 찾는 이론 중에서 럼멜(R. F. Rummel)의 위계-장이론 등이다.

첫째, 라고스는 한 나라의 종합적인 계서(階序) 자체가 특정현상(atimia)이나 행위의 원인이 된다고 본다. 라고스는 국제관계의 기본구조를 경제발전, 국력, 그리고 영예의 세 가지 변수군이 형성하는 위계 차원에 따라 계층화된 체계로 파악하고, 각 국가가 이 세 차원의 척도상에서 가지는 값으로 그 나라의 국제적 지위를 측정한다. 이들을 이루는 구성요소들의 종류에 대해서는 다소 받아들이기 어려운 점도 있으나 보편이론으로 발전시키기 위해 위계측정변수를 보다 보편적인 것으로 바꿀 필요가 있다. 그리고 아티미아라는 개념은 주어진 사회체계 내에서 각각 위계경쟁을 하면 당연히 차이가 나게 되며 특히 타인이 나보다 앞설 때 상대적으로 지위저하를 겪게 되는데, 바로 이러한 차등발전에 의한 위계저하를 아티미아라는 개념으로 지칭하고 있다. 따라서 국제질서 속에서 모든 국가는 주권이라는 동등한 형식적인 위계를 갖지만 실질적 계층구조를 가진 현재의 국제질서 속에서는 오직 몇몇 소수국가만이 형식위계와 실질위계의 일치를 이루게 되는 것이다. 다른 나라들은 위계가 높은 나라에 복종적 관계에 위치하는 아티미아 현상이 되고 이렇게 되어 가는 과정을 아티미아 과정이라고 한다. 그리고 한 국가의 총체적 아티미아 현상은 경제 및 기술에서의 성숙단계에 이를 수 있는 능력을 개발하지 못하였을 때 일어난다고 했다.

기술의 성숙단계에 이르면 선진국에게 비등가 교환을 강요당하지 않으나 문제는 선진국들이 후진국들이 기술의 성숙단계에 이르지 못하도록 방해한다는 것이다. 이러한 라고스의 네오-마르크스적 시각은 1970년대를 풍미한 종속이론에 크게 영향을 미쳤다.

라고스의 아티미아 이론은 20세기 후반에 들어서면서 라틴아메리카를 중심으로 하는 개도국들에게 대두된 불평등 문제를 국제사회의 계층구조에 연결시켜 생각하는 시각이 대두됨으로써 나타났다. 즉 전 세계적 차원의 자본주의 체계 속에서 선진국들과 후진국들 간의 계급관계에서 인간불평등의 시원적(始原的) 원인을 규명하려는 시각이 정립되기 시작한 것이다. 결국 이 이론은 계급문제를 국내사회구조에서의 적용에서 국제사회구조에의 적용으로 관심을 돌리게 함으로써 큰 기여를 했다.

둘째, 갈퉁의 위계불균형이론(位階不均衡理論)은 분화된 여러 위계 차원(位階次元)에 걸친 행위자의 위계 간의 불균형이 공격행위를 일으키는 원인이 된다고 하였다. 갈퉁은 국제관계를 가진 자와 못 가진 자, 또한 많이 가진 자와 덜 가진 자로 나뉘는 다차원의 계층체계

속에서 이루어지는 상호작용체계라 인식하며 각 나라는 각각의 위계 차원에서 특정 지위를 부여받거나 쟁취하거나 그 위치에 머물도록 강요받거나 한다고 상정하고 있다.[130]

갈퉁의 이러한 국제관계관은 다음과 같은 상식을 기초로 하고 있다.

① 조직 속의 각 요소들은 항상 똑같은 과업을 수행하지 않는다는 뜻에서 '노동분업'이 일어나게 마련이다. 서로 다른 과업을 수행하게 되며, 그 결과로 각 요소들은 체계 내에서 다른 지위를 갖게 된다. ② 체계 내에서의 위치를 평가하는 기준에 따라 서로 다른 각 요소의 체계 내 지위 간에 서열을 부여할 수 있게 된다. 체계 내의 지위를 평가하는 기준이 되는 변수가 위계변수이다. ③ 각 요소가 각각의 위계변수에서 가지는 값, 즉 각 위계 차원상의 위치는 일정기간 안정을 유지한다.

이상과 같은 전제가 국제사회에서 성립되면 국제사회는 다차원의 위계질서가 복합적으로 병존하는 행위체계로 이해될 수 있는 것이다. 따라서 갈퉁의 주가설은 "공격행위는 행위자가 위계불균형의 사회적 지위에 있을 때 가장 택하기 쉽다. 그 공격행위는 개인들로 구성된 사회체계에서는 범죄형태로, 집단으로 구성된 체계에서는 혁명형태로, 그리고 국가들로 구성된 체계에서는 전쟁형태로 나타난다."[131] 여기서 공격행위란 "타인의 의지에 반해서라도 변화를 일으키려는 충동 및 그 행위"로 정의된다.[132]

따라서 이 이론의 핵심적 내용은 어느 한 행위자의 위계가 여러 차원에서 차지하는 지위들 간에 있어서 불균형을 이루는 것이다. 가령 부, 권력, 위신(威信) 세 가지 위계 차원이라고 하고 각각에서의 지위를 상위(T: topdog)와 하위(U: underdog)로 양분한다고 하면 TTT, UUU의 지위를 가진 행위자는 위계균형의 상태에 있다고 보며 TUU. TUT, UTU, UUT, TTU 등 상태에 높이게 되면 위계불균형 상태에 있다고 본다. 따라서 갈퉁은 "위계불균형 상태에 있는 행위자는 스스로 타인과의 접촉을 차단한 폐쇄상태로 물러나 있지 않는 한, 위계불균형상태인 채 마음 편히 지낼 수 없다"고 설명하며 이런 불안정 상태에서는 행위자의 현존상태를 파괴·변화시키는 심리적 힘과 또한 자기행동을 정당화시키는 내적 윤리를 모두 갖추게 된다고 주장한다.[133]

셋째, 럼멜의 위계불일치이론(位階不一致理論)은 라고스나 갈퉁의 이론에 덧붙여 행위자의

---

130) Johan Galtung, "A Structural Theory of Aggression", Journal of Peace Research, Vol.1, No.2, 1964, p.96.

131) Ibid., pp.98~99.

132) Ibid., p.95.

133) Ibid., p.100.

위계와 대상자의 위계의 차이, 즉 두 당사자 간의 위계불일치가 행위자의 대상자에 대한 지향성행위를 결정하는 요소가 된다고 하였다. 이는 국가의 갈등행위를 국제정치질서의 계서구조의 특성을 바탕으로 설명한다는 점에서 위계이론의 계보에 속한다고 하겠다. 럼멜의 사회장이론은 위계이론보다 적용범위를 넓힌 국가행위 전반에 걸친 보편이론으로서 국가 간의 모든 행위체계를 행위자와 대상자 간의 속성 차의 체계에 연결시키는 종합이론이다.

럼멜의 이론체계 중 위계불일치와 갈등행위 등에 관계되는 공리, 정의, 속명제 및 정리들을 추려 보면 다음과 같은 것들이 있다.[134] "국가 간의 위계가 같아지면 그들 사이에 공통이익이 형성되고 또한 의사소통의 길이 열린다. 나라 사이의 위계불일치가 커지면 커질수록 그들 사이의 관계는 불확실해지며 그들 사이의 상호 기대도 멀어진다."

"두 나라 사이의 위계불일치는 그들 상호 간의 위계결정갈등행위와 상관되어 있다. 경제가 고도로 발전된 나라의 타국에 대한 위계결정협동행위 및 갈등행위의 정도는 그 나라와 대상국과의 국력 차의 불일치 정도의 함수이다. 경제적 후진국의 특정대상에 대한 위계결정행동행위 및 갈등행위의 정도는 그 나라와 대상국과의 경제발전의 불일치 정도의 함수이다."

이러한 사실들에서 럼멜은 기본 위계 차원으로 국력(power)과 경제발전(economic development) 두 개를 들고 있다. 그리고 국가의 여러 가지 협동과 갈등 행위 중에서 위계에 따라 결정되는 행위와 그렇지 않은 행위를 구분한다. 나아가서 경제적 선진국과 후진국의 행위원인을 구분한다. 럼멜은 선진국의 행위결정행위들은 주로 국력불일치에 따라 결정되고 경제적 후진국의 위계결정행위들은 주로 경제발전 차원에서 위계불일치에 의해 결정된다고 보고 있다.

(5) 구조균형이론(構造均衡理論)

구조균형이론이란 사회심리학이 이미 집단 내 개인 간의 행위정형(行爲定型)을 규명한 이론적인 연구업적을 바탕으로 국제정치학자들이 국가 간 행위정형을 찾는 데 응용하기 시작함으로써 도입된 한 예이다.[135] 즉 각 국가의 속성과 관계없이 각국의 특성을 초월하는 국가집단구조의 특성에서 국가 간 행위정형을 추출해 보는 것이 국제관계를 연구하는

---

134) Rummel, "A Status-Field Theory of International Relations", *Field Theory Evolving*, Beverly Hills: Sage, 1977, pp.252~255.

135) cf: Barry E. Collins & Bertram H. Raven, "Group Structure: Attraction, Coalition, Communication and Power", in Lindzey & Aronson, eds., *The Handbook of Social Psychology*, Vol.5, 2nd edition, Addison-Wesley: Reading, 1977, pp.102~204.

측면에서의 구조균형이론이다.

구조균형이론의 궁극적 목적은 구조의 균형·불균형에서 각 구성원의 행위정형을 찾아내는 것이다. 즉 균형 잡힌 구조 속에서 각 구성원은 어떤 행위를 하며 불균형 속에서도 또한 각 구성원은 어떤 행위성향을 갖게 되는가를 밝히려는 것이다. 이 이론의 핵심을 이루는 내용은 "친구의 친구를 친구로 대하면 마음이 편하고, 친구의 적을 나도 미워하면 마음이 편한데, 친구의 적을 내가 사랑하게 되면 마음이 편하지 않아서 마음의 갈등을 피하기 위해 사랑을 포기하든가 아니면 친구와 의를 끊든가 하게 된다"[136]는 명제로 표현된다. 이는 전쟁의 영역으로 동일하게 확대되어 적용될 수 있다.

이를 1965년 수에즈 운하 사건에 대입해 이해할 수 있다.[137] 이는 이집트가 영국 및 프랑스가 공동소유하고 있던 수에즈 운하를 국유화함으로써 발생되었다. 영국(B)과 프랑스(F)는 이집트(E)의 조처에 보복할 목적으로 군대를 투입, 이집트에 진주했으며 그때 이스라엘(I)은 영·프의 편에 서서 이집트를 함께 공격하였다. 즉 사건 이전의 시점에서는 B와 F는 모두 E에 우호적이었다. 그러나 새로운 시점에서 E는 I에 적대적이었고 B도 I에는 적대적인 안정구조였다. 그런데 E가 B와 F가 가지고 있던 수에즈 운하를 갑자기 국유화하자, 이 불균형 관계를 시정하는 방향으로 각국은 행동했다. 즉 경과된 시점에서 B와 F는 E를 공격하였고, B와 I는 적대관계를 청산하고 우호관계로 옮아갔다. 미국(U)은 이때 B·F의 처사에 분개하여 E의 입장을 지지하고 나서자 그 결과로 다른 아랍 국가(A)들도 미국과 관계를 개선하였다.

이상과 같은 방법을 통해서 제반 국가들 간의 관계를 설명할 수 있다. 그러나 이 이론에 대한 실용성은 여러 측면에서 약점을 노출하고 있다. 즉 국가 간의 어떤 차원에서의 관계가 가장 중요한 인식의 결정요소가 되는지를 밝히지 못하고 있다. 첫째, 정치·경제·문화적 유대 등 어느 변수가 결정적 요소가 되는지를 정해 주지 못하고 있어 한계를 지닌다. 둘째, 이 이론에서 각 국가 간의 관계를 호·불호(好·不好)의 두 가지로밖에 구분 못 하는 점이다. 통상적으로 갈등과 협조가 함께 작용하는 국가관계나 우호나 적대의 정도의 차이가 심한 것 등을 다루지 못하는 점이다. 셋째, 각국의 행위성향에 미치는 행위속성을 반영하기 어렵다. 구조의 특성에서 구성원의 개성을 초월한 기대행위정형을 논하는 이론이지만 어떤 형태로든지 속성과 관련을 짓지 못하면 현실적인 국가행위를 설명하는 데서 큰

---

136) 이상우, 『국제관계이론』(박영사, 1991), p.201.

137) 위의 책, pp.199~200.

계약을 받게 된다.

그러나 이 이론이 상식적으로 통용될 수 있다는 강점이 있으며, 전쟁의 원인을 사회심리학적 접근을 통해서 설명해 줄 수 있는 계기를 주었다는 점에서 평가할 수 있다. 또한 이 이론으로 발전적 전개를 이룬 한 예로서 럼멜의 '장(場)의 이론(理論)'이 있다.

(6) 동태적 균형이론(動態的 均衡理論)

Rummel은 갈등과 전쟁의 원인을 행위자 간의 힘의 균형변화와 기존질서와의 부조화에서 찾는다.[138] 즉 한 시점의 힘의 균형과 이에 의해 형성된 기대구조가 시간의 흐름에 따라 기존 질서를 지키려는 보수성과 실질적 힘의 균형 간의 간격이 늘어나는 것에서 찾는 것이다. 여기에 평화질서란 행위자들 간의 힘의 분포를 바탕으로 한 그들 간의 계약이라고 주장한다.

럼멜은 역사란 선형(線形)의 진화(進化)로 이뤄지는 것이 아니라 간헐적인 혁명적 변화를 거쳐 단계적인 불연속 발전으로 이어져 나간다는 것이다. 이 시각은 마르크스가 주장한 부단히 발전하는 생산력과 상부구조 사이에서 혁명의 불가피성을 논하는 시각과 맥을 같이한다 할 수 있다. 럼멜은 갈등행위를 포함한 인간행위의 결정요소를 심리적·사회적 및 집단구조 차원(국제관계 차원)에서 찾아 종합적으로 설명하려 한다. 행위란 인간 의지에서 다른 사람과의 관계를 거쳐 조정되고 다시 행위의 틀이 되는 구조 속에서 적응과정을 거쳐 이뤄지는 것으로 세 차원 모두의 검토 없이는 설명될 수 없다. 이 세 가지를 모두 관통하는 핵심개념으로 럼멜은 힘이라는 개념을 설정했는데 이 힘은 능력(能力), 관심(關心) 또는 이익(利益) 그리고 의지(意志)의 결합으로 파악해 사용한다. 즉 그 공식은 'Power = Interests × Capability × Will'로 되며 이 세 요소 중 어느 하나가 결여되어도 힘은 없다.[139]

인간과 자연현상의 결정과정은 서로 다른데 자연현상은 시간의 순서에 따르는 인과관계로 설명되지만 인간은 목표지향적 행위결정 과정이므로 시간의 순서에 따른 인과관계가 될 수가 없다. 즉 인간은 목표효과를 기대하고 행위를 결정하기 때문이다. 기대는 미래현상에 대한 예측인데 이러한 예측이 그대로 맞는 경험을 반복하게 되면 기대에 대한 신뢰가 생기게 되고 이것들이 모여서 기대구조(期待構造)가 형성된다. 이러한 기대는 질서의 토대다. 질서는 특정행위에 대한 특정결과가 서로 인과관계를 성립시킬 때 존립한다.

---

138) cf: R. J. Rummel, *Understanding Conflict and War*, Vol.1~Vol.5, Beverly Hills: Sage, 1975~1981: R. J. Rummel, In The Minds of Men, Seoul: Sogang University Press, 1984.

139) R. J. Rummel, *In The Minds of Men*, pp.65~74.

또한 여러 행위자들이 한 장소에 모이게 되면 서로 간에 행위를 주고받게 되고, 이는 갈등으로 나타나고, 결국은 서로를 인식하고 '힘의 균형'이 이루어지게 된다. 여기에 어떠한 제도적·조직적 계약이 없는 조건에서 자유행위들이 자기의 힘에 따라 움직이는 무대를 사회장(社會場)이라 부른다. 럼멜은 이러한 국제관계 속에서 전쟁의 원리를 이렇게 설명하고 있다. "국제질서의 현존구조와 실질적 힘의 균형 사이의 괴리가 전쟁을 일으킨다."[140] 이러한 상태가 갈등상태(葛藤狀態)가 되고 어떤 촉발작용이 일어나면 이 긴장은 전쟁으로 발전한다. 그리고 전쟁으로 파괴된 기대구조는 전쟁을 통해 새로 이뤄지는 힘의 균형에 따라 새롭게 질서가 형성된다. 이는 새로운 기대구조 즉 신국제질서를 형성한다.

이런 질서의 상황에서 전쟁으로 발전하는 경험적인 평가 자료를 상정할 수 있다. 이에는 전쟁의 필요조건, 촉진조건, 그리고 억제조건 등이 있다. 첫째, 전쟁의 필요조건에는 ① 접촉과 상호관심의 집중, ② 대립되는 이익의 충돌, ③ 전쟁능력, ④ 현존질서 붕괴 등이다. 둘째, 전쟁의 촉진조건은 ① 사회적·문화적 상이성이 높으면 전쟁이 촉진된다. ② 강대국 간섭이 개입하여 한편을 도우면 전쟁은 촉진된다. ③ 현 질서를 지배하는 지배국의 허약성이 나타나면 전쟁은 촉진된다. ④ 양측이 서로 강하다고 믿을 만큼 두 나라의 힘이 엇비슷할 때 전쟁은 쉽게 일어난다. 셋째, 전쟁억제조건은 위의 촉진요인이 반대조건이 될 때이다. 즉 사회적·문화적 상이성이 적고, 상호 동맹관계가 높으며, 강한 지배국이 존재하고, 세계여론의 반대 등이다. 위의 이론에 대한 평가는 실증적 검증을 통해 이뤄질 수 있다. 기존 질서와 행위자인 국가 간의 부조화에서 전쟁원인을 이해하는 좋은 이론이다.

제3절 전쟁의 원칙과 유형

1. 전쟁의 원칙

전쟁의 원칙이란 고금의 전쟁사를 고찰하여 전쟁수행에 관한 지배적 원리를 도출해 낸 것으로서 교리를 발전시키는 토대가 되었으며, 우리들은 이것을 '전쟁의 원칙' 혹은 '전략의 원칙' 등으로 부르고 있다. 전쟁원칙의 적절한 적용은 지휘권 행사와 군사작전을 성공

---

140) Ibid., p.201.

적으로 수행하는 데 중요하다. 이러한 원칙들은 상호 밀접한 관계를 가지고 있으며 상황에 따라 상호 보완되기도 하고 상충되기도 한다. 우리들은 이러한 원칙은 장수들이 승리하기 위해 준수해야 할 원칙인 동시에, 이것은 또한 전쟁사 연구에 있어서 작전의 분석 및 평가의 기준이 되는 것이다.

이러한 전쟁원칙은 각 국가별로 다르며, 한국 육군의 전쟁원칙[141]은 <표 2-1>과 같다.

〈표 2-1〉 한국 육군의 전쟁원칙

① 목표 ② 공세 ③ 집중 ④ 기동 ⑤ 기습 ⑥ 경계 ⑦ 정보 ⑧ 통일 ⑨ 창의 ⑩ 사기 ⑪ 간명

① 목표의 원칙: '모든 군사작전은 명확하고 결정적이며 달성 가능한 목표에 지향되어야 한다.' 목표란 부대의 가용 전투력을 운용하여 확보 또는 달성해야 할 대상으로서 부대는 목표 달성에 모든 노력을 경주하여야 한다. 전쟁에서의 궁극적인 군사목표는 적의 군대를 격멸하고 전투의지를 파괴하는 것이며, 각급 제대의 군사작전 목표는 이러한 궁극적인 군사목표 달성에 기여할 수 있도록 상호 연계되어야 한다.

② 공세의 원칙: '적극적인 공세행동으로 전장 주도권을 확보하여 아군의 의지대로 전투를 이끌어 간다.' 공세는 아군의 의지를 적에게 강요하는 능동적이고 적극적인 작전행동을 의미하며, 그 목적은 전장의 주도권을 장악하여 전세를 유리하게 이끌고 승리를 달성하는 데 있다. 현대전에서는 전장의 유동성 증가로 인하여 전선이 비선형화되므로 공격이나 방어작전만으로 작전을 수행하는 경우는 드물다. 따라서 방어작전 간에도 기회 포착시에는 적극적인 공세행동을 통해 전투의지를 파괴하여야 한다.

③ 집중의 원칙: '결정적 시기와 장소에 압도적인 전투력을 집중하여 승리를 보장한다.' 집중이란 결정적 성과를 달성하기 위하여 결정적인 시간과 장소에 전투력을 집중하여 상대적인 우세를 달성하는 것을 말한다. 전투의 승패는 결정적인 시간과 장소에 상대적인 전투력 우열에 따라 결정된다. 따라서 전력이 대등하거나 비록 열세한 경우라도 적의 결정적인 약점에 아 전투력을 적시적으로 집중 운용함으로써 국지적 우세 달성과 함께 전투를 승리로 이끌 수 있다.

---

141) 육군본부, 『작전요무령』(대전: 육군본부, 1996) pp.1-10～1-20.

④ 기동의 원칙: '신속한 기동을 통해 적을 불리한 위치에 놓이게 한다.' 기동은 아군에게 유리한 상황을 조성하기 위하여 적에 비해 상대적으로 유리한 위치로 병력, 화력, 물자 등을 이동시키는 것이다.

⑤ 기습의 원칙: '적이 예상하지 못한 시간, 장소, 수단, 방법으로 타격한다.' 기습이란 적이 예상하지 못한 시간, 장소, 수단, 방법으로 타격하는 것을 뜻하며, 비록 알았다 하더라도 적이 계획한 시간 내에 효과적으로 대응하지 못하도록 더욱 빠르게 적을 타격함으로써 기습의 효과를 달성할 수 있다.

⑥ 경계의 원칙: '항시 경계태세를 유지하여 적의 기습을 방지하고 전투력을 보존한다.' 경계는 적의 기습이나 첩보 수집 활동을 거부함으로써 아군의 전투력을 보존하고 행동의 자유를 확보하기 위하여 취하는 행동이다.

⑦ 정보의 원칙: '적을 알고 적을 찾아야 한다.' 정보는 적 부대 또는 작전지역에 관한 모든 가용한 첩보를 수집, 평가, 분석, 통합 및 해석한 자료로써, 모든 작전을 계획하고 실시함에 있어 전제가 되는 요소이다.

⑧ 통일의 원칙: '모든 군사작전은 지휘의 통일과 노력의 통일을 기해야 한다.' 통일의 원칙은 군사력을 운용함에 있어 모든 전투력이 공동의 목적을 추구함으로써 노력이 분산되지 않도록 하는 것을 의미하며, 이러한 방법에는 지휘의 통일과 노력의 통일이 있다.

⑨ 창의의 원칙: '항시 장차전 양상을 상정하고 창의적인 대응전법을 모색한다.' 창의는 상황에 따라 새롭고 적절한 전투수행 기법을 찾아내는 사고력으로서 전장주도권 장악과 직결된다.

⑩ 사기의 원칙: '왕성한 시기를 통해 필승의 신념과 전투의지를 고양한다.' 사기는 전투력의 무형적 요소이며 부대 임무수행에 관한 각 개인이나 집단의 정신적·심리적 상태로서 의욕, 동기유발, 자신감 등의 결합에 의해 형성된다.

⑪ 간명의 원칙: '계획과 명령은 간명하게 수립 및 작성하여 착오와 혼란을 방지하여야 한다.' 간명이란 군사작전 계획이나 명령을 간단명료하게 수립 및 시행하는 것을 의미한다.

2. 전쟁의 유형

전쟁에 어떠한 유형이 있는가에 대한 의견도 여러 가지가 있다. 그러나 이러한 의견은 유형의 분류기준에서 온 결과라고 보아야 할 것이다. 다시 말하면 분류기준에 따라 전쟁

유형은 규정될 수 있다는 것이다. 일반적으로 전쟁의 분류는 크게 국제법상의 분류와 국제법 이외의 분류로 대별할 수 있으나 분류기준에 있어서 대표적인 것은 목적, 목표, 수단, 시간, 공간 및 광협(廣狹), 당사자관계 등으로 분류할 수 있다.

1) 국제법상의 분류

국제법상의 전쟁은 합법적인 것과 위법적인 것으로 구분된다. 정당한 이유 없이 타국에 대하여 무력으로 공격하는 것은 위법적인 전쟁이며 일반적으로 침략전쟁이라고 한다. 이러한 침략전쟁에는 예컨대 정복전쟁, 공격전쟁, 국제분쟁해결을 위한 전쟁, 국책수행을 위한 전쟁 및 기타 등이 있다. 이러한 전쟁에 대해서는 어느 국가를 막론하고 자동행동을 취할 수 있으며, 이것은 합법적인 것으로서 국제법상 자위의 전쟁이라고 불린다. 마찬가지로 합법적인 전쟁의 하나로 제재의 전쟁이 있다. 이것은 자위전쟁을 하는 나라를 도와주기 위하여 제3국이 공동으로 상대국에게 제재행동을 취하는 경우이며, 오늘날의 집단안전보장하에서는 집단의 제재로서 가해지는 경우가 있다.

2) 국제법 이외의 분류

국제법 이외의 분류에서 아래에서 제시하고 있는 전쟁분류는 합법과 위법이라는 관점에서 보면 모두 위에서 제시한 전쟁분류 가운데 어느 한 분류에 포함되기 마련이다. 단일기준에 의하여 모든 전쟁을 분류한다는 것은 어려운 일이며 하나의 전쟁은 여러 범주와 관계를 맺고 있는 것이다.

① 정치목적 및 이데올로기 측면에서의 분류로써 먼저 정치목적 분류는 혁명전쟁, 독립전쟁, 해방전쟁, 식민지전쟁, 간섭전쟁, 예방전쟁 등이 있으며, 이데올로기 목적 분류는 제국주의 전쟁, 민족주의 전쟁, 인민전쟁, 종교전쟁 등이 있다. ② 참가국, 지역적 측면에서의 분류에는 세계전쟁, 국제전쟁, 연합전쟁, 제한전쟁(한정전쟁), 국지전쟁 등이 있다. ③ 전쟁 주체 측면에서의 분류에는 2국 간의 전쟁, 대리전쟁, 내전 등이 있다. ④ 전쟁수단과 목적 측면에서의 분류에는 ㉮ 전쟁수단 및 목적의 무제한 여부에 따라 전면전쟁, 무제한전쟁, 절대전쟁, 제한(한정)전쟁 등, ㉯ 국가 제 역량과의 관계에서 총합전쟁, 총력전, 제한(한정)전쟁 등, ㉰ 핵과의 관계에서는 핵전쟁, 비핵전쟁, 재래식전쟁, 비재래식전쟁(비정규전) 등, ㉱ 무력과의 전쟁에서는 무력을 주로 사용하는 경우에는 무력전쟁, 무력의 결전에 의한 전쟁목적 달성 여부에 따라 결전전쟁과 지구전쟁, 무력 중의 각 수단에 따라

게릴라 전쟁, 화학전쟁, 생물학전쟁, 전자전쟁 등, ㉙ 시간과의 관계에서는 장기전(지구전쟁), 단기전(결전전쟁), 우발전쟁 등이다.

3) 대표적인 분류기준

대표적인 분류기준은 목적, 목표, 수단, 시간, 공간 및 광협(廣狹), 당사자관계 등이 있다.
① 시간적 분류에는 지구전쟁과 단기전쟁, ② 공간적 분류에는 세계전쟁과 국지전쟁, ③ 수단적 분류에는 핵전쟁과 재래식 통상전쟁, ④ 당사자 관계적 분류에는 단독전쟁과 연합전쟁이 있다. 이 외에 여러 기준이 결합된 전면전쟁과 제한전쟁의 유형이 있다. 이 경우 전자는 목적, 수단, 공간 등에 있어서 아무런 제한이 없는 데 대하여 후자는 그 반대가 되는 것으로서 즉 전쟁목적, 무기체계 및 전쟁지역에 있어서 제한되는 전쟁을 말한다.[142]

또한 전쟁유형 가운데 대표적인 것으로 총력전(total war)이 있다. 국민생활전체가 고도로 전투기계화되어 수행되는 전쟁을 말하며 제1차 세계대전, 특히 제2차 세계대전이 대표적인 예이다. 현대의 대중국가에 있어서는 국민 전체가 전쟁 주체로서 전쟁을 수행하지 않으면 안 되기 때문에 총화 단결에 의한 힘의 집중이 필요하며 적에 대한 심리전쟁의 비중도 매우 증대된다. 이러한 국민전쟁의 전제로써 징병제가 시행되고 병원의 절대수와 대인구비가 격증(激增)하는 동시에 군의 기계화에 따라 노인, 부녀자에 이르기까지 군무, 생산, 수송, 통신 등에 동원 배치되며, 군사목적에 의한 규제는 자치, 통제경제를 통하여 국민생활의 말단까지 침투되어 국가 전체가 병영화된다.

이것을 뒤집어 말한다면 적(敵)국민 전체가 병원이기 때문에 전투원과 비전투원은 무차별적으로 공격되고 전 국토가 전장으로 화하여 일반시민의 사상자 수는 군인의 그것을 상회하게 된다. 이러한 공격력의 전장으로 화하여 일반시민의 비약적인 발달은 병원 1인당의 파괴능력, 단위시간에 있어서의 공격력의 집중도, 원거리 공격의 정밀도를 높였던 것이다. 이러한 제 요소는 전격전의 가능성을 또한 높여 주고 있는 것이다.

---

142) 국방대학원, 『안전보장이론 1』(서울: 국방대학원, 1989), pp.331~332.

3. 전쟁(War)과 분쟁(Conflict)의 차이

1) 전쟁

최근 전쟁으로 지칭하고 있는 많은 의미가 전쟁이 아니라 단지 폭동이거나 게릴라전 또는 군대가 개입한 일반적인 분쟁을 뜻한다. 여기에는 중요한 것을 밝힐 필요가 있는데 많은 군대의 기술을 이용하여 무장함으로써 붕괴시킬 만큼 필요치 않다. 적합한 분란 또는 내란을 일으키기 위해서는 훈련된 군인이 필요치 않다. 다만 필요한 것은 그들 자신과 불화가 있는 무장된 시민이다.

여기서 의미하는 전쟁은 학살이나 상해 그리고 무분별한 파괴보다 더 광범위한 의미를 지니고 있는 것을 말한다. 전쟁은 많은 기술을 적용시키려고 하고 있지만 모든 군대가 다 기술을 보유할 필요는 없다. 군사기술은 제복, 전시, 시위 그리고 두려워 보이는 장비 그 이상일 수도 있다. 세계 도처에서 일어나고 있는 많은 군사폭력은 대규모의 분란 이상일 수가 없다. 우간다, 레바논, 엘살바도르, 아프가니스탄의 분쟁이 그 좋은 예이다. 예를 들어 어느 일방이 타방보다 분명히 힘이 강한 상태에서 분쟁이 일어날 때 약자는 승리할 조건하에서와 장소에서만 싸우게 된다. 그리고 군대와 직접 충돌했을 때 약자는 시민으로 화해 버리거나 아니면 다른 피난처를 찾게 되는 것이다.

아프가니스탄을 회고해 보면 만약 소련이 처음 파병한 병력의 10배가 되는 백만 대군을 그 나라에 주둔시켰다면 아프가니스탄의 국민들은 투쟁할 겨를이 없이 단지 그들이 철수하기만 기다렸을 것이다. 극악무도한 각가지 행위가 대중들의 증오를 불러일으킨 것이다.

전쟁은 종전을 위해서 싸우며 분쟁은 수백 년 동안 계속되기도 한다. 전쟁은 강력한 투지, 군비 그리고 군 병력들에 의해서 수행되고 있으며 한편 분쟁은 다루기 쉽고 건설적인 정신과 마음가짐을 한 강한 집념으로 싸우는 행위이다. 그러므로 분쟁을 일으키는 것이 전쟁을 수행하는 것보다 훨씬 단순하다. 이러한 연유로 인하여 보다 많은 분쟁이 산재하여 있게 된다.

2) 분쟁

분쟁의 구분에는 국제분쟁, 국내분쟁, 무력분쟁[143] 등이 있다.

---

143) 국방대학원, 『안보관계용어집』(서울: 국방대학원, 1989), p.160.

① 국제법상의 주체는 국가이며, 때로는 국가에 준한 것, 한정된 범위에서의 개인의 경우도 있을 수 있다. 분쟁에는 무력적인 것과 비무력적인 것, 법률적인 것과 정치적인 것이 있을 수 있다. 국제법상 주체 사이에서의 모든 분쟁은 국제분쟁의 개념에 들어간다. 이와 같은 국제분쟁의 처리에는 평화적 처리와 강력적 처리가 있다. 평화적 처리 방법은 외교교섭, 국제법상의 주선, 중개(거중조정), 국제조정, 국제재판이 있고, 강력적 처리방법에는 보복, 전쟁, 간섭, 집단적 강제조치 등이 있다.

② 국제분쟁은 국제법상 주체 간의 다툼으로 일반사회의 안녕질서에 영향을 미치는 것을 말한다. 국제분쟁은 국제분쟁에 대비되는 용어로서 후자의 개념은 국제법상 확립되어 있는 데 반하여, 전자의 개념에는 명확한 것이 존재하지 않는다. 따라서 국제분쟁은 광범위한 것을 포함할 수 있으나 그중에서도 일반사회의 안녕질서에 큰 영향을 미치는 것을 말한다. 국내분쟁은 국내사회에서의 다종다양한 사회집단의 대립 및 전쟁에서 발생하는 분쟁과 특정사회집단의 국가권력에 대한 투쟁이 있으며, 비합법수단이 행사될 경우에는 폭동, 소요, 내란 등 형태로 나타나서 국가권력획득을 직접적으로 하는 쿠데타, 혁명, 내전에 의해서 그 정점에 달한다.

③ 무력분쟁은 무력이 행사되는 분쟁으로서 무력의 규모나 양상이 아직 국지전이라고까지는 한정될 수 없는 단계를 말한다. 무력분쟁은 국가 간의 무력을 행사하는 분쟁이라고 하는 의견도 있으나 분쟁의 단계를 나타내는 개념이므로 분쟁당사자 관계는 국가 간에 한정하지 않고 국내분쟁에도 적용될 수 있다.

제4절 전쟁수행 및 용병술체계

1. 전쟁수행(전쟁수행체계와 전쟁수행 전략)[144]

레이몽 아론(R. Aron)[145]의 견해에 따르면, "전쟁은 조직화된 행위형태의 분쟁이고 '집단' 간의 물리적인 힘의 행사이며, 양측은 다 같이 훈련을 통해 전투원들의 활동을 증강

---

144) 황성칠, 『북한의 한국전 전략』(서울: 북코리아, 2008), pp.45~51에서 재인용.

145) Raymond, Aron, *Peace and War: a theory of international relations* trans. from the French by Richard Howard and Annette Baker Fox, New York: F. A. Praeger, 1967, p.350.

시켜 상대방에 대한 승리를 획득하려 한다." 또한 전쟁은 분쟁의 대표적인 형태로서 조직된 집단 간의 분쟁이다. 전쟁은 사회적 현상이기에 인간이 집단을 형성하기 이전에는 있을 수 없다. 그래서 소위 사회적 동물만이 전쟁을 하며 전쟁은 곧 전투원의 사회화(socialization of the combatants)를 의미한다. 그래서 "현대전쟁은 문명의 독특한 산물이고 신비스러운 유혈의 희생재물을 얻기 위한 조직화된 노력의 결과"이며, "인간이 독립성과 일체성을 유지하기 위해 사회적·문화적 집단으로 발전해 가는 과정의 결과"[146]이다. 따라서 전쟁은 "두 개(또는 그 이상의)의 독립적인 정치적 조직집단 간의 투쟁(combat between two(or more) independent politically organized groups)"[147]이라고 정의될 수 있다. 그리고 "전쟁이란 상호 대립하는 2개 이상의 국가 또는 이에 준하는 집단이 정치적 목적을 달성하기 위해 군사력을 비롯한 모든 수단을 사용하여 자기의 의지를 상대방에게 강요하는 조직적인 폭력행위이다"[148]라고 한국의 합동참모본부에서는 정의하고 있다.

그리고 클라우제비츠는 "전쟁은 우리의 의지를 구현하기 위해 적을 강요하는 폭력행위이다"라고 정의했다. 그리고 "전쟁의 요체는 두 적대적이고, 독립적·배타적인 의지 간의 폭력적인 투쟁으로서, 일방이 상대방에게 자신의 의지를 관철시키려는 것이다. 전쟁은 본질적으로 상호 사회적 작용이다"고 했다. 클라우제비츠는 이를 결투(two-struggle)라고 했고 레슬링에서 서로 상대방을 집어던지려고 맞잡은 채로 기진맥진하는 그러한 이미지를 제시하였다.[149] 이리하여 전쟁은 계속적인 상호 수용 작용, 주고받기, 이동 및 역이동의 과정이다. 적은 생명이 없는 개체가 아니라 스스로 목표와 계획을 가지고 있는 독립된 생명이 있는 개체임을 명심해야 한다. 적에게 우리의 의지를 강요할 때, 적은 저항하고 적의 의지를 우리에게 강요하려고 한다. 이러한 인간 의지의 역학적인 상호작용을 이해하는 것이 전쟁의 기본 본질을 이해하는 데 긴요한 요소이다.[150]

전쟁의 목적은 우리의 의지를 적에게 강요하는 것이다. 그러한 목적을 달성하기 위한 수단으로 군사력에 의한 폭력위협의 사용이나 조직적인 군사행위를 가하는 것이다. 폭력

---

146) George Hunt, Douse, *A Comparative Strategy of Conflict Theory, Unpublished*, Ph. D. Dissertation, University of Maryland, 1974, p.3.

147) Raymond, Aron, *Peace and War*, p.364.

148) 합동참모본부, 『군사기본교리』(서울: 합동참모본부, 2002), p.23 참조.

149) Clausewitz, On War, p.75: "전쟁은 대규모의 결투에 지나지 않는다(독일어의 Zweikampf를 단순한 영어 단어로 표기 시 'two struggle'임). 수많은 결투는 전쟁으로 치달지만 전체적으로 보면 레슬링을 하는 것으로 연상할 수 있음. 각자는 물리적 힘을 사용하여 상대방을 자기의 의지대로 굴복시키려 하고 중간목표는 적으로 하여금 장차 대항할 힘을 못 쓰게 만드는 것이다"라고 부언설명하고 있다.

150) *U.S. Marine Corps Doctrinal Publication 1* Department of The Navy Headquarters United State Marine Corps Washington, D.C. 20380-1775, U.S. MCDP 1, 20 June 1997; 한국해병대사령부 옮김, 『전쟁수행론』(해병대 교육 참고 1A, 1998), pp.3~5.

사용의 대상은 적의 군사력에 한정될 수도, 크게는 적 국민들에게까지 확대될 수도 있다. 전쟁은 대규모 군사력 간의 강력한 충돌에서부터 때로는 공식적인 선전포고의 지원하에 폭력의 범주에 겨우 속하는 기묘한 비정규전 적대행위까지 포함한다.[151]

한국의 합동참모본부의 군사기본교리에 의하면 전쟁은 본질적으로 국가정책을 수행하는 정치적인 수단의 하나로서 반드시 정치적 목적을 가지며, 전쟁에 의하지 아니하고는 문제를 해결할 수 없을 경우에 최후의 수단으로 선택하게 되는 것이다. 침략자 입장에서의 정치적 목적은 전쟁을 결심하게 된 이유인 동시에 전쟁을 통하여 상대방에게 강요하고자 하는 정치적 의지이다. 피침략자 입장에서의 정치적 목적은 전쟁 초기에는 침략국의 정치적 목적을 거부하는 것이나, 전쟁이 진전됨에 따라 자의적인 정치적 목적을 가질 수 있다. 전쟁의 수단에는 정치·외교, 경제·과학기술, 사회·문화 및 군사 분야의 모든 요소가 망라되며, 여기에는 반드시 조직화된 군사력이 포함된다. 전쟁은 선전포고에 의하여 시작되거나, 선전포고 없이 개시되기도 하며, 협정 또는 강화조약 등에 의하여 종결된다.

전쟁은 두 적대의지 간의 충돌로 언급했듯이 전쟁이란 단순한 사업처럼 보인다. 실제로 전쟁에 영향을 미치는 수많은 요소들 때문에 전쟁수행(戰爭遂行: Warfighting)은 지극히 어려워지는 것이다. 이러한 요소들을 통칭하여 마찰(Friction)이라 부른다. 클라우제비츠는 마찰을 "외관상으로 쉬운 일을 상당히 어렵게 만드는 힘"이라고 표현했다.[152] 마찰은 모든 군사행동에 저항하고 에너지를 빼앗는 힘이다. 마찰은 단순한 상황을 어렵게 만들고 어려움을 불가능하게 만든다. 이와 같은 전쟁수행을 위하여 국가 통치자는 국가의 국내외적 위협으로부터 국가를 보호하기 위하여 국가총력방위[153]를 수행한다.

전쟁수행은 두 가지로 구분된다. 그 하나는 '전쟁 활동을 위한 준비'이며, 또 하나는 전쟁 자체에 속한 활동인 '전쟁의 수행'이다.[154] 전쟁의 준비과정은 전쟁수단을 준비하고 유지하는 단계로서 주로 행정적·관리적·예산적 기능을 포함하여 합리적인 계량기법에 의한 뒷받침을 받는다. 그러나 실전의 수행과정은 준비된 수단을 사용하는 단계로써 '무

151) *U.S. Marine Corps Doctrinal Publication 1*, p.5.

152) Clausewitz, *On War*, pp.120~121.

153) 국가총력방위란 국가의 가용한 모든 역량을 총동원하여 국가를 방위하는 것으로서, 정치·외교, 경제·과학기술, 사회·문화 및 군사분야의 고유역량과 활동을 유기적이고 상호 보완적으로 조직하여 전쟁을 수행하는 것이다. 국가총력방위 수행체계는 합동참모본부, 『군사기본교리』 p.35를 참조.

154) Clausewitz, *On War*, pp.131~132. Clausewitz는 그의 『전쟁론』에서 전쟁활동을 크게 두 가지 범주로 나누고 있다. '전쟁을 준비하는 것(Preparation for War)'과 '전쟁 그 자체를 수행하는 것(War Proper)'이다. 즉 전자는 잘 정비되고 훈련된 전투부대라는 '완제품(The End Product)'을 만들어 내는 과정이며, "전쟁 그 자체에 대한 이론은 일단 만들어진 전투부대라는 수단을 전쟁의 목적을 위해 어떻게 사용하느냐에 관한 것"이라고 기술하고 있다.

엇을' 필요로 하는가 하는 문제가 아니라, '어떻게' 할 것인가 하는 문제를 탐색하는 단계이다. '어떻게' 할 것인지를 탐색하는 작업이 바로 '전략'이다. 그러므로 전략은 본질적으로 개념적인 것이다.[155] 즉 전략을 수립하는 작업은 '어떻게' 주어진 수단(무엇을)을 사용할 것인지를 개념적으로 결정하는 두뇌 작업인 동시에 정신적인 작업이다. 왜냐하면 전략이란 위태로운 상황에서 위험을 포함하는 복잡한 행동을 통해서 주어진 목표를 달성해야 하는 일이기 때문이다.

전쟁수행[156]체계는 통상 위기관리로부터 전시체제 전환, 전쟁 실시, 전쟁 종결 단계로 진행된다. 위기관리[157]란 국내 또는 국제적 위기의 발생을 예방하고 그 위기상황을 지속적으로 통제하면서 야기될 수 있는 피해의 범위를 최소화하고, 전쟁으로의 확대를 방지하며, 평화적으로 문제를 해결하기 위하여 제반 조치를 강구하는 것이다.

따라서 본 연구에서는 전쟁수행 절차에 대하여 한국의 합동참모부의 군사기본교리에 있는 내용을 원용하여 사용한다. 현재 북한에서는 전쟁수행절차를 교리에 의하여 별도로 사용하지 않고 국가통수기구체계[158]에 의하여 수행하고 있다.

앞으로 논하는 전쟁수행절차는 한국의 군사기본교리에서 정립한 전쟁수행절차를 적용하며, 전쟁수행(戰爭遂行: Warfighting)체계는 <표 2-2>와 같은 단계로 분석한다.

〈표 2-2〉 전쟁수행체계

위기관리	⇨	전시체제 전환	⇨	전쟁 실시	⇨	전쟁 종결

위기관리는 국가위기를 사전에 예방하고 대비하기 위하여 위기발생 시에는 효과적인 대응 및 복구를 통하여 그 피해를 최소화하거나 위기 이전의 상태로 복원하고자 하는 제반 활동을 말한다.[159]

---

155) Edward B. Atkeson, "The Dimensions of Military Strategy", in Arthur F. Lykke, Jr. ed., *Military Strategy: Theory and Application*, Carlisle Barracks, PA: United States Army War College, 1982, p.3/17.

156) 전쟁수행은 한국의 합동참모본부, 『군사기본교리』(서울: 합동참모본부, 2002), pp.51~55를 참조.

157) 우리나라의 국가 위기관리는 「대통령 훈령 126호 국가위기관리 지침」에 명시되어 있다. 국가 위기란 국가 주권 또는 국가를 구성하는 정치·외교, 경제·과학기술, 사회·문화, 군사 분야 등 국가의 핵심요소나 가치에 중대한 위해가 가해질 가능성이 있거나 가해지고 있는 상태를 말한다. 국가 위기관리란 국가위기를 사전에 예방하고 대비하며 위기 발생 시에는 효과적인 대응 및 복구를 통하여 그 피해를 최소화하거나 위기 이전의 상태로 복원하고자 하는 제반 활동을 말한다.

158) 통일부, 『북한 기관단체별 인명집』 '북한권력 기구도'(서울: 통일부 정보분석본부 정치사회분석팀, 2007)를 참조.

159) 위기관리는 통상적으로 상황발전 - 위기평가 - 정책발전 - 방책선정 - 시행계획 - 시행의 단계로 수행되며, 즉각 조치가 요구되는 긴박한 상황에서는 단계를 축소하거나 동시에 시행할 수 있다.

국가위기의 종류에는 전통적인 안보분야, 재난분야, 국가핵심분야가 있는데 전통적인 안보분야는 군사력의 사용이 필요한 위협, 비군사적 도발, 내부급변사태, WMD 개발 및 확산 등 국가 간의 분쟁이나 테러 등을 말한다. 재난분야는 자연재해나 인위재난을 말하며 국가핵심기반 분야는 테러, 대규모 시위, 파업, 폭동, 재난 등 원인에 의해 국민의 안위, 국가경제 및 정부 핵심기능에 중대한 영향을 미칠 수 있는 인적·물적 기능체계가 마비되는 상황을 말한다. 위기관리는 위와 같은 상황이 전개되면 위협을 확인하고 위기의 원인과 상대적 가치, 가용시간 등을 판단하여 위기평가를 실시한다. 이에 따라 군사적 대안이 필요하다고 판단되면 시행계획을 수립하여 결재권자의 결재를 득하면 작전명령을 하달하고 시행하게 된다.

전시체제 전환은 위기평가 결과 전쟁징후가 농후할 경우에 국가의 모든 기능을 신속하게 전시체제로 전환하여 국가총력전 수행체제를 확립하는 것이다. 이때는 국가의 NSC를 통하여 필요한 전시 시행지침과 법에 따라 관계관의 결재를 득하여 시행한다. 활동 중점은 국가 동원체제의 실질적인 전환, 군의 전투준비태세 전환, 국제적인 지지와 지원획득 등을 실시한다. 그리고 정부의 기능을 지속적으로 유지하고, 군사작전을 효율적으로 지원하며, 국민생활의 안정을 도모함으로써 국가총력전 수행체제를 확립하는 것이다.

전쟁 실시는 적의 전쟁도발 및 징후가 명백할 경우 국가통수기구는 국무회의의 심의를 거쳐 전쟁의 개시를 선포하며, 이에 대한 국회의 동의를 얻는다. 이 단계의 모든 국가 활동은 전쟁의 목표 달성과 군사작전을 효율적으로 지원하는 데 중점을 둔다. 이때 활동 중점은 전쟁의 목표 달성과 군사작전을 효율적으로 지원하며 국가 전시체제와 통합방위체제를 효율적으로 운용한다. 그리고 국제적 행동의 자유를 확대하여 전쟁으로 인하여 국가에 미치는 해로운 영향을 최소화하고 이익의 영향은 극대화할 수 있도록 한다.

전쟁 종결 단계는 전쟁의 목표를 달성함으로써 종결된다. 종전에 유리한 환경을 조성하여 적에게는 불리하게 대외적인 행동이 자유롭지 못하도록 제한하고, 아 국가에는 유리하도록 주변국과 보다 나은 관계 회복과 유지를 하고 전쟁 종결 조건의 재조정을 하는 등 주도적인 입장에서 전쟁 종결이 되도록 노력을 한다. 그리고 범국민적으로 국민 의지를 결집하고 국민의 생활보장과 민생안정을 위하여 전후 복구 및 처리 계획을 수립하여 시행한다.[160]

---

160) 전쟁수행체계의 각 단계별 내용은 합동참모본부, 『군사기본교리』(서울: 합동참모본부, 2002), pp.51~55를 참조.

전쟁수행체계에서 모든 단계가 중요하지만 위기의 본질을 고려하면 위기관리과정이 가장 중요하다. 위기는 쌍방이 추구하는 목표들이 상호 양립하기가 불가능한 상태인 갈등과정을 겪게 된다. 갈등상태를 외교적인 노력으로 해결하기 위하여 협상으로부터 투쟁에 이르는 분쟁과정으로 발전하게 된다. 따라서 갈등단계에서 분쟁으로 이어지지 않도록 하는 것이 중요하며, 쌍방의 갈등에서 해결점이 해소가 안 되면 분쟁에서 위기단계로 발전된다. 이 위기관리에서 최후로 협상과 조정이 성공하면 평화로 복귀하지만 실패하면 전쟁상태로 전환되는 것이다. 따라서 위기관리단계에서 평화로 가느냐, 전쟁으로 가느냐의 분수령이 되기 때문에 이 단계가 가장 중요한 것이다.

2. 용병술체계

용병술체계[161]란 국가목표를 달성하기 위하여 국가 통수기구로부터 전투부대에 이르기까지 군사력을 운용하는 군사전략, 작전술, 전술의 계층적 연관관계를 뜻한다. 국가통수기구는 국군의 최고통수권자인 대통령과 국방부장관으로 구성된 기구를 말하며, 계층적 연관체계란 상위차원과 하위차원으로 계층화되어 있으며 상호 연계되고 보완되는 관계이다. 용병술체계는 해당 제대가 수행하는 작전목적과 역할에 따라 군사전략, 작전술, 전술로 구분할 수 있으나, 수준별로 중첩 적용되기 때문에 수행제대를 명확하게 구분하기는 어렵다. 군사전략, 작전술, 전술 수준 간의 전투력 운용은 국가목표 달성을 위해 상호 연계되고 보완적으로 이루어져야 한다. 즉 하위수준의 부대들은 부여된 임무를 완수하고 승리를 확대하여 상위수준의 목표 달성에 기여할 수 있도록 해야 하며, 상위수준의 부대들은 자신의 부대가 수행해야 할 역할뿐만 아니라, 하위수준의 부대가 유리한 상황에서 작전을 수행할 수 있도록 여건을 조성해 주어야 한다.

① **군사전략**은 국가전략의 일부로서 국가목표 달성을 위해 정치, 외교, 경제, 사회 등 국력의 제 분야와 더불어 전쟁을 준비하고 수행하는 데 적용되는 용병술로서 전략지시를 하달함으로써 작전술을 지도한다. 군사전략 수준에서 관장하는 분야는 주로 전쟁이며, 이를 수행하는 기구에는 국가통수 및 군사 지휘기구와 군사 협의기구, 합동참모본부 등이

---

161) 육군본부, 『작전요무령』(대전: 육군본부, 1996), pp.1-21~1-23: 용병술 체계는 육군본부에서 발간된 '작전요무령' 내용을 요약해서 수록한다.

포함된다. 군사전략 수준에서 전쟁을 억제하고, 장차전에 대비하여 군사력을 건설 및 유지하며, 장차전을 위한 대응전략을 제시한다. 또한 군사전략목표를 설정하고 작전술 수준의 자원을 할당하며, 작전술 수행을 위한 전략 지시를 하달한다.

② **작전술**은 전략지침에서 제시된 군사전략목표를 달성하기 위한 유리한 상황을 조성하는 방향으로 일련의 작전을 계획하고 실시하며 전술적 수단들을 결합 또는 연계시키는 활동을 말한다. 즉 전략지시를 통해 하달되는 군사전략목표 달성을 위해 전역과 대규모 작전을 계획 및 실시하며, 전술적 수단들을 결합 또는 연계시키는 활동이다. 작전술 수준에서 관장하는 분야는 전역과 대규모 작전이며 이를 수행하는 제대에는 연합사와 지상구성군 사령부, 야전군이 포함된다. 작전술 수준에서 전략지시를 토대로 작전적 목표를 설정하고, 연속된 일련의 작전과 전투를 조직함으로써 작전적 차원의 작전계획을 수립하고 가용자원을 배분 및 운용한다.

③ **전술**은 작전술 수준에서 설정된 목표 달성을 위하여 가용한 전투력을 통합하여 적을 격멸하는 전투와 교전에서 적용하는 활동이다. 즉 부여된 전투지대 내에서 수행되는 교전 시에 적용되는 용병술로서 작전술에서 수립한 계획을 기초로 자체계획을 수립하여 전투에서 승리함으로써 전략에 기여한다. 전술 수준에서는 적보다 유리한 위치에서 전투하고 가용한 전투력을 통합하여 운용한다. 이를 수행하는 제대는 주로 군단 및 사단급 이하 제대가 포함된다. 전술수준에서 수행하는 주요과업은 작전술 목표에 따른 전술목표의 설정, 적을 격멸하기 위한 전투부대 이동 및 배치, 전투와 교전을 위한 전투지원 및 전투근무지원부대 운용 등이 있다.

제5절 전쟁의 목적과 목표, 종결

1. 전쟁의 목적과 목표

전쟁의 목적과 목표[162]를 논의함에 있어 정치목적과 군사목적의 차이를 구분하고 논의하는 것이 순리일 것이다. 이 두 가지는 상이하나 분리될 수 없다. 왜냐하면 국가는 전쟁 자체를 위한 전쟁을 수행하는 것이 아니라 정책의 수행을 위하여 전쟁을 수행하기 때문이다. 군사목적은 단지 정치목적에 대한 수단에 지나지 않는다. 그러므로 군사목적은 정치목적에 의해서 지배되는 것이며, 정책은 군사적인 것을 요구하지 않는다는 기본적 조건을 전제로 해야 한다.

목표(Objective)라는 용어는 흔히 사용되고 있지만, 그것은 물리적이고도 지리적인 의미를 가지므로 사고에 혼란을 가져오기 쉽다. 그러므로 정책의 목적을 취급할 때는 목적(Object)이라는 말을 쓰고 정책의 봉사에 대해서는 실력을 지향하는 방법을 취급할 때는 군사목적(The Military Aim)이라는 말을 쓰는 것이 좋을 것이다. 우리 자신의 관점에서 본다 하더라도 전쟁의 목적은 보다 나은 평화 상태를 가져오는 것이다. 그러므로 우리가 원하는 평화를 항상 염두에 두고 전쟁을 수행하는 것이 필요 불가결하다. 그것은 팽창을 추구하는 침략국가에도, 자기보존을 위해서만 싸우는 평화국가에도 적용되는 것이다. 그렇지만 이 양개 국가가 보다 나은 평화상태란 무엇을 의미하는가에 대해서는 매우 상이한 견해를 가지고 있다.

군사적 승리 그 자체가 목적의 획득을 의미하는 것이 아니라는 것을 역사는 보여주고 있다. 그러나 전쟁에 대한 사고의 대부분은 직업군인에 의해서 이루어지므로 기본적인 국가목적을 간과하고 그것을 군사목적과 동일시하는 것이 지금까지 지극히 당연한 경향으로 여겨졌다. 따라서 전쟁이 발발할 때마다 정책은 군사목적에 의하여 지배되는 경우가 허다하였으며 군사목적이라는 것은 목적에 대한 수단에 지나지 않는 것이 아니라 그 자체가 목적인 것으로 간주되어 왔다.

본질적으로 복잡한 이 문제를 진실로 이해하기 위해서는 과거 2세기에 걸치는 이 문제에 관한 군사적 사고의 배경을 알고 개념이 여하히 전전되어 왔는가를 인식할 필요가 있다. 과거 1세기 이상의 기간 동안 군사교리의 주안은 '전장에서 적의 주력부대를 격멸'하는 데 전쟁의 유일한 목적이 되어 있었다. 그 사고방식이 모든 상황에서 국가목적에 적합한가를 감히 의문시하는 정치가가 있다면, 그는 성전(聖典)을 모독하는 것으로 간주되었

<hr />

162) 국어사전에 의하면, 목적(purpose)은 실현 또는 도달하려고 지향하는 일, 행위에 앞서서 의지가 실현을 예정하는 것(end), 목표(goal)는 일할 때의 표준, 행동이 향하여지는 대상, 이익(benefit)은 이가 됨(gain), 유익하고 도움이 됨을 말한다. 예) 국가목적은 국가의 근원이 되는 국가가치의 구체적인 표현 또는 국가가 지향하는 지상(至上)의 도달 가치를 말한다. 국가목표는 국가가 목적하는 바의 것을 추구하고 달성하기 위해서 국력을 집중하여 노력을 지향해 나가는 목표를 말한다. 즉 국가목표는 일반적으로 국가복석에 기초를 둔 궁극목표와 현 정책과 당면목표로 구분된다.

다. 19세기 이전의 위대한 지휘관들과 군사이론의 교사들에게 있어서 이러한 절대적인 원칙이 있다는 것은 생각할 수 없을 만큼 놀라운 일일 것이다. 왜냐하면 그들은 힘과 정책의 제약에 목적을 적응시키는 실제적 필요와 지혜를 인식하고 있었기 때문이다.

클라우제비츠는 "전쟁이란 일종의 폭력행위이다. 그리고 이 폭력행위에는 한계가 없다. 따라서 교전자는 서로 자기의 의지를 상대방에게 강요한다. 이로 말미암아 피아간에는 상호작용이 생기며 이 상호작용은 극한에 달하지 않을 수 없게 된다"고 말하였다. 즉 이 무한계적인 폭력행사, 다시 말하면 군사력의 제한 없는 발동이 전쟁을 형성하는 것이다. 전쟁은 생동하는 힘을 생명 없는 물질에 가하는 것이 아니다. 무릇 절대적 수동의 것은 전쟁이라고 말할 수 없는 것이다. 따라서 클라우제비츠가 말하고 있듯이 "전쟁은 항상 생동하는 힘의 충돌"인 것이다. 이 생동하는 힘의 가장 집약된 형태가 군사력이며 이것은 전쟁을 형성하는 중요한 요소인 것이다. 이에 의하면 전쟁의 목적은 '적에게 자기의사를 강요하여 이를 실현하게 하는 것'이며 전쟁의 목표는 '적의 저항력을 타도하는 것'이다. 또한 전쟁의 수단은 '폭력'으로 요약되며 그 본질은 다른 수단에 의한 정치의 연장이라는 데 있는 것이다. 전쟁이 총력전 형태일수록 군사적 고려는 정치적 고려에 의해서 통제되지 않으면 안 된다는 것은 당연한 일이다.

2. 전쟁의 종결

전쟁의 종결은 군사문헌에 그렇게 많지 않다. 외교사에 관한 많은 연구가 평화조약을 맺기 위한 평화회담의 공식적인 조정뿐만 아니라 종전결심을 위한 정책에 대하여 특별한 경우를 예시하고 있다. 이 같은 분석은 상호비교, 일반화, 이론정립을 위한 시도가 결여되어 있다.

다른 종류의 문헌은 전망에 관한 것이다. 여기서는 일반적인 의미의 전쟁을 종결하고 평화를 정착시킴으로써 얻는 정치적·경제적 사기 측면에서의 이점을 분석하고자 한다. 아마도 가장 야심적인 연구는 종전을 위한 조건과 관련된 국제관계였는데 이들은 또한 지도자의 성격과 국내관계, 그리고 국제체제 상태의 상호 미치는 영향에 대해서도 연구를 했다. 그러나 이들 연구는 체계화되고 합당한 전제에까지 도달하지는 못했다.[163] 군사관

---

163) K. J. Holsti, "Resolving International Conflicts A Taxonomy of Behavior and Some Figures on Procedures", *Journal of Peace Research*, 1966. 9월호(vol.10, no.3)

계의 논문에서는 특히 최근의 글 가운데에서 전쟁의 종결에 관한 문제는 완전히 무시되었다. 그러나 중동전쟁이나 월남전의 종결과 전쟁의 방지에 어려움을 당했듯이 이는 대단히 중요한 것이다.

다음과 같은 문제들은 분석[164]할 필요가 있다.

① 공표된 전쟁의 목적과 전쟁수행 과정 중에 이들의 변화가 전쟁종결에 준 영향, ② 군사작전의 결과가 전쟁종결의 가능성에 준 영향, ③ 전쟁을 효과적으로 점진적으로 감축시키는 조건들, ④ 종전을 결심하고 이것을 보완하는데 각 개인이 미치는 영향효과, ⑤ 종전을 도와주거나 혹은 방해하는 데에 있어서 국내문제(정치와 군사, 여론, 경제상황 등)가 미치는 영향, ⑥ 국제상황의 영향, ⑦ 서로의 입장, 물자, 정신적 능력, 그리고 전쟁계속과 종전목적에 대하여 서로의 인지나 오인 등을 교전국 간에 의사소통하는 효과

종전문제를 전쟁결과 문제와 관련짓는 전혀 다른 문제는 종전의 형태가 전후의 평화에 어떻게 영향을 미치느냐 하는 것이다. 안정된 평화를 위한 조건들이 또한 과학적인 토의 의제이기는 하지만 이들은 군사문제에 속한다기보다는 오히려 평화연구에 속할 것 같다.

---

164) 이 내용은 Julian Lider, *Military Theory*, Swedish Institute of International Affairs, Gower Pub. Co. Lt., England, 1983 내용 참고.

제6장 군사사상과 전략사상의 발전

제1절 군사사상이란?

1. 군사사상

군사사상(軍事思想, Military thought)이란 어원은 군사(Military Affairs)와 사상(thought)이라는 용어의 합성이며 군사적인 전문용어로 사용되고 있다. 철학대사전[165]에는 '군사사상'이란 용어의 정의는 없으나 '군사'는 "군대·병비(兵備)·전쟁 등 군에 관한 일 또는 군무에 관한 일"로 정의하고 있으며, '사상'은 "일반적으로 사유(思惟)의 내용을 말한다"라고 정의하고 있다. 따라서 '군사'와 '사상'의 뜻을 종합하면 군사사상은 "군사를 사상하는 것" 또는 "군사를 사고(思考)한 결과"라고 정의할 수 있다.

그리고 육군본부에서는 군사사상[166]은 첫째, 전쟁이란 무엇인가 하는 전쟁의 본질에 관한 기본인식 단계와 이 인식에 따라 어떤 의지와 신념을 가지고 전쟁을 수행할 것이냐 하는 전쟁지도 및 수행신념 분야, 둘째, 전쟁승리를 위해 어떻게 준비할 것이냐 하는 전쟁수행 수단으로서의 군사력을 준비·관리·개발하기 위한 군사력 건설분야, 셋째, 전쟁승리를 위해 어떻게 운용할 것이냐 하는 전쟁지도 및 수행방법으로서의 군사력 사용에 관

---

165) 『철학대사전』과 『국어사전』에 의하면 '군사사상'의 용어에 대한 정의는 없다. 그러나 '군사'와 '사상'을 분리하여 정의하고 있다. 철학대사전에 의하면 "사상(思想)이란 시대적 현실 속에 있는 개인이나 집단이 자기가 처해 있는 현실에 정당하게 대처하여 의미 있는 행동을 하는 데 실천적 규준이 되는 것이 사상이다"고 정의하고 있다. 이때의 사상은 각 시대의 현실을 움직이는 원동력이 되며, 정치, 경제, 사회, 문화 일반을 지도하고 때에 따라서는 변혁까지 일으킨다. 그리고 심리학, 논리학, 인식론(철학)에서는 사상을 사고 작용과 대비시켜 사용하는데, 이때의 사상이란 사고 작용의 결과 생겨난 사고의 내용을 가리킨다. 우리의 인식은 항상 무엇에 대하여 작용하고 있으며 그것은 사고의 작용으로 나타나고, 사고의 작용은 어떤 내용을 낳는다. 그리고 이 내용에 체계성과 통일성이 주어질 때 그것은 한 사상의 견해, 관념, 개념 등 형태를 취한다. 한국철학사상, 『철학대사전』(서울: 동녘, 1997), p.605 참고.

166) 군사사상에 관련된 내용은 陸軍本部, 『韓國軍事思想』(大田: 陸軍本部, 1992)을 참고하여 기술하였다.

한 군사력 운용분야 등이다. 이 세 가지 요소가 궁극적으로 어떤 방향으로 지향되어야 할 것이냐 하는 의지와 능력의 귀착점으로서의 목적적 요소까지 가미되어야 한다고 보았을 때 "국가목표를 달성하기 위해서 현재 및 장차 전쟁에 대한 올바른 인식을 토대로 어떠한 전쟁의지와 신념으로 어떻게 전쟁을 준비하고 수행할 것인가에 관한 개념적 사고체계"라고 정의하고 있다.

또한 대백과사전에는, 지금까지 앞에서 논의한 '군사사상'의 정의를 종합하여 볼 때, 먼저 육군본부의 군사사상에 대한 정의는 전쟁지도 및 수행신념 분야는 보편적으로 모든 국가의 전쟁수행의 목적 즉 국가목표에 포함되어 있기 때문에 목적적 요소와 중복의 의미가 있다. 또한 국가목표를 달성하기 위해서는 국가전략적 차원의 개념적 사고체계가 되어야 한다. 따라서 "군사사상이란 국가목표를 달성하기 위해서 국토방위에 대한 올바른 인식을 토대로 평상시(平常時)에는 전쟁을 억제하고 전쟁 시(戰爭時)에는 전쟁승리를 위한 국가전략 수행에 관한 개념적 사고체계이다"고 정의할 수 있다.

2. 군사사상의 범위

군사사상은 장차 당면하게 될 전쟁의 성격과 이 전쟁에서 승리하기 위한 군사 활동의 지표를 심사숙고해서 개념적인 틀을 구상할 수 있어야 한다. 즉 군사문제 전반을 해결하기 위해 처음 부딪히게 되는 1차적 사고단계가 군사사상인 것이다. 이에 비해 군사이론(Military Theory)은 전쟁의 원인과 결과를 통일적으로 파악하여 그 사이에 가로놓인 특정의 법칙성을 도출해 낸 윤리적 지식체계로서 국가 목표 달성을 위한 군사력의 역할, 운용, 발전, 유지 및 지원과 이에 관련된 국방요소 간의 상호관계를 규명하게 되는데 용병(用兵)과 양병(養兵)문제를 주요 대상으로 하고 있다. 통상 군사이론은 군사문제에 관한 주장, 개념, 사고의 영역으로서의 군사사상을 논리적으로 규명하여 학문적으로 체계화함으로써 지식의 단계로까지 보다 구체화한 것으로 이해되고 있으며 군사사상보다 비교적 원인과 결과 관계가 명확하다.

군사교리(Military Doctrine)는 사상적 차원의 군사사상과 이론적 차원의 군사이론을 한 국가의 전쟁목적, 국방정책, 전쟁환경 등 특정 상황과 조건에 맞도록 구체화하여 실제적인 군사행동의 방침으로 공식화한 실천적 차원의 행동체계이다. 따라서 군사교리는 한 국가의 군사 활동을 실질적으로 지배하는 군사행동의 지침이자 기준으로 군사전략, 작전술,

전술의 각기 상하구조를 이루고 있으며 간접적으로는 군사사상의 영향을 받고 직접적으로는 군사이론이 제시한 원리나 원칙을 현실적인 군사행동의 지침으로 채택한 것이라고 할 수 있다.

이와 같은 군사사상 → 군사이론 → 군사교리에 이르는 순환관계는 반드시 상하구조를 이루는 것이 아니고 때로는 역순으로 진행할 수도 있고, 한 단계를 뛰어넘을 수도 있는 가변성을 지니고 있으며 그런 의미에서 군사사상, 군사이론, 군사교리는 군사현상을 어떻게 보고 어떤 수준을 포함할 것이냐 하는 시각이나 관점의 차이에 불과한 것으로서 본질적으로는 동일한 내용의 겉과 밖이며 독자적이라기보다는 상호 보완관계 내지 유기적 관계로 보아야 할 것이다. 따라서 군사사상을 모체로 하여 군사이론이 구체화되고, 군사이론이 예상하고 있는 내용이 권위 있는 기관에 의해 군사교리로 채택됨으로써 보다 현실성을 갖게 되는 것이며 그런 의미에서 군사사상은 군사이론과 군사교리의 사상적 기조를 제공한다고 보아야 할 것이다.[167]

제2절 전략사상이란?

제1절에서 살펴본 바와 같이 사상(思想, Thought)이란 특정사물에 대한 사유 작용에 의해 일정한 체계와 통일이 갖추어진 의식체계를 사상이라고 말하며, 어떤 개인이나 집단이 장차 또는 당면한 내외적 도전에 대한 올바른 인식을 토대로 어떻게 이에 대처하여 생존을 도모할 수 있느냐에 대한 통일된 견해나 관념 또는 태도를 말한다.

그러면 전략사상(戰略思想)이란 국가목표를 달성하기 위해서 장차 또는 당면한 전쟁에 대한 올바른 인식을 토대로 어떤 의지를 가지고, 이 의지에 입각하여 어떻게 전쟁을 준비하고 수행할 것이냐에 관한 통일된 사고체계로서 전쟁양상 변화에 따라 변화되어 왔다. 시대별 전략사상을 명확히 구별 짓는 시기와 사건은 불가능하며 단지 이론가들이 그 시대적 특성을 동일한 시대적 구분으로 정리하여 제시한 것이다.

그러면 왜 전쟁양상은 시대에 따라 변화되어 왔는가 여러 가지 이유가 있을 수 있지만 가장 공통적인 변화 원인으로서는 첫째는 씨족사회에서 부족국가, 민족국가 그리고 국가

---

167) 陸軍本部, 『韓國軍事思想』(大田 : 陸軍本部, 1992), pp.24~26.

동맹체 등으로 정치적 집단 규모의 확대에 있다. 둘째는 창과 칼에서 소화기를 거쳐 현대의 고도 전자장비에까지 이르는 과학기술의 발달에 있다. 셋째는 집단적 인간의 사고와 행동양식을 지배하는 문명권의 팽창이다. 넷째는 끊임없는 변화와 발전을 추구하는 인간의 본능적 속성 등을 들 수가 있다.

전략사상을 이해하거나 연구하기 위해서는 기본적으로 그 시대, 그 지역, 그 나라, 그 민족의 정치, 경제, 과학기술과 군사적 환경을 포괄적으로 고려하여 군사적 환경에 초점을 두고 고대, 중세, 근대, 나폴레옹시대, 제1·2차 대전 시대로 구분하여 전개한다.

제3절 전략사상의 변천과 발전

<표 2-3>과 같이 전략사상의 발전과정은 고대와 중세, 근세와 근대, 현대로 구분하여 시대를 구분하였으며, 또한 주요 전쟁은 나폴레옹전쟁시대, 제1·2차 세계전쟁시대, 국공내전과 한국전쟁, 그리고 현대전쟁시대별로 구분하여 세계주요 전략사상가들의 전략을 도표화하였다.

1. 고대와 중세의 전략사상

1) 고대의 전략사상

고대의 전쟁은 근본적으로 인간과 동물의 힘을 이용하는 물리적 에너지 이용의 시대로서 무기가 미칠 수 있는 영역이 제한되기에 한 장수가 지휘할 수 있는 범위도 시야에 들어오는 한도 내에서 제한될 수밖에 없었다. 또한 힘의 근원이 사람의 근육이나 도구의 힘에 있었으므로 전투장의 크기는 아주 제한되어서 서로 상대편의 전투대형을 보면서 자기편의 대형을 결정할 수 있었다. 공격용 무기로 검, 창, 투창 등이 출현하였으며 방어용으로는 갑옷과 방패가 있었는데 역사를 통해 검을 최초로 사용한 민족은 아시리아인으로 추측되며 후에 마케도니아의 장검과 로마의 단검 및 투창이 등장하여 전쟁의 승패에 큰 영향을 미쳤다. 고대의 전략이라는 의미가 없었으며 따라서 이 시기의 가장 큰 전쟁사의 특징으로 볼 수 있는 것은 이러한 무기의 등장과 함께 인류 최초로 전투대형이 나타났다.

그 대표적인 예가 그리스의 팔랑스(Phalanx)와 로마의 레지온(Legion)을 들 수 있다.

팔랑스는 쉽게 생각하여 전투단, 즉 Fighting Body로서 밀집대형의 보병을 말하고 있다. 주로 팔랑스의 정면은 250명, 종심 16명으로 약 4,000명의 밀집인원으로 구성되었으며 나중에는 4개 대대를 합쳐 16,000명을 하나의 팔랑스로 편성하였다. 당시에는 주로 적의 정면만 공격하였는데 이러한 두 밀집부대 간의 중량과 지구력이 충돌하여 칼과 창을 가지고 한쪽이 참을 수 없을 때까지 계속하는 무제한적이었으나 그 종결은 대살상과 파괴 대신 대오의 분열로 인한 패주로 끝나곤 하였다.

〈표 2-3〉 전략사상의 발전과정

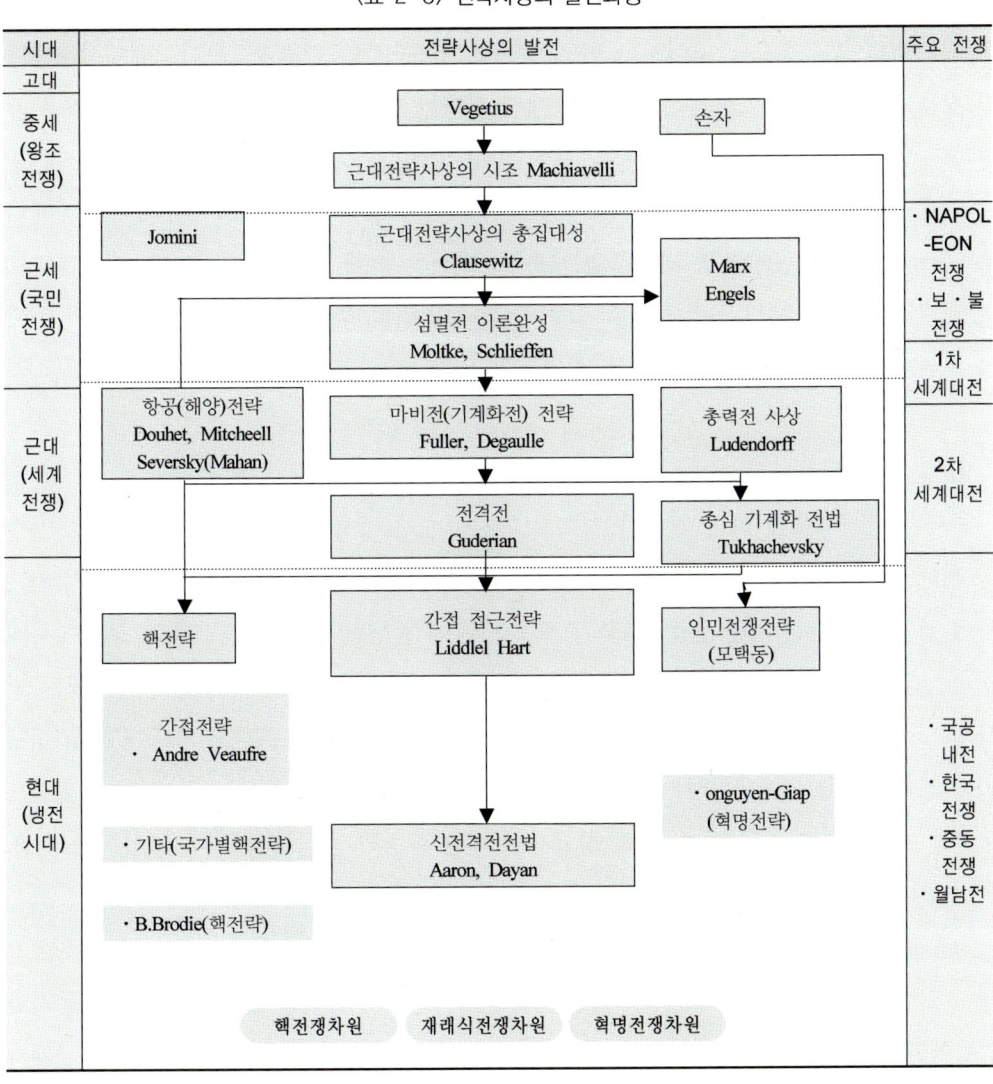

이에 반해 로마에선 이러한 평야지대에 적합한 팔랑스를 좀 더 융통성을 두어 고지대와 계곡에서도 활용할 수 있는 자유로운 대형을 고안하였는데 이것이 로마의 군단 즉 레지온이다.

측방에 기병을 위치시키고 연령에 따라 3개의 전열로 편성하고 무기를 제대별로 다양화하였으며 개인 거리를 팔랑스보다 넓게 하여 쉽게 이동할 수 있도록 하였다. 이러한 1열과 2열, 3열은 1열의 전투 시 피해를 입으면 즉시 다음 열과 교대하여 전투함으로써 전투 시 갖는 공포심을 극복해 낸 전투대형으로 평가되고 있는 것이다.

기타 이집트에선 100명과 100명으로 1만 명의 정면과 종심의 방진을 구성했으며, 아시리아는 말이 끄는 이륜차에 투사, 조종사, 종자 등을 태워 적진을 종횡무진하게 돌진함으로써 기병의 공격호기를 노리기도 하였고 마케도니아에서는 그리스보다 2배에서 3배나 긴 창을 사용하여 창의 삼림전진으로 적에게 심대한 정신적 위협을 주었고 더욱 연구 개량하여 알렉산더 대왕이 세계제국을 건설할 수 있었다.

고대 군사사상가의 대표자라고 할 수 있는 사람은 로마 귀족 출신의 사학자인 베제티우스(Vegetius)로서 군사론을 저술하였는데, 이 저서는 고대 로마 군제의 조직과 충원, 보병 및 기병전술, 요새지 공방법 등이 들어 있는 광범위한 책으로 14세기까지 유럽의 바이블로 존재했을 만큼 뛰어난 저서로 평가되고 있다.

2) 중세의 전략사상

중세는 봉건제도에 따라 영주가 영토를 기사들에게 하사하고, 기사는 그 대가로 영주를 위해 싸워 주는 형태였다. 주요 전쟁으로는 다수민족으로 구성된 십자군과 터키 간 7차에 걸쳐 일어난 십자군 원정, 영국과 프랑스 간에 발생한 백년전쟁, 그리고 동양에서의 칭기즈칸에 의한 몽고군의 기병전술로 유럽 일대를 휩쓴 전쟁 등이다. 그러나 중세는 역사적으로 볼 때 모든 분야에서 암흑기라고 불리는 것과 같이 천 년간의 역사에 비해 전쟁이나 전략발전에도 예외가 아니었다. 이 시대의 대표적 투사인 기사는 주로 귀족 출신으로 7살 때 견습기사로 들어가 종교, 상급자에 대한 존경과 궁중예의를 배우며, 아울러 춤, 음악, 사냥, 레슬링, 창던지기, 무기 사용법 등을 익혔다.

그리고 14세가 되면 기사의 종자로 무예를 연습하여 무술경기에 참가하기도 하고 통상 21세가 되면 기사가 되는 제도였다. 그렇지만 봉건기사들은 전장의 기동성을 무시하고 돌격과 중량에만 집착하여 무기의 중량을 증가시킴은 물론 호신당구의 중량까지도 증가시켜 무게가

100킬로나 되는 철판장비를 착용하게 됨으로써 무거운 중량으로 이동은 불가능하였다.

또 한편 중세를 지배했던 기독교는 전쟁에 의한 잔학행위를 금하였기 때문에 전쟁목적이나 전쟁수단 면에서 제한될 수밖에 없어 자연히 제한전쟁의 성격이었고 특히 움직임이 둔한 반면 성곽을 발전시킴으로써 공성전술 및 방어전술의 발전과 방어전략의 개념을 입증하였으며, 무기 면에서 성을 공략하기 위한 석궁이나 장궁 같은 원거리 공격무기를 개발하였다. 한마디로 중세의 군사사상은 기독교적 정신과 기사도 규율에 얽매여 발전이 없었다고 볼 수 있다.

2. 근대와 나폴레옹 전략사상(종교전쟁 및 절대왕조 전쟁)

1) 근대의 전략사상

중세 봉건적 군사체제는 십자군 원정 등의 결과로 초래된 봉건영주의 경제력 붕괴, 상공업의 발달 및 시민계급의 대두 그리고 화약의 발명에 따른 화포 및 소화기의 발명으로 붕괴되었다. 소총탄환의 발명으로 기사의 철갑도 없어져 시민계급이 기사를 대신하였고 기병 대신 보병이 다시 중심이 되었다. 한편 상공업의 발달에 따라 화폐경제의 신속한 팽창으로 군주는 병역을 돈으로 계약하여 용병을 채용할 수 있었는데, 기사 중심의 봉건군대로부터 용병 중심의 직업군대로 군대의 성격이 변한 것이 가장 큰 특징이라고 할 수 있다. 이러한 용병들은 돈과 생계의 수단으로 전쟁에 참가했기에 열렬한 투지나 용맹스런 정신 혹은 명예심이 전혀 없이 군주의 전시용 사병에 불과하였고, 적을 죽이기 위한 전쟁이 아니라 약탈과 폭행을 일삼는 상업적 전쟁으로 전락하고 말았다.

군주도 용병의 손실로 인한 재정적 낭비를 원치 않았기에 근접전투를 회피하고 전장에서 피를 적게 흘리기를 원함으로써 전쟁은 장기적 무혈전이 되었다. 또한 전쟁터에서 도망가는 것이 상례였기 때문에 도망병 방지를 위해 밀집횡대 대형을 취하였는데, 그 군기가 가장 엄했던 프러시아에서도 이 시기 1개 전투를 마치면 동원병력의 1/3이 도망했다고 한다. 이렇게 군주가 돈으로 용병을 운용하자 전쟁은 군주끼리 혹은 국왕끼리의 이해관계였지 일반 국민은 직접적인 관계없이 고대나 중세에 전쟁에 참여하는 국민의 수가 막대하였으나, 이 18세기에는 전쟁은 국민으로부터 분리되고 전쟁은 정부만의 사업이 되고 말았던 것이다.

이 시대의 대표적 군사사상가로는 옛 로마제국의 영광을 되살리려 한 마키아벨리, 신·

구교 간의 종교적 갈등으로 시작되어 유럽 각국의 세력다툼으로 확산되어 가톨릭의 프랑스가 독일 및 스웨덴과 연합하여 신성로마제국에 대항하여 싸운 30년의 종교전쟁이다. 이를 통하여 국가적 상비군 편성 등 많은 군사적 업적을 세운 스웨덴의 왕 구스타프 아돌프 그리고 신속한 기동으로 행동의 자유를 확보하여 수적 열세에도 불구하고 항상 선제권을 장악하여 오스트리아와 7년 전쟁의 승리를 가져온 프러시아의 프리드리히 대왕을 들 수 있다.

그중 근대군사사상의 시조라고 불리는 마키아벨리 시대에 있어서, 로마는 게르만 및 오스만 터키에 의해 각각 동로마 및 서로마가 멸망한 후에 15세기 말(1495) 프랑스의 찰스 8세가 이끄는 침략군에 한 번 더 유린당하는데 이후 분열하여 도시국가로 시실리, 베니스, 밀라노, 플로렌스 등으로 나누어졌다. 이때 플로렌스 피렌체의 재상으로 있던 마키아벨리가 전쟁을 하나의 과학으로 간주하여 징병제를 주장하고 속전속결의 결전적 전투를 주장함으로 근대군사사상의 시조로 등장하였다.

그는 고대의 베제티우스의 영향을 받아 군주론, 전략론, 전술론 등을 저술하였는데 군사조직이나 군사기구, 전쟁수행을 과학적인 입장에서 일정한 원칙이 있다고 주장하며 전쟁의 목적은 적국의 완전한 파괴에 있기에 피를 흘리지 않고 영토가 초토화되지 않는 전쟁은 전쟁이 아니라고 규정하고 전쟁의 중심은 전투 그 자체라고 주장하였다. 이러한 사상은 구스타프 아돌프, 프리드리히 대왕 등에 직접 영향을 주었고 후에 클라우제비츠에 의해 전쟁의 독창적이고 직관적인 요소를 도입하기 전까지 영향을 주었다. 우리가 흔히 배워 온 권모술수의 대가로서의 면모도 가지고 있다. 그는 아무리 파렴치하더라도 큰일을 해 놓고 보면 아무런 문제가 되지 않는다고 하며 사자의 폭력과 여우의 교활함을 군주는 갖추어야 한다고 했으며, 약속할 때의 조건이 없어진 경우나 불리할 때면 가차 없이 약속도 지킬 필요가 없다고 주장하기도 하였다.

마키아벨리의 이러한 사상적 선견지명에도 불구하고 이 절대왕조 시대에는 군주의 군대로서 전쟁양상도 극도로 제한되었다. 전략의 목표는 적의 주력부대를 섬멸하는 것이 아니라 군대를 교묘히 기동시켜서 먼저 적의 병참선을 위협하거나 상대적으로 유리한 지형을 확보하여 적의 후퇴를 강요하거나 진지를 포기토록 유도하였으며, 그렇게 함으로써 보다 유리한 강화조약을 맺는 데 있었다. 따라서 흔히 지형주의 병학의 전성기라고 불리는 이 시기는 마치 서양장기(Chess Game)와 같이 군대를 어떻게 이동시키느냐의 놀이에 불과한 것이었는데, 앞에서도 언급했지만 한 가지 화약의 발명으로 총포류가 개발되어 근대군의 발전을 위한 초석을 제공하였다.

2) 나폴레옹 전략사상

군사사상은 고대와 중세 그리고 종교전쟁과 왕조전쟁을 통하여 꾸준히 변화되어 왔는데 특히 근대 국민전쟁시대에 있어 프랑스 대혁명과 산업혁명을 거치면서 크게 발전하게 되었다. 다시 말해 이 시기는 프랑스 혁명을 통한 용병이 아닌 국민 전체의 국민군 탄생과 산업혁명으로 인한 각종 무기의 발달 그리고 군사적 천재인 나폴레옹의 등장과 이러한 것들을 분석하여 사상적으로 집대성한 클라우제비츠에 의한 시대라 해도 과언이 아닐 것이다.

18세기 말 프랑스에선 이전까지의 군주와 왕 위주의 일방적 통치에서 벗어나 주권은 국민에게 있다는 국민국가, 주권국민의 자각에서 오는 혁명적 열기가 솟구치고 있었다. 이러한 변화의 파급을 두려워하고 왕권이익을 보호하기 위하여 프러시아를 중심으로 한 주변국이 제1차 대불동맹을 결성하고 프랑스를 공격하는데 이 전투가 바로 발미(valmy) 전투이고 이 전투가 새 시대를 예고해 주는 전투였다. 즉 시민의 혁명적 정열과 애국심으로 조직된 프랑스의 국민군대가 프레드릭의 전통에 빛나는 정예병을 격퇴함으로써 새로운 군사적 전환점을 가져온 것이다.

프랑스군은 아무런 훈련도 받지 못한 애국적 민병의 집단일 뿐이었는데도 불구하고 이들은 삼림의 숲과 언덕에 산개 은폐하면서 질서정연하게 접근해 오는 전통적 밀집대형의 정예 프러시아군에게 정확한 포격과 집중사격을 가하였다. 왕조적 성격의 군주의 군대요, 국왕의 일인 전쟁이 온 국민 각자의 관심이요, 일이 되었던 것이다. 즉 프랑스 혁명을 수호하고 자신의 생명과 재산을 보호해 줄 수 있는 것은 오직 국민 자신 이외에 아무것도 없었다. 이렇게 해서 형성된 것이 바로 국민군인데 이러한 국민군의 출현은 왕조시대의 전쟁관 기반을 근원적으로 붕괴시키고 새로운 가능성을 제시하고 있었다.

그 첫째는 국민전쟁 시대 전쟁양상의 대표적 특성이라 할 수 있는 섬멸전(殲滅戰, Strategy of Annihilation) 개념의 사상적 바탕이 형성되었다. 즉 이제 전쟁이란 군주들만의 이해다툼이 아니라 국민과 국민 간의 생명을 건 투쟁으로 이에는 필연적으로 국민 상호 간의 잔인한 적개심을 형성했고, 이러한 상황에서 군사적으로 승리하려면 적의 생명을 빼앗거나 적의 저항을 분쇄하는 길밖에 없었다. 바로 이러한 유혈의 전투를 통해 적 전투력을 격멸함으로써 승리를 추구하는 섬멸전 개념으로 발전하게 된 것이다. 즉 과거의 통치자 간의 충돌에서 국민 간의 충돌로 바뀌었고 점차적으로 전면전화하였다.

둘째로는 국민개병제도의 시초라 볼 수 있는 징병제도를 들 수 있는데, 혁명 초기에는 혁명적 열기와 애국심으로 충만된 시민으로 자연적으로 군대가 형성되었지만, 전쟁이 장기화됨에 따라 재정과 인적 소요는 자발적 열의만으로 해결될 수 없었기에 징집의 병역의무를 부여하게 되므로 과거에 비해 대규모의 병력을 동원할 수 있었다. 물론 대규모의 군을 조직, 편성, 운용 및 관리하는 체제와 능력이 발전된 것이다.

셋째로, 부대 운용 측면에서 과거와 같이 병력의 도망을 우려하여 집단을 이루던 대형에서 벗어나 혈전과 과감하고 적극적인 작전을 전개할 수 있게 되었는데, 보급이 좀 나쁘고 지원이 부족하다고 해서 도망하는 일이 없이 고통을 감내하고 주어진 위협을 극복하는 군인적 자세가 자리 잡혀 가고 있었다.

이러한 국민군의 사상적 기저는 당시 나폴레옹의 군사적 성공을 보장해 주었다. 우리는 흔히 나폴레옹의 군사적 성공을 그의 개인적 명성에서 찾아내려는 경향이 있으나 실은 이러한 국민군의 바탕 위에서 그의 군사적 천재성이 빛을 발하였던 것을 알 수 있다. 이러한 나폴레옹 전쟁 이후 사상적 특성은 클라우제비츠, 조미니 등에 의해 정리, 분석되어 유럽 전 지역을 지배하게 되었고 세계전쟁시대와 현대에 이르기까지 군사사상의 근저를 형성하고 있으며 그것이 때로는 섬멸전 사상으로 또 때로는 총력전 사상으로 나타나게 되었다.

그러면 군사적 천재인 나폴레옹의 싸우는 방법을 살펴보면 먼저, 식량의 현지 조달과 휴대품의 경감으로 군의 기동속도를 급변시켰고 보포기의 혼합편성으로 독립 전투능력을 가진 사단의 영속적 편성을 들 수 있고, 무엇보다도 산병전술과 밀집전술의 통합 활용 즉 분진합격을 들 수 있다. 나폴레옹은 전선에 이를 때까지는 병력을 분진시키다가 적의 주력을 발견하게 되면 그 어느 일 점을 향하여 신속히 전 병력을 집결시키는 데 천재적 소질을 발휘하였다. 당시에는 전신, 전화도 없는 상태에서 전령을 운용하여 일시에 집결신호를 보냈던 것이다. 나폴레옹은 결전에 앞서 교묘히 일부 병력을 산개시켜 적의 병력을 분산시키고 유리한 기회를 포착할 시 종대대형으로 질풍처럼 중앙돌파를 감행하여 적의 대열을 사분오열로 분산시킨 후 각개돌파를 하였던 것이다.

이 시대 사상가는 우리가 익히 들어온 클라우제비츠와 조미니를 들 수 있다. 조미니는 스위스에서 탄생하여 군에 복무하다가 그 능력을 인정해 주는 곳을 찾아 프랑스를 갔고 마지막으로 러시아에서 대장의 자리까지 오르고 그 후 유럽 각 나라의 군사고문으로 활동하였다. 프리드리히 대왕의 7년 전쟁과 나폴레옹 전쟁을 기반으로 체계화시킨 그의 저술은 전쟁술을 포함하여 많이 있는데, 그 이론의 핵심은 전쟁에는 몇 가지 기본원칙이 있어서 이 원칙에서 이탈하면 반드시 위험에 빠지고 이를 잘 적용하면 거의 승리한다는 것이었다. 프랑스의 삭세(Marshall Saxe)와 클라우제비츠는 모든 과학은 원칙을 가지고 있지만 전쟁은 없다고 하였는데 이에 반기를 든 것이다. 그래서 그는 오늘날의 전술원칙으로 볼 수 있는 여러 기본원칙을 주장하였는데, 나폴레옹이 추구한 내선작선선 등이다.

3. 제1·2차 세계대전 전·후 전략사상

1) 제1차 세계대전 전·후 전략사상

위에서 살펴본 바와 같이 제1차 대전이 발발하기 이전 전 유럽의 군사사상은 한마디로 말해서 섬멸전 사상이라고 할 수 있는데, 이러한 섬멸전 사상은 독일의 몰트케와 슐리펜 등과 같은 클라우제비츠의 수제자들이 절대주의적 전쟁개념에 심취하여 발전시켰다.

먼저 몰트케는 클라우제비츠가 사관학교 교장시절 생도로서 공부한 바 있고 그의 정통적인 계승자로서 1857년 참모총장에 올랐다. 그의 전략사상은 단기결전 섬멸전략사상에 근본을 두고 군사목표를 적 야전군 격멸에 두고 있다. 다른 말로 '편의전략(Strategy of Expedience)'이라고 하며 이것은 적보다 수적으로 우세한 병력을 신속하게 집중하는 노력으로 서로 상호 지원거리 내 위치하여 적의 측면과 후방을 동시 공격하여 포위로 적을 섬멸하는 것을 골자로 하고 있다. 그는 정치의 군사개입을 유해한 것으로 보고 통수권의 독립을 주장하였으며 참모장교제를 도입하였다. 또한 철도망을 이용하여 군의 기동력을 향상시키는 등 많은 노력을 하였는데 결국 몰트케는 전쟁에서 가장 확실한 것은 오직 전투를 통하여 승리하는 데 있다고 믿고, 결정적 전투를 통해 적 군사력을 격파시킴으로써 전쟁의 승리를 확보할 수 있다고 하였는데, 이러한 그의 사상은 슐리펜에 그대로 계승되어 제1차 대전 시 독일의 기본전략사상을 이루게 되었다.

한편 몰트케의 가장 유능한 제자이며, 제1차 대전 전 독일의 참모총장이었던 슐리펜은 나폴레옹, 클라우제비츠, 몰트케로 이어지는 군사사상을 집대성하였다. 즉 섬멸전 사상이었는데 이는 당시 독일군이 유럽의 두 강대국인 동의 러시아와 서의 프랑스와 교전을 하지 않으면 안 되는 상황이었기에 독일은 내선상의 이점을 살려 양 대국을 각개 격파하는 방법밖에 없었던 것이다. 이러한 방법을 구체화한 것이 그 유명한 슐리펜 계획으로 이것은 후에 소몰트케에 의해 대폭 수정되었지만, 핵심은 칸네전투식 결정적 대규모 우회기동에 의해 서쪽의 적을 분쇄하는 동안 동쪽에서는 공세를 취하며 거대한 포위작전에 의해

서쪽의 적을 제압하게 되면 즉시 동쪽의 적을 공격한다는 것이었다.

또 하나의 중요한 이론으로서 해상의 조미니라고 불리는 미 해군장교 마한(Mahan)의 해양이론을 들 수 있는데 대함 거포주의에 의한 함대결전을 주장하며 조미니가 말한 지상에서의 일정한 원칙이 해양에서도 적용된다고 하면서 집중의 원칙과 내선의 전략적 가치를 강조하여 해양전략의 틀을 마련하였다. 마한의 이 전함 위주의 함대전략은 후에 각국의 해군 발전과 특히 미 제국주의 해외팽창에 절대적인 기여를 하게 되었다.

우리가 유럽의 역사 및 전쟁사를 이해하는 데 있어 가장 쉽게 접근하는 방법 중의 하나는 독일과 프랑스와의 관계를 시대별로 주요 전쟁을 고려하면서 분석하는 것이다. 덧붙여 영국의 식민지 확장 노력을 덧붙인다면 대부분 이해할 수 있다. 프랑스는 발미 전투에서 새로운 국민군으로 독일을 멋지게 격퇴시키지만 독일은 1871년 프랑스와의 보불전쟁에서 승리하게 된다. 프랑스는 전쟁으로 빼앗긴 알사스 로렌 지방을 회복하기 위하여 경제력과 국방력 등을 배양한 결과 제1차 대전이 일어나기 전 독일과 거의 같은 힘을 갖게 되었다. 이러한 프랑스의 독일에 대한 복수심과 실지회복을 위한 욕망과 독일의 팽창으로 인하여 유럽은 전면전쟁의 불가피성을 인식하게 되었고 이에 따라 각국은 자국의 안전을 위하여 독일을 중심으로 오스트리아와 이탈리아 등 삼국동맹이 결성되었고, 이에 대결하기 위하여 영국과 프랑스 및 러시아 간의 삼국협상이 체결되었다.

이와 같은 일촉즉발의 상황에서 1914년 6월 28일 세르비아의 사라예보를 방문 중인 오스트리아 황태자 페르디난도가 암살되자 오스트리아는 세르비아에 최후통첩을 보냈고 같은 민족인 러시아는 오스트리아에 경고함과 동시에 병력동원을 하였고, 오스트리아는 굴하지 않고 선전포고를 하였으며, 독일은 러시아의 동원을 구실로 러시아에 선전포고를 함으로써 제1차 대전이 개시된 것이다.

이렇게 시작된 전쟁은 개전 초기 기동전을 통한 몇 차례의 대전투를 치른 후 전선이 마르느(marne) 선에서 교착상태가 되어 개전 수개월 만에 스위스로부터 북해에 이르는 하나의 긴 참호선으로 연결된 지구전으로 변모된다. 또한 참호전으로 말미암아 전쟁이 장기 소모전화되자 이를 타개하기 위하여 돌파구를 찾기 위한 수단으로 신무기가 등장했는데 기관총의 경량화와 전차의 등장을 비롯하여 독가스, 박격포, 총류탄, 화염방사기 등을 들수 있다.

특히 참호전에서 기관총을 제압하기 위하여 새로운 무기를 고대하고 있는 중 영국 공병의 스윈턴(Swinton) 장군이 당시 해군상 처칠의 지원으로 전차를 제조하였다. 새로운 돌파용 무기로 전차는 1916년 솜므(Somme)전투에서 처음 등장하게 되어 효과를 발휘하였으나 보병의 공격을 지원하는 보조무기에 불과하고 독립적으로 운용되지는 못하였다. 한편 이러한 무기의 변화는 필연적으로 전술의 변화를 초래하였는데 교착전의 돌파를 위한 공격전술인 독일 18군 사령관 후티어(Hutier)의 돌파전술과 이에 대항한 프랑스 4군 사령관 꾸로우(Gouraud)의 종심방어전술(Defence in depth tactics)이 등장하게 되었다.

제1차 대전 말기 정신적 요소의 중요성이 강조되는데 후에 연합군 최고사령관이 된 프랑스의 포쉬 장군은 승리는 곧 의지에 달렸다고 하여 공세정신과 함께 정신력을 강조한 것으로 유명한데 개전 초 조프르에게 보낸 서한에서 "중앙군은 무너지고 있고 우익은 퇴각 중에 있으나 상황은 양호함. 본인은 지금 공격하겠음"이라고 말하고 있고 자기 자신이 패하였다고 생각하는 전투가 패전이며, 본질적으로 패전이란 있을 수 없다고 한 말이 유명하다.

결국 제1차 대전은 독일의 섬멸전 사상과 프랑스의 공세사상 간의 충돌로 시작되었는데 끝내 슈리펜이 계획한 낚시형 우회기동 즉 회전문은 열리지 못하고 바다로의 경주를 하면서 연합군이 독일영토에 한 발도 들여놓지 못한 가운데 독일은 휴전협정을 자청하고 1918년 11월 연합군 총사령관의 야전 지휘소인 꽁빼느(Compaigne) 지방 수풀 속에 있는 철도 객차에서 항복문서에 서명함으로써 종료되었다. 이 철도용 객차는 연합군의 승리를 기념하는 전쟁기념물로 그 자리에 남겨 놓았는데 제2차 대전 초기에 히틀러가 제1차 대전 연합군의 영웅이었던 페탱(Petain) 장군을 이 객차 안에서 자리만 바꾸어 앉혀 받아냄으로써 또 한 번의 전쟁기념물이 되었다.

2) 제2차 세계대전 전·후 전략사상

제1차 대전이 막을 내린 후 제2차 대전이 발발하기까지 약 20여 년은 여러 가지 전략사상과 각양각색의 민족주의가 충돌하여 미묘한 국제관계를 형성하고 있었다. 이 시기 경제적으로 1929년 대공황의 발생으로 각국은 자급자족의 지나친 보호주의로 돌아섰고 군사적으로는 과학기술의 발달과 군대가 대규모화됨에 따라 상호 간에 발휘하는 공격수단의 치명성과 기동성의 향상은 방어수단의 향상을 함께 가져왔다.

결국 이러한 것은 국가 간에 있어 전쟁은 자연 먹느냐 혹은 먹히느냐 하는 적대적 성격을 띠게 되어 자기가 보유한 힘을 무제한 사용하는 전쟁을 낳았던 것이다. 1939년 9월 1일 독일의 폴란드 침공으로 시작된 유럽에서의 전쟁과 1941년 12월 7일 일본의 진주만 기습으로 시작된 태평양 전쟁으로 구분되는 제2차 세계대전은 그 전략사상 측면에서도 다양하다 할 수 있다.

먼저 전쟁발발 전 제기된 사상으로는 독일 루덴도르프(Ludendorff)의 총력전 이론, 1918년 이후 지구전적인 전략적 진퇴양난의 상황을 탈피하고 그 대신 신속하고 결정적인 결과를 가져올 수 있는 희망이 담긴 새로운 전략형태인 영국의 풀러(Fuller)와 리델하트(Liddell Hart)의 기계화 이론 그리고 이탈리아의 두헤(Douhet)와 미국의 미첼(Mitchell)과 세벌스키(Seversky)의 항공전 이론 등이 개전 전에 이미 제기되어 군사력 운용에 영향을 주었다.

전쟁 중에는 독일 히틀러의 전격전(Blitzkrieg)과 프랑스 페탱(Petain) 원수의 마지노(mazinot)선에 의한 화력 위주 방어사상이 격돌하였다고 볼 수 있다. 루덴도르프는 제1차 대전 타넨베르크 전투 시 사령관인 힌덴부르크의 참모장으로서 활약한 인물로 총력전은 전쟁이 전선지역만이 아닌 전 지역으로 확대되어 수행되고 경제체제도 전쟁수행에 적합하도록 개편되어야 하며 한사람의 최고 사령관에 의해 외교, 경제, 선전정책 등을 통제해야 한다고 주장함으로써 클라우제비츠가 말한 전쟁은 정치의 도구라는 말을 정치는 전쟁의 도구라는 것으로 주장하였던 것이다.

한편 영국에서는 제1차 대전 후 병력감축과 국방예산이 감소되었는데 1919년 10년 장기계획서에는 앞으로 10년간 대규모 전쟁에 개입 안 할 것이며 해외원정군도 갖추지 않을 것을 천명한 상태에서 풀러와 리델하트의 이론이 정립되었다. 풀러는 1917년 200여대 전차로 교착상태의 전선을 5~6마일 돌파한 깡브레 전투로부터 감명을 받고 속도와 기동을 중시한 공세우위 사상을 갖게 되는데 그의 마비이론(Pal)은 군의 신경조직을 통하여 적 지휘관의 의지를 공격하는 것이 병사들 자체를 가루로 만드는 것보다 더욱 유리하다는 것이다.

그 구체적 수행방법으로 경전차 부대가 적 배후를 공략하여 적의 의지를 마비시키고 중전차부대가 정면을 돌파하게 되면 기계화된 보병부대가 적을 소탕하고 전멸시킨다는 것으로서 그는 이러한 작전을 수행할 수 있도록 대규모 전차부대의 창설 및 현대군의 속도에 적응할 수 있는 보병의 기동력 향상 등 군의 전반적인 기계화를 주장하였다. 그의 이러한 주장(The Conduct of War)은 제1차 대전 시 영국군 전차대의 참모장으로 유명한 논문인 "PLAN 1919"를 발표하는데 이것은 5,000대의 전차가 공군기의 근접지원 아래 독일로 20마일 진격함으로 군 지휘체제를 분쇄할 수 있다고 한 것으로 종전이 됨으로써 받아들여지지 않았던 것이다. 한편 간접접근전략으로 잘 알려진 리델하트는 풀러보다 17살 연하로서 기계화 이론을 공감하고 발전시켰는데 그는 하루 100마일 이상 진군하며 기존 도로망과 철도망을 벗어나 독립작전을 할 수 있는 새로운 모델을 위해 4단계로 점진적 개혁을 하자는 구체적이고 현실적인 계획을 주장하였다.

풀러와 리델하트는 둘 다 기계화 위주의 부대개편에 대해 생각을 하지만 그 방법은 약간 상이하였다. 풀러는 육군을 완전 탱크화하여 바다에서 함선끼리 싸우는 모습과 같이 육지에서도 탱크끼리의 지상전을 주장하여 보병을 기계화부대 종속적 위치로 하여 단순한 통신과 기지보호 역할에 국한시키고 있으나 리델하트는 보병은 기계화부대의 일원이 되어야 한다고 좀 더 온건한 주장을 내세웠던 것인데, 한편 리델하트는 제1차 대전 후의 영국의 군사력을 가능한 한 최소한의 병력을 사용하는 공약을 사용하되 유럽원정군 파견은 안 된다는 유한책임교리(Limited Liability)를 주장하여 상대적으로 탱크 감축현상을 가져오는데 기계화 필요성과 기동작전에 진보적인 아이디어를 견지하고 있었으나 대륙원정군과 강력한 야전군 창설에는 반대한 인물이었다.

다음은 항공전이론으로서 항공기는 제1차 대전 말기 등장하여 처음에는 정찰, 지휘 및 관측용으로 사용되기 시작해서 차츰 지상전투를 근접지원하는 방향으로 관심을 돌리게 되었으나 결정적 무기로 개발되기 전에 전쟁은 종료되고 말았다. 그러나 항공기가 교착전의 참호나 철조망 등 장애물의 구애 없이 상대방의 머리 위에서 마치 천벌을 주듯이 공격한다는 것은 군사사상에 커다란 충격이었다.

물론 하늘을 날자는 인간의 꿈은 1783년 프랑스의 고지에가가 풍선을 이용하여 시도하였고, 최초 가솔린 엔진을 이용한 것은 1903년의 라이트 형제이며, 이전에 이미 1400년대 레오나르도 다빈치의 헬리콥터 설계도가 발견되기도 하였다. 이러한 전쟁에서 항공기의 가치를 인식하고 항공전략사상을 제시한 사람이 이탈리아의 두헤와 미국의 미첼 및 세버스키 등이었다. 특히 두헤는 지상작전의 항구적 원칙이 있다는 조미니와 그것을 해상에서 적용한 해상의 조미니인 마한의 영향을 이어받아 하늘의 마한으로 불리고 있는데 제1차 대전 중 항공부대의 편성을 격렬하게 주장하다가 군법재판을 받고 투옥되기도 하였으나, 1918년 다시 항공본부장으로서 준장으로 진급하면서 제공권(The Command of Air)이라는 저서를 통해 제1차 대전 후 지배적으로 대두된 우세방어체제로 공격전 시대가 끝났다는 것을 부정할 수 있는 것은 오직 항공기라고 주장하였다.

특히 논란이 된 것은 산업시설과 인구밀집지역을 공격하여 적의 사기를 떨어뜨림으로써 승리할 수 있다고 주장하였는데 이러한 이론은 제2차 대전 중 독일의 런던 폭격과 연합군의 베를린 폭격에 시민들이 잘 견디고 오히려 저항의지를 거세게 하는 효과로 작용하여 항공기의 능력을 과대평가하고 인간의 저항의지를 과소평가한 면도 없지 않으나 공군의 창설과 항공력 운용을 위한 광범위한 전략개념 수립을 하였다는 것에 그 가치가 있는 것이다.

앞에서 언급했듯이 제2차 대전은 독일과 일본, 이탈리아 등 동맹군과 미국, 프랑스, 영국 등을 중심으로 하는 연합국 간의 전쟁으로서 여러 가지 특징적 현상을 가지고 있으나 군사적으로 볼 때 이 전쟁은 전차와 항공기 이용에 바탕을 둔 공세 위주의 독일 전격전에 대응한 요새진지 및 포병화력의 증대, 그리고 화력전 개념을 바탕으로 한 프랑스의 방어사상이 중심이 되었다.

먼저 연합국부터 왜 그러한 방어 위주의 전략사상이 나오게 되었나를 알아보자. 영국과 프랑스는 현대적 군대로서의 기계화 개혁을 추구하는 이론적 바탕을 갖추고 있었음에도 불구하고 효과적인 개혁을 가져오지 못했다. 영국은 10년 장기 계획서라는 정책으로 이미 천명했고 리델하트의 유한책임교리도 한몫하였다. 한편 프랑스는 베르사유 체제의 제약 속에서도 독일이 무장할 것을 우려하면서 여러 가지 이유로 독일에 뒤질 수밖에 없었다.

먼저 제1차 대전의 승전국이면서도 패전국보다 오히려 더한 피해를 입은 상태에서 방어적인 정책과 전략이 보다 타당성이 있었던 것이다. 특히 프랑스 탱크부대의 아버지라 불리는 에스티앙 같은 장군은 기갑부대의 돌파력과 전술적 기동력의 중요성을 역설하였으나 부대의 기계화 및 차량화는 공격성과 침략성을 상징한다는 정치적 고려 때문에 받아들여지지 않았고 결국 소장에서 진급을 못 하고 강제 퇴역하였다.

특히 드골은 전차와 장갑차의 집중운용을 프랑스 당국에 호소하였으나 성공하지 못하였다. 더구나 베르당(Verdun)의 구원자 페탱 원수가 화력만이 승산을 결정한다고 강력히 화력 위주 사상을 주장하였고, 소비뉴의 이론인 공격이 방어보다 3배의 전투력이 소요된다는 것은 1930년 대공황을 맞은 프랑스로선 방어 위주의 사상이 현실적 타당성으로 작용하였다. 결국 당시 전쟁장관 마지노에 의해 스위스에서 룩셈부르크에 이르는 대규모 콘크리트 덩어리를 구축하게 되었다. 이 마지노선은 방어에 국한하기에 정치적 부담이 없다는 것과 독일로부터 다시 찾은 알사스 로렌 지방의 산업지역을 보호할 수 있고 유사시 동원과 배치에 필요한 2주 정도는 확보할 수 있다고 판단한 장점이 있지만 현대전략적 관점에서 보면 기동방어의 이점을 포기하고 무시한 우를 범하게 되었다.

이에 반하여 독일의 전격전은 간단히 말해 적의 중추신경을 마비시켜 조직력을 와해,

저항력을 박탈하는 속전속결전법으로써 전차를 항공기의 지원 아래 독립적으로 집중 운용한다는 것이다. 독일은 Cambar 전투에서 전차의 전술적 효과를 인식하고 이를 전략적으로 발전시키는데 루덴도르프의 총력전 이론과 풀러의 기계화전 이론 그리고 두헤의 항공전 이론에다 독일의 임무형 전술의 군사적 전통과 당시 전략적 상황을 합하여 전격전을 수행하게 되었다.

독일은 1918년 루덴도르프가 대공세 시 사용한 후티어 전술이 돌파에는 성공하였으면서도 돌파구 확대나 그 이상의 전과확대에 실패하게 된 것은 공격부대의 화력과 기동력 그리고 수송력이 부족했다는 것으로 분석하고 전차부대를 중심으로 새로운 대규모 부대를 편성하였다. 이것이 전차 중심의 기계화부대와 전술항공기가 협동된 경이적인 공격력을 갖춘 기갑사단(Panzer)의 편성인 것이다.

제2차 대전 최고의 걸작인 전격전의 기본목표는 적의 지휘체계를 마비시켜 적의 조직과 전투의지를 말살하는 데 있었기 때문에 3S, 즉 기습(Surprise), 속도(Speed), 화력의 우위(Superiority)라는 세 가지 요결을 요구하고 있다. 이것은 한마디로 적을 섬멸하는 것이 아니라 적을 마비시키는 특징을 갖고 있는 것이다. 다시 말해 슐리펜식 섬멸전이 적을 장벽에 몰아붙인 다음 망치머리로 쳐서 분쇄하는 것이라면 전격전이란 창이나 칼로 재빠르게 적의 중추신경을 찔러 적의 조직력을 마비, 와해시키고 저항력을 박탈한 뒤에 무력화된 적의 병력을 수집하는 것이라고 할 수 있다.

또한 이 시기에 지정학이라고 하는 이론들이 독일의 세계정복을 목표로 한 전쟁 도발을 부추겼는데 그 대표적인 것이 바로 맥킨더(H. Mackinder)의 심장지역(Heart Land) 이론, 스파이크만(N. J. Spykman)의 주변지역(Rim Land) 이론 그리고 하우스호프(K. Haushofer)의 지정학(Geopolitics) 이론을 들 수 있다. 그러나 제2차 대전을 일으킨 독일과 일본의 이러한 것들은 국민을 현혹하고 전쟁을 도발한 근거가 되기도 하였다.

먼저 영국 출신의 맥킨더는 현재의 러시아를 세계의 중앙지대, 즉 Heart Land라고 하여 이 지역을 지배하는 자가 세계를 지배한다는 이론이다. 스파이크만은 이를 수정하여 맥킨더가 본 심장지역의 반월 모양의 주변지역 즉 Rim Land를 지배하는 자가 세계를 지배한다고 하여 미국이 전통적으로 소련의 팽창을 봉쇄하며 동남아시아, 인도, 중동 그리고 북아프리카에 관심을 두도록 하였다.

결정적으로 히틀러의 영토 확장을 위한 욕망을 돋우기 위해 독일의 하우스 호퍼는 다섯 개의 개념을 도입하여 자기 이론을 뒷받침하는데 그 첫 번째는 자립자족 경제권으로서 이것은 독일 국민으로 하여금 자립자족을 위해 소비억제의 내핍을 강요하는 것으로 그렇게 절약된 경제를 전쟁 준비에 투입할 수 있도록 하였다.

둘째는 생존권 혹은 생활권은 국민들에게 충분한 생활공간을 제공해 주어야 하는 것이 국가의 권리라고 하여 각 국가는 생물체의 유기체처럼 나이가 있으며 그중에서 독일이 가장 성장기에 있으므로 늙어 버린 강대국들은 조만간 쇠망한다고 하여 팽창정책을 뒷받침하였다.

셋째는 범영역 지구를 3개 혹은 4개로 쪼개어 각각 미국, 독일, 일본이 지배해야 한다는 것으로 4개로 나눈다면 소련과 인도를 소련에 의해 하나의 영역으로 구분하는 것인데 이에 대한 대안으로 소련을 독일지역에 포함하고 인도를 일본지역에 포함시키는 것인데 일본은 이 지역 이름을 대동아공영권이라 명하여 군국주의자들의 정복계획을 뒷받침하였다.

넷째는 육상세력이 해상세력보다 중요하다는 맥킨더의 이론을 내세워 독일이 우선 소련을 정복하고 다음으로 일본과 영국 등 내부환 지역을 점령하고 그다음에 미국과 아프리카 등 외환을 정복한다는 것으로 전개되었다.

끝으로 현재의 국경은 정치적 영역에 있는 세계정복 과정에서 잠시 쉬고 있는 것으로 국경은 고유의 천연적 국경을 소유해야 한다고 하여 침략의 구실을 삼았던 것이다.

제3부
전략은 어떻게 만들어지나

- 제7장 기획이란 무엇인가
- 제8장 국가, 국방, 합동기획체계
- 제9장 군사전략기획 단계별 수립 절차

제7장 기획이란 무엇인가

제1절 기획의 개념과 정의

1. 기획의 개념

기획(企劃, Planning)이란 글자 그대로 계획(計劃, Plan, Program) 수립을 의미하는 명사로서 군사적으로는 대·소부대의 작전계획 수립으로부터 군사기획 및 상위 국가기획에 이르기까지, 그리고 제 단체와 사업체들의 상이한 목적과 수준 및 차원에 따라 다양하고 광범위하게 적용되고 있다. 기획이란 용어는 학자에 따라 보는 관점에 차이가 있기 때문에 다소 그 개념을 달리하고 있으나 일반적으로 기획의 공통된 개념은 정부 및 공공단체 또는 기업체가 사업을 추진하기 위하여 인간이 지니고 있는 지혜를 활용함에 있어서 체계적이고 계속적이며 합리성을 가진 선견(先見)의 안목으로 사물에 관한 판단을 하여 직면하고 있는 문제 해결의 방안을 기술적으로 고안해 내는 작업과정인 것이다.

기획은 정책적인 면과 단순히 관리의 한 기능 면에서 논하는 두 가지 견해로 구분된다. 정책적인 입장에서 논하는 기획의 개념은 1943년부터 10년간에 걸쳐 활동한 미국의 자원기획위원회는 '국가 기획과 공공사업에 관한 보고'에서 기획의 개념을 단순한 관리기능의 한 분야라는 좁은 의미로 파악하지 않고 국가목표의 실현을 촉진하는 방안을 고안해 내는 공공정책의 수립 및 그 선택과 조정 등의 문제와 결부시켜 넓은 의미로 기획의 개념을 규정하고 있다. 여기서 기획은 궁극적인 목적, 목표 설정과 이를 달성하기 위한 제 자원의 배분을 위한 우선순위 선정에 주로 관심을 갖는다. 반면에 관리기능적인 입장에서 보는 기획의 개념은 밀렛(John D. Millette)을 중심으로 한 몇몇 학자들이 주장한 설이며, 기획을 정책으로부터 분리된 순수한 관리적인 측면에서 행정 능률과 결부시켜 파악한 것이다. 즉 기획, 조직, 지시, 통제 및 조정이라는 관리 5대 기능 중 기획은 임무 달성을 위해 목표, 방침 및 수단을 결정하는 기능으로 보고 있다. 따라서 현대국가의 성격이나 대중사회라는 현대 사회에 내포되어 있는 문제의 복잡성에 비추어 볼 때 위의 두 개념을 절충한 의미가 타당하다고 볼 수 있다.[1]

2. 기획의 정의

기획의 일반적 정의는 기획 일반에 대한 정의만 추려 보아도 헤아릴 수 없을 정도로 많으나 그중 몇 가지 대표적인 학자들의 정의를 보면 아래와 같다. ① 밀렛(J. D. Millet)은 기획이란 행정적 노력의 목표를 결정하고 이것을 성취하기 위한 수단을 짜내는 과정이다. 기획은 소망하는 결과를 예견하고 이것을 실현하는 데 필요한 제 단계를 준비하는 것이다. ② 피프너(J. M. Pfiffner)는 기획이란 본질적으로 보다 나은 결정을 하기 위한 방법이며 행동의 선행요건이다. 기획은 조직의 목표가 무엇이며, 이 목표를 달성하기 위한 최선의 방법은 무엇인가 하는 두 가지 문제에 대한 해답을 찾는 과정이다. ③ 귤릭(L. Gulick)은 기획이란 설정된 목표를 달성하기 위하여 수행되어야 할 일들과 이것을 수행하기 위해 방법들을 개괄적으로 짜내는 것이다.[2] 이 외에도 더 많은 정의가 내려지고 있다. 이와 같은 다양한 기획의 정의를 요약 정리해 보면 기획이란 제 문제에 대하여 미래를 예측 구상하여 목표를 설정하고 설정된 목표를 달성하기 위하여 최선의 방안을 강구하며 이를 가장 경제적·효율적으로 자원을 배분하는 계속적인 과정이라고 할 수 있다.

3. 기획과 계획의 관계

기획과 계획이란 용어가 가지는 의미를 명백하게 구분함으로써 모든 기획 문제를 다루는 데 혼선을 피할 수 있다. 영어의 Planning이나 Plan 또는 Programming이나 Program, Project 등을 대체로 구분 없이 기획과 계획으로 혼용하여 왔으며 학자에 따라 서로 다른

---

1) 권영찬, 『기획론』(서울: 법문사, 1982), pp.11~29.
2) 육군대학, 『전략기획』(대전: 육군대학, 1993), pp.3~5.

해석을 하고 있다. 그러나 일반적으로 사용하고 있는 용어의 정의는 Planning은 기획을 수립한다고 하며, Plan은 기획을 수립한 결과적인 산물인 기획서라고 한다. 또한 Programming은 계획을 한다고 하고, Program은 계획을 수립한 산물의 결과인 계획서라고 하고 있다. Planning과 Programming, 즉-ing가 붙은 경우는 기획 혹은 계획을 수립하는 일이라고 함이 타당하며, Plan과 Program을 기획 혹은 계획의 결과인 산물로 보아야 하므로 기획서 또는 계획서로 표현하는 것이 합리적일 것이다. 기획과 계획을 명확하게 구분하기는 다소 문제가 있으나 업무 성격상 구분을 한다면 <표 3-1> 기획과 계획의 구분에서 제시된 바와 같이 구분할 수 있다.

〈표 3-1〉 기획과 계획의 구분

기획(Planning)	계획(Programming)
미래를 예측, 구상하여 목표를 설정하고 최선의 방안을 선정하는 과정	확정된 목표(기획)를 달성하기 위해 단계화시킨 구체적 활동 사업계획
목표 구상에 중점(무엇을?)	목표에 이르는 경로선택에 중점(어떻게?)
목표 또는 전략(방책) 선택	수단의 효율적 사용 추구
추상적이고 장기적	구체적이고 단기적
계획에 선행	기획에 종속

제2절 기획의 본질과 특성

1. 하나의 과정

기획은 하나의 과정이다(Planning is a process). 즉 기획은 어떠한 조직이나 업무 단위 안에서 나타나고 있는 계속적인 활동이며 이 활동이 지속되기 위해서는 어느 정도의 자원이나 에너지의 투입이 필요하다. 그러므로 과정으로서의 기획(Planning)과 산물로서의 계획(Plan)은 명확히 구분되어야 한다. 기획은 본래 의사결정의 과정(a Decision-making Process)이다. 그리고 계획은 이 과정을 거쳐서 나타나게 되는 최종 산물이다. 따라서 계획은 미리 결정된 행동노선 또는 장래 행동을 위한 일단의 결정이라고 정의될 수 있다. 기획은 하나의 과정이며, 또한 기획의 문제는 선택할 수 있는 복수의 대안이 존재할 경우에만 제기될 수 있는 것이다.

2. 준비과정

　기획이란 본질적으로 그리고 대부분의 경우 공식적 및 법적으로도 다른 기관에 의하여 승인되고 집행될 일단의 결정, 다시 말하면 계획을 준비하는 과정이다. 설혹 동일 기관이 기획 기능과 아울러 승인 및 집행에 대한 권한을 겸하여 갖는다 하더라도 양자는 본질적으로 별개의 과정에 속하는 것이며 또한 양자 간에 상호 의존적 관계가 깊다 하더라도 분석상 분리되어야 할 성질의 것이다.

3. 일단의 제 결정

　기획은 일반적인 의사결정과 상이하다는 점을 명심할 필요가 있다. 기획이 일종의 결정과정이지만 단순한 의사결정과 구별되는 특성은 이것이 하나의 군(群) 또는 조(組)를 형성하는 제 결정을 다룬다는 것이다. 즉 기획은 상호 의존적이고 시간적 순서가 정연하며 체계적 관련성을 지니고 제 결정을 다루는 것이다.

4. 행동 지향성

　기획은 행동에 그 1차적 목표를 두는 것이며 결코 순수한 지식의 탐구나 기획가의 육성과 같은 다른 목표를 지향하는 것이 아니다. 기획 외의 다른 선택이나 결정이 항상 행동성을 내포하지 않는 반면, 기획은 반드시 행동을 전제로 한다. 그러나 기획이 본질적으로 행동 또는 집행을 지향하는 것이지만, 그렇다고 행동이나 집행 그 자체는 아니다. 즉 기획은 행동 또는 집행을 위한 실천계획을 수립하는 것이다.

5. 미래 지향성

　거의 모든 기획에 관한 정의에서 기획은 미래를 지향하는 것이라고 인식되고 있다. 미래 지향성은 기획의 가장 중요한 특성의 하나이며, 따라서 기획에는 미래 예측이나 미래의 불확실성이 내재하며 그것들은 기획의 모든 국면, 모든 문제 및 양상에 다방면으로 영향을 미친다. 그러나 여기에서 주의하지 않으면 안 될 것은 기획과 미래 예측을 동일시해서는 안 된다는 것이다. 미래 예측은 미래를 지향하고 있다는 점에서 기획과 유사한 특성을 지니지만 기획은 예측된 미래 상황에서 의도적인 행동 계획을 결정한다는 점에서 차이가 있다. 기획은 기획의 목적과 수준에 따라 수십 년으로부터 수일 또는 수 시간의 미래를 지향한다.

6. 목표 지향성

기획은 미래의 목표 달성을 지향한다. 즉 기획은 제안된 행동 대안으로 달성해야 할 목표를 어느 정도 명시해 주지 않는 한 성립될 수 없다. 그렇다고 기획이 항상 처음부터 명확하게 명시된 목표를 향해 나아갈 수 있다는 의미는 아니다. 오히려 대부분 경우 기획과정의 최초 단계에서는 기획과정 이전에 설정된 애매하고 모호한 목표를 토대로 기획목표를 설정하기 시작한다. 미래의 목표는 바람직한 미래상과 결부되며 따라서 정도의 차이는 있지만 장기 기획목표는 철학적 당위론에 기반을 두며 인간의 이성적인 결정을 전제로 한다.

7. 최적의 수단 제시

인간의 이성이 지향하는 바에 따라서 미래 상황을 합리적으로 형성해 나가려는 기획의 본질은 수단, 목적 관계를 그 바탕으로 하며 이 관계는 기획의 기초가 된다. 기획의 방향은 목표 달성을 위한 최적의 수단을 제시하는 데 있다. 다시 말하면 정보의 수집, 지식의 활용, 체계적·통합적인 자료수집 분류 등 합리적인 과정에 입각해서 원하는 목표 달성을 위한 최적의 전략을 선정하는 데 있다. 기획의 방법, 절차 및 기술에 관한 기본 문제는 자원을 최소한으로 투입하면서 목표를 달성할 수 있는 최적의 수단을 찾아내는 방안을 강구하는 데 있다. 즉 최적의 수단 결정이란 설정된 목표에 합목적적이어야 한다는 의미가 내포되어 있다.[3]

---

3) 육군대학, 『전략기획』(대전: 육군대학, 1993), pp.5~7.

제3절 기획의 유형

　기획의 유형은 대상기간별 분류(단기계획, 중기계획, 장기계획), 지역수준별 분류(지방계획, 지역계획, 국가계획, 국제계획), 대상분야별 분류(경제계획, 사회계획, 물적 계획, 방위계획), 종합서 정도별 분류(사업별 계획, 통합적 공공투자계획, 종합계획), 강제성 정도별 분류(중앙집권적 강제기획, 경쟁적 사회주의기획, 민주적 경쟁기획, 유도기획, 예측기획), 고정성별 분류(고정계획, 연동계획), 계층별 분류(정책기획, 전략기획, 운영기획) 등으로 분류한다.

　여기서는 보편적으로 많이 사용하는 대상 기간별 분류에 대하여 살펴보자. 대상기간별 분류는 각종 계획들이 대상으로 선정하는 기간으로 짧게는 한 달에서 길게는 4반세기에 이르기까지 다양하지만 일반적으로 단기, 중기, 장기로 구분한다.

1. 단기계획(Short-Term Plan)

　전형적인 단기계획은 연차계획(Annual Plan)이며, 특히 국가계획의 경우에 1년 이하의 계획은 거의 사용하지 않는다. 그러나 철저한 계획경제체제하에 있는 동구국가들은 연간 목표를 할당하여 분기별·월별 계획을 수립하기도 하며, 서방국가에서도 계절별 경기대책의 일환으로 분기계획을 작성하는 수가 있다. 연차계획은 대체로 두 가지 용도가 있다. 첫째는 중·장기계획을 집행하기 위한 운영계획으로서 예산과 연결된 구체적인 실천계획의 역할을 한다. 둘째로 연차계획은 비상시기나 중·장기계획을 새로 수립하는 경우에 과도기를 대상으로 한 조정계획으로서 계획시발연도 이전의 기반을 조성하는 기능을 하기도 한다. 중·장기 계획을 작성하는 데는 2년여의 시간이 소요되므로 이러한 과도계획이 필요하게 되는 것이다.

　우리나라에서 제3차 5개년 계획기간(1972~1976년)까지 채택했던 총 자원예산은 운영계획의 전형적인 예이며, 파키스탄, 태국, 인도네시아 등은 이러한 연차계획제도를 갖고 있다. 한편 체코슬로바키아, 터키, 유고슬라비아 등은 한때 1년짜리 국가개발계획을 수립한 적이 있으며 동독이나 미얀마 등은 조정계획으로서 2년 계획을 작성하였다. 일반적으로 단기계획은 3년 미만의 계획을 가리키는데 현실과의 괴리가 적기 때문에 실현성이 높다는 장점이 있는 반면, 구조적인 변동이나 획기적인 발전을 기대하기 힘들다는 단점이 있다. 연차계획의 재정적인 표현이 곧 예산이므로 양자는 밀접한 관련과 유사성이 있으며, 관점에 따라서는 예산도 단기계획의 일종으로 볼 수 있다.

2. 중기계획(Medium-Term Plan)

중기계획은 3년 내지 7년을 대상기간으로 하는 계획을 말하며 5개년계획이 가장 일반화되어 있다. 그러나 구체적인 계획기간은 정치적인 필요에 의해서 설정되는 수가 많다. 예를 들면 대통령이나 국회의원의 임기와 일치시키기 위해 계획기간을 4년 또는 5년으로 조정한 국가가 적지 않았다. 또 국제간의 지역공동개발을 추진하는 경우에 계획기간은 여러 나라가 공통일 수밖에 없다. 예컨대 제2차 세계대전 후 미국의 유럽원조계획인 마셜플랜(Marshall Plan)의 수원국들은 거의 의무적으로 4개년계획(1947~1950년)을 수립하였으며, 콜롬보계획(Colombo Plan) 참가국들에 의해서 작성된 최초의 계획들은 모두 6개년계획(1951~1957년)이었다.

계획기간은 매번 동일하게 책정할 수도 있지만 달리 잡은 경우도 많다. 인도와 프랑스는 계속해서 5개년계획을 수립하고 있다. 그러나 미얀마, 유고슬라비아, 콜롬비아 등은 4년, 8년, 5년, 7년 등으로 매번 계획기간을 달리해 왔다. 우리나라에서는 60년대 이후 계속해서 5개년계획을 반복하고 있다.

3. 장기계획(Long-Term Plan)

대체로 10년 내지 20년에 걸친 계획기간을 가지며 실제로는 계획의 의미보다 전망(Perspective)의 성격이 강하다. 아주 구체적인 프로그램은 별 의미가 없고 기본방향과 지침을 제시하는 데 더 의의가 있기 때문이다. 따라서 장기계획은 여러 개의 중기·단기계획으로 세분하여 집행되는 경우가 많다. 장기계획의 대표적인 예로서는 네덜란드의 20년 계획(1950~1970년), 소련의 20년 계획(1961~1980년), 이탈리아의 바노니(Vanoni) 계획(1955~1964년) 등이 있다. 특기할 만한 것은 국민소득의 획기적인 증대를 위한 장기계획들이 여러 나라에서 수립되었다는 점이다. 인도의 경우 1933년에 국민소득배증 10개년계획, 1944년에 소득배증 15개년계획을 수립한 바 있으며 파키스탄은 국민소득의 세 배 증가를 위한 20개년계획(1961~1980년)을 추진한 바 있고 일본도 국민소득배증계획(1961~1970년)을 앞당겨 달성한 바 있다.

중기계획을 수립하면서 장기추정 또는 전망을 토대로 하는 사례도 많이 있다. 인도의 경우 제1차 5개년계획과 관련하여 30년 장기전망을 제2, 3, 4차 5개년계획 수립 시에는 15년 장기전망을 작성하였으며, 프랑스의 경우도 제4차 계획 수립 시에는 15년, 제5차 계획은 20년의 장기전망을 토대로 하였다. 장기계획은 장기적인 발전 전망과 비전하에 구조적인 변화와 지속적인 개발을 추진할 수 있다는 장점이 있는 반면, 구체화되지 못하여 집행계획으로서의 실제성이 약하고 계획기간이 경과함에 따라 실제와 유리되기 쉽다는 단점이 있다.[4]

4. 계획기간의 선정

계획기간의 선정에서 단기, 중기, 장기 계획들은 각각 장단점이 있으며 용도도 약간씩 다르다. 그러므로 이상적인 계획기간은 상황에 따라 달라질 수밖에 없으며 실제로 계획기간을 몇 년으로 설정할 것인지를 결정하는 데는 여러 가지 요인들이 감안되어야 한다. 첫째로 국내외적인 상황과 여건을 감안하지 않으면 안 된다. 우선 정치적으로 얼마나 안정성이 있느냐에 따라 계획기간의 실효성이 달라진다. 쿠데타가 빈발하고 정권의 불신임이 되풀이되는 상황 아래서 장기계획은 별 의미가 없기 때문이다. 또 경제적인 대외의존도와 경제구조의 취약성이 심하면 장기계획 수립에 제약을 받게 된다. 미국 원조액이 결정되지 않으면 국가예산을 세울 수 없었던 50년대 전반기 우리나라의 경우나, 원료조달 및 상품시장에서의 대외의존도가 심한 일본 등의 경우에 장기계획은 불안정할 수밖에 없다. 둘째로 계획대상의 투자회임기간(Gestation Period)을 고려해야 한다. 소비재 공장의 건설에는 1~2년이면 족하지만 중공업건설이나 국토개발 등에는 여러 해가 소요된다. 가장 장기간을 필요로 하는 것은 교육, 인력개발, 인구조절 등 사람에 대한 투자이다. 따라서 최소한 부문별 계획을 수립할 경우에는 이러한 점이 고려되지 않으면 안 된다. 국가계획에 있어서도 특정부문에 대해서만 장기계획을 수립하기도 한다.

셋째로 기획역량이 감안되어야 한다. 미래예측의 기법개발과 기획요원들의 능력 면에

---

4) 권영찬, 『기획론』(서울: 법문사, 1982), pp.49~88.

서 타당하고 정확한 장기계획을 수립할 수준에 있는가 하는 점이다. 이와 아울러 통계와 관련 정책연구결과 등 정보의 축적상태도 문제이다. 과거의 추세와 예상되는 정책효과의 분석이 없이는 장기계획의 수립에 한계가 있기 때문이다. 넷째로 계획의 수립목적과 용도에 따라 계획기간을 조절해야 한다. 국민들에게 희망과 정치적 비전을 제시해 주는 데 목적이 있다면 장기계획이 수립되어야 할 것이며, 현실적인 당면문제의 해결에 초점을 둔다면 단기 혹은 중기계획이 적합할 것이다. 계획기간을 지도자의 임기와 연결시키는 것도 정치적인 효용성에 기초를 둔 결정이라 하겠다.

제8장 국가, 국방, 합동기획체계

제1절 국가기획체계

1. 국가기획의 개념

기획이란 제 문제에 대하여 미래를 예측 구상하여 목표를 설정하고 설정된 목표를 달성하기 위하여 최선의 방안을 강구하며, 이를 가장 경제적·효율적으로 자원을 배분하는 계속적인 과정이라고 기획의 정의에서 제시한 바 있다. 이에 따라 국가의 궁극적인 목적은 생존과 번영에 있으며, 국가의 모든 활동은 국가의 목적에 부합하여야 한다. 이에 따라 국가의 안전을 보장하기 위해서는 국내외의 다양한 군사적 또는 비군사적 위협으로부터 국가를 보호하고 국가목표를 달성할 수 있도록 국가의 모든 분야에 대한 노력과 활동의 통합이 필연적으로 요구된다.

국가목표를 달성하기 위한 국가기획은 국가의 생존과 번영을 구현하기 위한 최선의 국가정책과 국가전략을 수립하는 것이다. 국가기획은 국가의 생존이란 측면에서 국내·외의 위협으로부터 국가의 안전을 도모하는 수단으로 사용된다. 국가의 번영이란 측면에서는 국가의 위상을 증대시키고 국민이 생활수준 및 복지를 향상시키는 수단으로 사용된다. 국가기획은 개념적인 측면에서 국가의 생존을 위한 제반 기획(국가안보정책 및 국가안보전략)과 국가의 번영을 위한 제반 기획(경제, 과학기술, 사회, 문화, 환경기획 등)으로 구분할 수 있다. 그러나 오늘날과 같은 총력전 양상에서의 국가기획은 생존과 번영 분야를 조절 및 통합하게 된다. 특히 생존의 문제는 국내외의 위협으로부터 비롯되고 국가 부(富)의 축적은 곧 국가안보의 원동력이기 때문에 국가의 생존 또는 번영 위주의 정책과 전략으로 구분하지 않고 통상 국가정책과 국가전략으로 통합한다.

따라서 국가기획은 국가의 안전, 번영 및 가치로 표현되는 국가이익 차원에서 국가목표를 설정하고, 이를 달성하기 위한 최선의 국가정책과 국가전략을 수립하여 이 정책과 전략을 수행하는 데 필요한 국가자원을 가장 효율적으로 배분하는 일련의 과정을 말한다.[5]

2. 국가기획체계

국가기획체계는 국가목표를 달성하기 위한 최선의 국가정책과 국가전략을 수립하는 일련의 과정이다. 국가목표는 한 국가가 국가이익을 보호하고 증진하기 위하여 국가정책과 전략이 지향되고 국가의 모든 노력과 자원이 집중되어야 할 목표이다. 또한 국가목표는 국가이익의 대상과 범위를 구체화한 것으로서 국가이익과 동일한 개념을 갖는다.

국가정책은 국가목표를 달성하기 위하여 국가 차원에서 채택한 광범위한 방책 또는 지침이다. 한편 국가전략이란 국가정책을 지원할 수 있도록 분야별 위협에 대응하여 정치, 외교, 정보, 군사, 경제, 과학기술, 사회, 문화 등 국가의 제 수단을 발전시키고, 이를 효과적으로 운용하는 술(術)과 과학(科學)이다.[6]

3. 국가안보전략

국가안보전략은 국가목표를 달성하기 위하여, 설정된 국가안보목표를 달성하기 위해 국가안보의 수단별 전략을 통하여 '국가안보전략지침'으로 발전시킨다. '국가안보전략지침'은 통일, 외교, 국방정책 방향에 대한 대통령의 지침으로 국가안보전략에 대한 국가의 가장 기본적인 지침이다.

국가전략적 수준의 기획 및 계획문서에는 '국가안보전략지침', 국가전시지도지침', '충무계획' 등이 있다. '국가안보전략지침'은 통일 · 외교 · 국방정책 방향에 대한 군 통수권자의 지침으로서 안보 관련 모든 기본문서의 근거가 되며 대통령실 외교안보수석비서관이 작성한다. 이 문서는 국가이익과 국가안보목표 및 국가안보전략기조를 설정하고 분야별 전략과제와 추진방향 등 국가적 과업을 제시한다. '국가안보전략지침'은 '국가기본정

---

5) 합동참모본부, 『합동기획』(서울: 합동참모대학, 2011), p.2.

6) 위의 책, p.3.

책서'와 '합동군사전략서' 작성의 기초가 된다.

'국가전시지도지침'은 전쟁을 수행하는 과정에서 국가전쟁지도기구가 국가의 모든 역량을 통합하여 효율적으로 전쟁을 지도할 수 있도록 정부와 군 그리고 관련 기관이 수행하여야 할 임무에 대한 지침을 제공하는 문서이다. 이는 대통령실 외교안보수석비서관이 작성한다. '충무계획'은 전시에 국가의 기능을 지속적으로 유지하고 국가의 기능을 전시 전환체제로 전환하여 국가총력방위체제를 확립함으로써 국가비상사태에 대비하기 위한 계획문서이다.

제2절 국방기획체계

1. 국방기획 개념

국가방위(이하 '국방'이라 한다)는 외부로부터의 군사적 및 비군사적 위협이나 침략행위를 억제 또는 배제함으로써 국가의 평화와 독립을 수호하고 국가의 생존을 보존하는 것이다. 국방의 개념은 광의의 국방과 협의의 국방으로 구분된다. 광의의 국방은 군사분야를 포함하여 국가안보 수단을 총동원하여 외부의 군사적 위협 및 침략으로부터 국가의 구성요소 모두를 지키는 국가 전략적 수준의 국방을 의미한다. 협의의 국방은 한 국가의 영토, 영해, 영공에 대하여 외부로부터의 군사적 위협 및 침략을 방지 또는 격퇴하는 군사전략적 수준의 국방을 의미한다. 협의의 국방은 국가목표를 군사분야에서 구현하기 위하여 국방목표를 설정하고, 이를 달성하기 위하여 '무엇을 할 것인가?'와 '어떻게 할 것인가?'를 해결하는 것이다. 전자는 주로 국방목표를 설정하고 적정 군사력을 건설 및 유지하는 데 필요한 정책을 수립하는 과업이다. 후자는 주로 가용한 자원의 범위 내에서 이를 효율적으로 운용하기 위한 전략과 그 수행방안을 구상하는 과업이다.

국방기획은 국가목표와 정책을 달성하기 위하여 국방목표를 설정하고 이를 달성하기 위한 최선의 국방정책과 군사전략을 선택하여 이 정책과 전략을 수행하는 데 필요한 국방자원을 가장 효율적으로 배분하는 일련의 과정이다. 국방기획의 범위는 평시 군사력 건설·운용·유지로부터 위기관리 단계를 거쳐 전쟁종결단계까지의 내용을 포함하여 군사

분야와 비군사분야를 망라한다. 효과적인 국방기획을 위해서는 정치·외교·정보·군사, 경제·과학기술, 사회·문화 등 국가안보수단과의 연관성을 고려한다.

2. 국방기획체계

국방기획체계는 <표 3-2>에서 보는 바와 같이 국가목표와 정책을 달성하기 위하여 국방목표를 설정하고 이를 달성하기 위한 최선의 국방정책과 군사전략을 수립하는 일련의 과정에서 내외 및 하부체계와 상호작용하는 관계를 말한다. 그리고 국방기획체계는 군사력 건설유지를 위한 국방정책기획과 군사력의 효율적 운용을 위한 합동기획으로 구분되며 국방기획관리체계를 통하여 이루어진다.

〈표 3-2〉 국방기획체계

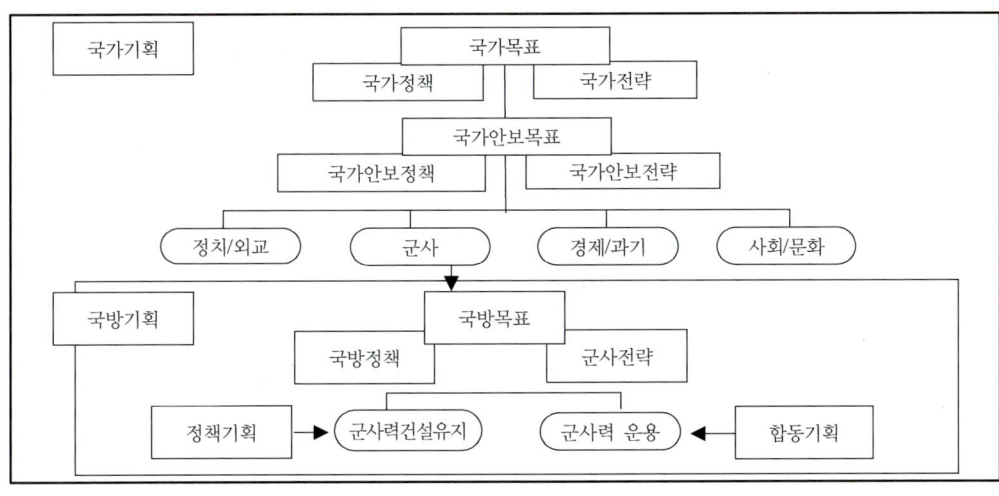

국방정책기획은 정책소요(문제의 인식), 정책결정과 입법화, 정책집행 및 평가 등이 지속적으로 이루어지는 일련의 과정이다. 이는 기획·계획·예산·집행 및 평가체계와 획득개발체계를 통하여 이루어진다. 합동기획은 아래 제3절에서 제시한다. 국방정책기획과 관련된 주요 문서로는 "국방기본정책서"와 "국방전시정책서" 등이 있다.

국방기본정책서는 대통령의 '국가안보전략지침'을 군사력으로 구현하기 위해 국방정책목표와 방향을 설정하여 국방정책지침을 제공하는 기획문서이다. 이는 '국가안보전략지침'과 '국방정보판단서' 등을 기초로 국방부장관이 작성한다. 이 문서의 주요 내용은 국방목표와 국방정책기조 그리고 분야별 정책지침 등을 포함한다. '국방기본정책서'는 '합동군사전략서'와 '국방과학기술진흥정책서' 등의 기초를 제공한다.

국방전시정책서는 전시 국방정책의 기본방향과 지침을 제공하는 문서이다. 이는 '국가전시지도지침', '국방정보판단서', '합동군사전략서' 등을 기초로 국방부장관이 작성한다. 이 문서의 주요 내용은 전시 국방정책의 기조와 전쟁단계별 정책지침 등을 포함한다. '국방전시정책서'는 '합동군사전략능력기획서(JSCP)' 작성의 기초를 제공하며 해당 정부기관의 군사분야 참고문서로 활용된다.[7]

제3절 합동기획체계

1. 합동기획 개념

합동기획은 국가안보목표와 국방목표를 달성하기 위하여 전략적인 환경을 평가하고 군사력 운용방향을 구상하여 군사전략목표를 설정하며, 이를 달성하기 위한 최선의 군사전략을 수립하고 군사력을 운용하는 일련의 과정이다. 국가안보목표와 국방목표를 달성한다는 의미는 국가전략에 근거하여 전쟁을 준비하고 수행함에 있어 대통령으로부터 전투부대에 이르기까지 군사력을 운용하여 국가목표를 달성한다는 의미이다.

합동기획은 합동전략기획과 합동작전기획으로 구분되며, 합동전략기획체계(JSPS)와 합동작전기획 및 시행체계(JOPES)를 통하여 이루어진다. 합동전략기획은 국가안보목표와 국방목표를 달성하기 위하여 군사전략을 수립하고, 군사전략목표와 전략개념을 실현하는 데 필요한 군사력 건설소요를 제기하여 확정된 군사능력을 과업과 함께 할당하는 일련의 과정이다. 합동작전기획은 군사전략목표 달성에 기여할 수 있도록 군사력 운용 방책을 발전시키고 합동작전소요를 판단하여 합동작전계획과 명령을 발전시키는 일련의 과정이다.[8]

---

7) 합동참모본부, 앞의 책, p.9.
8) 위의 책, p.10.

2. 합동기획체계

합동기획체계는 <표 3-3>과 같이 국가안보목표와 국방목표를 달성하기 위하여 군사전략목표를 설정하고 이를 달성하기 위한 최선의 군사전략 수립과 군사력을 운용하는 일련의 과정에서 내·외 및 하부기획체계들과 상호작용하는 관계를 말하며, 합동전략기획체계(JSPS)와 합동작전기획 및 시행체계(JOPES)를 통하여 이루어진다. 합동전략기획체계(JSPS)에서는 전략환경 평가를 통하여 도출된 위협에 대한 대응전략(군사전략)을 수립하고, 이에 필요한 군사력 건설방향을 제시하며 건설된 군사능력의 사용지침을 제공한다. 합동작전기획 및 시행체계(JOPES)에서는 합동군사전략능력기획서와 추가지침에 따라 군사력을 운용할 계획 및 명령을 발전시키고 군사력을 운용하며 작전소요를 판단하여 제기한다.

국방정책기획과 합동기획은 별도의 계통으로 독립적으로 이루어지는 것이 아니고 이들은 상호 밀접한 관계를 갖고 유기적으로 협조 및 통합된다. 국방정책기획을 상위개념으로 볼 수 있으나 군사전략을 기초로 하여 군사력 건설이 이루어지며 각 체제 간에 긴밀한 협조관계가 있다는 점을 고려할 때 이들은 상호보완관계로 보아야 한다. 따라서 국방기획체계들은 상호 밀접한 관계로 연계 및 통합되어 있으며 주기적으로 순환되고 환류된다.[9]

<표 3-3> 합동기획체계

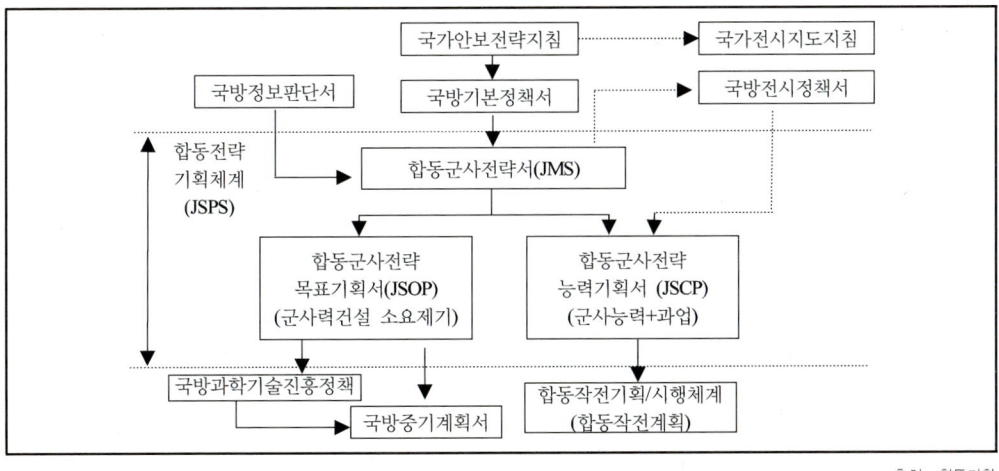

출처: 합동기획

---

9) 위의 책. p.21.

제9장 군사전략기획 단계별 수립 절차

제1절 군사전략기획 수립 절차의 중요성

군사전략기획에 관한 오늘의 결정은 21세기로 접어들면서 국가안보전략과 군 구조에 결정적인 영향을 줄 것이다. 적절한 방법을 통한 결정은 국가장래에 유익한 투자가 될 것이다. 기획상의 중대한 착오를 피하기 위해 넓은 지식 차원에서 기본적인 이론을 재확인하는 것은 유일하다. 전략가나 군사전략기획자는 정치·경제 그리고 군사적인 영향을 포함한 많은 국내적인 요소를 고려해야만 한다. 특히 우리가 조직을 만들 때 필요한 핵심요소에 대한 유용한 기본틀을 가지지 못한다면, 많은 아이디어, 개념, 견해 그리고 상이한 관점은 혼란스러울 수 있다. 왜냐하면 기획은 미래를 준비하는 것이기 때문에, 여기에는 고려해야 할 불확실성과 선호 전략과 군사력의 구조, 조직, 장비에 대한 이견의 가능성이 있다. 불행하게도 하나의 정답이 존재하는 경우는 드물다. 다 같이 유용한 논쟁은 추구하는 목표와 위협, 도전, 취약점, 기회, 기술적인 발달에 대한 가정, 미래의 정치 및 경제적 여건 등에 따라 때때로 다양한 선택을 할 수 있게 해 준다. 기본틀은 정답을 찾는 전략가와 군사전략기획자들에게 도움을 주며 여러 가지 중요한 요소에 대한 포괄적인 논법을 통하여 최선의 해답을 찾는 데 도움을 준다.

전략기획은 국가안전보장상의 필요에 대한 평가와 기초를 둔 군 요구사항을 결정하는 절차와 가용한 국가재정범위 내에서 군 요구사항에 부합되는 군사력을 선정하는 것으로 정의할 수 있다. 이러한 군의 요구사항은 핵무기와 생화학 무기를 사용하는 경쟁국가와의 주요 전쟁, 주요 전역 전쟁, 소규모 우발전쟁, 테러, 전쟁 이외의 작전, 해외 현지 등과 같은 개괄적인 방위계획으로 나누어진다. 기획자는 국가적(합동) 및 동맹(연합)의 관점에서 각 군의 군 구조를 결정하기 위해서는 포괄적인 합동 및 연합 차원의 예측이 필요하다.[10]

군사전략을 만들어 가는 과정을 합참에서는 합동전략기획이라 하는데 보통 군사전략기획이라는 의미를 가진다. 합동전략기획은 상위목표를 달성하기 위하여 군사전략을 수립하고, 군사전략목표와 개념을 실현하는 데 필요한 군사력 건설소요를 제기하여 확정된 군사능력을 과업과 함께 할당하는 일련의 과정[11]이라고 정의하고 있다. 즉 현재와 미래를 예측하여 불확실한 안보환경에 군사적으로 대비하기 위하여 군사전략목표, 군사전략개념 및 군사력 건설방향 등을 결정하여 양병의 방향을 제시하고, 과업부여 및 자원을 할당한다.

제2절 국가기획체계 내 합동전략의 위치

1. 군사전략기획의 위치

군사전략기획은 독립적으로 이루어지는 것이 아니라 다음 <표 3-4> 기획체계 내 합동전략기획의 위치와 같이 국가기획-국방기획-전략기획 등 상·하위 기획체계와 연계되어 있다.

〈표 3-4〉 기획체계 내 합동전략기획의 위치

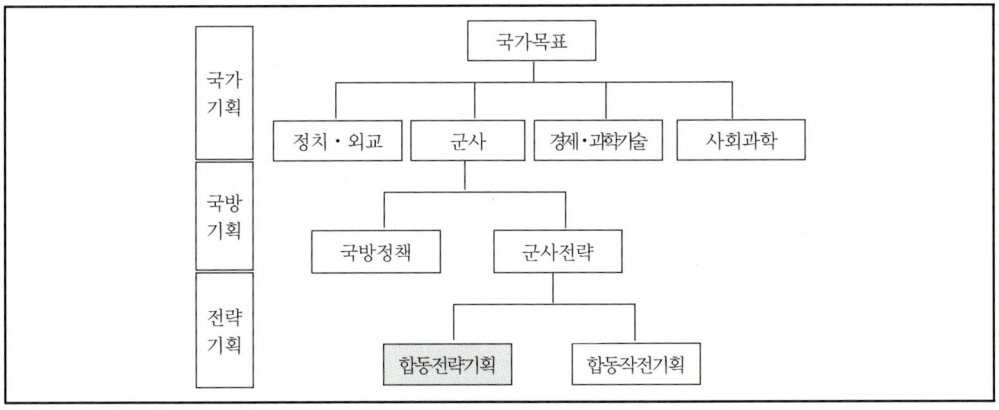

---

10) Richmond M. Lloyd, "Strategy and Force Planning Framework" in Strategy and Force Planning Faculty, eds., Strategy and Force Planning, Newport, RI: Naval War College Press, 1995, pp.1~14: and Richmond M. Lloyd and Lt Col Dino A. Lorenzini, U.S. Air Force, "A Framework for Choosing Defense Forces", Naval War College Review January/February 1981, pp.46~58.

11) 합동참모본부, 앞의 책, p.23.

1) 국가기획

국가기획은 <표 3-4> 기획체계 내 합동전략기획의 상단부에 해당되며 국가목표를 설정한다. 국가목표를 구현하기 위하여 국내외 정세를 판단하고 국가의 발전방향을 구상하여 당면목표를 설정하며 이를 달성하기 위하여 최선의 국가정책과 국가전략을 수립하게 된다. 이를 기초로 국가의 각 기능 즉 정치·외교, 경제·과학기술, 사회·문화, 군사 등은 각 분야별로 국가목표와 이를 달성하는 데 기여하기 위하여 분야별 정책과 전략기획을 수립한다.

2) 국방기획

국방기획은 <표 3-4>의 중간 부분에 해당되며, 국가목표를 구현하기 위하여 국방목표를 설정하고, 이를 달성하기 위하여 최선의 국방정책과 군사전략을 수립하며 가용한 국방자원을 가장 효율적으로 배분하고 운용하는 일련의 과정이다. 이러한 국방기획은 국방정책을 수립하고 군사력 건설 및 유지분야를 다루는 정책기획과 군사전략을 수립하고 군사력을 운용하는 군사전략기획으로 구분된다.

3) 군사전략기획

군사전략기획은 다시 <표 3-4>와 같이 합동전략기획과 합동작전기획으로 구분된다. 여기에서 합동전략기획, 즉 군사전략기획은 전략환경평가를 토대로 군사전략목표를 설정하고 군사전략개념을 수립하며 이를 실현하는 데 필요한 군사력 소요를 제기하며 확정된 군사능력을 과업과 함께 합동작전기획에 할당하는 일련의 과정이다.

그리고 합동작전기획은 이렇게 부여된 과업과 자원을 토대로 군사전략목표를 달성하기 위하여 군사력운용 방책을 발전시키고 작전소요를 판단하며, 작전계획 및 명령을 발전시키는 일련의 과정을 말한다.

군사전략기획에서 합동전략기획과 합동작전기획을 도표화하면 다음 <표 3-5>와 같다.

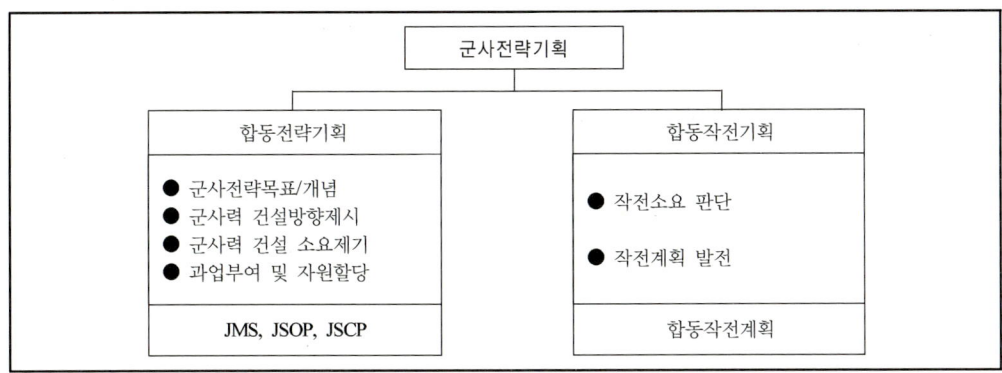

〈표 3-5〉 군사전략기획

> 군사전략기획
>> 합동전략기획
>>> ● 군사전략목표/개념
>>> ● 군사력 건설방향제시
>>> ● 군사력 건설 소요제기
>>> ● 과업부여 및 자원할당
>>> **JMS, JSOP, JSCP**
>> 합동작전기획
>>> ● 작전소요 판단
>>> ● 작전계획 발전
>>> 합동작전계획

군사전략기획과정은 국가 및 국가목표를 달성하기 위하여 합동기획 및 시행기구 내의 지휘관과 전략 및 전력분야의 참모들이 JMS, JSOP, JSCP 문서를 작성해 나가는 논리적인 사고과정 즉 업무추진과정이다.

제3절 군사전략기획 절차 및 전략의 구비조건

1. 군사전략기획 절차

군사전략기획(일명 합동전략기획) 절차는 <표 3-6>과 같이 일반적으로 7단계의 절차로 이루어진다. 군사전략기획은 상위목표를 인식하고 전략환경을 평가하며 가정을 설정하고 이를 바탕으로 군사전략목표와 개념을 수립한 후 이 목표와 개념을 구현하기 위한 군사력 건설의 소요제기와 건설된 군사능력을 바탕으로 과업부여 및 자원할당을 하는 과정을 통해 수립된다. 결국 군사전략은 국가이익 및 국가목표 등을 달성하기 위해 위협을 분석하고 이에 대처하기 위한 군사차원의 행동방안이라고도 할 수 있는 것이다.

〈표 3-6〉 군사전략기획 절차

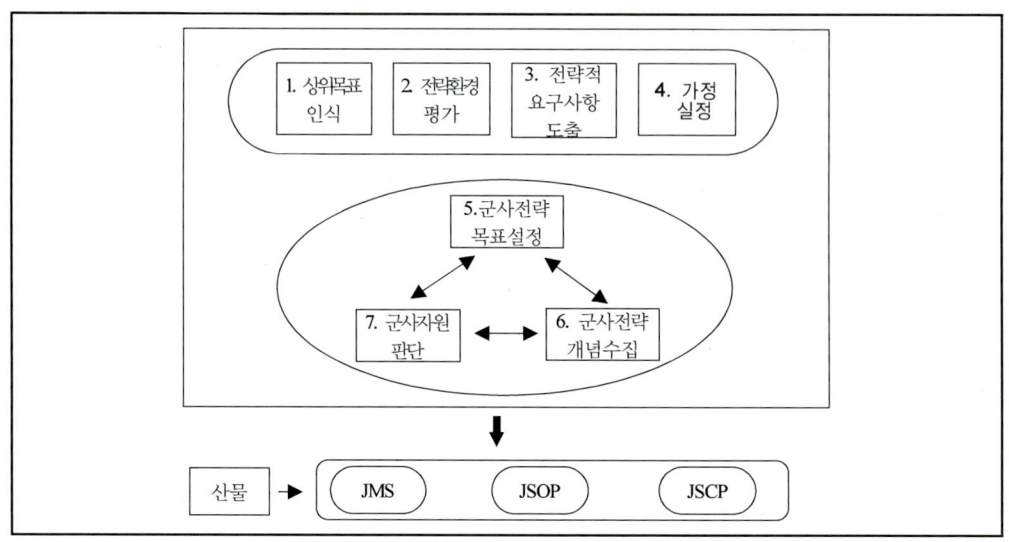

① **상위목표 인식**은 국가목표, 국가안보목표, 국방목표를 달성하는 데 있어서 군사분야가 해야 하는 역할을 도출하며, 이는 군사전략목표 설정에 기초를 제공한다. 그리고 국가목표는 군사전략목표의 수립과 군사자원의 선택에 영향을 미친다.

② **전략환경평가**는 안보정세를 분석 및 평가하여 안보위협을 도출하고 그중 군사적 대응이 필요한 위협을 분석 및 평가한 후 그 위협이 실제화되었을 시의 장차전 양상을 도출한다. 그리고 전략환경평가는 군사전략목표 설정과 자원에 영향을 미치며 환경의 분석은 전략 수립의 첫 단계이다. 이 단계는 매우 중요하다. 왜냐하면 군사전략이란 도출된 위협에 대응하는 방안이므로 전략환경평가를 어떻게 하느냐에 따라 군사전략이 달라지기 때문이다.

③ **전략적 요구사항**으로서 국가 차원에서 군사전략에 요구하는 수준과 범위를 결정하게 된다.

④ **가정설정**은 군사전략을 수립하는 데 필요한 사항이지만 전략환경평가 후에도 아직 확인되지 않은 불확실한 사항에 대한 가정을 설정한다. 이는 미래상황이 불확실하고 유동성이 크므로 군사전략의 범주를 한정하여 준다. 그리고 가정설정은 군사전략목표와 개념

설정에 영향을 미친다.

⑤ **군사전략목표 설정**단계로서 앞 단계에서의 상위목표, 전략환경평가 결과, 전략적 요구사항, 가정 등을 고려하여 달성해야 할 목표를 설정한다. 군사전략목표는 국가전략적 수준에서 도출된 모든 군사분야의 과업이 성공적으로 완수된 최종상태를 말한다.

⑥ **군사전략개념 수립**단계로 군사전략목표를 달성하기 위한 구체적인 군사행동방안을 수립한다.

⑦ **군사자원 판단**은 이러한 군사전략목표와 개념을 구현하기 위한 군사력 건설 방향과 군사력 건설 소요제기를 하며 건설된 군사자원을 기초로 과업부여 및 자원할당을 한다. 그리고 자원은 전략 수립을 제한하는 요소이며 각 요소의 상호작용을 해야 하며 전략 수립의 전 단계에서 고려하여야 한다.

군사전략 수립의 전 단계에서 전략의 구비조건인 적합성, 달성 가능성, 용납성 등을 검토하여 최적의 군사전략을 수립하게 된다. 여기에서 중·장기 군사전략기획은 상위목표 인식에서부터 군사력 건설방향과 군사력 건설 소요제기로 연결되는 과정을 말하며 대상기간은 F+3년부터 F+17년이다. 그리고 단기 군사전략기획은 중·장기 군사전략기획 절차를 통하여 수립된 전략을 기초로 다시 대상기간을 F+1년으로 한정하여 상위목표 인식에서부터 전략환경평가, 가정설정, 군사전략목표 설정, 군사전략개념 수립과정을 거치고 난 후 과업부여 및 자원할당으로 연계되는 과정이다.

대상기간을 표현할 때는 F년도(회계연도)를 사용하는데, 통상 중기는 F+3년부터 F+7년까지, 장기는 F+8년부터 F+17년까지이고 중·장기라 함은 이 두 기간을 포함한 F+3년부터 F+17년까지를 의미하며, 단기는 F+1년을 말한다. 일반적으로 군사전략이라 함은 중·장기 군사전략을 의미하고 이러한 중·장기 군사전략을 토대로 내년도에 어떻게 대비할 것인가를 구체화한 것이 단기 군사전략이다.

2. 군사전략기획의 산물

이러한 군사전략기획 절차를 통하여 생산되는 산물은 합동군사전략서(JMS), 합동군사

전략목표기획서(JSOP), 합동군사전략능력기획서(JSCP)이다.[12)

1) 합동군사전략서(JMS)

합동군사전략서는 군사력 건설 및 운용을 위한 중·장기 전략기획문서로서 핵심내용은 기본문에서 전략환경평가, 군사전략목표 및 군사전략개념, 개략적인 군사력 건설방향을 제시하고 있으며 부록으로 합동개념서와 장기 군구조 발전방향, 장기 전력구조 발전방향 등을 포함하고 있다. 이 문서(합동군사전략서, JMS)의 작성 대상기간은 F+3년부터 F+17년까지이며 3년마다 작성된다. 아울러 이 문서는 합동군사전략목표기획서 작성 시 기초자료가 된다.

2) 합동군사전략목표기획서(JSOP)

합동군사전략목표기획서는 합동군사전략서에서 제시된 군사전략목표와 개념, 군사력 건설방향을 기초로 작성되며 핵심내용은 전략환경평가, 중기 군사력 건설소요 및 소요의 우선순위를 제시하고, 부록으로는 합동부대기획서와 합동무기체계기획서를 포함하고 있다. 이 문서의 작성 대상기간은 F+3년부터 F+7년까지이며 매년 작성되고, 부록인 합동무기체계기획서는 대상기간이 F+3년부터 F+17년까지이며 3년마다 발행된다. 아울러 이 문서는 국방중기계획서 작성 시 기초자료가 된다.

3) 합동군사전략능력기획서(JSCP)

합동군사전략능력기획서는 내년도 초에 구비된 군사능력에 기초하여 부여된 전략적 과업을 완수하기 위하여 합동작전기획체계에 전략지침을 제공한다. 즉 각 군 총장 및 각 작전사령관에게 자원의 할당을 포함한 전략지침을 제시함으로써 예하부대는 명시된 과업과 자원을 기초로 합동작전계획을 준비한다. 작성대상기간은 F+1년이며, 매년 작성된다. 아울러 이 문서는 관련 전시문서(국방자원 동원운영계획서, 국방전시예산서) 작성 시 기초자료가 된다.

---

12) JMS: Joint Military Strategy, JSOP: Joint Strategy Objective Plan, JSCP: Joint Strategic Capabilities Plan.

3. 전략의 구비조건

수립된 군사전략은 그것이 타당한가를 검토하는 과정을 거치게 되는데, 수립된 군사전략의 시행으로 국가목표, 국가안보목표, 국방목표를 달성 가능한가와 그 목표를 달성하기 위해 구상된 최선의 방법을 선정하였는가, 그리고 가용한 자원으로 이를 달성할 수 있는가, 전략이 도덕적 측면과 비용 대 효과 측면에서 허용되는가를 검토하는 것이다. 이러한 사항을 확인하기 위한 요소들이 소위 군사전략의 구비조건이며, 타당성을 평가하는 요소는 적합성, 달성 가능성 및 용납성이라는 3가지이다.

1) 적합성

적합성은 전략이 국가·안보·국방목표에 부합하며, 기여할 수 있는가를 검토하는 것이다. 이것은 주로 국가목표와 군사전략목표와의 관계에서 분석되며 합목적성이 주관심사이다. 군사적으로 최선의 전략이라 할지라도, 그것이 국가목표와 국방목표에 공헌하지 못한다면 의미가 없기 때문이다.

2) 달성 가능성

달성 가능성은 전략개념 시행으로 목표 달성이 가능한가 그리고 그 개념이 가용자원 및 능력(정신, 물질적)으로 시행 가능한가를 검토하는 것이다. 수립된 전략개념이 전략목표의 달성이 가능한가와 가용자원과 능력으로 실행이 가능한가 하는 것이다.

가용자원은 현존 및 잠재 군사력을 기초로 하되, 가용할 시는 동맹국의 군사력도 포함될 수 있다. 다만 동원전력과 가용하다고 판단된 연합전력에 대해서는 동원 및 증원의 소요시간을 감안하여 적시성이 반드시 고려되어야 한다. 군사적인 능력은 유형전력과 무형전력(간부 능력, 지도력 등)을 고려하여야 한다.

3) 용납성

용납성은 군사전략이 국내적·국제적으로 용납될 것인가를 검토하는 것으로 용납성은 크게 도덕적 측면과 비용 대 효과 측면으로 구분하여 검토한다.

먼저 도덕적인 측면이 의미하는 것은 국제적 및 국내적으로 여론이 용납할 수 있는지를 고려해야 한다. 예를 들면, 군사전략을 시행함에 있어 화생방 무기의 사용, 무차별 학살 등의 군사적 행동은 금지되어야 한다.

　비용 대 효과 측면은 여러 가지 고려된 군사전략개념안 중에서 최소의 비용으로 추구하는 목표를 달성할 수 있는 안을 고려해야 한다는 것이다.

　따라서 이러한 요소들은 군사전략을 기획하는 과정 중에도 지속적으로 확인 및 적용하여야 기획이 완료된 후에 타당성이 없어 처음으로 되돌아가는 오류를 최소화할 수 있다.

　군사전략기획의 기본틀에 대한 설명은 단계적인 방법으로 각 요소를 고려해야 한다. 이것은 군사전략기획이 엄격하고 연속적인 과정이 아니라는 것을 암시하는 것이다. 사실 각 요소들은 다른 시기에 다른 그룹으로 다양한 수준에서 고려된다. 환류와 반복은 모든 수준에서 존재하며 모든 요소들에 대한 이해가 잘 될 수 있게 처리하기 위해 중요하다.

제4절 중·장기 군사전략기획 절차 방법

　중·장기 군사전략기획 절차는 군사전략기획에서 상위지침(목표) 인식에서부터 군사력 건설방향을 제시하고 이를 기초로 군사력 건설소요를 제기하는 과정으로 앞서 설명하였던 것처럼 대상기간은 F+3년부터 F+17년까지이다. 중·장기 군사전략기획 절차의 각 단계는 다음 <표 3-7>과 같다.

〈표 3-7〉 중・장기 군사전략기획 절차

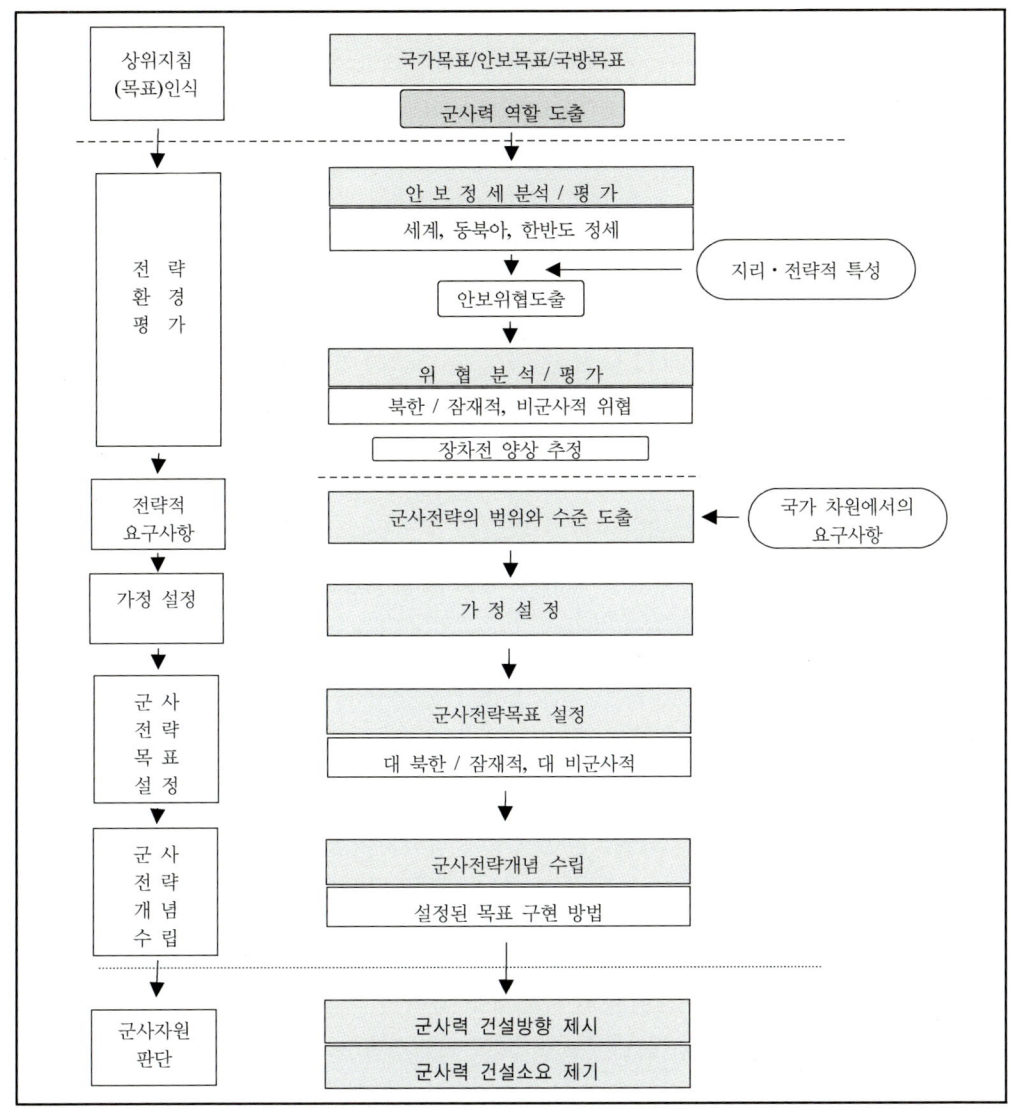

1. 상위지침(목표) 인식

　상위지침(목표) 인식은 중・장기 군사전략기획 절차의 첫 단계로서 이 단계에서는 상위
목표로부터 군사력이 담당해야 할 역할이 무엇인가를 도출하는 임무분석 단계이며, 이는
군사전략목표 설정에 기초로 작용한다. 그리고 상위목표 인식을 통해서 국가가 추구하는
목표를 달성하는 데 기여하기 위해 군이 해야 하는 역할을 식별해 낸다. 상위지침 인식은

<표 3-8>에서 보는 바와 같이 국가목표, 국가안보목표, 국방목표 등에서 분석하여 군사력의 역할을 도출해 낸다.

〈표 3-8〉 상위지침(목표) 인식(국가목표, 안보목표, 국방목표는 주기별로 변경된다)

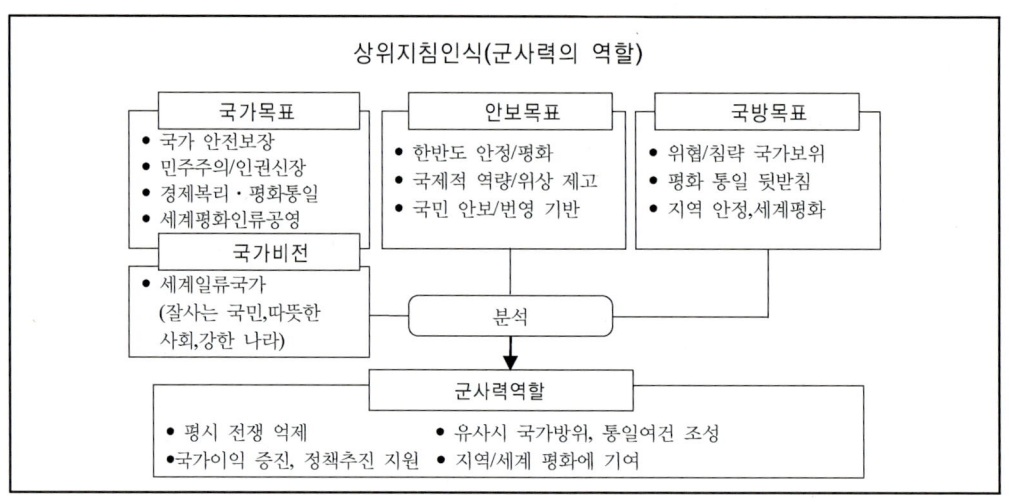

군사전략의 상위목표는 국가목표, 국가안보목표, 국방목표이다. 상위목표인 국가목표와 국가안보목표는 국가안보위원회(NSC)에서 발간한 국가안보전략서에 명시되어 있으며, 국방목표는 국방부에서 발간한 국방기본정책서에 명시되어 있다. 상위목표에서 군사력의 역할을 식별해 내야만 차후 단계에서 군사전략을 수립할 시에 이러한 내용을 반영할 수 있다. 만일 상위목표에서 제시한 군사분야의 역할 및 담당범위가 군사적으로 타당하지 않을 때에는 군사전략기획의 주체이자 군사문제에 있어서 국가통수기구의 최고 조언자인 합참의장은 국가안보 차원에서 판단하여 의견을 제시하고 조언을 할 수 있어야 한다. 이처럼 국가적 수준에서 군사전략에 요구할 수 있는 사항을 염출해 보는 것도 이 단계에서 이루어진다. 아울러 나중에 군사전략을 수립한 후에 군사전략 구비요건 검토 시에도 적합성 측면에서 상위목표에 부합하고 기여하는가를 쉽게 판단할 수 있다.

예를 들어 보면, 국가목표 중 '국가안전보장'으로부터는 평시에 전쟁이 일어나지 않도록 '억제'를 하고 억제가 실패하여 전쟁이 발발하면 '방위'를 도출할 수 있다.

즉 평시 '억제'와 전쟁 시 '방위'가 군사력의 역할이다.

예: 국가목표 중 '국가안전보장'으로부터 도출할 수 있는 군사력의 역할
  · 평시 '억제'
  · 전시 '방위'
예: 국가목표 중 '세계평화에 기여'로부터 도출할 수 있는 군사력의 역할
  · 평화유지활동 적극 참여

위와 같이 도출한 군사력의 역할은 군사전략목표 설정이 기초를 제공하고 군사전략가는 이 과정을 통해 상위목표의 적절성을 판단하여 수정이 요구될 시에는 즉시 수정요구를 할 수 있어야 한다.

2. 전략환경평가

전략환경평가는 안보정세분석 및 평가와 위협분석 및 평가를 통해 도출된 위협이 미래에 어떻게 전개될 것인가 하는 위협전개양상을 도출하는 것이다. 전략환경평가는 군사전략에서 매우 중요한 의미를 가지고 있다. 왜냐하면 군사전략을 수립한다는 것은 도출된 위협에 대응하는 방안이므로 어떻게 전략환경을 평가하느냐에 따라서 군사전략이 크게 달라지기 때문이다. 이러한 과정을 도표로 표시하면 다음 <표 3-9>와 같으며, 세부적인 요소는 다음 각 항과 같다.

〈표 3-9〉 전략환경평가 방법

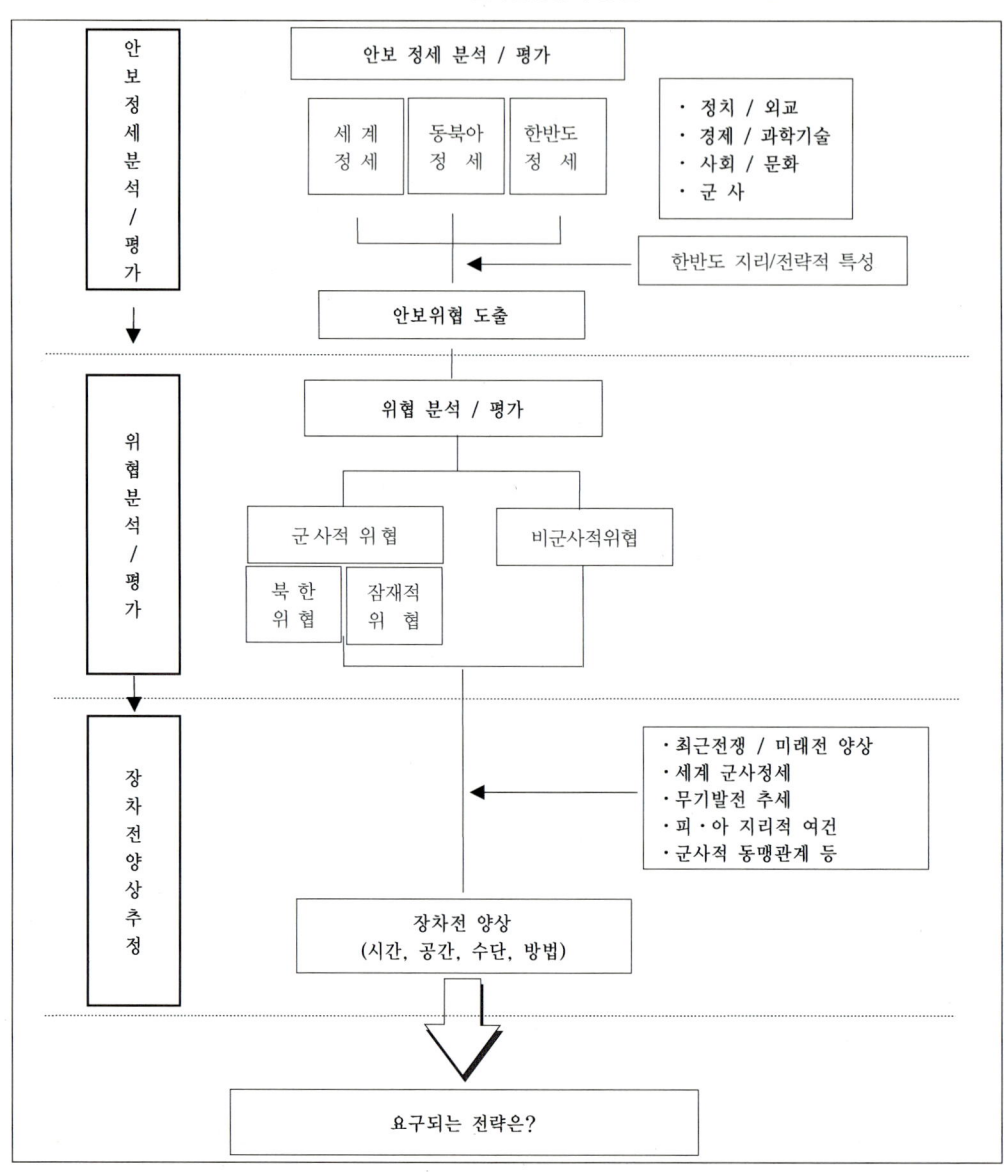

    전략환경평가는 국내외 안보정세를 평가하고 국가안보위협에 영향을 미치는 적의 의
도, 능력, 환경 면에 중점을 두고 분석하며, 위협이 실제화되었을 시의 장차전 양상을 추
정하는 것이다. 전략환경평가 시 고려사항은 지역별, 각 분야별 안보정세를 평가하고 대
상별 위협분석을 실시하며, 한반도의 지리 및 전략적 특성 등 한국의 여건 및 특성과 세
계적인 군사발전추세, 동맹국과의 관계 등을 고려하여 장차전의 양상을 추정하는 것이다.

1) 안보정세분석 및 평가

안보정세분석 및 평가는 세계, 동북아, 한반도의 정세를 정치·외교, 경제·과학기술, 사회·문화, 군사 분야로 구분하여 분석하고, 안보위협은 각 분야별 내용을 종합적으로 평가하여 안보위협을 도출한다. 안보정세평가 시에는 정치·외교, 경제·과학기술, 사회·문화, 군사 분야로 구분하여 이러한 내용 중 국가안보에 위협이 될 소지가 있는 사항을 역학관계까지 고려하여 정확하게 도출해 낸 다음 그것이 국가안보에 위협이 되는지를 누락됨이 없이 도출한다. 그리고 안보위협을 도출 시에는 단순히 군사적인 위협만이 아니라 비군사적 위협까지 망라하고 이 중에서 최종적으로 군사적인 대응이 필요한지를 가려 그중에서 군사적 대응조치가 필요한 분야를 선정하여 다음 단계인 위협분석으로 연계한다.

예를 들어 보면 정치·외교 분야에서 '테러위협'을 도출할 수 있다. 주변국정세는 미국, 일본, 중국, 러시아를 대상으로 우리나라의 안보에 위협이 될 사항을 분야별로 도출하되 4개국의 역학관계까지도 고려하여 도출한다. 예를 들면 일본과의 정치·외교 관계에서 '독도분쟁'을 도출할 수 있다.

한반도정세는 북한이 우리나라의 안보에 위협이 될 사항을 분야별로 도출한다. 예를 들면 북한의 정치·외교분야에서 '북한 내부 위기에 따른 기습남침' 위협을 군사분야에서 '서해상에서 NLL 관련 국지도발' 등의 위협을 도출할 수 있으며 우리나라 자체의 안보위협이 될 사항도 분야별로 도출한다. 예를 들면 경제분야에서 '원유가격 급등'도 안보위협이 될 수 있다.

그리고 안보위협을 도출 시에는 단순히 군사적인 위협만이 아니라 비군사적 위협까지 망라하고 이 중에서 최종적으로 군사적인 대응이 필요한지를 가려 그중에서 군사적 대응조치가 필요한 분야를 선정하여 다음 단계인 위협분석으로 연계한다. 예를 들면 위에서 도출한 위협 중 우리나라 경제분야의 '원유가격 급등'은 재정경제부(현 기획재정부)에서 필요한 대응이다.

예: 세계정세 중 '정치·외교'분야에서 도출할 수 있는 안보위협
· 테러 위협
예: 주변국정세 중 일본의 '정치·외교'로부터 도출할 수 있는 안보위협
· 독도분쟁
예: 북한정세 중 북한의 '정치·외교' 및 '군사분야'로부터 도출할 수 있는 안보위협
· 북한 내부 위기에 따른 기습남침
· 서해상에서 NLL 관련 국지도발
예: 우리나라 정세 중 '경제'로부터 도출할 수 있는 안보위협
· 원유가격 급등

---

2) 위협분석/평가

위협분석단계는 위에서 도출한 군사적 대응이 필요한 위협을 군사적 위협, 비군사적 위협으로 구분하고 군사적 위협은 다시 북한 위협과 잠재적 위협으로 구분하여 위협의 유형과 양상을 추정하는 순으로 실시한다. 이러한 위협의 유형과 양상을 도출한 뒤에는 장차전 양상 추정 시 고려사항을 고려하여 위협이 시간, 공간, 수단, 방법에 있어 장차 어떻게 전개될 것인가 하는 미래 위협의 전개양상을 추정한다.

예를 들어 보면, 위에서 도출한 위협 중 군사적 위협은 독도분쟁, 북한 내부 위기에 따른 기습남침, 서해상의 무력충돌이고, 비군사적 위협은 테러위협이다. 이 중 북한위협은 북한 내부 위기에 따른 기습남침, 서해상의 무력충돌이고 잠재적 위협은 독도분쟁이다. 위협의 유형과 양상으로는 북한 내부 위기에 따른 기습남침은 '전면전' 위협이며 서해상에서의 NLL 관련 국지도발은 '국지도발' 위협이며 이러한 위협들이 어떻게 전개될 것인가를 개략적으로 분석하는 것이 위협의 양상이다. 이를 기초로 이러한 위협이 실제화되었을 시 어떻게 전개될 것인가 하는 장차전 양상을 추정하게 된다.

예: 보정세 분석 및 평가단계에서 도출된 위협을 분석 및 평가
- 군사적 위협
○ 주변국
- 일본: 독도분쟁 등(분쟁)
- 중국: 이어도(EEZ) 등 서남해상에서의 우발적 군사충돌(분쟁)
○ 북한
- 북한 내부 위기에 따른 기습남침(전면전 위협)
- 서해상에서의 NLL 무력화를 위한 국지도발(국지도발 위협)
- 비군사적 위협: 테러, 마약, 전염병, 북한 대량탈북사태 등

---

3) 장차전 양상 추정

세 번째 단계는 2단계에서 도출한 위협을 국가별 도발 유형별로 위협의 전개 양상을 추정하는 단계이다. 예를 들면 군사적 대응이 필요한 군사적 위협 중에서 북한의 위협유형인 전면전, 국지도발에 대한 각각의 장차전 양상을 추정한다. 여기서 장차전 양상이 갖는 의미는 북한이 미래(F+3~F+17)에 전면전을 일으킨다면 어떠한 양상으로 할 것인가, 국지도발을 일으킨다면 어떠한 양상으로 할 것인가이다. 이러한 장차전 양상은 하나의 고정된 시각으로 추정하는 것이 아니고, 위협을 종합한 결과를 분석하여 2개 이상이 될 수도 있다.

장차전 양상의 추정은 도출된 위협의 형태가 장차 어떻게 전개될 것인가에 대한 결론으로서, 장차전 양상을 올바르게 추정하기 위해서는 시간, 공간, 수단, 방법적인 측면을 폭넓게 고려하여야 하며, 주고려요소는 다음과 같다. 미래전에 대비한 세계적인 군사발전의 추세 및 최근의 전쟁양상, 무기체계의 발전 및 군사전략·작전술·전술의 변화, 적의 전쟁 준비 상태 및 전쟁지속 능력, 아군의 생존성 확보 능력 및 대책, 동맹국을 포함한 외국과의 관계, 지리적 조건 및 지형의 변화 등을 고려하여 도출한다. 그리고 이를 기술할 때는 미래형으로 한다.

3. 전략적 요구사항 도출

다음 단계는 전략적 요구사항을 도출하는 단계이다. 전략적 요구사항은 군사전략을 수립하기 전에 국가 차원에서 요구하는 군사전략의 범위와 수준을 말한다. 이것은 상위목표 인식을 통하여 도출된 군사력의 역할을 기초로 군사분야가 대응해서 달성해 주기를 바라는 사항의 범위와 수준, 이것을 달성하는 데 있어서 국가에서 허용하고 지원할 수 있는 범위로서 내용상 군사전략목표, 군사전략개념, 군사자원에 관련된 사항이다. 이렇게 도출된 전략적 요구사항은 다음 단계에서 실시할 대응군사전략 수립의 방향을 구체화한다.

전략적 요구사항에 포함할 사항은 위에서 살펴보았듯이 국가 차원에서 요구하는 군사전략의 범위와 수준, 즉 군사전략목표, 군사전략개념, 군사자원의 범위와 수준이다. 이러한 전략적 요구사항은 이후 전략환경평가 후에 도출된 위협에 대응하기 위하여 국가가 군사분야에서 최종적으로 달성해 주기를 바라는 과업 및 최종상태, 즉 군사전략목표의 범위와 수준에 대하여 직접적인 영향을 준다. 또한 이러한 요구되는 상태를 달성하는 데 있어서 국가 차원에서 허용해 줄 수 있는 시행방법의 범위와 수준에 대한 군사전략개념에도 방법적 융통성의 범위를 제한하거나 허용하는 등의 영향을 준다.

마지막으로 군사자원에서도 국가 차원에서 군에 대해 지원 및 허용해 줄 수 있는 범위와 수준을 제시할 수 있다. 즉 주어진 범위 내에서 군이 최종적으로 설정한 특정 과업 및 업무이자 최종상태, 즉 군사전략목표를 달성하는 데 소요되는 재원의 허용범위와 국가적 지원이 가능한 수준이라 할 수 있다. 장기적인 측면에서 보았을 때 군사력건설에 대한 국가의 예산사용 허용범위와 어떠한 군사력을 어느 수준으로 건설하기를 요구하는가 하는 것으로 군사력 건설지침적 성격을 가진다. 위협에 대하여 국가는 군이 위협에 기초한 전력기획을 하기를 바라는지, 능력에 기초한 전력기획을 요구하는지와 각각에 있어서 어느 정도 대응할 수 있는 수준의 군사력 건설인지, 즉 방위충분성 전력일 것인지 공세적 군사운용이 가능한 수준인지가 여기에서 도출된다.

이렇게 도출된 요구사항은 다음 단계에서 이어지는 전략환경평가, 군사전략목표 설정, 군사전략개념 수립, 군사자원의 판단에 방향을 제시한다. 국가 차원에서 이러한 전략적 요구사항을 제시하였을 경우에는 이를 수용하면 되나, 만약 제시하지 않았을 경우에는 군 스스로 이러한 사항을 판단해서 도출하고 국가통수기구의 허락을 득해야 한다. 따라서 전략적 요구사항을 도출 또는 판단함에 있어 전략을 기획하는 기획가나 합참은 판단기준을 국가 차원에서 군에 요구하는 사항으로 하여야 한다.

국가에서 이러한 전략적 요구사항을 제시하는 경우에는 지극히 군사적인 분야까지 한정함으로 인해 군의 융통성을 제한하지 말아야 하며, 제시된 전략적 요구사항이 군차원에서 타당하지 않을 경우에 합참의장은 국가통수기구에 의견을 제시할 수 있어야 한다.

예를 들어 보면 군사전략목표와 관련된 것으로 "북한의 남침으로 전쟁발발 시 원상회복수준이 아니라 한반도의 통일을 지향해야 한다." 군사자원에 관련된 것으로 "주변국과 북한의 도발을 억제하고 방위에 필요한 방위충분성전력을 확보해야 한다" 등을 고려할 수 있다. 이렇게 도출된 전략적 요구사항은 차후 단계에서 군사전략 수립의 방향을 제시하게 된다.

예: 군사전략목표와 관련된 '전략적 요구사항'
· 북한의 남침으로 전쟁발발 시 원상회복수준이 아니라 한반도의 통일을 지향해야 한다.
예: 군사자원과 관련된 '전략적 요구사항'
· 주변국과 북한의 도발을 억제하고 방위에 필요한 방위충분성 전력을 확보해야 한다.

---

4. 가정설정

다음 단계는 가정을 설정하는 단계이다. 가정은 전략을 기획하는 과정에 판단 및 결심을 위하여 반드시 알아야 할 사항이지만 전략환경평가를 하였음에도 확인되지 않은 사항에 대한 전제이다. 판단과 결심을 위해 필요한 사항이지만 확실하지 않은 경우에는 이에 대비하기 위한 경우의 수가 과다하게 많고 모두 대비할 수가 없기 때문에 실제 발생 가능한 경우를 제한하여 군사 분야의 대응범위를 한정하는 것이라 할 수 있다. 따라서 군사전략 수립의 전제조건으로서 불확실한 사항에 대하여 일정한 한정을 하기 위해 가정을 설정한다.

그러나 가정이 근거 없는 추측이 되어서는 아무런 쓸모가 없기 때문에 가정의 구비조건을 고려하여 설정하는데, 가정의 구비조건은 필요성, 현실성, 논리성 3가지이다. 필요성은 가정으로 설정하는 내용은 군사전략을 기획하는 데 필요한 사항이어야 한다는 것이고, 현실성은 실제적으로 일어날 수 있는 사실에 기초한 근거 있는 사항이어야 한다는 것이며, 논리성은 가정은 현실에 기초하여 논리적이어야 한다는 것이다.

가정에 포함할 수 있는 사항은 상대국과 아국의 전쟁, 분쟁, 기타 평시 국가 간의 관계에 영향을 미치는 기타 국가들의 의도와 반응, 상대국과 아국의 행동 중에 아국이 통제할 수 없는 분야, 전략적 제대의 지휘능력 범위를 넘어서는 적의 능력 등이다. 예를 들어 보면 아국이 통제할 수 없는 분야는 UN의 반응, 주변국의 반응, 대량살상무기에 관련된 내용 등이다. 또한 전면전과 관련하여 주변국인 중국은 '직접적인 군사적 개입은 제한될 것이나, 북한에 대한 전쟁물자 지원은 계속할 것이다', 대량살상무기 사용에 관하여 '북한은 전쟁 말기에 최후의 보루수단으로 핵무기를 사용할 것이다'라는 내용을 고려해 볼 수 있다.

최초 가정을 설정하는 것도 중요하지만 가정에 포함했던 사항을 지속적으로 확인하고, 추적하여 군사전략 수립 중에 변화가 있다면 수정할 수 있다. 또한 미처 알지 못했던 새로운 불확실성이 드러나면 확인하고 최신화하여 수립하는 전략에 올바른 방향을 제시해 주는 것이 더욱 중요하다.

예: 북한의 전면전과 관련한 가정설정
· 북한은 전쟁 말기에 최후의 보루수단으로 핵 및 화생무기를 사용할 것이다.
· 중국은 직접적인 군사적 개입은 제한될 것이나 북한에 대한 전쟁물자 지원은 계속할 것이다.
· UN은 국제사회에서 북한의 침략을 규탄하고 한국에 대한 지지를 할 것이다.
· 국가동원은 계획대로 시행될 것이다.

---

5. 군사전략목표 설정

1) 군사전략목표 설정 구분

다음은 군사전략목표를 설정하는 단계이다. 군사전략목표는 상위목표를 달성하기 위하여 군사능력 및 자원을 투입하여야 할 특정임무 또는 과업이며 군사분야의 과업이 성공적으로 완성된 최종상태이다. 군사전략목표는 가능하면 간단명료하며, 노력을 하나로 집결할 수 있도록 단일 목표를 설정하는 것이 타당하다. 그러나 이는 앞서 이루어진 전략환경평가와 전략적 요구사항에서 확인된 내용을 기초로 구분되어야 현실적일 수 있다.

우리나라는 현재 분단된 상황이고 이는 전략을 수립하는 장시간의 기간을 고려 시 이 기간에 현재와 분단된 남북대치기가 지속되거나 또는 남북관계가 호전되어 평화공존기로 안보환경이 변화하는 경우, 이러한 각각의 상황은 전혀 상이한 전략환경평가 결과와 가정을 기초로 남북대치기, 평화공존기, 통일기를 별개의 상태로 구분하고 각각의 시기별로 대상별·상황별 군사전략을 수립할 수 있을 것이다. 우선 군사전략은 시기별·대상별로 구분하여야 한다. 그 이유는 이렇게 구분하지 않으면 군사전략목표가 너무 포괄적이거나 추상적이 됨으로써 군사전략개념 수립, 군사력 건설 방향 등을 작성하는 데 지장을 주기 때문이다.

- 남북대치기(예)
  ◦ 북한 위협: 전면전, 국지도발
  ◦ 일본 위협: 분쟁(예, 독도)
  ◦ 중국 위협: 없음
  ◦ 러시아 위협: 없음
  ◦ 비군사적 위협: 테러, 마약 등

- 평화공존기(예)
  ◦ 북한 위협: 전면전
  ◦ 일본 위협: 국지도발(독도, EEZ 침범)
  ◦ 중국 위협: 분쟁(EEZ 침범, 서해에서의 우발적 군사충돌 등)
  ◦ 러시아 위협: 분쟁(동해안에서의 핵 오염물질 무단투기 등)
  ◦ 비군사적 위협: 테러, 마약, 환경 등

먼저 시기별로 구분한다는 의미는 전략환경평가 결과 남북대치기, 평화공존기로 구분하였다면 각각의 군사전략을 구분하여 설정해야 된다는 것이다. 그 이유는 남북대치기일 때는 북한의 위협은 많은 반면 주변국의 위협은 적고, 평화공존기에는 북한의 위협은 감소하는 반면 주변국의 위협은 상대적으로 증가하기 때문에 이를 고려하지 않을 수 없다. 또한 대상별로 구분한다는 의미는 북한의 위협과 주변국인 일본, 중국, 러시아의 위협에 대한 군사전략을 구분하되 위협이 없는 국가는 생략할 수 있다.

이를 고려해 볼 때 시기별로는 남북대치기, 평화공존기 시의 군사전략을, 대상별로는 북한, 일본, 중국, 러시아에 대한 군사전략에 대해 각각 군사전략목표를 설정해야 한다.

2) 군사전략목표 설정 시 고려사항

군사전략목표 설정 시 고려사항은 ① 상위목표에 부합 또는 기여해야 한다. ② 전략환경평가 결과 가능성 있는 적의 제반 위협을 예측하고 대처가 가능해야 한다. 즉 당면한 북한의 위협과 잠재적 위협 및 비군사적 위협에도 각각 군사적 대응이 가능하도록 목표를 설정해야 한다. ③ 적의 위협분석 결과에 따라 적의 약점을 최대 이용하고, 적의 강점에 대해서는 효과적인 대응책을 강구할 수 있는 목표를 수립해야 한다. ④ 전략적 요구사항, ⑤ 가정, ⑥ 가용능력(자원) 범위 내(현존전력, 동원전력, 연합전력 등)에서 군사전략목표를 설정하여야 한다 등 6가지이다.

군사전략목표 설정 시에는 이러한 고려요소를 염두로 군사전략목표를 설정하고 이 고려요소에 의해서 확인하는 순으로 진행한다. 왜냐하면 이런 고려사항들은 군사전략목표 설정 이전단계인 전략환경평가와 전략적 요구사항 도출 및 가정설정에서 모두 도출된 사항들이기 때문이다. 다만 고려요소로 제시된 6가지는 개별적으로 고려하는 것이 아니라 모두가 동시에 병행해서 고려되어야 한다는 것이다. 그 이유는 각각의 고려요소는 세부 군사전략목표가 되는 것이며, 여기로부터 공통요소를 염출하게 되면 군사전략목표가 설정되기 때문이다. 이 중에서 국가목표와 국가안보목표 및 국방목표를 달성하기 위하여 군사분야의 최종상태는 어느 수준이어야 하며, 어느 정도가 허용이 될 수 있는지를 전략적 요구사항을 기준으로 검토한다.

3) 군사전략목표 기술 방법

군사전략목표는 군사자원을 투입하여 달성하고자 하는 특정 과업과 임무 또는 전략적 수준에서의 최종상태이다. 최종상태란 군사작전을 통하여 달성해야 할 피아의 군사적 상황으로서, 임무와 작전의 목적을 기초로 군사력이 지향해야 할 방향을 제시할 수 있어야 한다. 다시 말해서 군사적 방향이 어떠해야 한다는 형태로 기술한다. 이러한 최종상태의 표현은 상대의 상태, 나의 상태 그리고 피아가 공동으로 처한 상황의 모습으로 기술될 수 있다. 이와 같은 상태가 되기 위해 군이 가용자원을 융통성 있게 활용하는 방안을 구상하고 실현하도록 하기 위해서는 군사전략이라는 문장 전체에서 목적어의 역할을 할 수 있는 명사형으로 기술하거나, 문장의 형태로 기술하였을 때는 그 의미가 최종상태를 나타내는 것으로 표현되어야 적절할 것이다. 군은 이러한 '명사' 또는 '~~한다'가 되도록 하기 위해 가용자원의 범위 내에서 다양한 방법을 구상하고 실행할 수 있는 사고의 융통성을 확보할 수 있다. 아울러 이러한 상태가 되도록 하기 위한 행동방안인 군사전략개념, 즉 방법을 행위적 개념으로 기술할 수 있고 군사전략목표와 개념의 구분이 가능하다.

이런 군사전략목표를 굳이 문법적으로 분석한다면 군사전략이라는 문장에서 목적어에 해당하는 것이다. 군사전략목표는 위에서 제시한 바와 같이 시기별로는 남북대치기, 평화공존기로 구분하고, 대상별(예, 주변국)로는 북한, 일본, 중국, 러시아에 대한 군사전략에 대해 각각 군사전략목표를 설정하되 위협이 없을 시는 생략한다. 예를 들어 보면 남북대치기 시에 북한의 위협에 대한 군사전략목표는 "평시 자주적인 전력으로 북한의 도발을 억제하여 평화통일을 뒷받침하고 국제평화유지 활동에 적극 참여하며, 억제 실패 시는 전쟁피해를 최소화하며 조기에 공세 이전하여 전승을 달성하여 국토통일을 뒷받침한다"라고 구체적으로 기술하여야 한다.

이렇게 구체적으로 목표를 제시하여야만 군사전략개념 수립 시 구체적인 군사행동방안, 즉 첫째, 어떻게 하면 북한의 도발을 억제할 것인가, 어떻게 하는 것이 평시 평화통일을 뒷받침할 수 있으며 국제평화유지 활동에 적극 참여할 것인가, 억제 실패 시 어떻게 하면 전쟁피해를 최소화하고, 전승을 달성하여 국토통일을 뒷받침할 것인가 하는 구체적인 군사행동방안을 도출할 수 있을 것이다. 그리고 주변국에 대한 군사전략목표는 '주변국의 도발행위를 억제한다' 또는 '주변국의 도발 행위 억제'라고 기술할 수 있다. 이 경우 군사전략목표는 주변국의 도발행위가 억제된 상태를 의미한다.

예: 남북대치기 시의 북한의 위협에 대한 군사전략목표
- 평시 자주적인 전력으로 북한의 도발을 억제하여 평화통일을 뒷받침하고 국제평화유지 활동에 적극 참여하며, 억제 실패 시는 전쟁피해를 최소화하며 조기에 공세이전하여 전승을 달성하여 국토통일을 뒷받침한다.

---

6. 군사전략개념 수립

1) 군사전략개념 수립 구분

군사전략개념은 군사전략목표를 달성하기 위한 행동방안이므로 군사전략목표 설정 구분에 따라 각각의 목표를 달성할 수 있는 방법으로 구분하여 수립되어야 할 것이다. 왜냐하면 목표가 각각 상이하게 설정되었으면, 이를 달성하기 위한 행동방안도 다를 수밖에 없기 때문이다.

2) 군사전략개념 수립 시 고려사항

군사전략개념을 수립할 때 고려사항은 ① 군사전략목표를 구현할 수 있는가, ② 전략환경평가 결과, 즉 적 위협과 한반도의 지리적 여건, 대내·외적 환경 등, ③ 가용자원과 전략적 요구사항 등 4가지이다. 이를 적용하는 방법은 군사전략목표 설정 시 고려사항을 적용하는 것과 마찬가지로 고려사항을 염두에 두고 군사전략개념을 수립한다. 이 고려사항들은 이전 단계인 전략환경평가와 군사전략목표 설정 등에서 도출된 사항이므로 이를 염두에 두고 군사전략개념을 수립하고 역으로 각각의 요소를 이용하여 확인한다. 아울러 군사전략개념은 군사전략목표를 달성하기 위한 방법이므로 이러한 방법이 전략적 요구사항에서 도출되었던 국가 차원에서 군에게 허용하고 용인해 줄 수 있는 범위이며 수준인지를 검토하여야 한다.

3) 군사전략개념 기술 요령

군사전략목표, 즉 군사적으로 달성해야 할 최종상태가 결정되면 군사전략개념은 전략적 수준에서 이러한 상태가 되도록 하기 위하여 어떻게 할 것인가의 방법으로 표현되어야 한다. 세부적으로 군사전략개념 기술요령은 군사전략목표를 "○○국의 도발 행위를 억제한다"라고 설정했다면 주변국의 도발행위가 억제된 상태가 되도록 하기 위한 군사전략개념은 "군사력을 전진배치 및 무력시위한다. 즉각 대응태세를 유지한다"와 "○○국 이외의 주변국과 군사외교를 강화한다" 등 목표를 달성하기 위한 방법을 행위적으로 기술할 수 있다. 문법적으로 군사전략개념은 군사전략이라는 문장에서 목적어인 군사전략목표를 달성하는 방법을 동사형으로 기술한 것이다. 군사전략개념은 군사전략목표를 달성하기 위한 군사적 행동방안으로 기술한다.

예를 들어 보면 위의 예에서 평시 한미연합전력에 의한 북한의 도발을 억제하기 위하여 '한미 연합감시체계에 의한 지속적 감시 및 정보공유체계 구축', '한미연합 연습의 지속적 실시' 등의 방법으로 표현될 수 있을 것이다. 아울러 전쟁피해를 최소화하고, 전승을 달성하여 국토통일을 뒷받침하기 위하여 '수도권 북방에서 적을 저지 격퇴하여 피해 최소화', '적 주력을 섬멸하고 조기에 공세이전', '독자적으로 한만 국경선을 확보하여 통일 여건 조성' 등을 예로 들 수 있다.

예: 남북대치기 시의 '북한의 전면전 위협'
● 평시 자주적인 전력에 의한 북한의 도발을 억제
⇨ 한국 주도의 감시체계에 의한 지속적 감시 및 정보공유체계 구축
　　지속적인 작계연습 및 훈련의 지속적 실시
● 전쟁피해를 최소화하고 전승을 달성하여 국토통일을 뒷받침
⇨ 수도권 북방에서 적을 저지 격퇴하여 피해 최소화적 주력을 섬멸하고 조기에 공세이전
　　독자적으로 한만 국경선을 확보하여 통일 여건 조성

---

7. 군사자원 판단

앞의 과정을 통하여 군사전략목표와 군사전략개념이 수립되면 이러한 군사전략을 실행에 옮기기 위한 군사자원을 준비하게 된다. 장기 차원에서는 군사력 건설방향을 제시하고 중기 차원에서는 군사력 건설 소요를 판단하여 제기하는 단계이다.

1) 군사력 건설방향

군사력 건설방향은 앞에서 수립한 군사전략목표와 군사전략개념을 달성하기 위한 군사력 건설방향을 제시하는 것을 말하며, 이때 군사력 건설 목표는 미래 군사력의 최종 모습을 제시하는 최종상태를 기술하고 군사력 건설 방향은 능력이 포함된 개략적이고 개념적인 부대구조를 표현할 수 있다. 여기서 고려할 사항은 전략적 요구사항에서 능력에 기초한 전력을 기획한다고 한정되었다면 군사력 건설은 위협이 될 가능성이 있는 모든 것에 대비할 수 있도록 북한, 잠재적 위협, 비군사적 위협 각각에 대하여 대응할 수 있는 군사력 건설이 되어야 할 것이며, 위협에 기초한 전력기획으로 군사전략의 범위를 설정하였다면 우선순위가 가장 높은 위협 위주로 대응하기 위한 군사력 건설방향이 될 것이다.

이와 같은 방법으로 군사력 건설방향이 제시되면 이는 차후 합동군사전략목표기획서 작성 시에 군사력 건설방향에 대한 지침이 될 수 있어야 하며, 군사력 건설방향은 당면한 위협에 대처하기 위한 군사대비태세의 유지 발전과 미래 불특정 위협에 대비라는 이중 목적을 구비하여야 한다. 이와 같이 상위목표 인식에서부터 군사력건설방향의 절차를 거쳐 군사전략을 수립하는 것을 중·장기 군사전략기획이라 하고 내용은 합동군사전략서 (JMS)를 통하여 산물로 제시된다.

● 남북대치기: 북한의 전면전 위협(예)
◦ 군구조
⇨ 지작사 창설, 야전군 해체, 군단중심의 군구조 발전
  후방사 창설 및 후방의 군단사령부 해체
◦ 전력증강 방향: 북한의 도발을 억제
⇨ 영상 및 신호정보 수단 조기 확보
  군사위성, 전략정보수집기, 고고도 무인항공기 확보

예를 들면 남북대치기에 있어서 북한의 전면전 위협에 대응하기 위한 군구조는 전시작전권 단독행사를 고려하여 지작사를 창설하고, 야전군을 해체하며 군단 중심의 군구조로 개편하되, 후방지역은 후방사령부가 사단을 직접 통제하는 부대구조로 개편한다는 방향을 제시할 수 있다. 전력증강방향은 위의 군사전략목표와 군사전략개념에서 '북한의 도발을 억제'하기 위하여 도발을 감시하기 위한 수단으로 영상 및 신호정보를 확보하기 위한 군사위성확보, 전략정보 수집기, 고고도 무인항공기 등의 확보를 위한 방향을 개략적으로 제시한다.

이와 같이 상위목표 인식에서부터 군사력건설방향을 제시하는 전략을 중·장기 군사전략기획이라 하고 합동군사전략서(JMS)를 통하여 산물로 제시된다.

2) 군사력 건설 소요제기

군사력 소요제기는 설정된 군사전략목표 및 개념을 구현하는 데 필요한 자원을 판단하고, 국방정책에 군사력을 소요 제기하여 이를 합동군사전략목표기획서(JSOP)에 반영하여 군사력을 건설하고 유지하는 것을 말한다.

이 단계에서는 각 군 본부에서 중·장기 군사전략의 군사전략목표와 군사전략개념 그

리고 군사력 건설방향을 기초로 부대구조 및 무기체계, 장비, 인력 등이 포함된 전력소요서를 작성하여 합참에 제안하면 합참에서는 이를 종합·검토하여 국방부의 승인을 받아 합동군사전략목표기획서(JSOP)에 반영한다.

군사력 소요를 판단 시에는 장차전 양상, 적의 능력, 적의 군사력 건설추세, 국가자원의 배분, 군사력 폐기 및 증강계획, 전시 동원능력, 군사동맹 및 협력관계 등의 고려요소를 적용한다.

군사력 건설 소요는 기획소요, 증강목표, 목표소요로 구분된다. ① 기획소요는 군사전략개념을 구현하기 위한 전력구조별, 전장기능별 순수요망 소요로서 전시 동원, 부대확장 등 각종 계획 수립에 필요한 기준이 되며 군사력 소요판단의 최초작업이며 대상기간은 F+3년부터 F+17년까지이다. ② 증강목표란 기획소요를 기초로 가용재원, 상비전력 운영 수준, 작전운용성 등을 고려·설정한 목표로 실제 건설할 군사력 소요이며, 중기계획 수립의 근거가 되며 대상기간은 기획소요와 동일하다. ③ 목표소요는 증강목표를 기초로 소요전력 우선순위에 입각하여 중기 대상기간(F+3년~F+7년) 중에 반영한 군사력 건설 소요를 의미한다.

이와 같은 소요판단과정을 거쳐 판단된 소요 중 기획소요 및 증강목표는 합동군사전략목표기획서(JSOP) 부록 Ⅰ 합동무기체계획서에, 목표소요는 본문에 포함되어 작성되며 이러한 사항들은 국방부에 제기되어 국방부의 국방중기계획의 수립의 근거가 된다. 이러한 중기대상기간에 대한 사항을 포함하여 기획을 하는 이유로 위에 제시된 군사전략기획 절차를 중·장기 군사전략기획 절차라 한다.

예: 남북대치시기의 '군사력 건설 소요'
● 감시수단의 확보: 공중조기경보 통제기(AWACS)
○ 기획소요: 4대(운용 3, 교육훈련/정비 1)
○ 증강목표: 3대(운용 2, 예비 1)
○ 목표소요: 1대(내년에 1대)

제5절 단기 군사전략기획 절차 방법

단기 군사전략기획 절차는 대상기간은 F+1년을 기준으로 하며, 군사전략기획 절차 중 상위지침(목표)인식에서부터 군사전략개념 수립까지는 동일하나 마지막 과정인 군사자원 측면에서는 이미 건설된 군사자원의 운용을 위한 과업부여 및 자원할당이 이루어지며 도표로 표시하면 다음 <표 3-10>과 같다.

〈표 3-10〉 단기 군사전략기획 절차

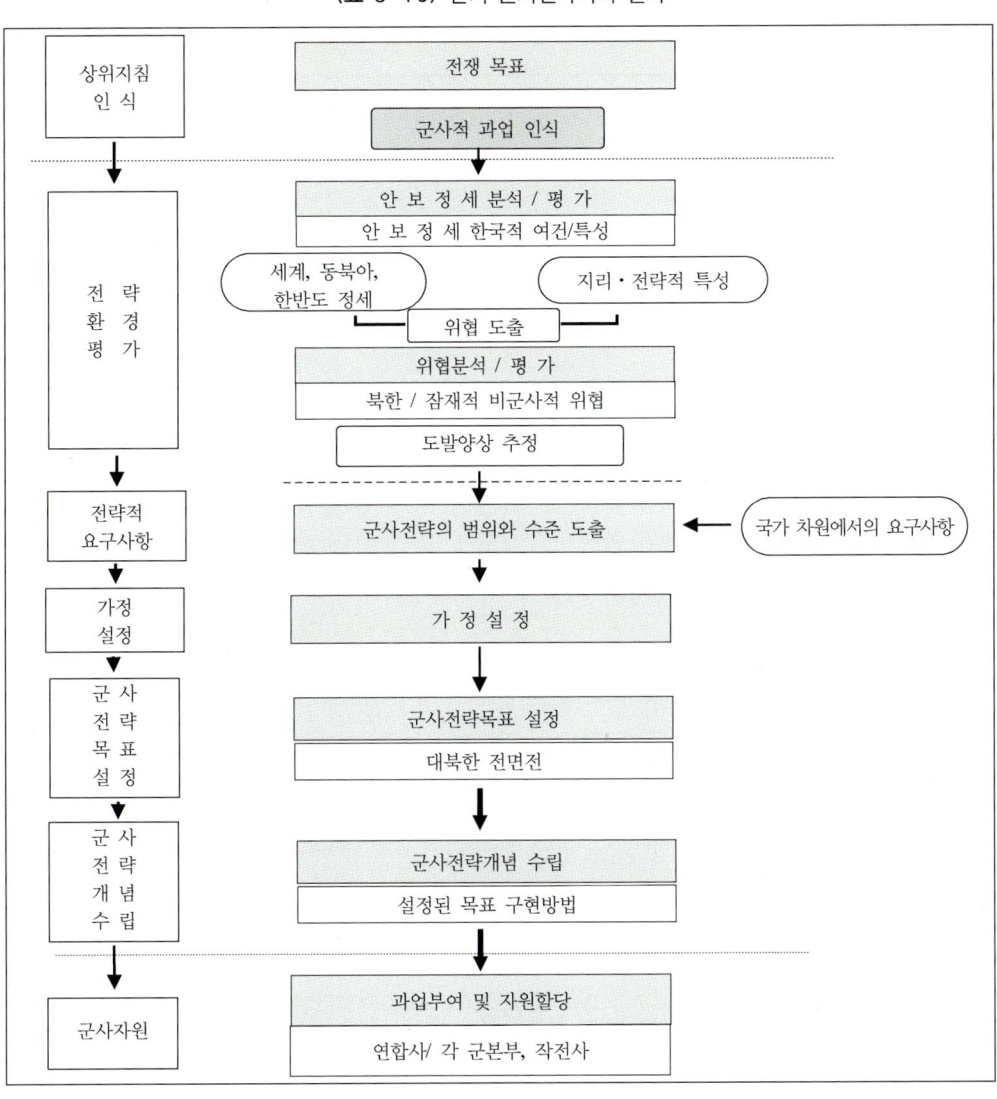

1. 상위지침(목표) 인식

장기 군사전략과 달리 단기 군사전략에서는 상위지침 즉 상위목표가 전쟁 시 국가에서 달성하고자 하는 바이기 때문에 국가 전시지도지침서나 안전보장회의 및 국가통수기구의 전쟁목표 분석을 통하여 구체적으로 군사가 무엇을 해야 하는지 군사적 과업을 인식하는 과정이다.

만약 국가의 전쟁목표에서 제시한 사항이 군사적으로 타당하지 않을 때에는 군사전략 기획의 주체인 합참의장은 국가안보 차원에서 판단하고 의견을 제시하고 조언을 한다.

예: 전쟁목표 중 '공세적 방위로 국토통일 여건조성'으로부터 도출할 수 있는 군사적 과업의 인식
- 적 공격을 저지, 격퇴하고 주력을 섬멸하여 조기 공세이전
- 한만 국경선 확보 통일여건 조성

---

2. 전략환경평가

단기 군사전략기획에서는 미래를 예측하여 분석하는 것이 아니고 현재를 분석하여 평가하여야 하며, 안보정세 분석 및 평가단계, 위협분석 및 평가단계, 도발양상을 추정하는 단계로 세분화하였는데 중·장기 군사전략기획에서는 마지막 단계가 위협전개 양상의 추정이지만, 단기 군사전략기획에서는 도발양상을 추정하며, 논리적인 과정은 중·장기 군사전략기획과 동일하다.

1) 안보정세 분석 및 평가

중·장기 군사전략기획에서는 분석의 대상기간이 F+3~F+17년이지만 단기 군사전략 기획에서 F+1년, 즉 현재의 정세가 분석의 대상기간임을 주의해야 하며 따라서 기술하는 방법도 현재형으로 기술해야 하는 것 외에는 중·장기 군사전략기획의 절차와 동일하다.

안보정세평가는 세계, 동북아, 한반도의 정세를 정치·외교, 경제·과학기술, 사회·문화, 군사 분야로 구분하여 분석하고 안보위협을 도출한다. 안보정세평가 시에는 정치·외교, 경제·과학기술, 사회·문화, 군사 분야로 구분하여 분석하고 이러한 내용 중 국가안

보에 위협이 될 소지가 있는 사항을 역학관계까지 고려하여 정확하게 도출해 낸 다음 그 것이 국가안보에 위협이 되는지를 누락됨이 없이 도출한다. 그리고 안보위협을 도출 시에 는 단순히 군사적인 위협만이 아니라 비군사적 위협까지 망라하고 이 중에서 최종적으로 군사적인 대응이 필요한지를 가려 그중에서 군사적 대응조치가 필요한 분야를 선정하여 다음 단계인 위협분석으로 연계한다. 단 기술 시는 현재형으로 기술한다.

예: 세계정세 중 '정치・외교'분야에서 도출할 수 있는 안보위협
● 테러 위협
예: 북한정세 중 북한의 '정치・외교' 및 '군사 분야'로부터 도출할 수 있는 안보위협
● 북한 내부 위기에 따른 기습남침
● 서해 5도 기습점령

2) 위협분석 및 평가

위협분석 및 평가단계에서는 전쟁발발 시 세계, 주변국이 한반도에 미치게 되는 영향, 즉 환경을 고려한 상태에서 상대국의 의도, 능력을 세밀히 분석하여 공격양상을 파악한다. 아울러 상대국의 의도, 능력, 공격양상과 비교하여 우리의 능력을 비교 평가하여 상대국의 강점과 취약성 등을 분석한다. 여기에서 강점과 취약성은 전쟁 상대국의 체제나 구조상에 서 비롯되는 경우와 공격양상에서 판단되는 강점과 취약성을 모두 분석하여 파악한다.

장기 군사전략기획에서는 위협분석을 통하여 위협이 장차 어떻게 전개될 것인가 하는 위협전개 양상을 도출하였지만 단기 군사전략기획 시에는 전쟁 상대국이나 아국의 입장 에서 이미 확정된 능력을 기초로 판단하기 때문에 공격양상이라는 구체화된 용어를 사용 한다. 그리고 장기 군사전략기획에서는 강점과 취약성을 도출하지 않았지만 단기 군사전 략에서는 도출하는데, 그 이유는 장기적인 측면에서 보면 전쟁 상대국, 잠재적 위협인 주 변국 아국 모두 먼 미래를 기초로 하였을 때 강점은 더욱 강화시키고 취약성은 보완하려 고 추구하는 바 기준이 되는 미래시점에는 더 이상 강점이나 취약성이 아닐 수가 있다.

그러나 단기 군사전략, 즉 현재 시점을 기준으로 보면 이는 단시간 내에 극복될 수 있 는 사항이 아니므로 전쟁 상대국 구조 자체에서 오는 강점과 취약성이 판단될 수 있고 또 그들의 공격양상에서도 취약한 부분이 도출될 수 있다. 이렇게 도출된 강점과 취약성은 모두 차후 아국의 군사전략 수립 시 이를 활용할 수 있는 대응방안을 강구하기 위해서 실 시하는 것이다.

예: 안보정세 분석 및 평가단계에서 도출된 위협을 분석 및 평가
- 전면전 위협
  ○ 북한의 내부 위협을 외부로 돌리기 위한 선제적 기습남침
  ○ 북핵 미해결 시 국제적 고립을 탈피하기 위해 기습남침
- 국지도발 위협
  ○ 서해 NLL 무력화 시도
  ○ 서해 5도 기습 점령

3) 도발양상 추정

세 번째 단계는 2단계에서 도출한 위협을 국가별·유형별로 도발양상을 추정하는 단계이다. 예를 들면 군사적 대응이 필요한 북한의 군사적 위협 중에서 도발유형인 전면전, 국지도발에 대한 각각의 도발양상을 추정함을 의미한다. 여기서 도발양상이 갖는 의미는 북한이 현재 전면전을 일으킨다면 어떠한 모습으로 할 것인가, 국지도발을 일으킨다면 어떠한 모습으로 할 것인가를 추정하여야 한다.

이러한 도발양상은 하나의 고정된 시각으로 추정하는 것이 아니고, 위협을 종합한 결과를 분석하여 2개 이상이 될 수도 있음을 주의해야 한다.

예: 도발양상 추정
- 전면전
  ○ 1단계: 전면적 기습 남침
  ○ 2단계: 미 증원 전 남한 전 지역 석권
  ○ 3단계: 제한 시 일정한 지역 확보
  ○ 4단계: 정치적 협상 시도
- 국지도발(서해 5도 기습 점령)
  ○ 1단계: 서해 5도 기습 점령
  ○ 2단계: 미 철군 주장
  ○ 3단계: 정치적 협상 시도

이러한 도발양상의 추정은 도출된 위협의 형태가 장차 어떻게 전개될 것인가에 대한 결론으로서, 도발양상을 올바르게 추정하기 위해서는 시간, 공간, 수단, 방법적인 측면을 폭넓게 고려하여야 하며, 이를 기술할 때도 현재형으로 한다.

3. 전략적 요구사항

다음 단계는 전략적 요구사항을 도출하는 단계이다. 전략적 요구사항은 군사전략을 수립하기 전에 국가 차원에서 요구하는 군사전략의 범위와 수준을 말하며 주로 군사전략목표, 군사전략개념, 군사자원에 관련된 사항이다.

여기서 국가 차원에서 전략적으로 요구한다는 의미는 국가통수기구, 상위목표 등으로부터 그 의도를 추정해야 하고, 이를 반영함으로써 군사전략의 범위와 수준을 결정하고 이 범위 내에서 군사전략을 수립하게 된다.

예를 들면 군사전략목표와 관련된 것으로 '북한의 남침으로 전쟁발발 시 원상회복수준이 아니라 한반도의 통일을 지향해야 한다.' 군사자원에 관련된 것으로 '주변국과 북한의 도발을 억제하고 방위에 필요한 방위충분성 전력을 확보해야 한다' 등을 고려할 수 있다.

이렇게 도출된 전략적 요구사항은 차후 단계에서 군사전략 수립의 방향을 제시하게 된다.

예: 군사전략목표와 관련된 '전략적 요구사항'
● 북한의 남침으로 전쟁발발 시 원상회복수준이 아니라 한반도의 통일을 지향해야 한다.
예: 군사자원과 관련된 '전략적 요구사항'
● 한반도에 전쟁 시 우리의 가용전력과 동시에 미국의 증원전력까지 고려하여 군사가용자원으로 판단

---

4. 가정설정

단기 군사전략의 가정설정은 장기 군사전략기획 시와 내용은 동일하나 시기상으로 목표연도가 먼 미래가 아니고 임박한 시기이므로 전략환경평가와 정보 수집을 통하여 가정으로 설정할 내용을 최소화시키도록 노력하여야 하며, 설정하였을 때는 지속적으로 확인하고 최신화하는 노력과 이를 즉각 군사전략기획에 반영하는 것이 중요하다.

예: 북한의 전면전과 관련한 가정설정
● 북한은 전쟁 말기에 최후의 보루수단으로 핵무기를 사용할 것이다.
● 한만 국경선까지 진출 시 중국은 직접적인 군사적 개입을 할 것이다.
● UN은 국제사회에서 북한의 침략을 규탄하고 한국에 대한 지지를 할 것이다.

---

5. 군사전략목표 설정

군사전략목표 설정에 있어 장기 군사전략과 다른 점은 시기, 대상, 상황이 모두 한정이 된다는 것이다. 시기는 아국이 처해 있는 현재 시점의 국가상황, 즉 남북대치기로 대상은 전쟁 상대국이 한정되므로 현재와 같은 안보환경에서는 북한으로 상황은 전면전 시로 한정이 되는 것이다.

그 외에 군사전략목표 설정 시 고려사항을 적용하는 것이나 군사전략목표의 기술요령은 장기 군사전략과 대동소이하다.

예: 북한의 전면전 위협에 대한 군사전략목표
- 평시 자주적인 전력으로 북한의 도발을 억제하되 억제 실패 시는 전쟁피해를 최소화하며 조기에 공세이전하여 전승을 달성하여 국토통일을 뒷받침한다.

---

6. 군사전략개념 수립

군사전략목표가 설정되면 이를 달성하기 위한 행동방안인 군사전략개념을 수립하는데, 군사전략목표가 전쟁 상대국인 북한을 대상으로 하며, 시기는 현재의 시점을 기준으로 하여 남북대치기로 한정되고 상황은 전면전 시를 기준으로 설정되었기 때문에, 이를 달성하기 위한 군사전략개념도 이 목표를 달성하기 위한 방법으로 한정된다. 아울러 군사적 행동방안이 전략적 요구사항에서 도출된 군사행동의 허용범위에 포함되고 충족되는지를 더불어 검토하여야 한다.

예: 북한의 전면전에 대한 군사전략목표에 대한 군사전략개념
- 평시 자주적인 전력에 의한 북한의 도발을 억제
⇨ 한국 주도의 감시체계에 의한 지속적 감시 및 정보공유체계 구축 지속적인 작계연습 및 훈련의 지속적 실시
- 전쟁피해를 최소화하고 조기에 전승을 달성하여 국토통일을 뒷받침
⇨ 수도권 북방에서 적을 저지 격퇴하여 피해 최소화적 주력을 섬멸하고 조기에 공세이전 독자적으로 한만 국경선을 확보하여 통일 여건 조성

이렇게 도출된 군사전략개념을 더욱 발전시켜 전쟁수행단계별로 구체화하여 이를 전략지시에 포함하여 하달한다.

예: 군사전략개념을 구체화하여 전쟁수행 단계별로 발전
- 1단계: 전쟁 초기 피해 최소화 및 수도권 확보
- 2단계: 적 공격을 조기 격퇴 및 주력 섬멸
- 3단계: 공세이전 한만 국경선 조기 확보
- 4단계: 종전 처리

---

7. 군사자원 판단

1) 과업부여 및 자원할당

이 단계는 군사전략의 구성요소인 군사전략목표와 군사전략개념이 설정 및 수립되면 군사전략목표를 달성하기 위해 군사전략개념을 실행할 군사자원을 편성하고 운용하는 단계이다.

이 과정은 목표연도(F+1년)에 확보될 전략 능력을 기초로 예하 작전사, 각 군 본부 및 연합사, 합동부대에 과업을 부여하고 군사자원을 할당하는 과정으로 작전계획의 발전을 지도한다. 이와 같은 과정을 통하여 생산된 산물이 합동군사전략능력기획서(JSCP)이며, 이 문서를 작성하는 절차가 단기 군사전략기획 절차이다.

예: 과업부여 및 군사자원 할당
- 제0 야전군 사령부
  ○ 과업
  - 최초 피해를 최소화하고~생략~한다
  ○ 군사자원
  - 편제 부대
  - 제0 기동군단
- 제0 야전군 사령부

이러한 과업부여 및 자원할당은 합동군사전략능력기획서(JSCP)를 통하여 합동작전기획 및 시행체계(JOPES)에 전략지시로 하달되며, 예하 작전사령관은 할당된 과업과 자원을 기

초로 정밀기획 절차에 의해 합동작전계획을 준비한다.

한국의 군사전략은 중·장기 군사전략기획 절차를 통하여 만들어진 산물인 합동군사전략서(JMS)에 제시되어 있다. 여기에는 평시, 국지도발 시, 전면전 시에 대한 군사전략이 포함되어 있고 이 군사전략은 합동군사전략서(JMS)의 발간과 동시(F년도)부터 적용됨으로 비록 명칭은 중·장기 군사전략기획 절차이나 단기 군사전략까지 모두 포함한 전략서이다. 다만 여기에서 단기 군사전략기획 절차를 적용하여 별도로 군사전략을 기획하는 이유는 합동군사전략서의 판단 대상기간은 F+3년 이후부터이고 군사전략구성요소 중 군사자원이 이를 기준으로 작성된 것이다. 따라서 F+1년도를 기준으로 이미 건설된 군사자원을 기초로 좀 더 구체적으로 전략환경을 평가하고 가장 큰 위협에 대비하기 위한 구체화된 군사전략을 수립하기 위한 과정이 단기 군사전략기획이다.

제4부
합동전략과 전략의 실제

● 제10장 합동전략과 핵전략
● 제11장 역사 속의 전략
● 제12장 한반도 주변 국가의 국방정책과 군사전략

제10장 합동전략과 핵전략

제1절 합동전략, 합동군사전략의 개념

1. 합동과 연합의 개념

현대의 국제환경이나 미래전 양상의 견지에서 연합작전과 합동작전은 어떤 국가를 막론하고 그 체제와 능력에 대한 중요성을 깊이 인식하고 있다. 특히 우리나라는 남북한의 분단 이후 미국군의 주도하에 한국군이 성장해 왔던 역사적인 배경이 한·미 연합작전 체제상의 문제나 합동작전능력의 한계를 초래하게 한 국가적 상황을 인식하여 이 분야에 대한 관심과 연구가 필요한 것이다.

국방대학원(안보관계용어집)에 의하면 합동이란 동일국가에 속하는 2개 이상의 군종 (Service) 또는 그러한 부대 등이 어떤 특정한 목적을 달성하기 위하여 협력하는 것을 말한다. 그리고 합동(合同, Joint)의 정의는 동일국가에 속하는 2개 이상의 군종(Service) 또는 그러한 부대 등이 어떤 특정한 목적을 달성하기 위하여 협력하는 것을 말한다. 이때 지휘관계에 따라 단일 지휘관에 의하는 경우와 그렇지 않은 경우(협동이라고 한다)가 있으며, 광의로는 양자를, 협의로는 전자만을 가리킨다. 따라서 합동은 동일국가의 1군종 이상의 부대가 참여하고 있는 행동, 작전, 조직 등을 뜻한다.

미국군의 합동용어사전에 의하면 동일국가의 1군종 이상의 부대(Elements of More than one Service)가 참가하고 있는 행동, 조직 등을 말한다. 그리고 미군통합용어사전에 의하면 합동군(合同軍, Joint Force)은 육군, 해군 또는 해병대, 공군 가운데 2개 군의 유력한 부대에 의해 구성되고, 또한 통합지휘(Unified Command) 또는 작전지휘(Operational Control)를 행할 수 있는 권한이 부여된 단일 지휘관 밑에서 작전하는 부대에 주어지는 일반적 용어이다. 합동군은 UNAAF(Unified Action Armed Forces)에 의하면 대통령, 국방장관, 합동참모본부의 장으로부터의 지휘계통에 직결되고 주로 평시부터 상설되어 있는 것이다. 합동군에는 통합군(UC: Unified Command)[1]과 특수군(SC: Specified Command)의 두 가지가 있으며, 다시 그 하급부대 혹은 임시로 편성되는 예하통합군(Sub UC: Subordinate Unified Command) 및 합동기동부대(JTF: Joint Task Force)가 있다.

연합(聯合, Ally, Combined)의 정의는 2개 이상 국가 또는 그 부대 등이 공통목적을 달성하기 위하여 협력하는 것을 말한다. 연합에는 단일지휘조직을 마련하는 경우와 협동 경우가 있다. 연합에는 국가전략의 범위 내에서 고려되는 국가 간의 연합과 군사전략의 범위 내에서 운용되는 연합작전이라는 경우의 연합이 있다.

2. 합동전략과 합동군사전략의 개념

합동전략(Joint Strategy)은 합동과 전략이 합성된 단어로서 군사용어사전에서 정의되어 있지 않은 용어이다. 따라서 군사용어로서 보편적으로 사용되는 것은 아닌 듯하다. 그러나 현대전쟁에서 합동작전[2](Joint Operations) 용어가 일반적으로 통용되고 있는 현실을 감안하면, 합동전략의 용어가 빈번하게 사용되고 있지는 않지만 합동전략 용어의 정립이 필요한 것이다. 합동전략 용어를 정의하기 전에 앞의 제1장에서 논의한 바 있는 '전략'은 "전·평시 국가목표 달성을 위해 제 국력수단(諸國力手段)과 방법(方法)을 준비하고 운용하는 기술과 과학"이라고 정의하였다. 그리고 '군사전략'은 "전·평시 국방 및 군사적인 목표를 달성하기 위해서 군사력을 건설하고 운용하는 술과 과학이다"라고 정의할 수 있다. 따라서 위에서 논의한 '합동'과 '전략' 및 '군사전략' 단어의 정의를 합성하면, '합동전략'은 "동일국가에 속하는 2개 이상의 군종(Service) 또는 그러한 부대 등이 협력하여 전·평

---

[1] 통합군은 합동참모본부(JCS)의 조언과 보좌에 의해 국방장관을 통하여 대통령이 설치하고 그 구성을 지정하는 일종의 합동군이며, 1명의 지휘관에 의해 지휘되고 2개 군 이상의 상당히 유력한 부대로 구성되며, 광범위하고 또한 영속적인 사명을 갖는 부대를 말한다(예, 태평양군). 특수군은 합동참모본부의 조언과 보좌에 의해, 국방장관을 통하여 대통령이 설치하고 그 구성을 지정하는 것으로서, 광범하고 또한 영속적인 사명을 갖는 부대를 말한다. 통상적으로는 1개 군만의 부대로 구성된다(예, 전략공군). 예하통합군부대는 합동참모본부로부터 권한이 부여되고 있을 경우에는 기존의 통합군이 설치하고 그 구성을 정하는 일종의 합동군으로서 그 사명이나 구성은 통합군에 준한다(예: 과거 미국의 '주월남 군사원조군(MACV)'이다). 합동기동부대는 국방장관 또는 통합군, 특수군 및 기존 합동기동부대의 지휘관에 의해, 그 설치와 부대 구성이 정해지는 것으로서 2개 군 이상의 부대로 구성되는 부대를 말한다.

[2] 육·해·공군부대 중 2개 이상의 다른 군부대가 참가하는 작전.

시 국가목표 달성을 위해 제 국력수단(諸國力手段)과 방법(方法)을 준비하고 운용하는 기술과 과학"이라고 정의할 수 있다. 그리고 '합동군사전략'은 '합동'과 '군사전략'의 단어가 합성된 용어로서 "동일국가에 속하는 2개 이상의 군종(service) 또는 그러한 부대 등이 협력하여 전·평시 국방 및 군사적인 목표를 달성하기 위해서 군사력을 건설하고 운용하는 술과 과학"이라고 정의할 수 있다.

그리고 합동전략과 합동군사전략이 내포하고 있는 뜻을 고려하여 볼 때 어떤 제대급(즉 전술 제대급 또는 전략 제대급)에 이 용어를 적용하여 활용할 수 있는가를 생각해 볼 수 있다. 일반적으로 통용되고 있는 용어에서 '합동'은 "동일국가에 속하는 2개 이상의 군종(service) 또는 그러한 부대 등이 어떤 특정한 목적을 달성하기 위하여 협력하는 것"을 고려하고, 또한 국가 및 국방전략과 군사전략의 위계를 고려해 보면 '합동전략'은 국방부 예하의 작전술부대에 관련되는 일반적인 용어로 활용하는 것이 적절할 것으로 수렴된다. 따라서 '합동전략'과 '합동군사전략' 두 합성단어는 수평적 동류의 제대급 즉 작전술 제대급에 보편적인 용어로 사용해도 큰 무리(無理)가 없을 것이다.[3]

제2절 합동군 및 연합군의 운용

합동군이나 연합군을 편성하고 운용하는 책임은 국가통수 및 군사지휘기국(NCMA)에 있다. 그러므로 이 절에서 NCMA의 국방부, 합참수준에서 이의 운용을 위해 참고하고 고려하여야 할 사항을 중심적으로 기술한다.

1. 합동군의 운용

합동군의 운용에 대한 통합체계를 살펴보면 국방부 각 부서 및 각 군의 정책을 최대한으로 결합하여 각 군의 노력을 통합함이 중요하며, 통수계통상에서 국방장관의 권한행사로 각 군 및 합동참모본부 역할의 유기적인 활동에 의하여 성취되며 또한 합참의 전략계

---

3) 군사용어 사용에 있어서 일반적으로 '전략'은 '군사전략'보다 상위 제대(정부부서)에서 사용되는 개념이다. 그러나 '합동'이라는 단어와 합성된 '합동전략'과 '합동군사전략'은 수평적 동급의 제대(정부부서)에 적용할 수 있는 뜻을 내포하고 있다. 따라서 '합동전략'과 '합동군사전략' 용어 사용의 위상은 상·하위 제대(정부부서)의 위계를 벗어나서 수평적 동류의 제대(정부부서)에서 공통적으로 활용할 수 있는 것으로 정의할 수 있다.

획 및 지시의 충분한 수행과 각 군 본부의 행정, 군수지원책임과 횡적인 협조체제가 확립됨으로써 달성된다.[4] 특히 합참의 전략지시에는 통합 및 특수군과 합동기동부대사령관 임무와 책임을 확정하고 이 사령부에 병력을 제공하는 책임을 진 각 군의 행정 및 지원에 대한 지침을 명확히 해야 한다.

전략 및 작전지시를 위한 지휘편성에서 대통령은 합동참모본부의 조언에 의한 국방장관의 건의에 따라 군사목적을 달성할 수 있는 작전형태별 사령부를 설치한다. 작전형태별 합동사령관은 국방장관에 대해서 부여된 책임을 진다. 전략 및 작전지휘는 대통령으로부터 시작하여 국방장관 그리고 합동참모본부를 통하여 통합 및 특수군, 합동기동부대와 예하 통합사령관에 이르는 체계로 구성된다. 대통령의 명에 의하여 국방장관의 권한이나 지시에 의하여 합동참모본부가 하달하며 각 사령관은 각 군에서 제공된 부대에 대해 작전지휘권을 행사한다.

행정 및 군수지원을 위한 지휘계통은 전략 및 작전지휘계통과 달리 국방장관으로부터 직접 각 군 참모총장에 하달되며, 각종 합동군의 예하작전부대에 대한 병력, 장비, 교육훈련, 보급 등 군수 및 행정지원의 책임을 진다. 각 군은 타 군과 적절한 협조로써 전투기능을 충분히 발휘할 수 있도록 지원되며 각 군 통합사령관은 군수통제와 협조를 실시한다.

합동군의 제 부대에 대한 소요계획의 작성은 합동군을 구성하는 제 부대의 소요판단을 위한 지침은 현재 및 미래에 예상되는 작전양상을 고려하여 합참에서 제공하며, 국방부에서 인가한 소요계획은 통합 및 특수군, 합동기동부대사령관이 구체화하며 각 군 참모총장이 이를 지원한다. 소요 중에서 해당 군이 해결하지 못하는 사항은 합동참모본부와 협의하여 해결한다.

작전지원의 원칙은 합동작전의 총체적인 군사목적 달성에 기여하게 될 때에는 자군 부대에 부여된 주기능 이외일지라도 타 군을 지원, 보완하기 위해서 사용될 수 있다. 또한 협조방법 결정의 제 요소에서 있어서 합동작전을 위하여 2개 이상의 군이 부여된 기본임무를 달성하기 위하여 가장 효과적인 협조방법을 결정하는 데 고려할 사항은 먼저 달성해야 할 기본임무이며 해당 군의 기능, 지리적 위치, 계획된 작전의 성격과 아군 및 적군의 특성, 병력 및 능력 등이다. 이러한 요소들은 각 군에서 대책을 세워야 할 병력의 성격, 규모, 소요되는 협동, 지휘권의 성격을 결정하는 데 고려한다.[5]

---

4) 국방대학원, 『군사전략: 이론과 적용(1)』(서울: 국방대학원, 1984), p.426.
5) 미국 "합동 및 연합작선 운용", p.49.

2. 연합군의 운용

연합군의 운용원칙은 노력의 집중, 과단성, 효과적인 지시, 신뢰성, 자원의 절약 등이 있다. 먼저 노력의 집중 원칙은 단일군, 합동군, 연합군의 어느 경우에도 적용된다. 연합군은 공동목표를 추구하기 위하여 자유롭게 가입한 독립적인 회원국으로 형성 및 구성된다. 공동목표를 추구함에 있어서 각 회원국은 그 자신의 일부 특권을 희생하면서 연합국들과 협조하고 조치를 취한다. 또한 공동목표를 달성하기 위하여 각각 타 군과 타국 간의 팀워크를 발휘해야 한다. 과단성 원칙에 있어서는 연합군사령관이 적용하기 가장 어려운 원칙의 하나로서 자전에 있어 연합군사령관이 각국 및 각 군으로부터 지휘의 제한을 받고 있어 소신의 결여를 노출하게 되는 경우가 생기게 된다. 그러므로 연합군사령관은 이해와 재치, 민감함이 필요하게 되며 각국 또는 각 군을 결합시키고 조화를 이루는 데 힘써야 한다.

효과적인 원칙은 합동 및 연합작전에 공히 적용되는 원칙으로서 효과적인 지시를 위한 기구는 예하부대장들에게 할당받은 권한행사를 분산시킴과 중앙집권화된 통제력을 제공해 주는 지휘구조와 편성을 유지해야 한다. 또 지시행사는 군의 목적 달성을 위해서 활동하는 해당 부대의 효과적인 운용을 충분히 보장해 주어야 한다. 신뢰성의 원칙은 지식과 이해와 존경에 의해서 이루어진다. 연합군에 대한 지식을 가지고 그들의 관습, 정치적·종교적인 견해와 그들의 전통을 이해하고 그들의 노력을 존중하는 것이 연합작전에서 필요하다. 자원의 절약원칙은 먼저 국가의 자원을 보호하는 것이다. 즉 제반 계획과 목표는 국가나 부대의 자원을 파손시키지 않도록 배려해야 하며, 또한 국가 및 부대는 목표성취를 위해 연합군이 비축하고 있는 보급품, 장비 및 자원을 활용할 수 있으므로 이러한 때는 자원절약의 필요성이 강조되는 것이다.[6]

제3절 핵전략

1. 원자핵과 핵무기의 개념

원자핵(原子核, Nuclear)은 인간이 만든 거대한 기구로서 인간과 인간사회 집단들의 조건

---

6) 국방대학원, 『안전보장이론 Ⅳ』(서울: 국방대학원, 1989), pp.253~254.

을 평준화하고 있다. 그러나 핵무기의 등장으로 전쟁의 군사적·기술적 수단은 인류역사상 일찍이 유례를 찾아볼 수 없을 만큼 그 파괴력을 대단위화했다. 핵무기는 원자핵의 분열반응 또는 융합반응에 의하여 일어나는 막대한 에너지를 살상 및 파괴력으로 이용하는 무기를 말하기 때문에 핵에너지를 동력으로 사용하는 원자력 잠수함이나, 방사능동위원소를 이용하는 원자력발전소 등은 핵무기라 할 수 없다. 따라서 일반적으로 파괴력을 가진 투하탄이나 포탄형태로 되어 있는 것을 핵무기라 하고 미사일이나 어뢰등과 같이 탄두부나 유도부, 로켓 모터부 등 그 운반수단이 분리 분할되는 경우에는 이들을 포함하지 않는다. 그러나 핵탄두와 운반수단 전체를 하나의 핵무기체계(Nuclear Weapon System)라 하면 혼동을 피할 수 있다.[7]

핵무기는 전장에서 용이하게 사용될 수 있다. 간단히 말해서 핵무기는 화력을 엄청나게 배가할 것이다. 100파운드 핵폭탄 하나는 최소한 8,000개의 재래식폭탄(350톤)의 궤멸적인 효과와 대등한 힘을 발휘한다. 폭발에 의한 파괴와 더불어 방사능의 피해를 극소화하려고 노력하고 있다. 핵무기를 보유하고 있는 피아 양측이 수천 개의 핵무기를 서로 던지면 이내 싸울 사람이 하나도 남지 않게 될 것이다. 그뿐만 아니라 전투지역에 남아 있는 생물체도 전혀 없게 될 것이다.

2. 핵무기의 종류

① 핵무기는 핵반응형식에 의하여 핵분열식무기(예: 원폭)와 핵융합무기(예: 수폭, 중성자탄)로 분류된다. 첫째, 원폭(원자탄): 우라늄-235 또는 플루토늄-239라는 핵분열성 물질을 순도 높게 농축하여 분리한 다음, 이를 강력한 화약을 사용하여 점화시켜 순간적으로 고압을 가하게 될 때 핵분열반응이 급속히 진행됨으로써 에너지가 폭발적으로 방출되는 것을 이용한 폭탄이다.

둘째, 수폭(중수소<D>, 3중수소<T>, 리튬<Li> 등): 가벼운 원자가 결합하여 핵융합반응을 일으켜 폭발하는 무기이며, 열핵무기(Thermonuclear Weapon)라고도 부른다. 이와 같이 중수소나 1중수소의 융합반응에 의해 방출되는 에너지를 이용하고 원폭을 기폭제(Trigger)로 함으로써 방사능낙진을 극소화시킨 가장 기본적인 수소폭탄인 리튬탄, 수폭의

---

7) 국방대학원, 『안보관계용어집』(서울: 국방대학원, 1989), p.201.

주위를 천연우라늄으로 에워싸고, 핵융합반응에 의하여 발생하는 고속중성자로 천연우라늄을 핵분열시켜 폭발에너지 및 잔류방사능효과를 증대시킨 3F탄, 수폭의 주위를 코발트(Co 59)로 에워싸 폭발에 따라 방사성코발트(Co 60)를 발생시켜 잔유방사능효과를 증대시키는 코발트탄 및 수폭의 주위를 질소화합물로 에워싸 폭발에 의해 방사성탄소(Co 14)를 발생시켜 잔유방사능효과를 증대시키는 질소탄 등이 있다.

셋째, 중성자탄: 일명 방사선무기라고도 하는데, 원폭이나 수폭은 핵분열이나 융합 시에 일어나는 열과 폭풍을 이용하여 주로 인명 살상은 물론 건물, 전차 등 물리적 요소를 파괴하는 데 반하여, 중성자탄은 중성자를 이용하여 방사선효과를 높여 사람을 살상하는 효과를 높이고 물리적 요소의 파괴를 억제하는 성능을 가진 무기이다.

② 핵무기는 사용하는 목적에 따라 전략핵무기와 전술핵무기, 전구핵무기로 분류된다. 첫째, 전략(Strategic) 핵무기: 보통 전략핵전력이라고 하면 전략무기 또는 공격전략핵전력을 뜻하는데, 대륙간탄도탄, 잠수함발사탄도탄, 그리고 장거리폭격기의 3지주(Triad)를 망라하며, 이는 핵폭탄의 운반수단, 지휘통신 및 통제시설과 조작요원까지를 포함한 안전한 무기체계를 총칭하는데, 전략핵무기는 이와 같은 전략핵전력에 사용될 수 있는 핵탄두만을 말한다.

둘째, 전술(Tactical) 핵무기: 전장 내의 전투에 사용하기 위한 소위력(통상 10단위의 KT급), 단사정(500마일 이하)의 운반수단에 의해 투발되는 핵무기이다.

셋째, 전구(Theater) 핵무기: 유럽이나 아시아 등 전구에 배비한 핵무기로써, 전술핵무기 위주로 하여 일부의 전략핵무기도 포함될 수 있다.

* 통상 준중거리탄도탄, 사정거리 1,500~500마일, 중거리탄도탄, 사정거리 4,000~1,500마일 등이 속하고 폭격기의 경우는 항속거리 3,500~6,000마일의 중거리폭격기가 속한다.*

③ 핵무기 위력의 대소에 따른 분류로서는 20KT급을 표준원폭(Nominal Bomb)이라 하고, 이보다 큰 20~50KT급을 대형원폭, 20KT급 이하를 소형원폭이라고도 한다. 핵무기가 폭발함으로써 나타나는 핵무기의 효과는 폭풍파와 열복사선, 핵방사선으로 나타난다.

첫째, 폭풍파(Blast Wave): 핵폭발 후 수초 내에 핵폭탄은 약 1/2에 달하는 막대한 에너지를 폭풍파의 형태로 방출하는데, 이는 최초에는 음속의 몇 배나 되는 속력으로 외부로 확산되어 나가고 최종에는 흡수되는데, 핵폭발 시에 발생되는 물리적 피해의 대부분이 이

것으로 기인한 것이다.

둘째, 열복사선(thermal radiation): 핵무기가 폭발하면 태양의 내부온도와 맞먹는 초고온의 화구가 형성되는데 여기에서 열복사선이 방출된다. 이에 직접 노출될 경우 인체나 동물에게 화상에 의한 생리적 피해를 발생시키고 가연성의 건물을 발화시킨다.

셋째, 핵방사선(nuclear radiation): 핵방사선은 핵분열탄에서 방출된 총에너지의 약 15%, 핵융합탄의 경우는 약 50%가 된다. 전체 핵방사선의 약 1/3은 핵폭발과 동시에 전파되지만 이는 비교적 제한된 지역에 국한되며, 베타 및 감마선 등 잔류방사선은 서서히 광범위하게 분포된다. 초기 핵방사선에는 α선, β선, γ선 및 중성자가 포함되어 주로 화구 및 형성 초기의 원자운에서 방출되고 지상에 도달하여 효과를 발한다. γ선이나 중성자에 노출되면 인체조직이 이온화하여 장해를 일으키게 된다. 잔유 핵방사선은 원자운 및 방출된 중성자가 방사능화하여 지면이나 고층풍을 타고 강하하는 낙진과 더불어 확대되어 방출된다.

3. 핵전략이론

핵무기는 핵분열 또는 핵융합반응 시에 방출되는 핵에너지를 이용하여 인원과 물자를 살상 및 파괴하는 무기를 말한다. 만일 이 지구상에 존재하고 있는 모든 핵이 동원된 가운데, 가공할 만한 제3차 세계핵전쟁이 발발한다면 지구상에 존재하는 모든 생명체는 20여 회나 소멸을 되풀이할 수 있는 위력을 가지고 있으며, 주요 세계문화유산들은 이 지구상에서 자취를 감추게 될 것이다. 이 가공할 만한 전쟁을 방지하기 위해서는 핵무기와 재래식 무기를 포함한 모든 전쟁수단을 폐기하는 것이 가장 좋은 방법이지만, 전면군축은 이상론으로는 성립될 수 있을지 모르나 그 실현은 불가능하다. 핵무기의 존재를 현실적으로 긍정하고 '현실구속성'이라는 논리에 입각해서 전쟁을 억지하는 것이 오늘날 '핵억지전략'이라는 것이다.

억지(抑止, Deterrence)란 프랑스어의 Dissuasion에 가장 잘 표현되어 있는 바와 같이 상대방에게 어떤 행동을 포기하게 하거나 설득해서 그만두게 하는 의미였지 '억압해서 포기케' 하는 '이쪽의 행동(보복)'에 중점이 있는 것은 아니었다. 글렌스나이더(Glenn H. Snyder)의 정의도 이 점을 밝히고 있다. 즉 "억지란 어떤 의미에 있어서는 단지 정치력의 부정적 측면일 따름이다. 억지는 억제 혹은 강요하는 힘과는 반대로 단념시키는 힘(the Power to Dissuade)이다.[8]

핵억지전략이론의 기본적인 구조를 이해하기 위해서 서로 대립관계에 있는 두 핵무장국 A국가와 B국가가 있다고 가정해 본다. 전쟁의 억지라는 사고방식이 성립하기 위해서는 A국가와 B국가 어느 쪽도 상대방에서 제1격을 받을 경우 제2격으로 상대방에게 보복할 만한 힘을 보유하고 있다는 것이 필요하다. 그것도 상대방이 제2격에 의해 받은 손해에 견딜 만한 정도의 보복이면 소용이 없고 견딜 수 없다고 생각될 정도의 보복이어야 하는 것이다. 전쟁을 기도하고자 하는 나라도 상대방을 공격하면 보복을 받아 수락할 수 없을 만한 손해를 받는다는 두려움이 있음으로 해서 비로소 전쟁기도를 포기하게 되기 때문에 전쟁의 억지가 성립하기 위해서는 상대방의 제1격으로 절대 파괴되지 않고도 그 상대방에게 수락할 수 없는 손해를 가하는 큰 파괴력을 가진 무기를 보유하는 것이 필요하다.

그러한 무기란 바로 핵무기이기 때문에 상대방의 제1격으로 이 핵무기가 파괴되지 않도록 하는 방법이 있으면 억지의 요구는 충족하게 되는 것이다. 이것을 위해서는 핵무기를 분산시켜 대량으로 보유하는 것도 하나의 방법일 것이며 혹은 그 발사기지를 지하 '사일로'에 은닉해 두는 것도 한 방법일 것이다. 상대의 제1격으로부터 모면할 수가 있다면 그것은 훌륭한 보복력이 될 수 있는 것이다. 서로 대립하는 국가가 함께 이와 같은 보복력을 가지면 전쟁은 억지되고 전쟁을 하고 싶다고 생각해도 할 수 없게 된다. 따라서 국가의 안전과 국가 간의 평화는 핵무기의 폐지에 의해서가 아니라 핵무기에 의한 전쟁억지력을 보유함으로써 획득 가능하다는 견해가 '핵억지전략'의 내용인 것이다.

4. 핵확산

James F. Dunnigan에 의하면 최초의 핵무기 사용은 두 약소국 간에서 일어날 가능성이 가장 많다. 한 국가는 핵무기를 보유하고 있을 것이고, 상대국가는 핵무기가 없을 가능성도 있다. 핵무기는 사전에 그것을 사용하겠다는 위협을 한 후나 아니면 재래식전쟁에서 패배에 직면하게 되었을 때 사용할 수 있다. 핵무기를 보유한 강대국이 간섭하겠다는 위협을 하더라도 몇 대의 핵무기가 교전국 사이에 교환되는 것을 방지하지 못할 수도 있다. 피해는 국소지역에 한정될 것이며, 이를 지켜보는 국가들에게 핵무기를 사용하여서는 안 되겠다는 새로운 자극제 구실을 하게 될 것이다. 테러리스트들의 핵무기 사용도 가능한

---

8) Glenn H. Snyder, *Deterrence and Defense*, Princeton: Princeton University Press, 1961, p.9.

일이다. 서구국가들은 막대한 경찰자원을 투입하여 이러한 불상사가 일어나는 것을 막기 위한 노력을 게을리하지 않고 있다.[9)]

중동은 핵무기의 최초 사용지역이 될 가능성이 농후하다. 이스라엘이 핵무기를 보유하고 있다는 강력한 증거가 있다. 여타의 중동국가들도 핵무기를 얻기 위한 노력을 계속하고 있다. 인도와 중국도 핵무기 보유국들이다. 중국의 핵무기는 미래에 있을지도 모르는 위기사태에 러시아가 핵무기에 의한 해결을 시도하지 못하도록 억제하기 위한 필요에서 개발된 것이다. 만약에 대만도 핵무기를 가지고 있다면, 그리하여 중국이 또다시 대만의 본토병합을 주장한다고 하면 사태는 심각해질 것이다. 금세기까지는 약소국 가운데 최소한 12개국 이상이 핵무기를 보유하게 될 것이다. 현재로서는 항공기나 단거리미사일로도 핵무기발사가 가능하다. 앞으로 장거리미사일이 더욱 광범위하게 이용되면 약소국과 직접 인접한 국가들을 넘어서 그것이 사용될 위험성도 점점 증가하게 될 것이다.

---

9) James F. Dunnigan, *How tomMake War*, William Morrow & Company, INC. New York, 1982.

제11장 역사 속의 전략

제1절 한니발과 스키피오의 전략

　기원전 8세기 이탈리아 반도 중부를 흐르고 있는 티베르 강 언덕에 로마라는 작은 도시 국가가 세워졌다. 전설에 의하면, 로마를 세운 것은 로물루스와 레무스라는 쌍둥이 형제로 이들은 늑대의 젖을 먹고 자랐다 한다. 어쨌든 로마는 날로 발전하여 전 이탈리아 반도와 시칠리아 섬까지 세력을 뻗치게 되었다. 로마를 부흥케 한 것은 상업이었다. 이때 지중해 해상권을 둘러싸고 주도권 싸움을 벌이지 않을 수 없게 되었는데, 이 전쟁이 바로 포에니 전쟁이다. 카르타고는 기원전 814년 북아프리카의 지중해 연안에 세워진 도시로, 페니키아 인이 지중해 연안에 세운 여러 식민 도시 가운데 하나이다. 당시 로마인들은 페니키아 인을 포에니 인이라고 부르고 있었다.

　그리스 시대 이후의 전쟁으로서 유럽 역사에 미친 결과와 영향에 있어서 결정적이었던 전쟁은 로마와 카르타고 간의 전쟁이었다. 이 가운데에서도 결정적 시기는 한니발 전쟁, 즉 제2차 포에니의 전쟁기간이었다. 이 기간은 일련의 단계 또는 전역으로 구성되며 각각 전쟁의 흐름을 새로운 방향으로 전환시킴에 결정적이었다.[10]

1. 한니발(Hannibal, B.C. 247~183년)

　한니발은 카르타고의 정치가이며 장군으로서 제2차 포에니 전쟁(한니발 전쟁)을 일으

---

10) B. H. Liddel Hart, Basil Henry, *Strategy*, Faber & Faber Ltd., London, England, 1954, 1967, p.24.

켜 육로로 피레네 산맥과 알프스를 넘어서 이탈리아로 침입하여 각지에서 로마군을 격파했다. 그러나 대(大)스키피오가 카르타고를 공격하자 고국에 소환되어 자마 전투에서 대패하게 되었다.

1) 한니발(Hannibal: B.C. 247～183년)의 생애

한니발은 '전략의 아버지'로 불릴 만큼 전투의 여러 요소를 적절히 배합하여 통상적인 전투력보다 몇 배나 되는 힘을 끌어내는 천재였으며, 리더십도 뛰어났다. 이역만리 적지에서 17년간이나 머무르면서도 대부분 용병인 한니발군은 전선을 이탈하거나 난동을 부리는 일이 없었다. "병사들과 함께 먹고 함께 자며, 자신의 이익은 손톱만큼도 생각하지 않고, 오직 적을 무찌를 생각에만 골몰해 있는" 한니발에 대한 마음에서 우러난 존경심이 없었다면 불가능했으리라는 추측이다. 그는 군사전략에는 뛰어났지만 정치전략에서는 실패했다. 그리고 근본적으로 '훌륭한 조국'을 갖지 못했다.
* 한니발은 용(勇)을 겸비한 지장(智將) 알렉산더에게 용맹성을 배우고 물려받은 용장

로마를 쓰러뜨릴 뻔했던 카르타고의 명장 한니발은 카르타고의 위대한 장군 하밀카르 바르카의 아들이었다. 그의 생애에 관한 주된 라틴어 사료인 폴리비우스와 리비우스의 저서에 따르면 한니발은 그의 아버지가 스페인에 데려가서 이른 나이에 로마에 대해 적개심을 갖도록 키웠다고 한다. 그의 아버지가 죽은 B.C. 229(또는 228)년부터 B.C. 183년경 자신이 죽을 때까지 한니발의 생애는 로마 공화정에 대한 끊임없는 투쟁의 연속이었다.

그가 가장 최초로 지휘권을 받은 것은 카르타고의 속주였던 스페인에서 하밀카르의 사위이며 후계자인 하스드루발로부터였다. 그는 성공적인 지휘관으로 두각을 나타냈음이 분명하다. 그래서 B.C. 221년 하스드루발이 암살당하자 군은 나이 26세에 불과한 그를 총사령관으로 선포했으며 카르타고 정부는 신속하게 그의 야전 사령관직을 승인했다.

한니발은 즉각 카르타고의 스페인 지배권을 공고히 하는 데 관심을 집중했다. 그는 스페인의 공주인 이밀케와 결혼하고 다양한 스페인 부족들을 정복하기 시작했다. 그는 올카데족과 싸우고 그들의 도읍인 알타이아를 점령했으며 서북부의 바카이족을 평정했다. B.C. 221년에는 항구도시 카르타헤나(카르타고 노바, 카르타고령 스페인의 수도)를 기지로 삼아 타호스 강 지역에 있는 카르페타니족을 상대로 대단한 승리를 거두었다.

2) 한니발의 전략

제1차 포에니 전쟁에서 패전한 후 아버지를 따라 카르타고(아프리카 북부)에서 에스파냐로 갔으며, 아버지와 매형 하스드루발의 뒤를 이어 BC 221년 26세의 젊은 나이로 에스파냐 주둔군의 총지휘관이 되었다. 어려서부터 로마에 대한 복수심에 불탔으며, B.C. 219년에 한니발은 에브로 강 남쪽에 있는 이베리아의 독립도시 사군툼을 공격했다. 제1차 포에니 전쟁(B.C. 264~241년)에 뒤이어 로마와 카르타고가 체결한 조약에서 에브로 강이 이베리아 반도에서 카르타고 세력권의 북방 한계로 설정되었다.

사군툼은 에브로 강 남쪽에 있었지만 로마인들은 그 도시와 '친선'을 맺고 있었기 때문에(실제적인 조약이 있었던 것은 아닌 듯함) 그 도시에 대한 카르타고의 공격을 전쟁행위로 간주했다. 사군툼 포위전은 8개월간 지속되었으며 그 와중에 한니발은 심한 부상을 입었다. 카르타고에 항의하는 사절단을 보낸 로마인들은(그들은 사군툼에 지원군을 파견하지는 않았음) 사군툼이 함락된 이후 한니발의 항복을 요구했다. 이렇게 해서 제2차 포에니 전쟁이 시작되었다. 이 전쟁은 로마 측에서 선포했으며 카르타고 측에서는 거의 전적으로 한니발이 주도해서 싸웠다. 그는 육로로 이탈리아 진공계획을 세우고 피레네 산맥을 넘어 남프랑스를 석권하고, 다시 눈 덮인 알프스를 넘어서 이탈리아로 침입, B.C. 217년 트라시메누스 호반(湖畔)의 전투를 비롯하여 각지에서 로마군을 격파하였다.

특히 B.C. 216년 칸나에 전투에서는 교묘한 용병술(用兵術)을 발휘하여 로마군을 철저하게 격파하였으나 전선은 점차 교착상태에 빠졌다. 점차 전세를 회복하기 시작한 로마군에 의하여 에스파냐로부터의 원군(援軍)도 격멸당하였으며, 로마의 장군 대(大)스키피오가 에스파냐를 정복하고 카르타고로 육박하였다. 한니발은 고국에 소환되었으며, B.C. 202년 자마 전투에서 스키피오에게 대패함으로써 결국 제2차 포에니 전쟁도 카르타고의 패배로 끝났다.

그 후 카르타고의 집정관(執政官)이 되어 로마에 대한 보복기회를 노렸으나, 정적(政敵)에 의해 시리아와의 통모(通謀)를 획책하고 있다는 통고가 로마로 보내졌기 때문에, B.C. 196년 그는 시리아로 피신하였다. 시리아의 안티오코스 3세와 함께 로마군과 싸웠으나, B.C. 190년 안티오코스 군이 마그네시아에서 로마군에 패배하자, 그는 다시 소아시아의 비티니아로 피신하였으며, 로마가 그의 신병인도를 요구함에 이르자 자살하였다. 그는 알렉산드로스 대왕, 피로스와 비견되는 고대사상 굴지의 전술가였다.

2. 스키피오(Scipio Africanus Major, B.C. 235~183년)

 한니발이 용(勇)을 겸비한 지장(智將) 알렉산더에게 용맹성을 배우고 물려받은 용장이라면, **스키피오**는 알렉산더의 지혜와 용맹성에 덕(德)을 보탠, 지(智)와 용(勇)을 겸비한 **덕장**이었다. 지(智)와 용(勇)을 겸비한 덕장(德將) 한니발처럼 싸워 한니발에게 이겼다.

스키피오 아프리카누스는 로마의 장군으로 자마 전투(B.C. 202)에서 카르타고의 장군 한니발을 무찔러 제2차 포에니 전쟁을 끝낸 것으로 유명하며 이 승리로 그는 아프리카누스라는 성을 얻었다.

1) 스키피오의 생애

'대(大)아프리카누스'라고 불린다. 명문 코르넬리우스가(家) 출신으로 제2차 포에니 전쟁 초기의 장군 P. C. 스키피오의 아들이다. 제2차 포에니 전쟁에는 아버지와 함께 이탈리아에서 참전한 후, B.C. 210년 사인(私人)인데도 집정관 대행의 대권이 부여되어 스페인의 카르타고 군(軍)을 격파하였는데, 그때 새로운 전술을 구사하였다. B.C. 205년 집정관으로서 원로원의 반대에도 불구하고 아프리카 공격을 결의하여 스스로 시칠리아 섬으로 건너갔으며, B.C. 204년 아프리카에 군대를 진격시켰다. B.C. 202년 아프리카의 자마에서 한니발을 무찌르고 제2차 포에니 전쟁을 종결시켜 '아프리카누스'의 칭호를 얻었다.

그는 아버지와 할아버지 및 증조할아버지 모두 생전에 콘술(집정관)을 지낸 로마의 명문 귀족 집안에서 태어났다. 역시 푸블리우스라는 이름을 가진 스키피오의 아버지는 로마 역사상 가장 중요한 시기인 B.C. 218년에 콘술이 되었다. 젊은 스키피오가 역사에 처음으로 등장한 것은 아버지와 함께 티키누스 강(지금의 티치노 강) 연안에서 벌어진 기마전에 참전했을 때였다. 아버지가 부상을 입고 적군에게 퇴로를 차단당한 것을 본 그는 앞으로 돌진하여 아버지를 구해냈다. 이 일화는 역사가 폴리비오스가 스키피오의 친구 라일리우스의 말을 인용하여 역사에 기록했는데, 아마 사실일 것이다.

스키피오의 어린 시절이나 그가 아이밀리우스 파울루스의 딸 아이밀리아와 결혼한 연대에 대해서는 알려져 있지 않고 있다. 콘술(B.C. 216)이던 장인은 칸나이에서 전사했다. 스키피오는 푸블리우스와 루키우스라는 두 아들을 두었는데, 큰아들 푸블리우스는 건강이 나빠서 공직에 나가지 못했고 나중에 소(小)스키피오 아프리카누스를 양자로 맞았다. 작은아들 루키우스는 B.C. 174년에 프라이토르(법무관)가 되었다. 스키피오의 외모는 카르타고노바(지금의 스페인 카르타헤나)에서 주조된 일부 동전(여기에 새겨진 인물이 그라는 것은 거의 확실함)에서 볼 수 있고, 나폴리 근교에서 발견된 도장 반지에 새겨 있는 것도 그의 초상으로 여겨지고 있다.

그 후 제2차 마케도니아 전쟁(B.C. 200~197년)이 시작되자 호구총감(戶口總監), 원로원 수석으로서 친(親)헬레니즘정책을 취하며 로마 정계를 지배하였다. B.C. 190년 동생과 함께 군을 지휘, 소아시아에서 시리아의 안티오코스 3세와 대접전을 벌였으나, 귀국 후 보수파인 대(大)카토 일파의 반격을 받아 실의 속에서 죽었다.

2) 스키피오의 전략

스키피오는 B.C. 216년 칸나이 전투에서 군사 호민관으로 복무했다. 그는 이 전투에서 패배한 뒤 약 4,000명의 생존자가 모여 있던 카누시움으로 몸을 피했고, 여기서 그는 로마를 버리고 탈주하려는 일부 겁쟁이들의 음모를 대담하게 뒤엎었다. 그 후 B.C. 213년에는 공공건물을 관리하는 쿠룰레 아이딜리스(造營官)라는 고위 공무원 자격을 얻어, 민간인 신분으로 돌아왔다. 이때 그가 법정 연령에 도달하지 않았다는 이유로 호민관들이 그의 입후보에 반대하자, 그는 "모든 로마인이 나를 아이딜리스로 삼고 싶어 한다면, 나는 충분히 할 수 있을 만한 나이이다"라고 대답했다는 이야기가 전해 내려오고 있다. 곧이어 그의 가문과 나라에 재난이 잇따라 일어났다. 아버지와 숙부는 스페인에서 싸움에 지고 전사했으며, 카르타고인들은 스페인의 에브로 강 방어선까지 질풍처럼 진격했다.

B.C. 210년에 로마인들은 스페인에 증원군을 보내기로 결정했지만 고참장군들은 아무도 이 일을 맡으려 하지 않았고 젊은 스키피오만이 후보로 나섰다. 로마인들은 그에게 증원군 지휘권을 주기로 결정했지만 그는 명목상으로 행정관이 아닌 '프리바투스'로 스페인에 부임했다. 프라이토르도 콘술도 아닌 사람에게 이탈리아 이외 지역의 군사 지휘권을 부여한 이 사건은 중요한 헌법상의 선례를 만들었다.

이리하여 스키피오는 스페인에서 전사한 아버지의 원수를 갚을 기회를 얻었다. 그는 단순히 카르타고군을 궁지로 몰아넣어 이탈리아에서 싸우고 있는 한니발에게 증원군을 보내지 못하도록 막는 것만이 아니라, 아버지의 공격 정책을 계승하여 전세를 바꾸고 반도에서 적군을 완전히 몰아내고 싶어 했다. 이런 일은 BC 210년에는 한낱 꿈으로 보였을 것이 분명하지만 스키피오는 확신과 능력을 갖고 있었다. 이 위업은 그로부터 4년 뒤에 이루어졌다.

B.C. 209년 스키피오는 스페인에 있는 적군 3개 부대가 적어도 10일 동안은 총사령부가 있는 카르타고 노바에서 멀리 떨어져 있게 된다는 사실을 알고, 타라코(타라고나)에 있는 사령부에서 급히 육해군 연합군을 이끌고 나와 카르타고 노바의 적군 사령부를 기습했다. 석호의 수위가 낮아져 북쪽 성벽이 드러난 덕분에 그는 공격에 성공했다. 바닷물이 빠진 이런 현상은 바다의 신 넵투누스의 도움 탓으로 돌려졌지만, 아마 돌풍 때문이었을 것이다. 이것은 사령관이 신의 지원을 받고 있다는 부하 장병들의 믿음을 더욱 굳혀주었고 카르타고 노바에서 그는 필수품과 보급품, 스페인인 인질, 현지의 은광, 훌륭한 항구, 그리고 남쪽으로 진격하는 데 필요한 전진기지를 확보했다.

그는 군대에 새로운 전술을 훈련시킨 뒤 바이티카의 바이쿨라(바일렌)에서 카르타고군 사령관인 하스드루발 바르카를 무찔렀다(B.C. 208). 로마군은 싸움이 벌어지면 대개 2개 부대가 후방에서 전선을 긴밀하게 지원했지만 스피키오는 이 싸움에서 경무장한 부대를 전위부대로 내세워 적의 시야를 가린 다음 본대를 둘로 나누어 적의 측면을 기습했다. 달아난 하스드루발이 결국 이탈리아에서 형인 한니발과 합류하자 스키피오는 그의 퇴로를 막으려는 불가능한 일을 현명하게도 포기하고, 스페인에서 그가 맡은 사명(스페인에 남아 있는 나머지 카르타고군 2개 부대를 무찌르는 것)을 완수하기로 결심했다. 그는 B.C. 206년 일리파(세비야 근처 알칼라델리오)에서 이 사명을 완수했다.

그는 이곳에 적의 본대를 꼼짝 못하게 묶어놓고 측면으로 돌아가 적을 포위했으며, 그후 가데스(카디스)를 확보함으로써 로마가 스페인을 완전히 지배할 수 있게 했다. B.C. 205년에 콘술로 선출된 스키피오는 대담하게도 이탈리아에 들어와 있는 한니발을 무시하고 아프리카를 공격하기로 결정했다. 그는 원로원의 반대를 억누른 뒤 일부 지원병으로 이루어진 군대를 이끌고 시칠리아 섬으로 건너갔다. 그는 원정에 대비하여 군대를 훈련시키면서 대담하게도 이탈리아의 발끝에 해당하는 로크리에피제피리를 한니발에게서 빼앗았다. 그러나 그가 이 도시를 다스리도록 남겨놓고 온 플레미니우스라는 사람이 그 후 부정을 저지르는 바람에, 스키피오의 정적들은 그를 비난할 구실을 얻었다.

B.C. 204년 그는 약 3만 5,000명의 병력을 이끌고 아프리카에 상륙하여 우티카를 포위

했으며, B.C. 203년 초에 그는 하스드루발(기스고의 아들)과 그의 동맹자인 누미디아의 시팍스의 진영을 불태웠다. 적은 바그라다스 강 상류에 있는 대평원(지금의 튀니지의 마자르다 강 연안의 수크알카미스)에 병력을 모으려고 애썼는데, 스키피오는 이 병력을 아래로 밀어붙인 다음 군대를 재빨리 움직여 이중으로 측면을 포위하는 작전으로 적군을 격파하였다.

그가 튀니스를 점령하자 카르타고인들은 평화조약을 맺으려고 애썼지만, 그 후 한니발이 아프리카로 돌아오자 그들은 B.C. 202년에 다시 전쟁을 시작했다. 스키피오는 남서쪽으로 진격해 기병대를 이끌고 지원하러 온 누미디아 군주 마시니사와 합류했다. 이어서 그는 동쪽으로 방향을 바꾸어 자마 전투에서 한니발과 맞섰다. 그의 측면 포위 전술은 그에게 그 전술을 가르쳐 준 스승격인 한니발에게는 먹혀들지 않아서 실패했지만, 로마 기병대와 누미디아 기병대가 카르타고 기병대의 추적을 따돌리고 한니발 군대의 후방을 습격하자 이 문제는 해결되었다. 그는 완전한 승리를 거두었고 오랜 전쟁은 마침내 막을 내렸다. 스키피오는 카르타고에 비교적 관대한 조건을 제시했다. 그는 이 승리를 기념해 아프리카누스라는 성을 받았다.

한편 로마에서는 대(大)카토가 이끄는 스키피오의 정적들이 스키피오 형제와 그들의 친구에 대한 일련의 공격을 시작했다. 루키우스의 지휘권 보유 기간은 연장되지 않았으며 아프리카누스가 안티오코스에게 제시한 너그러운 평화조약은 가혹하게 수정되었다. 이어서 '스키피오 형제 재판'이 벌어졌는데 이 재판에 대한 고대의 서류는 증거가 명확하게 나타나 있지 않고 있다. 루키우스는 안티오코스에게 500탈렌트를 받은 명목(전쟁 배상금인가, 개인 전리품인가)을 밝히기 거부했다는 이유로 B.C. 187년에 비난을 받았지만 이 비난을 교묘히 받아넘겼다.

아프리카누스 자신도 B.C. 184년에 고발당한 듯 싶지만 유죄 판결은 받지 않았다. 그의 영향력은 흔들렸고 그는 로마에서 캄파니아의 리테르눔으로 은퇴해 직접 밭을 갈면서 아담한 농가에서 검소하게 살았다. 세네카는 나중에 이 농가의 작고 추운 욕실과 그가 전성기에 살았던 저택의 사치스러운 욕실을 비교했다. 그러나 그는 오래 살지 못했다. 몸과 마음이 상하고 병든 그는 B.C. 184년이나 183년 조국에서 사실상 추방당한 상태로 죽었다. 로마 교외의 아피아 가도 연변에 그의 가족 묘지가 있었지만, 그는 자신의 유해를 배은망덕한 도시 로마가 아니라 리테르눔에 묻으라고 명령했다고 한다.

3. 한니발과 스키피오의 비교

포에니 전쟁은 <그림 4-1>과 같이 한니발과 스키피오의 전쟁이라고 일컬어질 만큼 두 명장의 뛰어난 전술로 이루어졌던 전쟁이다. 둘은 각각 북아프리카 카르타고와 이탈리아 반도의 로마를 이끌고 지중해 패권을 겨뤘던 장군이었다.

〈그림 4-1〉 포에니 전쟁

첫째, 한니발이 이끈 병력과 스키피오가 이끈 병력의 질적 차이 측면에서 한니발이 칸나에에서 마주친 상대는 훈련받은 로마의 정예보병이며, 그 수는 한니발의 총합보다 2배 이상 되었다. 반면에 한니발의 병력 중 정예군은 알프스를 넘은 한니발 정예보병과 기병 포함, 한니발 자체 병력의 반 정도 되는 수준이었다. 나머지는 갈리아 등에서 모집한 잡병이며, 실질적으로 전황이 어렵게 돌아가도 전선에서 이탈하지 않고 버텨 줄 병력을 정예병력이라고 했을 때의 얘기이다. 따라서 칸나에 전투의 정예병력에서 한니발과 로마의 수적 차이는 대단한 차이가 있었다.

제2차 포에니 전쟁에서 한니발은 자신의 실제적인 전투력인 정예병을 거의 온전히 남긴 채 적을 전멸시켰다. 또한 이 전투에서 구사한 한니발의 전술은 과거 이론적으로 정립되지 않은 새로운 개념의 전술[11]이다. 반면에, 자마에서 스키피오가 이끈 병력은 잘 훈련

---

11) 당시 주로 사용한 방식의 전투와는 다르다는 의미. 기병에 관해서는 더 이전에 알렉산드로스가 있었으나, 평지에서의 회전에서 포위섬멸과는 약간 다른 의미였다고 볼 수 있다.

된 로마 군단이다. 거기다 한니발보다 심각하게 병력이 뒤처진다기보다는 보병의 수에서 많이 잡아야 20~30% 적은 정도이다.

한니발 병력의 대부분이 급히 불러 모은 용병이라는 점에서 자마 전투에서 보병의 수적 우세 외에는 한니발이 유리한 점이 없었으며, 자마에서 기병의 차이는 크게 나타났다. 고대 전투의 결과나 서적 등 자마 전투기술을 보면, 대부분의 전사자는 대열이 깨졌을 때 발생한다. 만 명 대 오천 명이 격돌해도, 만 명 쪽이 선두가 격멸되고 사기가 떨어져 뒤쪽 대열에 도망자가 발생하면 전투의 결과는 전사자 오천 명 대 일천 명이 되기도 한다는 것이다. 한니발의 보병은 보병의 1/3 정도 되는 소수의 정예병력 이외에는 대열이 쉽게 깨어지고 조금만 불리해도 살기 위해 도망가는 용병이 대부분이라는 점에서 '잡병'이라고 부를 만하였다.

또한 자마에서 스키피오가 구사한 전술은 칸나에에서 한니발이 구사한 전술을 그대로 답습했다고 볼 수 있는데, 칸나에에서 한니발은 보병의 질적인 면에서 불리했으나, 자마의 스키피오는 보병의 질적인 면에서 우세했다. 따라서 한니발은 자마에서 역시 보병의 질적인 열세를 극복하기 위한 전술을 쓸 수밖에 없었으며, 거기서 중요한 역할은 기병인데 자마에서는 기병이 수적으로 불리했다. 같은 기병의 우세를 이용하는 장군이 전투를 하면 기병이 유리한 쪽이 이길 것이라는 것은 당연한 것이다. 더 많은 기병을 손에 넣은 스키피오가 더 위대하다고 말할 수는 없지만, 그것은 전술의 개념이 아니라 전략의 개념이다.

전술은 자신이 가진 카드를 구사하는 것이지, 더 좋은 카드를 손에 넣는 기술을 말하는 것이 아니다. 또한 '전쟁의 역사'에 의하면, 스키피오는 자신의 기병들이 전장을 이탈하여 한니발의 기병을 추격하다가 다시 돌아올 때까지 아무런 결정도 내리지 못한 채 매우 불안했다고 한다. 기병이 조금만 더 늦게 돌아왔더라도 스키피오는 졌을 것이라고 기술하고 있으며, 기병이 돌아올 때까지 시간을 벌어 준 것은 한니발의 정예보병과 격돌하기 직전 군단을 재편성한 덕분인데, 이것은 훈련받은 로마보병이 아니고서는 불가능한 일이다. 스키피오는 보병이 질적으로 우세한 덕을 톡톡히 본 셈이다.

둘째, 다양한 전술의 구사 측면에서 한니발은 트라시메노 호수에서 매복을 펼쳤다. 그는 상대 장군의 성향을 미리 파악하고 있었으며, 지형에 대해서도 상당히 많은 조사를 했음에 틀림없다. 호숫가에서의 매복섬멸은 안개의 도움을 받은 것이며, 안개가 끼리라고 미리 예상해야 가능한 일이다. 칸나에에서도 적장을 어느 정도 알고 있었기에 그러한 포위전술의 구사가 가능했다.

셋째, 전술의 독창적인 측면에서 한니발은 기병을 이용한 평지에서의 포위섬멸전술을 거의 처음 사용한 사람이다. 평지에서의 전투에서 기병의 기동력을 이용한 것은 알렉산드로스가 먼저이지만, 알렉산드로스는 평지에서 포위전술을 쓴 것이 아니라 기병을 이용하여 상대의 전열을 흐트러뜨리는 방법을 더 많이 이용했다. 반면에 스키피오는 한니발의 전술을 거의 그대로 활용했다고 할 정도이다. 자마 이전에도 스페인 지역에서의 전투에서 한니발의 전술을 모방하다시피 하여 승리한 전투가 두세 번 있었으며, 그것을 독창적이라고 말하기는 조금 애매하다. 자마에서도 기병의 우세가 없었다면 스키피오가 한니발에게 이기기는 매우 힘들었을 것이다.

두 장군을 비교할 때, 스키피오에게 좋은 평가를 내리고 싶은 부분은 외교적인 측면과 전략적인 측면이다. 스페인 지역에서 한니발은 혈연으로 묶인 동맹관계였으나 스키피오는 승리를 적절히 이용하여 이 스페인 지역에서 카르타고의 세력을 몰아내는 데 성공을 했다. 이것은 매우 중요한데, 한니발의 전쟁자금은 카르타고에서 나오는 것이 아니라 스페인 지역에서 나왔기 때문이다. 스페인 지역을 소탕함으로 한니발의 전쟁수행능력을 꺾는 효과를 본 것이다. 또한 한니발의 전술을 그대로 답습했으니 강한 기병을 얻어야 했으며, 한니발의 기병 중 가장 강한 것은 누미디아의 기병이었는데, 스키피오는 누미디아의 왕자 마시니사를 한니발로부터 떼어 내는 데 성공하여 강한 누미디아 기병을 얻게 되었다. 이것이 자마 회전의 결과에 영향을 미치게 되었다.

자마 회전에서 두 장군의 전술을 비교하면, 스키피오는 단순히 한니발이 사용했던 전술대로 기병의 우세를 이용한 포위전술을 사용했다. 반면에 한니발은 스키피오에 대해 조사가 이루어져 있었던 것으로 보인다. 한니발은 상대가 기병의 우세를 이용한 전술을 펼칠 것이라는 것을 예측했는지(안 했는지는 모르지만), 상대의 기병이 전장을 이탈했다가 돌아오기 전에 주력인 보병을 돌파하여 격멸하는 것을 목표로 했다. 따라서 훈련받은 로마 군단의 힘을 빼기 위해 예비대의 개념을 활용하여, 힘은 좋으나 사기가 순식간에 떨어지는 잡병을 먼저 투입한 후에 정예병력은 나중에 투입했다. 로마 군단은 잘 훈련되고 질서가 유지되었으며, 스키피오가 급히 군단을 재편성할 수 있었기 때문에 한니발의 정예병력을 상대로 기병이 돌아올 시간을 벌 수 있었다.

결론적으로 전술적인 면에서 한니발이 우세했으나 스키피오는 자신의 약점을 외교적·전략적인 측면에서 보완하여 우세한 기병을 확보했으며 보병은 원래 상대적으로 강하였으므로 전술적인 면에서는 한니발이 조금 더 나았다고 생각할 수 있다. 반면에 전략적인 측면에서 스키피오가 조금 더 우세하다고 볼 수 있다. 한니발은 전략에서 실패했다. 한니발의 전략대로라면 칸나에 전투 이후 로마 연합이 붕괴되었어야 하는데, 실패한 것은 한니발의 전략이 빗나갔다는 것이다. 반면에 스키피오는 전략에서 승리하여 전쟁을 종결시켰다.

제2절 제2차 세계대전 시 독·프의 전략

1. 전쟁 배경 및 프랑스 전역

제1차 세계대전이 막을 내린 후부터 제2차 세계대전[12]이 발발하기 전까지 21여 년에 걸친 시대에는 여러 가지 사상과 민족주의가 대두하여 미묘한 국제관계를 형성하고 있었을 뿐만 아니라 각국마다 내부적으로 집권세력과 이상주의자들 간에 이념과 정책상의 대립이 고조되어 필연적으로 군사적 모험이 잦을 수밖에 없었던 시기였다.

제2차 세계대전은 연합국의 입장에서 볼 때 2개의 분리된 전쟁이었다고 할 수 있다. 하나는 독일과의 전쟁이고 다른 하나는 일본과의 전쟁이다. 독일과의 전쟁은 1939년 9월 1일 독일의 폴란드 침공으로 시작되어 1945년 5월 7일 독일의 항복으로 막을 내렸는데, 이 전쟁은 성격상 제1차 세계대전의 연속이었다. 유럽의 주도권을 쟁취하고 나아가서 전 세계에 절대적인 강국으로 군림하고자 한 독일의 국가적 목표는 제1차 대전과 제2차 대전의 성격상 공통된 흐름이었기 때문이다. 한편 태평양전쟁은 1941년 12월 7일 일본의 진주만 기습으로 시작되어 1945년 8월 15일 일본의 무조건 항복으로 종식되었으며, 일본의 목표는 극동에서 일본의 주도권을 확보하려는 것이었다.

히틀러는 제1차 대전 시 빌헬름 2세가 양면작전을 감행한 것은 큰 과오였다고 보았다. 그는 각개 격파의 방법을 원하였다. 영·프와 화의가 성립되면 동남 유럽을 자유롭게 석권하고, 다음은 영·프의 묵인하에 소련을 공격할 수 있으리라고 본 것이다. 그래서 우랄 산맥까지 장악한다면 독일은 영국·프랑스와는 전쟁을 하지 않고도 타협할 수 있으리라는 계산하에 1939년 10월 6일 영·프에 대하여 화의를 요청하였다.

---

12) 1939년 9월 1일 새벽 4시 45분, 폴란드의 단치히 항에 정박해 있던 독일 순양함이 별안간 항구의 요새를 공격했다. 그와 동시에 독일군 정예부대가 폴란드 국경을 넘었다. 장갑사단·기계화부대·공격용전차를 앞세운 53개 사단과 고성능 폭격기를 동원한 독일군은 삽시간에 폴란드를 제압했다. 그러자 9월 3일 영국과 프랑스가 독일에 선전포고를 했다. 제1차 세계대전이 끝난 지 21년 만에 다시 전쟁이 일어난 것이다.

히틀러는 프랑스 정계의 패배주의와 영국 조야의 유화주의 등으로 인하여 미국 대통령의 조정으로 화의가 성립될 줄 알았으나 이는 오산이었으며 영·프 양국은 거절하였다. 이에 히틀러는 육군사령부에 대해 '서부공격계획(황색계획)' 작성을 최초로 지시(10월 9일)하였다. 만약 오래 기다린다면 중립국이 연합국 측에 가담하게 되어 자신의 자원은 고갈될 것이며, 소련으로부터 배후공격을 받지 않을까 하는 두려움이 있었기 때문에 신속한 공격으로 프랑스를 굴복시켜 영국과 화의를 기대하여 단기결전을 원했기 때문이었다.

독일의 공격은 11월 둘째 주일로 정했으나 기후 및 철도수송 관계로 미루다가 1940년 5월로 결정하였다. 이에 대항할 영·프 연합국은 히틀러가 폴란드를 공격한 며칠 후 1939년 9월 3일 재빠른 선전포고를 하였지만 마지노 방어선과 경제봉쇄의 효과를 과신하여 장차전이 총력전이 되고 기계화전투가 되리라는 것을 외면한 채 소극적이었고, 정신적·경제적 준비가 안 되었다.

2. 독일의 전략

독일의 최초 작전계획은 독일 육군참모장 할더(Halder) 장군의 지휘하에 성안된 것으로서, 벨기에와 네덜란드를 탈취하고 영국작전에 대한 해·공군기지를 확보하는 데 목표를 둔 것이었다. 기동계획은 보크(Bock)의 B집단군(43개 사단, 8개 기갑사단 포함)은 중앙 벨기에로 진격하여 주공을 담당하고, 룬트슈테트(Rundstedt)의 A집단군은 22개 사단으로서 아르덴느(Ardennes) 고원지대는 기갑부대가 통과하기 어려우리라고 판단하여 조공으로 주공의 좌측을 엄호하며, 레프(Leeb)의 C집단군은 마지노선을 담당하는 것이었다.

그러나 10월 31일 룬트슈테트의 참모장 만슈타인(Manstein) 장군은 새로운 계획을 제안하였다. 11월 초 만슈타인은 구데리안(Guderian)을 초청하여 남부 벨기에와 룩셈부르크를 통과하여 세당(Sedan)으로 향하는 강력한 기갑부대 돌파계획을 설명하고, 전차전문가 입장에서 보는 견해를 요구하였다. 이러한 만슈타인의 놀라운 창의력으로 작성된 변경계획은 포위 측면을 달성하기 위한 전략적 돌파로서 차후 대성공을 하게 되었다.

만슈타인은 최초 계획과 같이 라에 주 북방 중앙 벨기에로 진격하는 것은 연합군이 기대하는 곳으로 진격하여 강력한 프랑스군 및 영국군과 조우하게 될 것이며, 또한 이것은 1914년 슐리펜 계획을 그대로 반복한 것으로써 연합군이 예상하고 있기 때문에 기습효과가 없고, 또한 이 계획이 성공한다 해도 연합군의 철수를 강요하여 결정적인 섬멸은 불가능하고 단지 플랑드르(Flandre) 해안밖에 탈취하지 못하리라고 본 것이다.

그러나 주공 방향을 중앙으로 변경함으로써 얻은 이점은 첫째, 지형의 이점이다. 적의 배치와 축성에 대한 자세한 정보를 입수한 독일 측에서는 몽메디(Montmedy)와 세당 간에는 방어진지가 약하게 구축된 것을 알았다. 주공방향에서는 아르덴느 고원지대와 뮤즈 강이 결정적인 장애물이었다. 그러나 70마일이나 되는 아르덴느 고원지대는 험준한 경사지, 약한 교량, 계곡 등이 있으나 기갑부대 통과는 가능하고 오히려 삼림에 의하여 기동이 은폐되지 않겠는가 생각하였다. 또한 아르덴느 삼림지대의 뮤즈(Meuse) 강은 폭이 500야드 미만이고 세당과 메지에르(Mezieres) 부근에는 약 70야드이며, 유속은 상당히 급하였으나 충분히 도하 가능할 것으로 판단하였다. 그리하여 아르덴느 고원지대와 뮤즈 강만 돌파하면 그 이후는 양호한 도로망으로 해안까지 신속한 진격이 가능한 것이었다.

둘째, 기습달성이다. 독일 측에서는 적의 전투서열에 대한 정보를 입수하여 분석한 결과 연합국 측에서는 아르덴느 고원지대로 대규모 기갑부대가 통과하는 것은 어렵다고 보고 독일이 제1차 대전 시와 같은 기동을 할 것을 기대하고 있는 것을 알았다. 그 결과 아르덴느 고원지대를 택함으로써 적이 기대하지 않는 곳으로 진격하게 되어 기습을 달성할 수 있다고 본 것이다.

셋째, 이 방면을 돌파하여 솜 강 방향으로 진격한다면 프랑스군은 파리의 위험 때문에, 영국군은 병참선의 위협 때문에 북부의 연합군 주력을 쉽게 분리하여 포위섬멸할 수 있을 것으로 본 것이다. 이 대담한 계획은 히틀러에게는 감명을 주었으나 참모총장이나 참모장은 만슈타인 안대로 작전계획을 변경할 의사가 없었으나 도상연습과 워게임을 실시하였을 때 이러한 문제가 재론되었다. 이처럼 여러 가지 장애가 있었으나 결국 만슈타인이 직접 히틀러를 설득하여 수정안이 채택되었다.

새로운 작전계획에서 주공은 룬드슈테트가 지휘하는 A집단군으로 기갑군, 제2, 4, 9, 12, 16군의 6개 군 44개 사단인데, 그 가운데는 7개 기갑사단과 3개 차량화보병사단이 편성되어 대서양으로 진출하여 적의 퇴로를 차단하고, 남쪽에서는 증원을 차단하는 것이었다. 그중 클라이스트(Kleist)가 지휘하는 기갑군에는 5개 기갑사단과 3개 차량화보병사단이 있었으며, 최첨단의 구데리안 기갑군단에는 3개 기갑사단이 있었다. 조공인 B집단군은 제6, 18군으로 29개 사단인데 3개 기갑사단과 2개 차량화보병사단이 포함되어 있었고, 네덜란드와 벨기에에 있는 연합군을 유인 고착시키는 것이었는데, 연합군을 벨기에 쪽으로 유인하면 할수록 아르덴느의 주공은 돌파가 용이하여 적의 배후를 쉽게 차단할 수 있다는 것이다.

레프의 C집단군은 제1, 7군으로 19개 보병사단인데, 마지노선 전방에서 감시와 기만을 하다가 2단계에 와서 협격을 감행하도록 하였다. 이 작전계획은 기동력을 심리적인 무기로 운용하는 것으로, 적을 와해시키고 마비시키기 위하여 기동하는 것이었다. 작전은 2단계로 구분되었는데, 1단계는 돌파가 이루어지면 해안까지 진격하여 연합군 좌익을 포위 섬멸하는 것이고, 2단계는 1단계 작전이 끝나자마자 가능한 한 속히 남쪽으로 공격하여 프랑스군을 마지노선 배후로 몰아붙인 다음 C집단군과 협격하여 섬멸시킨다는 것이었다.

3. 프랑스의 전략

제1차 세계대전 후 방어우위사상에 빠져 있던 연합국 측은 가정으로서 마지노선은 돌파가 어려울 것이고, 아르덴느 고원지대는 기계화부대의 기동이 곤란하여 독일은 제1차 대전 시와 같이 슐리펜식 기동을 반복할 것으로 판단하였다. 제1차 대전 이후부터 제2차 대전이 일어나기까지 프랑스의 방어계획의 변천과정은 대략 5개기로 구분할 수 있다.

제1기는 최초 마지노선부터 독일 국경선을 연하는 것이었다. 제1차 세계대전의 경험과 교훈을 분석한 프랑스군은 독일군의 공격에 대처할 수 있는 최선의 방어선으로서 프랑스, 벨기에, 네덜란드가 연합하여 독일국경선에서 방어선을 형성하는 것을 희망하였으나 1936년 벨기에와 네덜란드가 중립을 선언함에 따라 이 희망은 포기되었다. 또한 1938년부터 독일이 서부국경선을 연해서 방어선을 구축하자 프랑스 측의 방어는 더욱 약화되었다.

제2기는 1939년 9월 독일이 폴란드를 침공하기까지로 프랑스 국경선을 연하는 계획이었다. 남부는 마지노선에서, 북부는 벨기에군이 우선 방어를 하되 만약 벨기에군이 후퇴를 하게 되면 프랑스군은 국경선을 연해서 방어를 실시하는 것이었다.

제3기(E계획)는 독일이 폴란드를 점령하고 서부지역으로 병력을 이동시킴에 따라 위협을 인식한 영국이 1939년 10월 영국 원정군을 파견하였다. 그 결과 연합군은 만일 벨기에가 침공당하면 영국군 병참선을 확대시키기 위해 지원군을 에스코 강 선까지 파견할 예정이었다.

제4기(D계획)는 영국 원정군이 점차 증강됨에 따라 계획도 차츰 대담해져서 1939년 11월 17일 딜(Dyle) 강 선에서 방어한다는 계획이다. 이 계획에 의하면 딜 강상의 방어진지는 벨기에군이 사전에 구축하고, 알베르트 운하선에서 벨기에군이 5일간 독일군의 공격을 저지해 주면 영국 원정군과 프랑스군이 딜 강 선으로 이동하여 방어한다는 것이었다.

그리고 딜 강 선으로 연합군을 전진 배치하는 시기는 독일군의 공격이 개시된 직후로 결정하였다.

그 결과 프랑스 9군은 나무르 남방 뮤즈 강 선을 방어하고, 프랑스 1군은 나무르~와브르 간을 방어하며, 영국군은 와브르~루벤 간을 방어, 벨기에군은 루벤~엔트위프선을 방어하며, 프랑스 7군은 예비대로 연합군 후방에 위치하기로 하였다. 그 결과 나무르로부터 마지노선 사이에는 프랑스 9군과 2군이 배치되었는데 병사의 질이 불량했고, 제9군은 정규장교가 적은 B급 사단이었다. 특히 리에주와 나무르를 요새화하고, 알베르트 운하와 뮤즈 강이 연결되는 곳에 에벤에마엘(Eben Emael) 요새를 구축하였다. 네덜란드는 요새화된 3개 방어선을 갖고 있었는데, 이것은 저지대를 침수시킬 수 있는 네덜란드 고유의 지리적 특성에 크게 의존하는 방어체제였다.

이후 제5기 방어계획은 독일군 항공기가 황색계획을 휴대하여 벨기에에 불시착하는 사건이 발생하여 독일군의 공격계획이 확실시됨에 따라 예비대인 프랑스 제7기 동군을 네덜란드의 브레다로 진출시키는 브레다 변경안이 작성되었다. 즉 연합군이 독일군의 진격 방향에 대해 측면에 대한 공격 효과를 얻으려는 의도에서 비롯되었다. 그러나 연합군의 계획은 적극적이 못 되었고 독일군의 진격에 따라 결정될 것이었기 때문에 불완전한 계획이었다.

4. 전쟁결과

유럽 전역에서 1944년 6월 아이젠하워가 이끄는 연합군이 프랑스 노르망디해안에 상륙하는 데 성공, 독일군은 밀리기 시작했다. 연합군은 파리를 수복하고 라인 강으로 진격, 1945년 4월 소련군과 엘베 강에서 만나 독일진격을 눈앞에 두었다. 4월 말, 무솔리니가 이탈리아 유격대에 체포되어 처형당했다. 5월 1일 소련군은 독일의 수도 베를린에 입성했다. 히틀러는 전날 자결하였고, 독일은 5월 7일 항복, 이로써 유럽에서의 전쟁은 끝이 났다.

한편 일본은 연합국의 무조건 항복 권고를 거부하고 최후의 항전을 하다가 1945년 8월 6일과 9일 미국이 히로시마·나가사키에 원자폭탄을 투하하고, 8월 8일 소련이 선전포고를 하여 만주로 진격하자 15일 무조건 항복을 선언했다. 이로써 6년에 걸친 제2차 세계대전은 끝이 났다. 연합군 측은 49개국, 동맹국 측 8개국, 동원병력 1억 1,000만, 인류의 5분의 4가 전쟁의 소용돌이에 휘말렸고, 전사자 2,700만, 민간인 희생자 2,500만, 총 5,000만이 넘는 인명이 희생되었다. 이는 제1차 세계대전의 3배에 달하는 숫자였다.

그 외에도 알려지지 않은 수많은 사람들이 육체적·정신적 상처를 입었다. 유태인 학살, 인간에 대한 생체실험, 일본군의 위안부로 끌려간 20만에 달하는 조선 여성들, 그리고 가공할 신무기 원자폭탄 등…… 제2차 세계대전은 인간의 존엄성을 땅에 떨어뜨린 인류 역사상 최대의 비극이었다.

제3절 6·25전쟁 시 북한·중·소와 미국의 전략

"1950년 6월 25일 새벽 4시경, 38도선을 경계로 서로 맞대고 있는 옹진·개성·동부해안 지구에서 북한군의 기습적인 남침으로 한국군 사이에 전쟁이 개시되었다." 로이터 통신은 3년에 걸친 한국전쟁의 시발을 이와 같이 보도했다.

1. 국토의 남북 분단과 미·소 냉전의 표면화

1940년 12월 8일 일본의 제국주의 팽창정책은 그 극에 달하여 마침내 태평양전쟁(1941~1945년)을 일으키게 됨으로써 한민족은 주권회복의 가능성을 엿볼 수 있게 되었다. 그 후 대서양헌장의 선언(1943.8.)은 한국과 같이 주권을 강제로 탈취당한 국민에게 주권회복의 희망을 가지게 되었고, 대서양헌장의 정신에 입각하여 카이로 회담(1943.11.)에서는 한민족의 노예상태에 유의하여 적당한 시기에 한국의 해방과 독립을 결의하게 되었다. 일본의 무조건 항복(1945.8.15.)에 뒤이어 연합국 최고사령관 맥아더(MacArthur) 장군은 주로 군사적인 고려에서 한국의 38도선을 경계로 이북에서는 소련군이 이남에서는 미군이 각각 일본군의 항복수리와 무장해제를 위하여 '일반명령 제1호'를 선포(1945.9.7.)하고 그 실시에 임하게 되었다. 이러한 미·소 양군의 진주는 이후 우리나라의 국토분단과 민족분열을 장기화하는 불행을 초래하게 되었다.

1947년 중반에 이르러 미국은 한반도 통일을 위하여 소련과 직접 교섭은 무용한 것임을 확신하고, 종래의 대한정책을 포기하고 한국문제를 UN에 제기(1947.9.17.)하였다. 그러나 소련의 거부권행사로 남북한 동시 초청안은 부결되고, 장기간의 논란 끝에 UN총회(1947.11.14.)는 UN감시하에 인구비례 비밀투표에 의한 전 한국 총선거를 실시하여 한반도에 통일정부를 수립하기로 결정하고 이의 실천을 위하여 UN한국임시위원단을 구성하였다. 동 위원회는 다음 해 활동(1948.1.)을 개시하였으나 소련의 방해로 남한에서만 선거가 실시되어 1948년 8월 15일 대한민국정부가 수립되었다. 한편 소련은 북한에 김일성을 수뇌로 하는 '조선민주주의 인민공화국'을 발족하여 한반도의 분단을 고착화시켰다.

미국과 더불어 제2차 세계대전 시 큰 역할을 수행한 소련은 전후 향상된 국제적 지위를 이용하여 대전 중에 점령한 동구제국에 위성공산정부를 수립하였을 뿐만 아니라 아시아의 신생독립국에도 적화세력을 확장함으로써 자유진영에 중대한 위협이 미치자 미국은 대소정책을 전환하여 트루먼 독트린(Truman Doctrine: 1947년 3월)의 발표와 더불어 어떠한 나라이든 자유와 독립이 위협받는 경우에는 그 나라를 돕겠다고 선언하였고 한편 같은 해에 미 국무장관 마셜(George C. Marshall)도 세계대전으로 피폐한 어떤 국가도 미국은 경제적 도움을 줄 수 있다는 유럽 부흥안(Marshall Plan)을 제시함으로써 전 유럽의 재건과 공산주의의 위협으로부터 보호될 것임을 재확인하였다.[13] 한편 소련과 그 위성국들은 마셜 플랜의 실시를 거부하고 코민포름(1947.10.)을 창설하여 대항하였으며, 1948년 가을 미·영·프 등 민주진영에 의해 서독에 통일정부가 구성되자 위기를 느끼는 소련은 동국에 위치한 베를린을 봉쇄하기에 이르렀고 이에 미국이 굴복하지 않고 공중수송에 맞서 베를린 봉쇄를 철회시키는 사태가 발생함으로써 냉전은 절정에 달하게 되었다.

2. 북한과 중·소의 전략

1) 중·소의 전략

소련은 제2차 세계대전 후 극동의 적화를 위해 중국과 유대를 강화하고 북한을 위성국화하기 위하여 우선 만주를 중국군의 성역으로 보호하는 한편, 구일본군 조병창을 중국에 인계하고, 만주의 자원을 동원할 수 있게 하여 중국군의 전력강화에 힘쓰는 동시 북한군의 강화에 주력함으로써 김일성은 소련 및 중국의 대폭적인 지원하에 남한에서 각종 게릴라 활동을 전개하는 등 온갖 수단과 방법으로 적화통일을 위하여 준비를 하였다.

또한 1948년 12월 북한에 북한정부와 군사력을 조직한 후 소련군이 철수하기 직전에

---

13) 미국이 소련과의 타협을 통해서 전후세계의 질서와 평화를 유지하려던 루즈벨트 이래의 환상을 버리고 조오지 케난(George F. Kennan)이 제창한 '봉쇄정책'을 공식화함에 따라 이른바 냉전(Cold War)현상이 범세계적으로 표면화되기 시작함으로써 미·소 양국의 대결만이 아니라 두 진영 또는 두 공동체 간의 대결이라는 성격을 띠고 무장된 가운데 무력충돌을 회피하면서 대결을 계속하는 냉전현상이 한반도에서 열전이 일어날 때까지 조금의 양보도 없이 지속되었다.

소련・중국・북한 수뇌들은 모스크바에 모여 장차 18개월 내에 북한이 남침전략을 갖출 수 있도록 다음과 같이 지원할 것을 결정하였다. 첫째, 한인계 중국군을 다수 입북시켜 북한군의 전력을 증강시킨다. 둘째, 북한군에 500여 대의 전차를 공급한다. 셋째, 북한군을 총 22개 사단으로 증편한다. 또한 1949년 1월 북한과 중국은 '하얼빈 회의'를 열어 중국은 1949년 말까지 3회에 걸쳐 '동북인민해방군' 내의 한인부대 28,000명을 북한에 송환하기로 합의하였고, 소・중 간에 '하얼빈 협정'과 '모스크바 협정'이 체결(1949.10.)되었으며, 중국정권이 수립된 후에 '중・소우호동맹 및 상호원조조약'이 체결(1950.2.14.)됨으로써 3각협조체제가 완성되었다.

중국은 한반도가 지정학적으로 매우 중요하며 일본과 북중국을 잇는 교두보로 이해했다. 또한 미국이 동아시아를 지배하려는 오랜 꿈을 가졌다고 인식했다. 한반도로부터 미국의 침략에 대한 공포를 완화시키기 위해 중공이 베트남을 지원했던 것처럼 북한을 지원하려 했다. 중국공산당 지도자들은 항일전쟁 시 동북지역에서 9만 명 이상의 조선인들과 함께 투쟁한 것을 분명히 알고 있었다. 그러나 북한을 지원하는 데에 결정적인 역할을 한 나라는 소련이었다. 소련이 한국을 아시아에 공산주의를 실현시키기 위한 전략적 기지로써 이용하려는 구도를 가지고 있었고, 중국공산당이 소련과 밀접한 관계를 유지하였던 상황은 북한 측이 남침계획을 구체화하는 데 유리한 요소로 작용한 반면에, 한국은 동북아시아의 전략 구도에서 위험에 노출되었다. 이러한 우려 때문에 이승만 대통령은 중국 공산주의자들이 중국 내에서 기반을 다지기 전에 한국의 분단 상태가 제거되어야 한다고 주장하였다.[14]

2) 북한의 전략

소련의 적극적인 지원하에 있는 북한의 한반도에 대한 정보 분석은 첫째, 미국의 직접 개입은 없을 것으로 판단하였다. 그 이유는 제2차 세계대전 후 미국의 세계정책이 유럽우선주의로 기울고, 극동 및 아시아에 대한 군사력이 감축되었을 뿐만 아니라 주한미군의 완전한 철수와 에치슨(Acheson)선언에서 대한민국을 미 극동방위권에서 제외할 것이라는 정황이 확인되었기 때문이다.

둘째, UN기구의 무력화를 자신하였다. 즉 UN안보리에서 소련이 거부권을 최대한으로 행사함으로써 국지전에 대한 UN의 집단적인 구속력을 견제하는 한편 미국의 영향력을

---

14) '이승만 대통령과 덜레스 미 국무부 고문의 회담에 대한 엘리슨 동북아시아국장의 비망록」, *FRUS* 1950.6.19, pp.107~109.

저지할 수 있으리라고 전망한 것이다. 특히 북한에 의한 전면남침을 한민족 자체의 내전으로 간주케 함으로써 일체의 외국군개입을 거부할 수 있을 것으로 판단하였다.

셋째, 대한민국의 미약한 단독방어능력에 비추어 단기간에 남한점령이 가능하리라 낙관하였다. 만일 주일 미지상군이 지원하더라도 그 이전에 결정적인 승세를 굳힌다면 남한정복을 기정사실화할 수 있을 만큼 속전속결의 방침을 과신하였다.

넷째, 극동 주변의 군사정세가 북한에 유리하게 변모되고 있었다. 즉 1949년 말 중국본토를 석권한 중국이 막강한 군사력을 바탕으로 대두하면서 소련의 극동진출정책에 동승하여 북한을 지원할 수 있으나, 패전한 일본은 미국의 점령하에 벗어나지 못하고 있으며, 주일미군 또한 전쟁을 예방할 만한 군사력을 갖추지 못하고 있었다.

이러한 정세분석을 기준으로 북한은 정규전의 기본전략을 단기속결방식으로 결정하고 고도의 기동력과 집중된 타격력으로 한국군을 최단기간 내에 격멸하기 위하여 첫째, 수도 서울을 불시에 기습함으로써 일격에 주도권을 쟁취한 다음, 곧 한강 이남으로 전과를 확대하여 주공축선의 선제위력을 유리하게 전개한다. 둘째, 동서 양 해안선과 남해안 일대를 조기에 제압함으로써 부산까지 신속한 주공돌진을 지속한다는 것이다. 따라서 수도 서울까지의 최단거리인 철원-연천-의정부-서울의 축선에 주력을 지향하고 한강 이북에서 국군을 포착 섬멸키 위하여 화천-춘천-가평-서울의 우회기동을 계획하였다.

이 기본전략은 다시 작전 4단계로 구분되었다. 제1단계는 38도선 돌파 후 2~3일 내 서울을 점령하고, 강릉 및 춘천지구를 공격 당일로 점령한다. 제2단계는 교통·경제 및 군사적 요충인 평택-충주-제천지구를 점령하고, 한국군 잔존부대의 저항력을 분쇄키 위하여 한강 선 이남으로의 전과확대와 추격전을 감행한다. 제3단계는 과감한 자세와 신속한 기동으로 호남평야와 동서 양 해안선 및 남해안 일대를 장악한다. 제4단계는 최종목표인 대구와 부산을 점령한다.

북한은 한국군보다 훨씬 우세한 전력으로 6월 25일 38도선을 돌파한 후 제1단계는 7월 3일까지, 제2단계는 7월 15일까지, 제3단계는 7월 29일까지, 제4단계는 8월 15일까지 모두 끝낼 예정이었다. 이러한 북한군의 남침계획이 국군의 주력을 한강 이북에서 포획 섬멸하는 데에만 중점을 두었고, 한강 선 이남지역으로의 진출을 위한 작전계획 및 준비는 비교적 소홀하였던 것은 그들이 일단 서울만 점령하면 남로당 주도하에 남한 각지에서 무장봉기가 일어나 힘들이지 않고도 한국정부를 무너뜨릴 수 있다고 오판한 것이다.

3. 미국의 전략

1) 미국의 극동정책

미국은 한국문제를 포함하는 동아시아의 상황을 전반적으로 재검토하게 되었다. 유럽을 중시하는 기본전략과 복원으로 인한 군사력 부족으로 중국대륙의 공산화를 방치하였고 다른 중요한 지역에서의 효율적인 운용이라는 원칙 아래 주한미군의 철수를 합리화시켰다. 미국 정부가 한반도의 전략적 및 지정학적 가치를 인정하지 않게 된 것은 1946년 9월 전 주중 미군사령관이었던 웨드마이어(Albert C. Wedmeyer) 장군이 행정부의 요청으로 극동정세에 대한 1차 분석평가보고서를 제출하였는데 그 내용은 다음과 같다.

"소련은 자국의 점령군을 북한에서 스스로 철수시킴으로써 남한에서 철수하지 않을 수 없도록 미국에게 압력을 가해 올 가능성이 크다. 아마 북한의 군대가 충분히 강화되어 소련군의 실질적인 참여 없이도 소련전략의 대행자적 역할을 할 수 있게 될 경우, 소련은 필경 그렇게 나올 것이다…… 따라서 압도적으로 우세한 북한의 군사력의 잠재적 위협에 대처할 수 있도록 남한의 군사력을 필리핀식 경찰군 수준으로 육성한 다음 미·소 점령군의 동시 철수가 이루어지게 함이 좋을 것이다."

그러나 미합동참모본부(JCS)는 주한미군 철수의 구체적인 이유로서 다음과 같은 몇 가지를 들었다. 첫째, 한반도는 상대적으로 미국이 방위에 절대적으로 중요한 지역은 아니다. 둘째, 한반도에서 미군이 주둔하고 있다는 사실은 분쟁발발 시 자동개입의 군사적 구실이 된다.

셋째, 전략적 판단으로서 전면전쟁 발발 시에 한반도에서의 병력유지는 오히려 미국의 부담을 가중시킬 것이며, 만일 남침이 있다 해도 해·공군으로써 충분히 저지가 가능하다.

넷째, 전면전쟁 시 미국이 아시아 전쟁에 개입한다 해도 한반도는 우회가 가능하다. 이상과 같은 이유로 미군은 한국정부 수립과 동시에 철수를 시작하여 1949년 6월 29까지 500명의 군사고문단만을 잔류시키고 철수하였다. 더구나 중공정권이 수립(1949.10.6.)되자 장기적으로 중·소의 이해대립을 촉진하기 위해 중국문제에 대한 불간섭과 가급적 조기에 대일 단독강화를 실현하여 일본 열도를 확보한다는 두 가지 전제 아래 워싱턴에서 개최(1950.1.12.)된 전국 신문기자협회에서 당시 미 국무장관이었던 애치슨(Acheson)이 한반도가 미국의 극동방위선에서 제외되었고, 한국은 미국의 단독적인 군사조치에 의해서 안전을 보장받을 수 없다는 사실을 밝힘으로써 소련 및 북한으로 하여금 한반도의 적화통일을 위해 무력을 사용할 경우 작은 모험으로도 상당한 전략적 우위를 확보할 수 있으리라는 전망을 갖게 하였다.

2) 미국과 UN의 한국전쟁에 대한 반응

한국전쟁 발발에 따른 미국과 UN의 대처는 의외로 신속하였다. 6월 하순경까지 미국의 정책당국자들은 북한의 남침가능성에 관한 충분한 첩보를 획득하고 있었으나 최후의 순간까지 북한이 감히 남침하리라고는 판단하지 않았다. 그러나 북한군의 전면남침이 명확히 알려지자 UN은 안전보장이사회를 소집(1950.6.25. 14:00)하여 북한군의 공격중지와 38도선 회복을 결의하였다. 이날 저녁부터 수차의 회의를 거친 미행정부 수뇌들은 북한의 남침을 저지시키고 한반도 사태를 안정시키기로 결정하였다.

그들은 이러한 침략행위가 오랫동안 계속되어 온 소련 공산주의자들의 세계적화전략의 일환이며, 이제 이곳에서 소련의 끊임없는 팽창야욕에 한계를 그어 주어야 한다고 판단하였다. 미국의 정책결정자들은 국제연맹의 실패가 제2차 세계대전으로 비화한 역사적인 경험에서 강력한 대응조치가 필요하다고 강조하였다. 이러한 결정에 따라 트루먼(Truman) 대통령은 우선 한국에 있는 맥아더 원수에게 허락하고, 한국군에 대한 무기공급을 지시하는 동시에 합참본부의 건의에 따라 극동지역의 소련 공군기지를 무력화할 수 있는 계획을 작성하도록 지시하였다.

3) 미국의 전략

맥아더 원수는 한강방어선을 시찰(1950.6.29.)했을 무렵, 미 지상군을 투입하여 적 주력을 수원 근방에서 고착시키는 한편 미 제1기병사단을 인천에 상륙시켜 병참선을 차단 공격한다는 계획을 구상하였다. 그 개념은 태평양전쟁 시의 'by pass 전술'과 같은 착상에서 비롯된 것이다. 이리하여 7월 22일을 상륙 예정일로 하는 'Blue heart' 작전계획이 세워졌으나, 적의 남진을 저지하기 위하여 미 제1기병사단의 전용이 불가피해지자 7월 10일 계획이 유산되었다.

그러나 맥아더 사령부의 상륙작전 기획업무 전담부서인 합동전략기획단(JSOP: Joint Strategic Plans and Operations Group)에서는 그 후에도 연구를 계속하여 '계획 100-B(인천)', '계획 100-C(군산)', '계획 100-D(주문진)'의 3개 안을 마련하였으며, 그중 인천상륙작전과 동시에 낙동강 선에서도 반격을 취한다는 '계획 100-B'가 채택되어 9월 15일을 상륙예정일로 하는 'Chromite 작전계획'이 수립되었다. 인천은 최악의 상륙조건을 갖추고 있음을 의미하는 것으로써 JCS와 해군의 반대는 만만치 않았다. 그러나 맥아더는 JCS가 제안한 군산은 적을 결정적으로 차단 포위할 수 있는 측면이 아니라고 일축하는 한편, 해군 및 해병대가 건의한 오산 서쪽 남양만 포승면 일대는 내륙으로의 진출로 불량하며 서울 탈환의 난점을 이유로 거부하면서, 인천의 제반 난점이 오히려 성공의 열쇠임을 강조하여 실행하게 되었다.

맥아더의 인천상륙작전의 기본 구상은 "1개의 공수연대를 투입하여 교통요지를 장악하고 1개의 해병연대와 1개의 보병사단을 상륙시켜 북한군의 후방의 보급선을 단절시킨다. 이때 미 8군은 남쪽에서 북쪽으로 반격을 개시한다." 그는 이러한 단 한 차례의 상륙작전으로 적에게 결정적인 타격을 입힐 수 있다고 단언하였다. 8월 12일 UN군 총사령부는 인천상륙작전계획을 정식으로 확정하였다.

상륙 시점은 9월 15일, 상륙지점을 한국의 서해 항구도시인 인천으로 정하였다. 작전에는 미군 해병 제1사단과 유엔군 예비대를 투입하기로 하였다. 공군과 해군은 병참운송, 상륙부대의 엄호, 공중공격 등의 임무를 수행하며 해병 제1항공대는 상륙작전 시 직접적인 공중화력지원을 담당하기로 하였다. 상륙부대의 주임무는 인천을 점령하고 서울을 탈환하여 북한군의 주요 병참선을 차단하는 것이었다. 그리고 부대가 상륙한 후, 즉시 부산 방어선 내 미 8군과 한국군은 대구−대전−수원을 축으로 반격을 개시하여 상륙부대와 낙동강전선 안에 있는 북한군 주력부대를 포위하는 것이었다.

9월 15일 새벽 6시 30분 맥아더의 진두지휘 아래 미군 제10군단은 전투기와 전함의 집중적인 화력지원을 받으며 인천상륙작전을 시작했다. 이때 월미도의 방어를 담당하고 있던 북한군 병력은 1개 포병중대(575㎜ 해안 방어포), 1개 보병중대가 전부였다. 인민군은 최후의 일각까지 치열한 전투를 벌였다. 오전 10시 미군은 월미도를 함락하였다. 오후 5시 인천항은 만조의 상태였다.

미 제1해병사단의 주력부대는 전함과 전투기의 화력지원 아래에 인천항 남북 양 측면에서 해안으로 상륙했다. 북한군 수비대는 방파제를 앞에 세우고 완강한 저항을 계속했다. 미군은 집중적인 화력으로 북한군을 압도하여 공병단의 방파제 제거를 엄호했다. 그리고 탱크와 수륙양용전차를 앞세우고 북한군 진지로 돌진했다. 북한군 수비대는 인천시내까지 후퇴하여 미군과 시가전을 벌일 수밖에 없었다. 미군이 해안 교두보를 확보한 이후 후속 부대가 계속 상륙했다. 9월 16일 동틀 무렵 미군 상륙부대는 1만 8,000여 명에 달했고 인천시를 공격해 함락시켰다.

4. 전쟁결과

1954년 4월 26일, 휴전협정이 밝힌 대로 스위스 제네바에서 정치회의가 열렸다. 남한대표 변영태 외무장관은 "유엔 감시하의 자유선거"에 의한 통일을, 북한대표 남일은 "남북한 대표로 구성되는 전조선위원회를 조직할 것"을 주장했다. 중국대표로 참석한 주은래는 "한국전쟁 교전 당사자의 하나인 유엔은 선거감시를 공정히 할 수 없으므로 중립국 감시위원단이 그 역할을 맡아야 한다"고 했다. 결국 회의는 아무런 성과 없이 결렬되었으며, 한반도는 그 상태로 현재에 이르게 되었다.

전쟁은 양쪽 군대와 민간인을 합쳐 도합 510만 명의 사상자를 냈다. 남북을 막론하고 인간생활에 필요한 모든 시설이 파괴되었다. 그러나 가장 커다란 상처는 남북이 각각 안게 된 뿌리 깊은 대립과 불신감이었다. 남과 북을 적대국가로 만든 휴전선은 단지 지리적·군사적 분계선만이 아니라, 한민족의 몸과 마음을 완전히 차단하는 두꺼운 벽이 되고 말았다. 남과 북은 동족이라는 사실을 잊은 듯 서로를 불구대천의 원수로 여기기 시작했다. 이후 남한사회를 휘어잡은 흑백논리와 반공 이데올로기, 외세에 대한 무분별한 추종, 민족 정체성의 상실 등은 실로 그 연원을 6·25전쟁에 두고 있다.

제4절 걸프전 시 미국의 군사전략

1991년 1월 17일 새벽 0시 50분, 미공군 F15E 전폭기 중대가 사우디아라비아 중부에 위치한 미 공군기지에서 발진, 이라크의 수도 바그다드를 공습하기 시작했다. 이어 2,500대에 달하는 F15E 전폭기 편대가 잇달아 사우디 중부와 동부지방에서 이륙했다. 몇 시간 후 부시 미국 대통령은 백악관에서 특별성명을 발표했는데, "……끝내 후세인은 쿠웨이트에서 떠나지 않았다. 따라서 무력 이외에는 후세인을 쿠웨이트에서 떠나게 할 다른 선택이 없었다…… 나는 미국민에게 이번 전쟁이 제2의 베트남전이 되지 않을 것이라고 확언한다……"라고 했다.

걸프전쟁의 발단이 된 이라크의 쿠웨이트 점령은 1990년 8월 2일 전격적으로 이루어졌다. 새벽 3시, 이라크군의 탱크가 쿠웨이트 국경을 넘어섰다. 왕과 그 가족은 재빨리 사우디로 도망을 쳤고, 이라크군은 별반 저항도 받지 않고 7시간 만에 쿠웨이트를 손에 넣었다.

걸프전쟁은 서방측의 최신예 무기가 첫선을 보인 '화려한 무기전시장'이었다. 30cm밖에 오차가 나지 않는 토마호크 크루즈 미사일, 레이더에도 포착되지 않는 F117A 스텔스기, 스커드 미사일을 공중에서 요격하는 패트리어트 미사일, 아파치 헬기, 뿐만 아니라 미국 군사위성의 활약도 눈부셨다. 미사일 공격을 미리 알고 경보를 발하는 조기경보 위성, 구름층은 물론 사막의 모래층까지 3미터가량 투시할 수 있는 레이더 위성 카크로스, 적진관측 사진을 찍어 보내주는 사진정찰위성 등 첨단 과학기술과 전자장비가 총동원된 '전자오락게임' 같은 전쟁이었던 것이다. 다국적군은 이 최신무기로 하루 평균 2,000회, 30초에 한 번꼴로 이라크와 쿠웨이트를 쑥대밭으로 만들었다. 2월 24일 미·영·프·사우디 등 11개국으로 구성된 다국적군은 지상공격을 시작했다. 이로써 40일에 걸친 걸프전쟁은 이라크의 패배로 막을 내렸다.

1. 걸프전의 역사적 배경 및 개황

1) 걸프전의 역사적 배경

이라크와 쿠웨이트 사이의 국경분쟁은 1961년 6월 쿠웨이트가 영국의 보호령으로부터 독립하면서 표면화되었다. 쿠웨이트는 최초 1756년 아라비아반도의 걸프지역에 국가체제가 형성되어 있지 않은 상황에서 왕국으로 탄생하였다. 당시 유목민의 실력파였던 '앗사바하족'이 주변의 부족을 통합하여 군주제를 채택하고 '쿠웨이트왕국'을 건립하였다. 그러나 쿠웨이트는 그 후 당시 중동지역에 세력을 확장하면서 걸프지역의 지배권을 추구하고 있던 오스만터키바스라주의 한 지방으로 편입되었다. 그러면서도 쿠웨이트는 내정의 독자성을 유지하였다.

그 후 19세기 말 쿠웨이트는 영국을 보호자로 선택하였다. 당시 쿠웨이트왕국을 수립한 '사바하가'와 '이븐라시도가'가 이 지역에서의 패권을 놓고 대립하였는데 이 기회를 틈타 영국이 '사바하가'에 접근하자 자신의 안전을 보장받기 위하여 영국의 보호를 받아들였다. 그렇게 되자 이 지역은 19세기 후반부터 서방 열강의 영토 쟁탈전 무대로 변해가기 시작하였다. 20세기에 접어들어 아리비아반도에 대규모 유전이 있다는 사실이 확인되면서 쿠웨이트의 전략적 가치가 급부상되었다. 이에 영국은 쿠웨이트에 대한 종주국이라는 지위를 내세우면서 유전의 독점을 주장하였고 미국 역시 이 지역으로의 진출을 시도하였다. 영국과 미국은 쿠웨이트 유전을 놓고 상호 대립하였고 두 나라는 마침내 1934년 '앵글로 페르시안 석유회사'와 '걸프석유회사'가 공동으로 출자하여 '쿠웨이트 석유회사(KOC)'를 설립하였다. 이로써 쿠웨이트는 영국과 미국의 철저한 보호를 받게 되었다.

이와 같은 역사적 과정을 지내 온 쿠웨이트는 1950년대부터 중동지역에 급속히 확산된 민족주의 조류를 타고 1961년 6월 19일 독립을 성취하였다. 그러나 독립과 더불어 이라크가 쿠웨이트에 대한 영유권을 주장하면서 양국 간의 국경분쟁이 표면화되었다. 이라크의 혁명정권은 쿠웨이트가 오스만터키시대에 자신의 영토인 '바스라 주'에 편입되었었다는 이유로 쿠웨이트에 대한 영유권을 주장하면서 국경 부근에 군대를 집결시켰다. 이라크보다 열세한 쿠웨이트는 과거의 보호국인 영국에 구원을 요청하였고 영국도 막대한 국가이익이 걸린 석유자원 확보 차원에서 1961년 7월 1일 항공모함 1척과 해병대 병력을 쿠웨이트에 파견하였다. 이라크의 '카셈정권'은 이와 같은 영국의 군사개입에 강력하게 반발하면서 쿠웨이트에 대한 영유권 주장을 굽히지 않았다. 그러나 1963년 10월 쿠데타 발생으로 '카셈정권'은 붕괴되었으며 그 후 새로 출범한 정권은 쿠웨이트와의 관계 개선을 추구하면서 쿠웨이트에 대한 영유권을 포기하였다. 이로써 쿠웨이트의 독립과 더불어 발생한 이라크와의 국경분쟁은 무력 충돌 없이 종결되었다.

2) 걸프전의 개황

이라크와 쿠웨이트 간의 국경분쟁은 1980년대에 전개된 일련의 걸프지역 및 이라크 내 정세변화와 연계되어 다시 불거지기 시작하였다 이라크의 사담 후세인이 국제정치가 점차 악화되자 걸프지역에서 세력판도가 변동되는 상황을 틈타 쿠웨이트와의 국경문제를 제기함으로써 자신의 정치적 입지를 공고히 하고자 하였다. 당시 이라크는 이란과의 오랜 전쟁과 경제정책의 실패 및 유가의 계속된 하락 그리고 서방 국가들과 걸프산유국들의 차관공여 거부로 경제난이 가중되었다. 사담 후세인은 이란과 장기간 전쟁을 치르면서 150여만 명에 달하는 인명 피해를 가져왔고 국가재정은 물론 국가경제를 파탄 직전까지 몰고 갔으며 전후에도 경제재건 및 활성화보다 군수산업에 치중하였다.

이러한 상황에서 국민의 불만이 누적되었고 그에 따라 후세인의 정치적 기반도 도전을 받게 되었다. 더욱이 남부지역의 '시아파' 이슬람 세력과 북부지역 '쿠르드' 게릴라 세력이 후세인 정권에 위협을 가중시켰다. 후세인은 결국 자신의 장기 집권체제를 공고히 하고 국민의 누적된 불만을 해소하기 위하여 대외적 군사모험이 필요하였다. 후세인의 정치적 야망은 걸프지역의 패권 추구였으며 후세인은 이란과의 전쟁 이후 걸프지역의 세력판도가 자신에게 유리한 것으로 판단하고 안보적으로 취약한 쿠웨이트, 사우디아라비아, 카타르, 바레인, 오만 등을 정복하여 명실상부한 패권국을 건설하려는 야망을 가지고 있었다.

특히 쿠웨이트를 합병하여 석유수출국기구 산유량의 40%를 점유함으로써 경제 강국의 위치를 확보하고자 하였다. 뿐만 아니라 그는 낫세르 이집트 대통령의 사망 이후 쇠퇴한 '범아랍주의'를 부각시켜 자신의 '바스당' 통치이념을 바탕으로 아랍권의 통합을 추구하였다. 이라크는 이란과의 전쟁 수행으로 경제가 피폐하였으나 군수산업이 발전되고 군비 증강이 획기적으로 이루어짐으로써 군사강국이 되었고 바로 이러한 군사역량이 걸프지역의 패권을 꿈꾸는 후세인의 정치적 야망을 자극하였다.

후세인은 이와 같은 복합적 배경에서 쿠웨이트를 희생양으로 선택하였다고 볼 수 있다. 해묵은 국경문제를 가지고 있을 뿐만 아니라 경제적으로도 얻을 것이 많은데다 안보 군사력이 취약한 것으로 판단하였기 때문이다. 이라크는 1990년 7월 23일부터 쿠웨이트 국경 부근의 유전지대에 전차와 장갑차로 무장한 최고 정예부대인 '공화국수비대' 2개 사단 약 3만 명을 전개하기 시작하였다. 쿠웨이트도 전군에 비상사태를 발령하고 국경지역으로 군대를 이동시켰다. 이라크는 쿠웨이트에 대한 군사적 압력을 가중시키면서 ① 루마일라 유전을 이라크 영토로 인정할 것, ② 이라크의 유전을 도굴한 배상금으로 24억 달러를 지불할 것, ③ 이라크가 쿠웨이트에게 진 부채 100억 달러를 탕감할 것, ④ 부비안과 와르바 두 개 도서를 이라크에 할양할 것 등을 요구하였다.

쿠웨이트로서는 이러한 이라크의 일방적 요구를 받아들일 수 없었다. 결국 후세인은 1990년 8월 2일 새벽 2시를 기해 쿠웨이트를 전격적으로 침공하였다. 공화국수비대 3개 사단을 선봉으로 병력 10만 명 구소련제 전차 300대 이상 헬기 300대 등이 사막의 경계선을 넘어 쿠웨이트를 순식간에 점령하였다. 이러한 이라크의 침공은 세계적 냉전이 종식되고 새로운 세계질서가 형성되는 상황에서 발생하였기 때문에 국제사회에 막대한 충격을 주었다. 그로부터 나흘 뒤인 1990년 8월 6일 유엔 안전보장이사회는 이라크에 대해 무역 제재조치를 취하는 결의안을 통과시키고 이라크로 하여금 쿠웨이트로부터 철수할 것을 요구하였으나 이라크는 이를 거부하였다.

이에 따라 미국, 영국, 캐나다, 독일, 프랑스, 대한민국을 포함한 다국적군은 이라크를 쿠웨이트 영토로부터 축출하고 쿠웨이트의 주권을 회복한다는 명분하에 이라크와 전면 전쟁에 나서게 되었다. 페르시아 만(Persian Guif)에서 발발한 이 전쟁을 걸프전이라고 부르며 이라크가 쿠웨이트에서 완전히 철수할 때까지 1991년 1월 16일부터 2월 28일까지 43일간 계속되었던 이 전쟁을 제1차 걸프전 그리고 1998년 12월 16일의 이라크의 대공습을 제2차 걸프전이라고 부르기도 한다.

미국을 비롯하여 세계 각국은 이라크의 무력 침공을 국제사회의 평화와 걸프지역의 안정에 대한 전반적 위협으로 간주하고 유엔의 결의 아래 다국적군을 구성하여 쿠웨이트에서 이라크군을 축출하기 위한 공세를 전개하였다. 미국이 주도하는 다국적군은 1991년 1월 17일 새벽 2시 38분 이른바 '사막의 폭풍' 작전을 개시한 이래 동년 2월 23일 지상전을 포함한 전면전을 전개하였고 마침내 이라크가 2월 28일 유엔안보리가 채택한 결의안을 무조건 받아들이기로 함으로써 걸프전은 작전개시 100시간 만에 종결되었다. 이로써 이라크의 쿠웨이트 국경지역에 대한 영유권 요구는 무위로 돌아가게 되었다. 다국적군 군대는 이라크 및 쿠웨이트와 접경하고 있는 사우디아라비아의 사막에 집결하여 대대적인 작전을 수행하였다.

이를 일컬어 '사막의 방패(Desert Shield)' 작전과 '사막의 폭풍(Desert Storm)' 작전이라고 불렀으며 군인들은 전력이 막강한 이라크 군대와의 전투 및 생물학전·화학전에 대비하여 여러 달에 걸쳐 강도 높은 훈련을 받았다. 이들 작전은 미국정부의 막강한 지원을 받아 수행되었고 군대를 파견하지 않은 국가 특히 사우디아라비아와 쿠웨이트 일본 등은 모두 530억 불에 이르는 지원금을 기부하여 군작전비용의 상당 부분을 지원하였다.

2. 미국의 전략

미국의 군사전략 목적은 쿠웨이트 내의 이라크군 격멸 및 쿠웨이트 정부의 회복에 있으며, 전략개념은 첫째, 다국적 공군, 해군 및 지상군은 이라크군 지역에 대하여 다축선으로 공격한다. 둘째, 공군작전으로 이라크 중심을 파괴하기 위하여 이라크의 국가지도부, 화생방전 능력, 공화국 수비대의 지휘부를 파괴한다. 셋째, 지상군은 쿠웨이트 내의 이라크군 고립과 격멸 그리고 공화국 수비대를 격멸하며, 쿠웨이트 시에서 아랍군을 해방한다.

이를 위하여 1990년 10월 30일 부시(Bush) 미 대통령이 사우디아라비아 방어를 목표로 하는 사막의 방패작전에 한 걸음 더 나아가 적극적으로 쿠웨이트 탈환을 위한 전투력 증강을 결심한 이후 미국군은 꾸준한 병력 증강으로 11월 말까지는 다국적군의 육군병력이 40만에 달하였다.

한편 중부군사령관 노먼 슈워츠코프 대장은 이라크 공격작전을 '사막의 폭풍'작전으로 명명하고 세부적인 작전계획을 수립하였다. 사막의 방패작전의 목적은 사우디아라비아의 방어에 있으며, 다국적군의 임무는 이라크의 사우디아라비아에 대한 침공을 저지하는 것이었다. 그리고 이라크군의 전력을 약화시키는 반면에 우방국들의 전력 증강으로 이라크군의 확전을 포기하도록 하는 데 있었다. 이를 위하여 노먼 슈워츠코프는 미국의 기술력을 바탕으로 육·해·공군의 모든 장점을 최대한 활용하는 유기적인 작전계획을 세워야 하며, 특히 지상군의 손실을 줄이기 위해 초전에 공군력을 대량 투입해야 한다는 생각을 갖고 있었다.

그에 따라 그와 중부군 공군사령관 찰스 호너 중장 등은 5개의 기본목표를 세웠다. 첫째, 후세인의 지휘통제망을 파괴한다. 둘째, 이라크군의 레이더와 대공유도탄을 무력화시키며 항공기의 이륙을 저지한다. 셋째, 이라크군을 지원하고 있는 공장, 보급창, 연구소를 파괴한다. 넷째, 이라크의 비행장, 항구, 고속도로 및 교량을 파괴한다. 다섯째, 이라크의 최정예부대인 공화국수비대를 섬멸한다.

이와 같은 목표 아래 '사막의 폭풍'작전은 4단계로 구분되었다. 1단계는 전략폭격 단계로서 크루즈미사일, 스텔스 폭격기, 재래식 폭격기로 이라크의 전쟁지휘체계와 정보체계, 주요 공업시설을 마비시키는 것을 목표로 하고, 2단계는 비행장, 대공미사일체계, 조기경보 레이더를 포함한 적의 방공망을 제거한다. 3단계는 남부로 연결되는 이라크군의 병참선을 차단하여 쿠웨이트에 투입된 이라크 공화국수비대와 정규군을 고립시키며, 4단계는 지상작전을 공중에서 근접 지원한다.

1~3단계가 공군력에 의존하는 폭격계획이라면 4단계만이 본격적인 지상작전으로서 '사막의 폭풍'작전은 개전 초기에 공군력을 최대한 활용해 병력의 손실을 최소화하려는 슈워츠코프 대장의 전쟁개념이 철저하게 반영되어 있다고 볼 수 있다. 지상군 작전의 목적은 이라크 군사력을 격멸하는 것이었다. 이를 위한 작전개념은 이라크 영내로 우회기동하여 쿠웨이트 내 이라크군 병참선과 퇴로를 차단하고 이라크군 주력을 격멸하는 것이었다.

전략폭격의 목표선정을 위한 정보를 수집하기 위해서 미군은 10여 개의 정찰위성, 고공정찰기 TR-1A 등을 활발하게 활용하였고, 직접 특수부대 요원들을 이라크와 쿠웨이트에 잠입시켜 정보를 수집하였다. 베트남 전쟁에서 각 군이 작전 영역과 활동에서 혼란을 보였던 전철을 반복하지 않기 위해 각 군의 항공전력은 찰스 호너 중부군 공군사령관의 단일 지휘체제 아래 운용되었다.

3. 이라크의 전략

이라크의 방어전략은 사우디-쿠웨이트 국경을 따라 강력한 방어진지를 구축하는 것인데, 그 최전방에 50만 개의 지뢰를 매설하여 다국적군 육군의 진격을 저지하고, 그 후방에는 기름 호를 파 다국적군 접근 시 원격 조정하여 화력공세를 취할 수 있게 하였다. 제1선에는 주로 보병을 배치하고, 그 뒤 제2전선에 강력한 기계화부대와 기갑부대를 배치하며, 제3선에 정예부대인 공화국수비대를 배치했다. 그리고 다국적군의 공격에 대비하여 호를 파서 전차와 야포를 은폐시키고, 제1방어선을 통과할 때 강력한 야포공격으로 격퇴시킨다는 계획이었다. 즉 방어의 개념은 첫 번째 방어지대에서 공자의 속도를 둔화시키고, 공자를 두 방어지대 사이의 살상지역에 빠뜨려 공자가 두 번째 방어지대를 돌파하기 전에 격멸하며, 두 번째 방어지대를 돌파한 부대는 방어거점의 후방지역에서 사단이나 군단의 기갑예비로 역습하는 계획을 세웠다.

제1방어지대는 보병부대로 편성하여 국경선에서 5~10㎞ 지역에 국경선과 평행하게 설치하였고, 100~200m의 연속적이며 다양한 지뢰지대, 철조망, 대전차호와 장벽, 기름교통호를 설치했다. 그리고 제1방어지대를 엄호하기 위해 소대 및 중대 단위의 거점을 형성하였다. 제2방어지대는 기갑부대와 기계화보병부대로 편성하여 제1방어지대는 후방 20㎞에 설치하고 이라크군의 실질적 주방어선으로서 제1방어지대와 유사한 장애물을 설치하였다. 제3방어지대는 전략예비 공화국수비대 6개 사단을 배치하였으며, 1, 2제대 25개 사단 38만 명, 제3제대 작전예비 10개 사단 15만 명을 배치하였다.

방어선에 대한 병력증강의 필요성을 절감한 이라크는 이란과 국경협상을 재개하여 국교를 회복시키고 이란 전선에서 병력을 빼돌려 쿠웨이트에 배치하였다. 한편 이라크는 다국적군을 분열시키기 위해 범아랍주의를 내세우거나 스커드미사일로 위협하여 이스라엘을 이 사태에 개입시키려고 하였다. 또한 다국적군이 침략할 경우 쿠웨이트의 유전에 방화하겠다는 위협도 서슴지 않으면서 유전과 정유시설에 폭파장치를 했다.

이러한 극단적인 대응전략은 이라크의 의도와는 달리 오히려 국제사회에 이라크에 대한 부정적 여론을 조성시켰다. 국제정세는 이라크에 대단히 불리하였다. 다국적군 측은 미국이 주도하는 유엔무대를 이용하여 이라크를 위협하는 결의안들을 계속하여 통과시켰고 전통적으로 이라크의 맹방이었던 소련은 미국의 조치에 대하여 묵인 내지 지지하는 태도를 일관되게 취하였다.

제5절 이라크 전쟁 시 미국의 군사전략

2003년 3월 20일 발발한 이라크 전쟁은 미국이 9·11 테러의 연장선상에서 아프간 전쟁에 이어 대량살상무기 개발 의혹을 가진 사담 후세인 정권의 무장해제와 이라크 국민을 압제에서 해방시킨 후 민주주의 정부를 수립하기 위한 예방적 차원의 선제공격이었다. '이라크 자유작전'으로 명명된 이라크 전쟁은 도널드 럼즈펠드 미 국방장관이 주도해 온 군사변혁의 중간평가 시험장으로써 당시 콜린 파월 미 국무장관 등이 부족한 작전 및 지원병력을 가지고 개전하려는 것은 무리라는 반대 입장에도 불구하고 강행되었으며, 결국 1991년 걸프전 시 투입되었던 다국적군 전력의 절반 수준만 투입하고도 21일이라는 단기간 내 전쟁을 승리로 이끌 수 있었다.

1. 전쟁 개요

이라크는 문명의 발상지로서 티그리스 강과 유프라테스 강이 국토 중심으로 흐르고 있으며, 고대 메소포타미아 문명의 수메르, 아카드, 바빌로니아가 있었던 유적지로도 유명하다. 농업은 건조기후로 경작률은 약 12%에 불과하나 여타 중동국가에 비해 비옥한 땅을 보유하고 있다. 미국은 9·11테러에 대응하기 위하여 '테러와의 전쟁' 선포 이후 아프간 전쟁에 이어 대량살상무기(WMD) 개발 의혹을 가진 사담 후세인 정권의 무장해제와 이라크 국민을 압제에서 해방시킨 후 민주주의 정부를 수립하기 위한 예방적 차원에서 2003년 3월 20일 '이라크 자유작전'을 실시하였다.

동맹국(29개국) 16만 6,000여 명과 함께 시작하여 결정적인 후세인 정권 제거 및 바그다드를 장악함으로써 전쟁 개시 43일 만인 2003년 5월 1일 '부시' 대통령이 에이브러험 링컨호에서 '이라크 자유작전' 종전을 선언함으로써 단기간 내 전쟁을 승리로 이끌 수 있었다. 이라크 전쟁은 감시체계(C4ISR)와 초정밀타격체계(PGMs)에 디지털화된 네트워크를 결합하여 실시간대 표적획득—결심—정밀타격이라는 새로운 전쟁 패러다임을 형성함으로써 미래전의 양상을 제시해 주었다.

미군은 전장을 가시화한 가운데 장거리 정밀교전을 보편화하고, 전투 간 의사결정 사이클을 효율적으로 가속화시키며, 전장 공간의 확장과 통합, 전자전 및 사이버전의 위력을 증대시키고, 비선형 및 분산된 상태에서도 신속결정작전(RDO)을 구사하였다.[15] 또한 종전의 대량 인명 살상 및 파괴 등 소모적인 전쟁방식에서 디지털화된 정보화 기법으로 효율적인 전쟁수행을 하였으며, 다양한 심리전과 적시 적절한 전투근무지원 및 예비군의 운용, 충격과 공포의 작전효과를 극대화하였다.

2. 미국의 전략

미국의 전략목표는 이라크 정치와 군사조직을 제거함에 있어 후세인을 제거하고 정치 기반을 이루고 있는 바트당을 해체하며 공화국수비대 및 친위부대를 격멸하는 것이었다. 그리고 대량살상무기를 포함한 이라크의 완전한 무장해제를 달성하고 미국 국익에 유리한 안정화작전을 시행하여 이라크 내 친미정부의 수립과 석유의 안정적 수입을 보장하는 것이었다. 전략개념은 첫째, 압도적인 군사력을 이용하여 이라크군을 마비시켜 조기에 전쟁을 종결하기 위하여 전쟁 초기에 '충격과 공포'를 유발하여 항전의지를 말살한다. 둘째, 후세인 정권을 붕괴시키고 WMD 증거 포착 및 전쟁명분을 확보한다. 셋째, 이라크 내 안전한 안보환경을 확립하고 민간행정기능을 향상시킨 후 의명 민간정부에 책임을 전환하고 병력을 철수한다.

작전부대 운용에 있어서 지상군은 이라크 내부로 넓고 종심 깊은 기동을 상황에 맞게 동시 또는 순차적으로 공격을 실시하고 특히 바그다드를 단기간 내 점령하여 전쟁 조기 종결에 기여한다. 특수 작전부대는 이라크 내부 종심 깊은 지역에서 적진지를 공격, 교량 및 도하지역 확보, 유전 및 관련 주요 시설을 확보하고, 지상부대 지원과 항공기 유도로 공군을 지원하며, 시리아 국경지역과 인접한 서부지역에서의 비행장확보 및 국경을 통제한다. 공군은 전쟁 전 기간 동안 이라크의 전쟁지도 본부와 지휘 통제시설 및 체계 등 핵심표적을 정밀유도 무기로 타격하고, 지상군 부대와 특수작전 부대를 지원하며 전자전을 수행하고 각종 정보를 수집한다. 해군은 해군 전투기 및 크루즈미사일로 공격하고 해상작전 및 기뢰제거 작전 수행을 통해 해상교통로 확보 및 접근여건을 보장하며, 합동성에 의

---

15) 필자는 2004년 12월 중순경 약 열흘간 한국의 전훈분석 팀장으로서 쿠웨이트 주둔 후방 지원대(캠프 버지니아)를 거쳐 이라크 아르빌 자이툰부대(사단사령부) 지역과 바그다드 연합군 전쟁지휘소에 머물면서 미국의 전훈분석팀과 함께 전훈분석에 대하여 논의하였다. 이 때 실제 전쟁수행의 현장과 상황실, 미국의 전훈분석 내용 등을 참관하는 등 실감나는 교훈을 체득하였다. WMD(Weapons of Mass Destruction): 핵 및 생화학무기와 같은 대량살상 무기를 의미한다. C4ISR(Command, Control, Communication, Computer, Intelligence and Reconnaissance): 지휘, 통제, 통신, 컴퓨터, 정보, 감시 및 정찰; PGMs(Precision Guided Munitions): 정밀타격체계; RDO(Rapid Decisive Operation): 신속결정작전: 미래 합동작전 개념으로 적이 예상하지 못한 시간과 장소에 다정면으로 비대칭적으로 운용하여 적을 신속하고도 결정적으로 격멸하는 작전수행 방법이다.

거 각 군의 능력을 실시간대 통합하여 타격목표를 선정하고 요망하는 시간과 장소에 공격을 실시하며 적시 적절한 전투근무지원을 구축하여 실시간 지원한다.

3. 이라크의 전략

이라크의 전략목표는 바그다드 사수로 '후세인 정권'을 유지하여 군사적 승리보다는 정치적 승리 달성을 추구한다. 전략개념은 첫째, 연합군의 인명피해를 최대로 강요하여 장기 지구전을 모색하기 위하여 초전에 생존성을 보장하고 게릴라전과 시가전 위주로 결전을 감행한다. 둘째, 인간방패 전술을 전개하여 연합군 측의 인명중시 전쟁수행방식을 최대로 역이용하기 위하여 공습 표적상에 민간인을 배치하고 민간인 지역 내에 방어선을 구축한다. 셋째, 범세계적인 반미 및 반전쟁 여론을 확산하기 위하여 대규모 유전 방화와 민간인 피해를 유발한다.

4. 이라크 전쟁의 특성

1) 미국은 전쟁지역에 대한 환경을 유리한 조건으로 전환하였다

미군은 이미 1991년 걸프전이 종결된 시점부터 예상되었던 2차 이라크 전쟁을 염두에 두고 이라크에 대한 구속 및 통제력을 지속적으로 확보 유지하려고 노력하였다. 즉 걸프전 시 유엔 안보리 승인을 얻어 합법적으로 이라크에 대해 군사행동을 통한 응징에 나섰으며 그 당시 유엔으로부터 부여받은 권능에 의해 이라크가 외국으로부터 무기체계나 장비 그리고 무기화할 수 있는 품목 및 예비물자를 자국 내로 들여올 수 없도록 금수조치를 취하였다.

이로 인해 이라크는 급격히 산업활동의 침체와 제조업의 가동률이 저하되었고 경제력은 침체의 길로 들어서게 되었다. 자연히 국방예산 확보에 제한을 받았던 이라크로서는 전체 군병력 수준이 걸프전 대비 23.3% 수준으로 약화되었다.[16] 또한 미군은 종전 후 11년간 이라크 영공의 60%에 달하는 지역에 대해 남·북 비행금지구역을 설정하고 감시임무를 수행하였으며, 이라크의 연합군 항공기에 대한 적대행위를 이유로 이라크 방공망을

---

16) 합동참모본부, 『이라크 전쟁 종합 분석』(2003), p.224. 이라크군은 걸프전 시 150만 명 수준이었으나 이라크 전쟁 시에는 35만 명 수준으로 약화되었다.

공습하는 등 대공위협에 대해 지속적으로 응징함으로써 이라크 전쟁 발발시점에 이르러서는 압도적으로 제해 및 제공권을 장악하고 있었다.[17]

2) 전쟁수행체계에 대한 검증을 하였다

미군은 실제로 이라크에서 개전되었을 경우를 상정하여 전반적인 전쟁수행체계에 대한 검증을 실시하는 등 전승보장을 위해 노력하였다. 미군은 개전 8개월 전부터 총 3회에 걸쳐 이라크군 및 현지 작전환경이 반영된 모의 전쟁연습과 현지 적응 훈련을 실시하여 싸우면 반드시 승리할 수 있는지를 사전에 검증하고 전반적인 미비점을 보완시키는 데 주력하였다. 먼저 미합동전력사 주관으로 2002년 7월 24일부터 8월 15일까지(3주간) 캘리포니아 네바다 주 일대 9개 실전훈련장 및 17개 모의훈련센터에서 FTX(전차, 전투기 포함 실제 병력 훈련: 20%), CPX(컴퓨터 모의 훈련: 80%) 방법으로 이라크 전쟁에 대비한 합동 전투 실험성격의 'Millenium Challenge 2002'를 실시하였으며, 이때 전투 수행방법을 어떻게 적용해야 할 것인가를 결정하기 위한 효과기반작전(EBO), 신속결정작전(RDO), 작전상황의 실시간 공유문제, 합동연동계획, 상설 합동전력본부 운용, 작전통신망 운용 평가 등에 대한 검증이 실시되었다.

또한 2002년 12월 9일부터 12월 19일까지(10일간) 미중부 사령부 전쟁기획 참모단 700여 명과 영국군 300여 명 등 총 1,000여 명이 참가한 가운데 'Internal Look 2003' 연습을 통해 이라크 전쟁에 대비한 작전수행 능력을 최종적으로 점검하는 차원에서 CPX 및 패트리어트 미사일 발사 화생방방어 훈련 등 실제 훈련을 병행하여 실전을 가정한 세부내용 묘사를 통해 문제점을 사전에 도출하여 보완하였다. 그리고 개전을 앞두고 이라크 국경에 근접한 쿠웨이트 북부 사막지역에서 전차·장갑차를 동원한 미군 1만 2,000여 명이 현지 사막 기상 등에 적용할 수 있는 능력 배양과 주야간 기동 훈련, 장애물 극복 훈련 수색 및 시가지전투를 숙달시키기 위해 'Desert Spring' 훈련을 실시하였다. 그 외 쿠르드족 등 이라크 반체제 인사 5,000여 명을 대상으로 미 본토에서 전투훈련을 실시하였으며, 이들은 전쟁기간 중 연합군 전투요원 안내, 통역 등 지원 임무를 수행하였다.[18]

---

17) 위의 책, p.51.
18) 위의 책, pp.52~58.

3) 신속결정작전(RDO)과 특수부대를 투입하여 이라크군의 마비를 달성하였다

미군은 이라크 전쟁 준비 및 여건조성을 위해 이미 1990년 8월 이라크가 쿠웨이트 침공 당시부터 사우디아라비아 내 다란프린스 술탄기지를 비롯한 주변국에 전개기지를 확보하는 등 2차 이라크 전쟁에 대비해 왔으며, 작전환경을 시스템적 관점에서 종합적인 분석을 통해 이라크 적지 종심지역과 제반 취약점을 파악하기 위한 충분한 전쟁 준비 기간을 확보하여 작전 여건조성에 주력하였다. 먼저 미군은 고도의 심리전·전자전수행으로 이라크의 항전의지를 박탈하기 위해 각계 지도자들에게 E-mail 등을 발송하여 지도부 내부의 갈등과 분열을 조장하고 연합군의 전력 증강 등 전쟁 준비 상황을 수시로 공개함으로써 전쟁 공포심을 조성하였으며, 이라크군의 전장 이탈, 전투력 약화와 사기저하를 유도하였다.

또한 전단, 소형 라디오 투하 등 대민심리전을 수행하였으며, 공군특수전부대 EC-30E (Commando Solo)를 사용하여 아랍어로 직접 회유 방송실시를 통해 이라크 전쟁의 목표가 '사담 후세인과 그 추종자 제거를 통한 정권교체 및 이라크 국민의 해방'이라는 사실을 집중적으로 부각시키려고 노력하였다.[19] 그리고 사전 특수부대를 투입하는 등 작전 여건 조성 일환으로 '이라크 자유 작전'에는 역대 전쟁사에서 가장 많은 특수부대원들이 동원되었으며, 2003년 1월부터 미국의 CIA 산하 특수작전단(SOG) 요원을 유럽의 비즈니스맨 등으로 가장시켜 바그다드 모술바스라 등 주요 전략목표에 잠입 지휘·통제·통신 및 정보시설 등 전쟁수행의 대뇌 기능을 하는 시설물 등에 대한 현장 정보수집 활동과 북부 쿠르드족과 연계한 민병대를 조직하여 개전과 동시 중요시설, 교량, 비행장 등 점령 가능한 교두보를 확보하고, 유전지대를 선점하여 이라크군의 방화 차단과 주요 항구의 진·출입 항로상에서의 기뢰설치 거부 등 해상교통로 방호활동도 전개하였다.[20]

5. 전쟁결과

이라크 전쟁은 감시체계(C4ISR)와 초정밀타격체계(PGMs)에 디지털화된 네트워크를 결합하여 실시간대 표적획득-결심-정밀타격이라는 새로운 전쟁 패러다임을 형성함으로써 미래전의 양상을 제시해 주었다. 미군은 전장을 가시화한 가운데 장거리 정밀교전을 보편화하고, 전투 간 의사결정 사이클을 가속화시키며, 전장 공간의 확장과 통합, 그리고

---

19) 문광건·이준호, 「이라크 전쟁에서의 미·영 연합군의 승인 분석」, 『주간 국방논단』 제945호(2003), p.4.
20) 합동참모본부, 앞의 책, p.224.

전자전 및 사이버전의 위력을 증대시키고, 비선형 및 분산된 상태하에서도 적시적소에 작전수행을 보장하는 신속결정작전(RDO)을 구사하였다. 또한 종전의 대량 인명 살상 및 파괴 등 소모적인 전쟁방식에서 디지털화된 정보화 기법과 개선된 교리를 적용하여 효율적으로 전쟁을 수행하였다.

이라크 전쟁의 특성은 첫째, 비선형 전쟁으로서 '효과중심작전' 원리를 실험하였다. 둘째, 장거리·정밀타격으로 비살상전이 보편화되었는데, 연합군이 전략적 핵심표적과 군사표적을 선별하여 정밀타격 및 파괴함으로써 이라크군 및 민간인의 희생을 최소화한 가운데 전승을 달성할 수 있었다. 하이테크 및 디지털화된 무기체계의 정밀성 혁명으로 공산오차가 Zero화에 근접되어 이라크전 시 순항미사일은 1,000㎞ 이상 이격된 목표물을 공산오차 10피트 이내로 정확하게 명중하여 파괴하였다. 셋째, 전장공간이 우주·사이버 영역까지 확장되고 중첩으로 사용하였다. 넷째, 비선형전 및 분산 상태에서 작전을 수행하였다. 연합군은 이라크전 전 기간 및 전 지역에서 동시 전투를 수행하면서 정밀유도 무기체계로 전 전장의 전략적 표적에 대해 동시 및 비동시에 타격하고 특수작전 부대를 전 전장에 투입하였으며, 비선형전하에서 주요 거점이나 전략적 중심 등에 대해 선별적 공격을 실시하여 전장 밀도를 현저하게 축소하였다.[21]

---

21) 필자는 2004년 12월 중순경 약 열흘간 자이툰 부대 전쟁지역 한·미 협동의 전훈분석과 지도방문차 쿠웨이트 주둔 후방 지원대(캠프 버지니아)를 거쳐 이라크 아르빌 자이툰 사단지역과 바그다드에 머물면서 실제 연합군의 실제 전황을 확인할 수 있었다. 이라크는 문명의 발상지로서 티그리스 강과 유프라테스 강이 국토 중심으로 흐르고 있고 또한 고대 메소포타미아 문명의 수메르, 아카드, 바빌로니아가 있었던 유적지로도 유명하다. 후세인의 장기 독재정치는 국민의 문맹률이 80%, 지붕 없는 집, 신발 없이 거리를 다니는 어린이 등 원유 보유 세계 2위국이라는 것이 실감이 나지 않았다.

제12장 한반도 주변 국가의 국방정책과 군사전략

제1절 미국의 국방정책과 군사전략

미국의 전략문서체계를 보면 최상위 문서에 국가안보전략(NSS)과 4개년국방검토보고서(QDR)를 근간으로 하여 국가방위전략(NDS) 및 군사분야에서 실현하기 위한 국가군사전략(NMS)을 수립하고 있으며, 군사전략을 통하여 합동비전과 작전개념을 발전시키고 있다.[22] 국가안보전략은 국가안보 전반에 관한 정부의 의도를 담고 있으며 QDR은 4년 단위로 국가안보 구현을 위한 국방태세, 즉 국방정책의 구현을 위한 기본 방향과 이를 구체적으로 시행하기 위한 군사력 건설의 방향을 제시하는 문서이다. 문서 위계상 NSS가 발간되고 이를 근간으로 QDR이 작성될 듯하나 실제는 QDR이 작성되고 의회에 제출된 이후 이를 바탕으로 NSS가 작성되고 있다.

국가방위전략은 기존에는 없는 문서였으나 9·11테러 이후 본토방위의 중요성이 강조되며 새롭게 등장한 문서로 군사분야 이외에 국방과 관련된 분야에 대해서도 방향을 제시하고 있다. 국가전략서는 기존의 합동비전까지를 포함하는 포괄적 군사력 운용에 대해 방향 제시 및 운용개념을 제시하고 있으며, 군사전략서는 기존의 합동비전까지를 포함하는 포괄적 군사력 운용에 대해 방향 제시 및 운용개념을 제시한 것이다.

---

22) 참고 문서는 2006년 NSS 및 QDR, 2005년 NDS, 2004년 NMS 참고. NSS: National Security Strategy, QDR: Quadrennial Defense Review Report, NDS: National Defence Strategy, NMS: National Military Strategy.

1. 미국의 국가안보전략(NSS)

미국의 국가안보전략목표는 폭정종식을 통한 민주주의 증진이다. 이를 구현하기 위한 국가안보전략기조는 첫째, 인간의 존엄성과 자유, 정의의 증진으로서 폭정의 종식과 민주주의의 확산, 자유시장경제 증진 등의 실천으로 가능하며, 둘째, 다양한 도전에 효과적으로 대처하기 위하여 미국 주도하에 효과적인 다국적 활동을 통해 대처한다는 전략기조하에 기존 제시한 9가지의 수행과제에 대한 시행방안을 제시하고 있다.

수행과제 중에서 군사분야와 크게 연관된 것 위주로 살펴보면, 첫째, 인간 존엄성에 대한 열망을 수호하기 위해 많은 나라들이 열악한 민주주의 등을 도전으로 진단된 뒤 폭정의 종식과 민주주의 증진을 목표로 제시한 후 각국의 실정에 맞는 제도 발전을 위해 정치·경제·외교·군사 등 가능한 모든 수단을 동원하겠다고 강조하고 있다. 둘째, 대테러전 승리를 위한 동맹 강화 측면에서 테러조직이 산재하고 소규모화되는 것을 도전으로 진단한 뒤 대테러전을 무력전(武力戰, a battle of arms)과 사상전(思想戰, a battle of ideas)으로 분류하면서 사상전의 승리를 장기목표로 제시하였다. 셋째, 유관국과의 협조를 통한 지역분쟁 억제 차원에서 분쟁예방 ⇒ 분쟁개입 ⇒ 분쟁 해결 후 안정과 재건 등 단계적 해결방안을 제시하였다.

2. 미국의 국가방위전략(NDS)

국가방위전략의 가장 큰 특징 중의 하나는 21세기 새로운 안보 위협을 4개 유형으로 분류하고, 광범위한 도전에 대처하기 위해 국방부의 능력을 재조정할 것을 명시하고 있다. 세부 내용을 보면 미 국방전략목표는 본토 방어에 최우선을 두며, 동맹국과의 협력을 강화하여 테러리즘과 불량국가의 위협에 대응하는 것으로 신속 전개 가능한 군사력을 바탕으로 위협과 도전세력의 확산 방지를 위해서 적극적으로 군사적 개입을 수행할 것을 명시하고 있다.

그리고 이에 대한 시행 지침 및 개념으로 동맹국에 대한 확신을 바탕으로 중국, 러시아 등 잠재적인 적에게 미국과의 경쟁을 단념시키고 미국의 국익에 도전하는 위협과 강압을 억제하고, 억제가 실패할 경우 어떤 적이라도 결정적으로 격퇴시키는 것이다. 전략개념 시행을 위해서는 정보력의 강화와 중요 작전기지를 보호하고 적의 은신을 거부하고 네트워크 중심작전을 통한 비정규적 도전에 대처할 수 있는 능력을 갖출 수 있는 군사력을 갖추어야 한다고 제시하고 있다.

3. 미국의 국가군사전략(NMS)

미국의 국가군사전략서에서 전략환경평가는 9 · 11테러 및 아프간, 이라크 등과의 대테러전을 분석하여 첫째, 당시 미국에 대한 적대세력들의 범위가 불안정하게 세계 각지에 확산되었으며, 둘째, 이들은 복합적이고 분산된 전장공간을 유지하고 있다. 셋째, 첨단과학기술의 확산과 접근으로 첨단 무기를 쉽게 접할 수 있는 환경에 있음을 제시하고 있다.

이러한 위협으로부터 미국의 안전을 확보하기 위하여 3가지의 국가군사전략목표를 설정하였다. 일명 3P라고 하는데 보호(Protect)-예방(Prevent)-적을 능가(Prevail)한다는 것이다. 첫째, 외협세력의 근원지를 제거하며, 이를 통해 외부의 공격과 침략으로부터 미국을 보호하며, 둘째, 분쟁과 미국에 대한 공격위협의 사전제거를 통한 기습공격을 예방하며 셋째, 압도적인 군사능력을 바탕으로 신속히 적을 격멸하고, 적 군사능력을 격멸하여 의명 정권제거 등 결정적으로 승리하는 것이다.

그리고 국가군사전략서에는 군사전략 3가지 원칙을 제시하고 있다. 첫째, 기민성(Agility)으로 다양한 환경에서 군사력의 신속한 전개 · 운용 · 유지 전환능력이 긴요하며, 주도권장악이 핵심요소이며 국익의 신속하고 결정적 행동을 보장해 주기 위한 기민성이다. 둘째, 결정성(Decisivence)으로 통합군사령관에게 적을 압도하고 상황을 관리하며, 명확한 결과를 성취하도록 보장하고, 요망목표에 적합한 맞춤형 군사력 투입과 결정적 효과를 달성하는 결정성이다. 셋째, 통합성(Integration)은 군사 활동이 제 국력의 수단 및 국제적 지원요소와 효과적으로 통합이 이루어져야 하는 것이 긴요하며, 각 군 간, 다른 정부기관, 비정부기관 및 해외 동반자 등과 융합되고 통합되어야 한다는 통합성을 강조하고 있다.

미국의 군사전략개념은 심도 깊은 적극적 방어전략, 1-4-2-1전략[23] 등 다양한 전략들이 있지만 NSS와 NMS나 핵태세 검토보고서에 나와 있듯이 선제공격전략(Pre-emptive Strike)이 가장 적절하다고 할 수 있다. 선제공격전략의 핵심은 첫째, WMD 위협제거 및 불량국가의 위협을 제거하기 위해 필요 시 단독으로라도 선제공격을 추구할 것이며, 둘째, 위협

---

23) 1-4-2-1 전략개념은 1(본토)-4(전진배비/돌출: 유럽, 중동/서남아, 동북아, 동남아 해안)-2전략(1개 지역 승리, 1개 지역 격퇴)-1전략(소규모 분쟁 대비)이다. 미국은 2011년에 이 전략개념을 부분적으로 수정하였다.

이 발생하거나 또는 위협 발생이 예견될 때 핵이나 결정적이고 압도적인 수단을 사용하여 적을 제압하며, 잠재적 대상국은 북한을 포함한 7개국이다.

셋째, 핵선제공격 상황(핵태세보고 서명 시), 즉 이러한 선제공격 상황은 재래식 무기로는 파괴할 수 없는 지상 군사시설 등 표적, 적의 핵 및 생화학무기 공격에 대한 보복, 신무기가 기습적으로 개발될 경우 등 돌발적인 군사태세 상황에 실시한다고 명시되어 있다. 또한 핵사용을 고려할 수 있는 기타 불시 군사사태는 주요 국제적 갈등상황으로써 북한의 남침, 아랍과 이스라엘 갈등, 중국과 대만 간 군사적 충돌 등이 있다.

또한 군사전략목표 달성과 군사전략개념 시행을 위한 능력은 첫째, 통합된 목적을 지향하는 기능과 능력, 둘째, 범세계적 전력운용을 위한 원정작전 능력, 셋째, 각처의 자산을 네트워크화하며, 넷째, 합동작전 수행능력 확보를 통한 시행의 분권화, 다섯째, 신속하게 대응할 수 있는 적응성을 확보하고, 여섯째, 적의 반응보다 신속히 실행할 수 있는 정보화된 결심, 일곱째, 모든 조건에서 적을 파괴할 수 있는 치명성 등의 다양하고도 신속하고 압도적인 군사능력을 보유해야 함을 명시하고 있다.

이와 같은 능력을 갖춘 전력 설계 및 군사력의 규모 즉 요구되는 능력은 1-4-2-1 전략을 수행할 수 있어야 하며 미래 전장상황에서도 효과적인 전투수행을 할 수 있는 규모의 전력의 필요성을 제시하고 있다. 또한 미래 전투수행을 위해 전 영역의 우세와 주도권 확보라는 합동비전을 제시하고 있다.

앞에서 제시한 군사력 규모 및 구조에 맞도록 군은 맞춤형 억제능력을 확보하고 WMD 확산저지와 테러와의 전쟁을 더욱 적극적으로 수행할 수 있어야 하며, 이를 바탕으로 자국 내 유관기관과 국가안보 확립을 위해 협력하고 동맹국과 전략적 유대강화를 통하여 범세계적 억제를 달성하며 대테러전을 지속할 것으로 전망하고 있다.

4. 21세기 미군의 건설 및 변환(Transformation)

미군의 6대 핵심작전 목표는 첫째, 미 본토 및 해외주둔 미군, 동맹국 및 우방국 방어를 위한 핵심작전기지 보호하며, 적의 생화학·핵·고폭무기와 운반수단 무력화에 두고 있다. 둘째, 정보체계 보호 및 효과적인 정보작전을 수행한다. 셋째, 미군 전력 접근이 곤란한 원거리 작전환경에서 미군을 보호하고 전력을 유지한다. 넷째, 지속적인 감시와 추적 및 고도의 정밀타격능력을 구비한 신속 개입태세를 확보하고, 지상군과 공군의 상호보완적 작전능력 함양을 통해 적의 은신처를 거부하며 적의 이동 및 고정 표적을 제압한다. 다섯째, 우주체계의 능력과 생존성을 향상시킨다. 여섯째, 합동C4ISR체계와 적절한 합동 작전능력을 발전시킨다.

변환(變換)의 4대 지주는 첫째, 합동대응사령부를 구성하고 합동지휘통제 능력을 향상 시키며 합동훈련 및 합동작전 능력을 향상시킨다. 둘째, 전쟁, 작전개념 및 능력, 워게임, 모의시험 등과 같은 조직 구성에 관한 새로운 접근방법을 시험한다. 셋째, 복합적 정보자 산, 전 지구적 차원의 감시 및 정찰능력 등을 통해 미국의 정보상의 우위를 활용한다. 넷 째, 광범위한 과학기술, 조달분야 향상 및 국방업무 절차상 혁신 등을 통해 변환 능력을 개발한다.

제2절 일본의 방위정책과 군사전략

일본은 평화헌법과 비핵 3원칙 속에서도 아시아 제1의 해·공군력과 정보전력을 보유 하고 있을 뿐만 아니라 핵무기와 전략미사일을 단기간 내에 확보할 수 있는 기술적 잠재 역량(option)도 이미 확보한 상태에 있다. 일본은 일찍이 '고도 첨단기술에 의한 전쟁억제 교리'를 채택하고, 세계 제2의 경제대국이 된 기술능력을 군사적 잠재역량을 발전시키는 데 꾸준히 접목시켜왔다.

1. 일본의 방위정책

일본에 대해서는 방위백서와 신방위계획대강24) 및 중기방위력정비계획 등을 통해 나 타난 사항을 재구성하였다. 일본의 방위정책은 1957년에 발표된 국방의 기본방침에 기반 을 두고 있는데, 국방의 기본방침은 첫째, 국제협력 도모와 세계평화 실현에 기여하며 둘 째, 민생안정과 애국심 앙양을 통한 국가안보에 필요한 기반을 확립하며 셋째, 효율적인 방위력의 정비로 자주적인 방위를 위한 노력을 한다. 넷째, 외부의 침략 시 미·일 안보체 제 기조하에 대처해 나간다는 등 4가지이다. 그리고 기타 기본정책에는 전수(專守)방위 원

---

24) 2005년 일본방위백서와 2005년 신방위계획대강을 참고하였다. 미일 신방위 협력지침에는 '공세적 방위전략'을 말한다. 주변사태는 일본 주변 발생 일본의 평화 및 안전에 중요한 영향을 미치는 사태를 말한다.

칙, 비군사 대국화, 핵을 보유하거나 제조, 반입 등 비핵 3원칙, 마지막으로 문민통제의 확보에 있다. 최근 방위정책의 중점을 보면 신방위계획 대강에 의한 방위력 증강계획을 추진하고, 미·일 동맹관계에 기초한 안보유지 및 주변국과의 군사외교 강화와 유사법제 개정을 통한 자위대의 행동반경 확대를 법적으로 보장하는 등의 공세적 방위력 운용으로 변모하고 있다.

유사법제[25]의 정비는 일본의 국익과 관련된 비상사태가 일본 또는 자국주변에서 발생시 효과적으로 대처하기 위한 법안으로 첫째, 외국의 침략 및 공격 시 자위대 작전을 보장하며 주일미군을 지원한다. 둘째, 무력공격 사태법으로 자위대 방위출동 요건을 확대하였으며, 셋째, 자위대법의 개정안은 진지구축 및 무기사용과 강제수용 등이 있다. 넷째, 안전보장회의 설치법을 개정하여 안보회의 기능을 강화하였다. 또한 미·일 신방위 협력지침에는 공세적 방위전략과 일본주변에서 발생하는 일본의 평화 및 안전에 중요한 영향을 미치는 주변사태에 대한 대응을 강화하였다. 이러한 유사법제의 정비는 자위대의 역할 확대와 일본에 영향을 미치는 지역으로 한반도 일대까지를 포함하고 있어 남북관계 악화 혹은 북한 급변사태 발생 시 개입할 수 있는 여지를 담고 있다.

2. 일본의 군사전략

1) 전략환경 평가

일본이 판단한 위협요인은 일본에 대한 직접적인 침략사태 발생의 가능성은 저하된 반면 테러와 WMD, 탄도미사일의 확산 등 새로운 안보위협 요인의 확산을 우려하고 있으며, 주변국[26]에 대한 평가로는 러시아를 가장 큰 위협요인으로 판단한 과거와는 달리 핵전력과 대규모 군사력에 대한 경계수준으로 판단하였고, 북한의 WMD 및 탄도미사일, 대규모 특수부대 보유 등의 여러 위협요인을 지닌 안전보장의 중대한 불안정 요인으로 판단하고 있다. 가장 주목할 사항은 중국 관련 사항으로 중국의 핵 및 미사일전력과 해·공군력의 근대화 및 이를 통한 해양에서의 활동범위 확대에 대해 큰 위협요인으로 평가하였다. 한국에 대해서는 한반도 관련 양국 간의 불확실한 요소가 있다는 표현으로 우회적이나마 문제의 소지가 있다는 것으로 인식하고 있다.

---

25) 유사법제란 자위대의 행동과 미군에 대한 지원을 원활히 하는 목적, 일본이 외국으로부터 무력공격이나 침략을 받을 경우 자위대의 신속하고 효율적인 출동 및 작전을 뒷받침하는 것을 말한다.

26) 주변사태란 "그대로 방치해 두면 일본에 대한 직접적인 무력공격이 있을 우려가 있는 사태 등 일본 주변 지역에서 발생하는 일본의 평화 및 안전에 중요한 영향을 미치는 사태" 주변사태의 개념은 지리적인 것이 아니라 사태의 성질에 착안하고 있다.

2) 군사전략목표

군사전략목표는 패전 이후 군사전략의 두 축은 전수방위와 미·일 연합방위체제를 토대로 하여 본토 침공 거부로 국한하여 설정하였다. 그러나 1997년 미일 신방위협력지침[27]에 의거하여 공세적 방위전략으로 발전시키고 있으며 최근의 신방위계획대강과 방위백서 등을 토대로 분석한 결과도 이와 동일하게 나타나고 있다. 이런 일본의 군사전략목표는 전방위태세 확립으로 침공을 억제하여 국가이익 보호 및 증진하고, 잠재적 위협국의 본토 무력 침공을 거부하며, 2,000해리 해상교통로의 효과적인 안전 확보, 그리고 국제기구의 일원으로 세계 평화에 기여 등이다.

3) 군사전략개념

군사전략개념은 첫째, 직접적인 침략사태에 대비하기 위하여 미·일 안보체제와 전수방위 원칙을 준수하며, 중국 및 북한 위협에 대비하여 전방위 대응 가능한 체제를 구축하며, 해상교통로 방위 및 착·상륙 침공 거부대책을 구비한다. 둘째, 새로운 위협과 다양한 사태에 효과적으로 대응하기 위하여 탄도미사일 공격에 대처 및 MD체제를 구축하며, 게릴라와 특수부대로부터의 대응, 도서지역에 대한 침략 대응, 대규모 특수재해 등에 대한 대응을 한다. 셋째, 국제적 안보환경의 개선을 위한 대처는 부대정비를 통한 해외 파병능력 및 작전 지속능력을 확보하고 해외파병 병력에 대한 지위부여 및 소요체제를 정비한다.

이와 같이 일본의 군사전략개념을 살펴보면 북한의 미사일 같은 새로운 위협에 적극적으로 대처하며 보통국가로의 복귀를 통한 국제사회에서의 역할 증진을 위한 자위대의 능력 확보 등을 제시하고 있다. 그리고 최근 북한 미사일 사태 등을 계기로 자위권 행사라는 측면을 부각시켜 더욱 공세적이고 직접적인 방향으로 나아가고 있다.

3. 주변사태 시 일본의 평화 및 안전 확보 조치법안(주변사태 법)

첫째, 후방지역 지원은 주변사태 발생 시 미·일 안보조약의 목적 달성에 기여하기 위해, 활동 중인 미군에 대한 물품·용역 및 편의 제공 등 지원조치를 말하며, 일본이 후방지

---

27) 미·일 동맹 재정의와 방위협력지침 개정에 따른 변화: 첫째, 방위협력 중점 전환: 일본에 대한 직접 침공(북방침공) → 일본 주변 유사시의 대처, 상호협력계획(공동작전계획) 수립. 둘째, 방위협력 대상지역 광역화: 일본 영역 및 극동지역 → 일본영역 포함하는 일본 주변지역 (아시아, 태평양지역), 일본 측 해석: 지리적 개념이 아닌 안전에 직접적 영향을 미치는 지역. 셋째, 방위협력 내용상 질량으로 확대: 단순히 미국에게 기지제공 및 일본 영내에서 편의 제공 → 자위대가 직접 참가하는 병참지원, 기뢰제거, 인검, 감시, 경계, 비전투원 피난 등.

역에서 실시하는 것을 말한다. 후방지역은 일본의 영역과 현재 전투 활동이 실시되고 있지 않으며 활동기간 중 전투행위가 실시되지 않을 것이라고 인정되는 일본 주변의 공해(영해 기선으로부터 200해리까지의 수역인 배타적 경제수역 포함) 및 그 상공의 범위를 말한다.

둘째, 후방지역 수색구조 활동은 주변사태 발생 시 실시된 전투행위로 인해 조난을 당한 전투참가자들을 수색하거나 구조하는 활동을 말한다.

셋째, 선박검사 활동은 주변사태 시 무역과 기타 경제활동에 관한 규제조치로서 일본이 참가하면서 엄격히 실시할 목적으로 UN안보이사회 결의에 근거하거나 기국(旗國)의 동의를 얻어 선박의 적재 화물 및 목적지를 검사하여 확인하는 활동과 필요에 따라 선박의 항로 또는 목적항구 내지는 목적지의 변경을 요청하는 활동을 말하며, 일본의 영해 또는 일본 주변공해에서 실시한다.

제3절 중국의 국방정책과 군사전략

중국은 최근 거대한 경제시장을 토대로 눈부신 성장을 하고 있다. 이는 비단 경제분야 뿐만 아니라 과학기술분야도 발전하고 있으며, 이런 발전을 바탕으로 국제사회에서도 자국의 입지를 공고히 하며 나아가고 있다.

1. 중국의 국방정책

1) 국가목표 및 국가안보목표

중국의 국가목표는 근대화되고 통일된 부강한 국가를 이룬다는 국가목표하에 국가안보목표는 첫째, 분열억제, 통일촉진, 침략에 대비 및 저항, 국가주권 및 영토의 완전성, 해양권익 등을 수호하는 것이다. 둘째, 국가이익을 수호하고 경제사회 분야 등 종합국력의 증강을 도모하고, 셋째, 국방건설 및 경제발전의 조화로운 발전방침을 견지한 가운데 국방현대화를 통한 방위능력을 향상시키며, 넷째, 각종 범죄예방 및 단속으로 국민의 권익보장과 함께 사회질서 및 안녕을 유지하고, 다섯째, 독립 자주적 평화 외교정책 추진과 여섯째, 상호협력의 신안보관 견지, 일곱째, 장기적이고도 양호한 국제 및 주변 안보환경을 조성하는 것을 제시하고 있다.

2) 국방정책 기조 및 국방정책 중점

중국의 국방정책 기조는 첫째, 국가안보와 통일을 수호하며, 둘째, 국방 및 군 현대화 건설을 강화하고, 셋째, 건설적 소강사회 건설을 위한 건전한 과정을 확보한다. 국방정책의 중점은 첫째, 군사력 현대화를 적극 추진하며, 둘째, 장기적이고 양호한 국제 및 주변 안보환경을 조성하며, 셋째, 개혁과 개방 및 경제건설을 지원한다.

2. 중국의 군사전략

1) 전략환경평가

전략환경평가 측면에서 중국이 평가하는 안보위협으로는 첫째, 세계 초강대국 미국의 견제로 이것은 중국의 경제발전과 함께 미국과의 이해충돌이 불가피하며 미국의 '중국포위' 전략에 따라 미국을 최대 안보위협으로 인식하고 있다. 둘째, 주변 강국인 일본이 군사안보정책 조정 및 대외 군사활동 증가 등 군사대국화를 추구한다는 점이며, 특히 일본의 역사문제, 조어도 영유권 문제 등으로 갈등요인이 상존하고 있다. 셋째, 대만해협 양안의 문제로서 대만의 독립 움직임과 유사시 미국의 대만 지원문제 등을 위협으로 들 수 있다. 넷째, 군사혁신이 가져온 군사기술의 격차, 다섯째, 세계에너지 수요 폭주에 따른 에너지 부족 및 분쟁 발생과 여섯째, 테러리즘, 분리주의, 극단주의의 위협과 다국적 범죄 등을 위협으로 인식하고 있다.

2) 군사전략목표 및 군사전략개념

군사전략목표는 영토 및 국가이익을 수호하며, 내부 안정을 유지하고, 충분한 군사력을 확보하며, 대만 독립을 방지하기 위한 억제에 있다.

군사전략개념은 첨단 기술조건하에 국부전에 승리하는 데 있으며, 이를 위해 첫째, 적극적 방위전략으로 이는 방어성과 적극성을 포함한 전략으로 국경 또는 자국 밖에서 전투를 실시하며, 소모전보다는 주요 지점에 대한 군사작전 및 결정적 최초전투를 실시하고 필요 시 선제공격도 가능하며, 전략적 방어를 전략적 반격과 공세로 전환한다는 개념이다. 둘째, 상대국의 공격의지를 무력화시켜 선제공격을 허용치 않겠다는 것으로 이를 위한 핵전략은 예상적의 선제공격 방지 및 보복 가능한 최소한의 핵전력을 보유함으로써 억제를 달성하겠다는 것이다. 셋째, 신속대응전략으로서 국경지역에서의 국지전에 대비, 신속

대응 전력을 구비한다는 것이다. 다섯째, 인민전쟁전략은 문서상 명시된 사항은 아니나 이는 전쟁승리 쟁취의 수단으로써 전쟁의 목적으로 인민의 중요성을 강조한 전략으로, 전쟁의 승패를 결정하는 결정적 요소는 무기가 아닌 인간이라는 것으로 모택동 이후 중국 군사전략의 근간을 이루는 것이다.

제4절 러시아의 국방정책과 군사전략

1. 러시아의 국방정책

러시아의 국방정책은 1993년 이후 러시아의 국제적 위상회복과 강대국으로서의 지위 유지를 위해 러시아연방 군사독트린에 나타난 바와 같이 국방정책의 목표와 중점에 대해 명확하게 언급하고 있다.

국방목표는 러시아연방에 대한 군사적 위협을 사전에 예방하고 축소하며 위협 발생 시 이를 무력화한다. 이를 위한 중점은 첫째, 신국가안보개념에 의한 국지전 발발 가능성에 대비하고, 둘째, 안보위기 발생 시는 핵무기를 포함한 모든 군사 수단과 자원을 총동원하되 예방적 차원의 핵 선제공격을 포함하며, 셋째, 중국과는 전략적 동반관계를 지속하고 미국과 군사적인 측면에서 직접적인 대립은 회피하나 미국 주도의 세계질서는 견제하고, 넷째, 군 개혁을 적극 추진하여 기동성 있는 소수 정예군을 육성하는 방향으로 추진하는 등 국방정책을 추진하고 있다.

2. 러시아의 군사전략

1) 전략환경평가

전략환경평가 측면에서 러시아가 평가한 안보위협 중에서 먼저 국제적인 위협은 NATO의 동유럽으로의 역할 확대와 미국의 러시아 주변국에 대한 진출 즉 국경 인근에 외국 군사기지 및 대규모 파병부대 출현, 대량살상무기 및 그 운반수단의 확산, 국경 및 영유권 분쟁의 발생과 확대 등을 직간접적으로 언급하고 있다. 특히 군사독트린에 명시된 바와 같은 일본의 북방 4개 도서 반환요구나 러시아연방의 군사적 안정을 해치는 군사블록이나 동맹의 확대인 나토의 동유럽으로의 영향력 확대에 대해 매우 유감을 표명하는 등 많은 갈등 요인이 있음을 암시하고 있다.

다음으로 국내적 및 기타 위협으로는 체첸 및 기타 연방국가 또는 지역들이 러시아연방 구성체로부터의 이탈행위와 국가 기능을 유지하는 데 필요한 시설에 대한 공격을 언급하였고 이와 연계된 불법무장단체의 활동과 이로 인한 사회의 혼란과 일부 지역에서의 분리주의와 민족운동의 확산, 초국가적 범죄행위와 국제테러조직의 활동을 우려하고 있다.

2) 군사전략목표 및 군사전략개념

군사전략목표 달성을 위해서 첫째, 각종 위협에 적시적인 예측과 제거를 위한 군사대응태세를 유지하며, 둘째, 주권과 영토방위, 국경지역 일대의 안전을 보장하며, 셋째, 시민의 안전 및 사회질서 유지를 보장하며, 넷째, 대량살상무기 및 운반수단의 비확산에 대한 군사적 보장과 다섯째, 연방 내 분리주의의 확산차단 및 분리주의 세력을 제거한다. 여섯째, 국가 대외정책의 군사적 지원태세 유지 등을 핵심적인 목표로 하고 있다.

군사전략개념은 적극적인 전 방위 기동전략으로 표현할 수 있으며 이는 선 외교수단, 후 전략핵사용 위협으로 전쟁을 억제하는 것으로 억제 실패 시 첫째, 재래식 전력에 의한 전 방위 기동방위전략, 둘째, 위협세력에 대한 핵 선제공격으로 위협발생 이전 또는 초기에 위협을 제거한다. 셋째, 군사력 현대화와 안보환경 변화를 고려하여 군의 역할을 강조하고 있으며, 넷째, 분쟁 및 전쟁 발생 시에는 즉각 반격으로 승리하고 소규모 국지분쟁에 대비하는 신속대응전략을 유지하고 있다.

제5절 북한의 국방정책과 군사전략

북한의 군은 '당의 군대', '혁명적 군대'로서의 성격을 지니고 있는 것으로 당규약에 "조선인민군은 조선노동당의 혁명적 무장력"임을 명문으로 규정하고 있다. 따라서 군은 당의 절대적 지배하에 있을 뿐만 아니라, 당의 지시에 따라서만 행동할 수 있는 것이다. 김일성은 "조선인민군은 오직 조선로동당 앞에 충실하고, 오직 조선로동당의 영도 밑에

혁명의 길로 전진하여 당이 쟁취한 혁명의 열매를 보위하며, 혁명적 방법으로 낡은 사회를 전복하고 새 사회를 건설하는 유일한 혁명군대"[28]라고 강조하였다.

1. 북한 정권의 기본목표와 기본전략

북한 정권의 기본목표는 기존 체제 유지와 한반도 공산화라는 목표하에, 당면목표는 북한에서 사회주의의 완전한 승리와 전국적 범위 내에서의 민족해방과 인민민주주의 혁명과업을 완수하며, 최종목표는 온 사회의 주체사상화와 공산주의 건설이라고 설정하고 있다. 이를 달성하기 위하여 기본전략은 첫째, 현 체제의 고수를 위한 사회주의체제 공고화에 있으며, 둘째, 한반도를 무력으로 통일하기 위한 군사력 강화에 있다. 그리고 결정적 시기가 도래 시에는 북한 주도하에 한반도를 통일하겠다는 기본전략을 추구하고 있다.[29]

이러한 북한 정권의 기본목표와 전략은 그들의 노동당 규약 전문과 헌법을 통해서 알수 있다. 모든 국가들은 그들이 추구하는 바를 국가목표, 정책, 공약 등에 명시하거나 함축적으로 표현하고 있는데 이것이 어느 특정국가와 상충될 때 우리는 위협으로 인식하고 상대방에 대한 위해를 가할 의도가 있다고 판단한다. 현재 북한은 "노동당 규약 전문"과 '북한 헌법 제9조'에서 북한의 기본전략을 추구하고 있는 것을 인식할 수 있다. 이는 우리가 추구하는 자유 민주주의 국가에 정면으로 상반된 개념으로서 우리(한국)의 입장에서는 너무나도 큰 위협이 아닐 수 없다.

2. 북한의 군사정책

북한의 군사정책은 '모든 전쟁은 그 근원이 되는 정치제도와 불가분'하며 '평화 역시다른 수단으로 하는 전쟁(계급투쟁)의 계속'이라는 공산주의적 군사사상에 기초하고 있다. 군대는 당의 혁명적 무장력으로서 당의 정치목표를 달성하는 수단이므로 군의 독자적인 군사정책은 존재할 수 없다.

---

28) 김일성, 『김일성 선집』 5권(평양: 조선로동당 출판사, 1968), p.319: "조선인민군 324군부대 관하 장병들 앞에서의 김일성 연설(1958.2.8)".

29) 북한 노동당 규약 전문(1980.10.13): "조선로동당의 당면목적은 공화국 북반부에서 사회주의의 완전한 승리를 이룩하여 전국적 범위에서 민족해방과 인민민주주의 혁명과업을 완수하는 데 있으며, 최종목적은 온 사회의 주체사상화와 공산주의사회를 건설하는 데 있다." 북한 헌법 제9조(1998.9개정): "사회주의의 완전한 승리를 이룩하여 자주, 평화통일, 민족 대단결의 원칙에서 조국통일을 실현하기 위하여 투쟁한다." * 북한은 노동당 규약이 헌법보다 상위에 있다(북한 헌법 제11조: "조선민주주의인민공화국은 조선노동당의 령도 밑에 모든 활동을 진행.") 참조.

군의 형성 이후 그동안 추구한 군사정책은 1962년 국방에서 자위원칙을 표명한 때를 기점으로 크게 전기와 후기로 나누어 볼 수 있다. 그러나 인민군의 창군에서 구소련군이 직접 지도하였고, 1948년 12월까지 북한에 주둔했기 때문에 6·25전쟁 때까지는 별다른 군사정책이 있을 수 없었으므로 휴전 이후부터 1961년까지를 전기로 볼 수 있다.

전기의 군사정책은 전후재건이란 상황 속에서 국방뿐만 아니라, 경제문제로 소련과 중공에 의지하는 의존정책을 기본으로 할 수밖에 없었다. 그 후 1958년 중공군이 완전히 철수함에 따라 병력과 화력의 질적·양적 증대가 요구되어 1959년에 '노동적위대'를 창설하고, 1961년에는 중·소와 각각 군사동맹조약을 체결하여 안전에 대한 보장을 중·소에 의존하였던 것이다.

이러한 의존정책이 자위정책으로 전환된 것은 1962년 12월 당중앙위원회 4기 5차 전원회의에서 '조성된 정세와 관련된 국방력 강화문제'를 토의하고, "인민경제의 발전에서 일부 제약을 받더라도 우선 국방력을 강화하여야 한다"고 강조하면서 '국방에 있어서의 자위'원칙을 결의한 데서 비롯되었다.[30]

이 원칙에 따라 <표 4-1> 북한의 4대군사노선의 기본 내용은 '전 인민의 무장화', '전국토의 요새화', '전군의 간부화', '전군의 현대화'라는 당의 자위적·혁명적 군사노선의 기본내용을 제시하였는데, 이는 1963년부터 실천에 옮겨졌다.

〈표 4-1〉 4대 군사노선의 기본내용[31]

4대 군사노선	내용
전인민의 무장화	인민군과 함께 노동자·농민을 비롯한 전체 근로자 계급을 정치사상적, 군사기술적으로 무장시키는 것.
전국토의 요새화	방방곡곡에 광대한 방위시설을 축성하여 철벽의 군사요새로 만드는 것.
전군의 간부화	인민군 대열을 정치사상적·군사기술적으로 단련하여 유사시에 모두가 한 등급 이상의 높은 직무를 수행하게 하는 것.
전군의 현대화	인민군대를 현대적 무기와 전투기술기재로 무장시키며, 최신무기를 능숙하게 다루고 현대적 군사과학과 군사기술을 수행하게 하는 것.

김일성은 1966년 10월 5일 당대표자회의에서 "인민군대의 간부화, 현대화는 인민군대를 불패의 무력으로 강화하는 중요한 담보이며, 전인민의 무장화, 전국토의 요새화는 군사전략상 가장 유력한 방위체계"라고 말하고, 이 4대 군사노선의 추진으로 커다란 성과를

---

30) 조선중앙년감(1963년판), pp.157~162.
31) 최현, "우리 당의 지주로선을 철저히 관철하여 전체 인민을 무장시키며 전국을 요새화하자"(1968.1.8).

거두었다[32]고 강조했다.

또한 1970년 11월 당 5차 대회의 총화보고에서 김일성은 "4대 군사노선을[33] 적극 추진한 결과 전체 인민이 총을 쏠 줄 알며 총을 메고 있다. 모든 지역에 철옹성 같은 방위시설을 쌓아 놓았으며, 중요한 생산시설까지 요새화하였다. 자립적 국방공업기지가 창설되어 자체로 보위에 필요한 현대적 무기와 전투기재들을 만들 수 있게 되었다"고 말하였다.

이러한 4대 군사노선으로 표명된 북한의 군사정책은 급속한 군사력 증강을 목표로 하고 있는 것으로 4대 군사노선의 채택 이후 북한의 <표 4-2> 군사정책의 주요 실천방향은 다음과 같다.

<표 4-2> 군사정책의 주요 실천방향

1960년대	1970년대
〈4대 군사노선의 관철〉 ○ 경제건설과 국방건설의 병진(1) ○ 전쟁을 위한 전략물자의 비축(2) ○ 전당과 전 인민이 동원된 전쟁태세 확립(3)	〈4대군사노선의 완성〉 ○ 경제건설과 국방건설의 병진(4) ○ 자립적 국방공업기지를 완성하여 획기적인 자위력 육성(5) ○ 긴장되고 동원된 태세의 견지(6)

* 출처: (1) 1966, 1967년 로동신문 신년호 사설. (2) 1965.11. 당 4기 12차 전원회의 결의.
　　　 (3) 1971년 김일성 신년사. (4) 1970.11.2. 당 5차 회의에서 김일성 보고.
　　　 (5) 1971년 김일성 신년사. (6) 1974. 1976. 1977년 김일성 신년사.

북한의 군사정책은 1962년 쿠바 사태 및 구소련과 중국 간의 이념분쟁을 겪으며 국방에서의 자위라는 군사정책을 채택하며 발전하였다. 이후 추가적인 분야의 보완을 거친 김일성의 주체사상과 군사정책 구현을 위한 3대 혁명역량론을 근원으로 구체화되었다.

북한 군사정책의 유형은 크게 3가지로 첫째, 국방에서의 자위로 4대 군사노선(헌법 제60조)을 실현하는 것이고, 둘째, 결정적 시기 조성정책으로 이는 한반도 내의 제반 여건과 남북한의 능력을 고려한 혁명역량이 모두 갖추어진 혁명의 성숙기 또는 무력적화의 호기를 조성하겠다는 것으로 군비축소, 비핵지대화, 주한미군 철수, 국가보안법 폐지와 같은 그들의 주장을 관철시키겠다는 정책이다. 셋째, 군사외교정책으로서 중·러 동맹, 비동맹권 외교, 대미 평화 협상 등 3가지를 핵심으로 이는 국제적 지원역량의 확대를 통해 한국을 국제적으로 고립시키고 우방의 지원을 차단한다는 외교적 포위전략이다.

북한 군사정책의 특징은 공세전략에 기초하여 무력수단을 동반한 혁명으로 남한의 공

---

32) 김일성저작선집, 4권(1969), pp.354~361.

33) 로동신문(1970.11.3): 김일성 저작선집, 5권(1972), pp.437~475.

산화 추구에 있다. 이를 위해 첫째, 대남무력 우위 달성을 위하여 4대 군사노선을 적극적으로 추진하고 있으며, 둘째, 이를 통하여 군사력 우위를 유지하고 전략무기중심으로 군사력을 강화하여 도발 시 강력한 공격수단이며 대외적으로는 정치적 협박 및 협상 수단으로 활용할 수 있다. 셋째, 한국의 우방국에 의한 위협대처와 이를 차단하기 위해서는 중·러와의 협력체제가 절대적으로 필요하므로 이들과의 관계유지를 위해 노력할 것이다.

3. 북한의 군사전략

1) 군사전략의 변화

북한의 군사전략은 당초 속공기동공세 전략과 포위섬멸 전략을 내용으로 하는 소련의 야외교령에서 출발하였으나, 그 후 6·25의 경험과 월남전의 전법 등을 적용하여 1960년대 말에 와서 현대전과 혁명전의 배합이라는 기본전략·전술을 설정하였다. 북한의 한반도 실정에 맞는 전략을 구상하기 시작한 것은 6·25전쟁의 실패 경험에 대한 반성에서 비롯되었다. 1950년 12월 3차 당중앙위원회 전원회의에서 김일성은 6·25동란의 실패에 대한 전략적 반성에 기초하여 새로운 전략적 과제를 제시했다.[34] 이것이 오늘까지 북한 군사전략의 근간이 되고 있다.

1958년 중공군이 주둔하고 있을 때까지는 중공군(인민군)과의 연합행동작전을 전제로 한 전략이었다. 1950년대 말에 중공군이 철수하고, 1960년대에 들어오면서 비로소 인민군의 독자적인 전략을 확립하였다. 김일성은 1969년 1월 인민군당 4기 4차 전원회의 때의 결론 연설에서 조국해방전쟁의 경험을 되풀이하면서 전쟁승리의 결정적 요인은 현대전과 유격전을 배합하는 데 있다고 지적하고, 방어전과 정규화부대·유격부대의 배합작전, 소부대와 대부대의 필요성, 경보병부대의 조직과 무기의 경량화, 곡사포와 저공비행의 증강, 산악전의 중시 등을 강조하였다.[35]

또한 김일성은 1970년 당 5차 대회에서 "우리나라는 산과 강, 하천이 많고 해안선이 긴 나라이다. 우리나라의 지형조건을 잘 이용하여 산악전과 야간전투를 행하며, 대부대 작전과 소부대 작전, 정규전과 유격전을 옳게 배합한다면 설령 최신 기술로 무장한 적일지라도 얼마든지 섬멸할 수 있다. 조국해방전쟁 경험과 오늘의 월남전이 이를 증명하고 있

---

34) 조선중앙년감(1953년), pp.23~37: 소위 '별오리회의'라고 한다.

35) 1969년 3월 귀순용사 노관봉 소지 문건에서 밝혀짐.

다"[36]고 주장함으로써 군사전략·전술의 구체적 방향을 제시하였다.

김일성의 군사전략·전술을 종합적으로 표현한 것이 1971년 인민군 창건 23주년 기념 보고대회에서의 한익수의 보고이다. 즉 "집중과 분산, 적극적 방어와 배후 교란의 배합, 대소부대 활동의 결합, 정규전과 유격전의 배합, 즉시적 반공작전과 연속적 타격전, 적 배후의 제2전선 형성, 유격전 저격수 및 유동포 활동, 비행기·탱크 사냥운동 등 김일성의 전략·전술전법은 현대전과 혁명전쟁의 합법칙성을 정확히 반영한 것이다"[37]고 강조했다.

북한은 이와 같은 전략·전술에 의거하여 인민군의 편제, 장비, 부대배치 등을 수정하고 보완해 왔다.

2) 군사전략목표

북한의 군사전략목표는 첫째, 상대 현존 전력을 기습적으로 섬멸하여 한국군 유생역량 소멸에 중점을 두고 있다. 둘째, 정규전 부대의 지상공격과 특수부대의 침투공격을 통한 한반도 전역의 동시 전장화로 한국군의 효과적인 대응을 거부하며, 셋째, 수도권 조기 석권에 목표를 두고 수도권 조기 점령 후 초기작전이 불리하게 전개될 경우 협상을 제의한다. 넷째, 초기작전이 원활히 진행될 경우에는 한국의 지원세력이 개입하기 이전에, 한국군의 역공세가 체계적으로 이루어지기 전에 전격전을 수행하여 한반도 전역을 조기에 점령하기 위한 전 역량을 투입한다.

3) 군사전략개념

군사전략목표를 달성하기 위한 북한군의 군사전략개념은 첫째, 기습전략으로 핵 및 장거리 미사일을 이용하여 주변국의 개입을 억제한 가운데 초전에 전진 배치되어 있는 지상군과 대량살상무기를 이용하여 기습공격을 감행함으로써 한반도 전역의 동시전장화를 실시할 것이다. 둘째, 속전속결전략으로 최초에 거둔 성과를 신속히 확보함으로써 일단 유리한 전략적 상황을 조성하고 미증원군 도착 이전에 전쟁을 종결한다. 셋째, 배합전략으로 집중과 분산, 후방교란, 대부대와 소부대, 정규전과 비정규전 등 다양한 배합전을 구사하여 전략목표 달성을 시도한다.

북한의 대남전략을 종합하면 한반도 공산화라는 기본적인 목표 아래 군사정책은 3대

---

36) "조선노동당 5차대회보고", 로동신문(1970.11.3).

37) 로동신문(1971.2.8).

혁명역량[38]의 강화로 국방자위정책으로 북한 자체 혁명역량과 결정적 시기조성 정책으로 남한 동조 혁명역량, 그리고 군사외교 정책으로 국제지원 혁명역량을 조성하여 남한의 국제적 고립과 남한 내 동조세력 확산을 통한 결정적 시기가 조성되도록 한다. 이와 같이 결정적 시기가 조성되면 한반도 전역에 대한 동시 기습공격을 통해 한국군의 효과적인 대응을 차단하고 주변국의 지원이 차단된 가운데 속전속결로 남한을 공산화하겠다는 북한의 대남전략이다.

4. 북한의 전쟁수행전략

북한의 전쟁수행전략은 김일성 전략의 형성과정에 나타난 혁명전쟁전략을 기본으로 하고 있다. 이것은 근본적으로 마르크스·레닌주의자들의 전쟁관을 교조적으로 받아들여 전쟁의 본질은 폭력수단에 의한 정치적 연장이고 전쟁은 혁명을 위한 절대적 수단으로 인식하고 있다.[39]

북한의 전쟁수행 전략의 궁극적인 목적은 대남적화통일에 두고 3대 혁명역량강화와 4대 군사노선[40]을 골간으로 하는 전략은 일관되게 유지해 오고 있다. 북한의 한반도 통일은 외세를 배격하고 민주주의적 기초하에 평화적으로 달성해야 한다고 주장하고 있다. 남북문제를 한민족의 자유의사에 따라 평화적으로 해결하려는 것처럼 위장하고 있다. 북한이 주장하는 평화통일이란 통일문제를 국토와 민족의 통합이나 민족 주체의 자유의사에 의한 사회제도의 선택으로 해결하려는 것이 아니라, 마르크스·레닌주의에 입각한 공산혁명을 통해서 적화통일을 성취하겠다는 것이다.[41] 이것은 북한을 혁명기지의 강화로써,

---

38) 3대 혁명역량은 1964년 2월 당 중앙위 4기 8차 전원회의에서 확정된 것으로서, 김일성의 '조국통일 위업을 실현하기 위하여 혁명역량을 백방으로 강화하자'라는 연설에서 "우리는 무엇보다 먼저 북한의 혁명 역량을 강화하여야 한다. 혁명역량은 주로 정치적 역량, 경제적 역량, 군사적 역량의 세 가지로 구성되고, 이 세 가지 힘을 다 길러야 한다. 북한의 혁명역량 강화와 함께, 남한의 혁명역량을 길러내야 한다. 아직도 남한의 혁명역량은 매우 약하므로 먼저 혁명의 주력군을 튼튼히 꾸리는 문제가 중요하다. 남조선의 혁명 역량을 축적하는 한편, 국제 혁명 역량을 강화하기 위하여 투쟁하여야 한다. 미 제국주의자들을 반대하는 세계 모든 인민들과 단결하여야 하며, 그들의 반미투쟁을 적극 지지해야 한다." 즉 북한 내 자체 혁명역량의 구축, 남한 내 동조혁명역량 구축, 국제적 지원혁명역량의 획득을 골자로 하고 있다. 김일성, 『김일성 저작집』 제18권(평양: 조선로동당출판사, 1980), pp.246~266.

39) 북한의 전쟁수행전략은 김일성의 6·25전쟁 수행 시 전략과는 큰 변화가 없을 것이다. 왜냐하면 "북한 노동당 규약 전문(1980.10.13)"과 "북한 헌법 제9조(1998.9개정)"에서 보는 바와 같이 북한의 군사정책과 군사전략에 큰 변화가 없기 때문이다(위의 각주 24 참조). 북한의 혁명전쟁전략 형성과 북한인민군 조직에 대한 내용은 황성칠, 『북한의 한국전 전략』(서울: 북코리아, 2008), pp.77~142 참조.

40) 4대 군사노선은 1966년 10월 5일 노동당 대표회의에서 실천방안을 보다 구체화했다. "우리의 방위력을 강화하기 위하여서는 군대와 인민을 정치사상적으로 무장시키는 기초 위에서 우리 당의 군사노선을 관철하여야 한다. 우리 당은 '군대의 간부화', '군대의 현대화', '전체 인민의 무장화', '전국의 요새화'를 군사노선의 기본 내용으로 규정하고 그것을 철저히 관철하여야 하겠다." 김일성, 『김일성 저작집』 제20권(평양: 조선로동당출판사, 1980), p.426.

41) 1970년 11월 2일 제5차 당대회(중앙위원회 사업 총화보고)에서 채택한 당규약 전문에서 "당의 당면목적은 공화국 북반부에서 사회주의 완전한 승리를 보장하며 최종목적은 공산주의를 건설하는 데 있다"라고 규정하고 있는 점에서 알 수 있다.

남한의 혁명역량을 강화하는 것으로 국제공산주의세력과의 연대성을 강화하는 것을 남한 혁명의 수행에 필요한 3대 혁명역량으로 설정하고 있다.

북한의 최초 군사적인 전쟁관은 소련군의 정규전 전법과 중공군의 비정규전 전법을 배합한 복합적인 개념이라 할 수 있겠으나, 김일성의 과거 항일투쟁 행적을 감안해서 보면 모택동의 인민전쟁론에 입각한 대부대 유격전 사상에 편향되어 있다.

섬멸(殲滅)전략은 단순히 일차원적인 경향을 지향하는 결전주의적 폭력절대화의 일방향적인 강압적인 방법이다. 반면에 소모(消耗)전략은 결전과 기동을 결합하여 정치적 상황에 적응하기 위한 선택적인 지적 방법이다.[42] 북한은 전쟁의 양상에서 나타나는 이러한 이중적 성향 즉 결전주의적 섬멸전략과 결전주의적 소모전략의 기동전략을 선택하고 있다. 이러한 경향은 정치적 상황에 의존한다고 클라우제비츠는 주장하였다. 교전자가 일방적인 물리적 수단을 확보하고 있고 국제환경이 강압적 평화를 허용하는 경우(이러한 국제 환경은 본질적으로 있을 수 없음)에는 섬멸의 전략을 선택할 수 있을 것이다. 그러나 이 전략은 승리하더라도 새로운 불안을 잉태할 것이며 보복의 악순환을 면치 못하게 될 것이다.

1) 결전주의적 포위 · 섬멸전략

북한의 전쟁수행전략은 포위 · 섬멸전략을 기조로 하고 있다. 이것은 소련의 전략에 많은 영향을 받았으며 한국전쟁 계획 수립 시에도 이 전략을 선택하였다. 북한은 포위 · 섬멸전략을 수행하기 위해서 선제기습에 의한 '증기(蒸氣)로라'(Steam Roller)식 속전속결 전략과 배합전략을 수행한다.

북한은 전쟁지도의 중요한 원칙으로서 전장에서의 주도권 장악을 위하여 모든 전투는 불의의 기습을 강조하고 있다. 선제기습은 전략적 요충지 점령 후 유리한 조건하에 정치협상의 여건을 조성하고 한강 이북의 야전군을 무력화하는 데 있다. 선제기습전략은 적이 전혀 예상하지 못하거나 또는 예상하기 어려운 시기와 장소 및 방법을 택하여 공격하고 상대방을 강타하는 전투방식이다. 이때 시간과 공간에서 시간의 이점을 극대화하여 신속, 비밀, 위계(僞計)[43]로 행하여지는 전략으로 최소의 노력으로 최대의 효과를 거두기 위한 것이다.[44] 북한 1969년 1월 6일 군당 제4기 4차 전원회의에서 김일성은 다음과 같이 지시하였다.

---

42) 유제갑 외, 『전쟁과 정치』(서울: 한원, 1989), p.102.

43) 위계(僞計)는 거짓의 계획이나 허위의 계책을 말한다.

44) 국군정보사령부, 『북괴군 군사사상』(서울: 국군정부사령부, 1995), pp.166~167.

"제일 중요한 것은 항상 만반의 준비를 갖추고 있다가 남조선 인민들이 요구할 때는 나가야 한다. 내일이라도 남조선 인민들이 원조를 원한다면, 응할 수 있게 각오해야 한다. 공군은 남한 주요도시, 미사일 기지, 공장 및 항만들의 주요 목표물을 최초 출격으로 무력화하도록 계획해야 한다. 우리는 전쟁 발발 시 탱크와 자동차가 부산까지 내려갈 수 있는 시간계획까지 수립해야 한다."

결정적 시기 도래 시 한시라도 선제 기습공격 가능성을 시사하고 있다. 이러한 전략은 한국전쟁 시 사용한 것으로 기동력과 화력을 극대화하고 비정규군에 있어서는 무장을 경량화시킴으로써 군사력에서 속도의 요소를 크게 중시하여 산악전과 야전전투역량을 강화시켜야 한다고 강조하였다. 따라서 경보병 부대를 비롯한 각종 특수부대를 강화하고 있으며, '폭력과 비폭력', '정치투쟁과 경제투쟁', '합법·비합법·반합법 투쟁', '대규모와 소규모투쟁'하에 유격전 등을 감행함으로써 정규군공격을 위한 유리한 상황을 조성시키려고 하고 있는 것이다. 이와 같이 선제 기습전략은 소부대로부터 대부대까지 광범위한 영역에 걸친 군사력 운용에 대한 제반 원리에 부단한 영향을 미치고 있다.

'증기(蒸氣)로라'(Steam Roller)란 소련군의 전술로써 인원과 장비의 집단적 사용이 공격방법의 핵심이었다.[45] 이 공격방법은 다수의 장비에 의해서 강하게 되고 사람은 공산주의의 철저한 정신적인 교육에 의해 정신무장이 결합된 '증기로라'는 수없이 패배를 당하였음에도 불구하고 꺾을 수 없는 존재가 되었다. 지상전에서 전략 구상은 적이 전장에서 저항할 수 있는 태세로 되기 전에 이것을 압도하고 섬멸시키기 위해 우세한 각종 전력을 종합한 부대로서 적이 감당할 수 없는 공격을 기습적으로 그리고 신속히 실시할 것이 계획되고 있다.

즉 적보다 앞서 공격해야 한다고 생각하고 있다. 그리고 만일 조우전이 일어날 경우에는 막대한 손해를 감수하더라도 압도적인 양적 우세로 전진을 계속하도록 되어 있다. 하루의 전진속도는 전투수단에 따라 다르나 40~80km로 되어 있다.[46] 또한 소련군은 많은

---

45) 그 후 제2차 세계대전인 1946년 6월에 동부전선에서 독일군이 행한 기습공격은 소련군의 집단전술을 즉시 사용을 못 하게 하여 소련군이 패배를 하였다. 그러나 무수한 예비군과 광대한 영토에 의해서 소련군은 많은 사람을 동원시켜 유명한 '증기로라'를 새로 만들었다. 이 기록은 육군본부, 『소련의 전법』(서울: 군사감실, 1954), p.63 참조. 제2차 세계대전에서 독일군의 여러 지휘관들의 비망록과 기록물 등에서 취재한 것을 번역한 것이다. Victor Suvorov, 『Inside the Soviet Army』은 1986년에 국방부에서 '소련군'으로 번역하였다. 이 책은 Victor Suvorov로 발간되었으나 본래의 저자는 소련에서 사형선고를 받은 적이 있고, 서방세계로 망명한 소련군 고급장교로서 현재 영국에 거주하고 있으며 그 이름과 경력은 비밀에 싸여 있다. 이 책에 의하면 소련의 전략·전술은 ① '도끼 이론(The Axe Theory)': "너의 상대방이 칼을 사용하려는데 주먹으로 싸우려는 것은 어리석다"라는 것이다. ② '전략적 공세(The Strategic Offensive)': 최선의 방어 작전은 공세를 취하는 것이라고 한다. ③ '전투력집중 전술(Tactics)': "결정적인 장소에 최대의 병력을 집중시키는 것이다." 전쟁기간 중 사단급 이상의 전투력을 분산시킨 자는 사형, 연대급 이하에서 전투력을 분산시키면 강등이나 형벌대대에 보직되나 결국 죽음을 당한다. 북한은 전쟁 준비와 전쟁수행과정에서 소련군 군사고문관의 지도 아래 전쟁이 실행되었으므로 소련의 군사전략의 영향은 북한군의 군사전략사상에 깊숙하게 잠재되어 있다.

46) GÜNTER POSER, "Militärmacht Sowjetunion-Daten, Tendenzen, Analyse", Günter Olzog, 1977: 김영국 역, 『소련의 군사전략』(서울: 병익사, 1979), pp.53~64.

병력과 물량을 집중하는 즉 '양(Mass)의 전법'을 구사하는 것을 전투에 있어서 불가결한 요건으로 삼고 있다.

속전속결 전략이란 우세한 전투력을 집중, 신속한 속도로 종심 깊게 기동하여, 타격을 가하여 적지상군 주력을 섬멸하고 전쟁의지를 조기에 말살함으로써 단기간 내에 승리를 쟁취하고 전쟁을 종결짓는다는 소위 '단기결전전략'으로써 고도의 기동성을 요하는 전략이다. 북한군 제1부참모장 김철만은 김일성의 말을 인용하여 「현대전의 특성과 그 승리의 요인」 논문에서 다음과 같이 언급하고 있다.

> "일단 전쟁이 시작되면 오랜 기간에 걸쳐 진행되는 것은 현재전쟁의 중요한 특성의 하나로 되고 있다. ……현대전쟁은 장기성을 띠지만 그 수행방법, 매 작전과 전투들은 속전속결을 요구한다. 현대전이 장기전이라고 하여 전쟁을 질질 끌어야 한다는 것을 의미하는 것은 아니다. 현대전쟁은 총체적으로는 장기전이지만 전쟁을 수행하는 매 작전과 전투들은 속전속결로 특징지어진다. 그것은 현대전이 위력한 타격수단들과 기동성이 빠른 기동기재들에 의하여 진행되는 것과 관련된다. 교전 쌍방은 현대전쟁이 이러한 가능성을 이용하여 전쟁을 속전속결하려고 한다."[47]

이 이론에 의하면 현대전쟁은 총체적으로는 장기전으로 전쟁의 준비는 장기전을 바탕으로 하지만 작전수행은 속전속결로 한다는 뜻이다. 북한군은 장차 이러한 속전속결전략에 따라 선제기습공격으로 획득한 성과를 계속적으로 확대해 나가는 무모한 전진을 계속하는 것이 아니라 그들이 최초에 거둔 성과를 신속히 확보하여 유리한 전략적 상황을 조성해 놓고 정치협상을 제의하려고 할 것이다.

정규전과 비정규전의 배합전략이란 주전선에서 전투와 병행하여 후방지역에서 비정규전에 의한 또 다른 전투를 강요함으로써 배후에 제2전선을 형성하여 적의 동원을 방해하고 지원 및 증원을 곤란하게 하는 등 전후방을 동시에 전장화하여 국민의 전의를 상실케 한다는 것이다.

이러한 정·비배합 전략은 한반도 실정에 부합되는 이른바 주체전략을 개념화한 것으로서 소위 "김일성 선집"에서 비롯하여 1971년 2월 8일 북한군 창건 23주년 기념식에서 전인민무력부장 한익수의 말을 빌려 보면 "……집중과 분산, 적극적 방어와 후방교란, 대소부대 활동과 결합, 정규전·비정규전부대의 배합, 즉시적 반격과 연속타격, 적 배후에서 제2전선 형성, 저격수 외 유동포의 활동 등……" 김일성의 주체전략전술은 현대전과 혁명전의

---

47) 김철만, 「현대전의 특성과 그 승리의 요인」, 『근로자』 1976년 8월호(평양: 근로자사).

합법칙성을 정확하게 반영한 것이라고 주장하고 북한군의 전략개념을 명백히 하였다.

1972년 4월 17일자 로동신문은 "김일성 군사선집 제1권 출판에 즈음해서"라는 논설을 통해 "수령께서는 대부대작전, 소부대작전을 면밀히 결합하여 유격전쟁 경험과 현대적 군사기술을 배합하고, 유격전법과 현대전법을 결합하여 유격대의 적극적인 활동을 배합하며, 전 인민적 항쟁을 조직 전개할 데 대한 방침 등으로 적을 전략·전술적으로 압도할 수 있는 탁월한 방침들을 창조하였다"고 주장하였다. 이러한 배합전략은 모택동식의 유격 전략을 바탕으로 하여 한국전쟁과 대남도발, 그리고 월남전쟁의 경험 및 구 소련식 군사전략을 종합하여 한반도 실정에 맞게 만든 주체적 전략으로 대규모의 정규전과 유격전을 배합하여 '상대를 도처에서 공격하는 전후방 없는 전쟁'으로 남한 전역을 동시 전장화한다는 것이 그 핵심이다.[48]

배합전략은 그 성질상 필연적으로 정치와 군사의 배합이 내포되어 전 인민적 항쟁을 요구한다. 북한은 적 후방에서 유격전을 전개함으로써 사회를 혼란시켜 정부로 하여금 주민통제를 곤란하게 만들고, 군중폭동을 선동하는 정치공작에 의하여 주민을 그들의 혁명대열에 몰아넣어 이른바 전 인민적 항쟁으로 유도하려는 데 있다.

전 인민의 항쟁화는 비록 적 후방지역에서뿐만 아니라 해방전쟁의 구실하에 점령지에서도 의용군이라는 명목하에 장정을 징발하여 전선에 몰아넣으며 현재 전 인민의 무장화 방침을 장차 점령지에서 더욱 강력히 추진할 것이 예상된다. 이로서 그들의 무장력을 보충하는 동시에 군중 폭동을 선동하여 내부로부터 파괴하려고 기도할 것이다. 따라서 북한은 군중의 정치적 동원은 전쟁승리의 요결이라고 함으로써 유격대의 활동과 전 인민적 항쟁을 배합할 것을 강조하고 있다.

따라서 북한은 기존의 '정규전과 비정규전의 배합전략'을 지속적으로 사용하고 있는 것으로 보인다.

2) 결전회피적 소모전전략

소모전(消耗戰)전략은 방어의 우위사상을 견지한 전략으로서 클라우제비츠는 "방어자가 전세전환의 시점으로 사태를 장기화시킬 수만 있다면 공격자가 더 쉽게 지치게 되는 것이다. 즉 작전적 공세행동이 없는 전략적 방어는 전장행위로서는 적절한 것이 못 된다.

---

48) 통일 교육원, 『북한 이해』(서울: 통일 교육원, 2006), p.133.

방어의 특징적 이점은 공격자를 지치게 하는 데 있는 것이 아니라 '기다림'(시간적 여유)이다. 우세한 적을 지치게 하려는 시도는 방어자의 극단적 예에 속하며 약자에게 최종적인 승리를 안겨 줄 수 있는 특수한 방법일 수도 있다. 이 경우의 승리는 적을 지치게 한 결과가 아니라 '기다림'을 통해 상황변경을 가져오게 되고 상대방의 의지와 의도의 변경을 가져올 수 있기 때문에 가능하게 되는 것이다"[49]라고 하였다. 북한은 결전회피적 소모전전략을 위하여 지구전과 총력전전략을 부분적으로 수행하고 있다.

극동문제연구소[50]에서는 북한의 현대전 성격을 전선과 후방이 따로 없고 전투행동이 땅과 바다, 하늘에서 동시에 이루어지는 입체 전쟁이라고 정의하면서 "전쟁의 승리는 인적·물적 자원을 원만히 보장하는 데에 달려 있다" 고 강조하고 있다. 또한 각종 평화공세를 위장한 정치전은 물론 전쟁을 위하여 군사와 외교·경제·사상적·심리적인 것을 구분 없이 오히려 이를 결합시켜 이를 통하여 각각의 경우에 대남우위를 달성하려고 할 것이다. 즉 무력 전술만을 구사하는 것이 아니라 냉전적이고 평화적인 모든 방법까지 동원하고 있다.

북한은 무력적인 강압과 평화적인 권모술수를 총동원하여 다음 세 가지를 단계별로 수행할 것이다. 첫째, 우선 평화공세와 더불어 기만전술로 구성된 정치전으로부터 시작된다. 북한은 그들의 주장에 이용하는 용어의 혼란을 자극하여 국민들을 기만하며, 평화공세로 군사력과 전쟁 준비를 위장한다. 북한이 평화구호를 강조하거나 정치적 협상을 강조할 때에는 오히려 전쟁의 위험성이 더 높다. 둘째, 군사와 심리전 및 선전전을 결합시킨다. 북한은 사상전·흑색선전·평화공세 등 대남심리전을 전개함으로써 한국의 전쟁 의지력을 약화시키고 내부의 혼란과 분열을 조장할 것이다. 그리고 전쟁지도부를 무력화하며 위장과 기만전술에 의한 착각을 유발시켜 신속한 전쟁동원 체제를 파괴하려고 기도할 것이다.

셋째, 총력전 전략은 전쟁을 속전속결하기 위해서 반드시 필요하지만 전쟁수행에 필요한 인적 및 물적 자원을 지속적으로 보장할 수 있는가에 달려 있기 때문에 이를 수행하기 이전에 남북한 평화회담과 국제적인 유화운동을 통하여 전쟁수행물자를 비축할 것이다.

북한은 지금도 지난 6·25남침 전쟁 시에 사용했던 대남전복전략을 변함없이 수행하고 있음을 주목할 필요가 있다. 따라서 앞으로 북한은 심리전을 앞세워 남한의 내부분열에 주력하면서 한층 강화된 국지분쟁과 총력전 등 다양한 강온전략을 추구하게 될 것이다.

---

49) 유제갑 외, 『전쟁과 정치』, p.106.
50) 극동문제연구소, 『북한전서』(서울: 극동문제연구소, 1974), p.418.

참고문헌

한글문헌

구본록, 『인간과 전쟁』, 서울: 법문사, 1980.

구종서, 『현대전의 구상』, 서울: 범학도서, 1976.

국방대학원, 『군사전략: 이론과 적용』 Ⅰ·Ⅱ권, 서울: 국방대학원, 1984.

_____, 『안전보장이론』 Ⅰ·Ⅱ·Ⅳ권, 서울: 국방대학원, 1989.

_____, 『안보관계용어집』, 서울: 국방대학원, 1989.

_____, 『전쟁수행론』, 서울: 국방대학원, 1986.

_____, 『조미니의 전술론』, 서울: 국방대학원, 1987.

국방참모대학, 『군사이론』, 서울: 국방참모대학, 1985.

권영찬, 『기획론』, 서울: 법문사, 1982.

극동문제연구소, 『북한전서』, 서울: 극동문제연구소, 1974.

김영국, 『소련의 군사전략』, 서울: 병학사, 1979.

김일성, 『김일성 선집』 제5권, 평양: 조선로동당 출판사, 1968.

_____, 『김일성 저작집』 제20권, 평양: 조선로동당출판사, 1980.

_____, 『김일성 저작집』 제18권, 평양: 조선로동당출판사, 1980.

김철만, 「현대전의 특성과 그 승리의 요인」, 『근로자』 월간 1976년 8월호. 평양: 근로자사.

김충열 외, 『모택동사상론』, 서울: 일월서각, 1985.

김형종 외 역, 『중국현대사상사의 굴절』, 서울: 지식산업사, 1992.

리델하트 저, 森澤龜鶴 역, 『전쟁론』, 동경: 원서방, 1971.

_____, 신상초 역, 『전략론』 서울: 하서출판사, 1980.

마키아벨리 저, 冴田幸策 역, 『戰術論』, 동경: 原書房, 1970.

모택동 저, 이등연 역, 『실천론·모순론』, 서울: 두레, 1989.

_____, 이등연 역, 『연안문예강화·당팔고에 반대한다』, 서울: 두레, 1989.

_____, 이등연 역, 『지구전론·신민주주의론』, 서울: 두레, 1989.

_____, 「중국 혁명전쟁적 전략문제」, 『모택동 선집』 제1권, 북경: 인민출판사, 1969.

문광건 외, 『주간 국방논단』 제945호, 2003.

민병천, 『한국안보론』, 서울: 대왕사, 1981.

박상식, 『국제정치론』, 서울: 집문당, 1989.

박종철 외, 『동북아 협력의 인프라 실태』, 통일연구원, 2005.

박창희, "중국의 전쟁수행 전략에 관한 연구", 박사학위 논문, 서울: 고려대학교, 2001.

백종천, 『국가방위론』, 서울: 박영사, 1987.

_____, 『한국의 국가전략』, 서울: 세종연구소, 2004.

송영배, 『유교적 전통과 중국혁명』, 서울: 철학과 현실사, 1992.

신정도, 『전격전의 기초이론』, 서울: 동서병학연구소, 1969.

_____, 『전략학 원론』, 서울: 동서병학연구소, 1970.

안용현, 『나폴레옹 대전략』, 서울: 병학사, 1979.

앙드레 보프르 저, 국방대학원 역, 『전략론』, 서울: 국방대학원, 1975.

_____, 해군대학 역, 『전략론』, 대전: 해군대학, 2002.

에드워드 M. 얼 저, 정철 역, 『신전략사상사』, 서울: 기린원, 1980.

에드가 스노우, 『중국의 붉은 별』, 서울: 두레, 1986.

에스. 슈람저, 김동식 역, 『모택동』, 서울: 두레, 1979.

엠. 마이스너 저, 김광린 외 역, 『모택동사상과 마르크스주의』, 서울: 소나무, 1987.

유제갑 외, 『전쟁과 정치』 서울: 한원, 1989.

육군교육사령부, 『군사이론 연구』, 대전: 교육사령부, 1987.

_____, 『전쟁 지도이론과 실제』, 대전: 육군교육사령부, 1991.

육군대학, 『세계전쟁사(상)』, 대전: 육군대학, 2004.

_____, 『전략기획』, 대전: 육군대학, 1993.

육군본부, 『나폴레옹전략』, 대전: 육군대학, 1976.

_____, 『대륙국가와 해양국가의 전략』, 대전: 육군대학, 1977.

_____, 『동양고대전략사상』, 대전: 육군대학, 1987.

_____, 『작전요무령』, 대전: 육군대학, 1996.

_____, 『한국군사사상』, 대전: 육군대학, 1992.

육군사관학교, 『전략개론』, 서울: 한원, 1991.

윤형호, 『전쟁론』, 서울: 도서출판 한원, 1994.

이상우, 『국제관계이론』, 서울: 박영사, 1991.

이선호, 『고대병법ㆍ현대전략』, 서울: 팔복원, 1994.

이종학, 『클라우제비츠의 전쟁론』, 서울: 도서출판 주류성, 2004.

일본방위대학교 방위학연구회 저, 강창구외 역, 『군사학강좌』, 서울: 병학사, 2000.

정광작 외, 『군사사상의 변천과정 연구』, 대전: 육군교육사령부, 1998.

조미니 저, 육군대학 역, 『조미니 전술개론』, 대전: 육군대학, 1987.

줄리안 라이더 저, 국방참모대학 역, 『군사이론』, 서울: 국방참모대학, 1985.

최영, 『현대 핵전략이론』, 서울: 일지사, 1977.

클라우제비츠 저, 김상욱 역, 『전쟁론』, 서울: 하서출판사, 1980.

통일 교육원, 『북한 이해』, 서울: 통일 교육원, 2006.

통일부, 『북한 기관단체별 인명집』, 서울: 통일부 정보분석본부 정치사회분석팀, 2007.

통일연구원, 「2020 선진 한국의 국가전략(1): 안보전략」, 서울: 통일연구원, 2007.

필검횡 저, 이철승 역, 『모택동사상과 중국철학』, 서울: 예문서원, 2000.

한국철학사상, 『철학대사전』, 서울: 동녘, 1997.

합동참모본부, 『군사기본교리』, 서울: 합동참모부, 2002.

_____, 『합동기획』, 서울: 합동참모부, 2011.

_____, 『이라크전쟁 종합 분석』, 서울: 합동참모부, 2003.

해군대학 역, 『전략론; Andre' Beaufre』, 대전: 해군대학, 2002.

해병대사령부 역, 『전쟁수행론: 미해병대 MCDP 1 Warfighting』, 1998.

황병무, 『전쟁과 평화의 이해』, 서울: 도서출판 오름, 2001.

황성칠, 『북한의 한국전 전략』, 서울: 북코리아, 2008.

영문문헌

Andre Beaufre, trans., R. H. Barry, *On Introduction to Strategy: With Partcalar Reference to Problems of Defense, Politics, Economics, and Diplomacy in the Nuclear Age,* New York: Fredrick A. Pvoeger, 1965.

Allan Westcout, *Mahan on Naval Warfare*, Selection from the Writings of Rear Admiral Alfred T. Mahan, N.Y: Dover Publication, INC., 1999.

B. H. Liddel Hart, Basil Henry, *Strategy*. Faber & Faber Ltd., London, England, 1954, 1967
_____, *A Strategy of Military Thought*, London: Butgers University Press, 1977.
_____, *Strategy : the Indirect Approach*, faber, London, Praeger, N.Y. 1954.

Baron De Jomini, *Art of War*, J. B. Lippincott & Philadelphia, 1862.

Barry E. Collins & Bertram H. Raven, "Group Structure: Attraction. Coalition. Communication and Power". in Lindzey & Aronson. eds. *The Handbook of Social Psychology*. Vol.5, 2nd edition. Addison-Wesley : Reading. 1977.

Brian W. Hogwood and Lewis A. Gunn, *Policy Analysis for the Real World*. Oxford University Press, 1984.

Bruce K. Holloway, '*United States Grand Strategy for the Next Ten Years*', in Holloway et al., Grand Strategy for the 1980s, American Enterprise Institute for Public Policy Research, Washington. 2nd printing, 1979.

Carl von Clausewitz, *On War*, ed., and trans, by Michael Howard and Peter Paret . N.J.: Princeton Univ. Press, 1976. cf. Randall Collins, Conflict Sociology. N. Y. : Academic Press, 1975.

Charles Burton Marshall, 'Strategy: The Emerging Danger', in National Security in the 1980s: from Weakness to Strength, Institute for Contemporary Studies, San Francisco 1980.

C. Darwin. The Original of Species by Mans of Natural Selection or the Preservation of Favored Races in the Struggle for Life. 1859. ; Darwin The Colonel Arthur F. Lykke, Jr., "*Military Strategy: Theory and Application*", United States Army War College, 1982.

Edward B. Atkeson, "The Dimensions of Military Strategy," in Arthur F. Lykke, Jr. ed., *Military Strategy : Theory and Application*. Carlisle Barracks, PA: United States Army War College, 1982.

Edward Mead Earle, *The Makers of Modern Strategy*, Princeton University Press, Princeton 1944.

Franz Mogdis. "The Verbal Dimension in Sino-Soviet Relations : A Time Series Analysis". paper presented the American Political Science Association Meeting. L.A.. California. 1970.

George Hunt. Douse, *A Comparative Strategy of Conflict Theory, Unpublished*. Ph. D. Dissertation, University of Maryland, 1974.

Glenn H. Snyder, *Deterrence and Defense*. Princton: Princton University Press, 1961.

Gustan Ratzenhofer. Wesen Zwech der politik. als Teil der Soziologie und grundlage der Staatwissenschafften 3 Bde 1893.

Harold D. Lasswell, "Research in Policy Analysis: The Intelligence and Appraisal Function", in Fred I. Greenstein and Nelson W. Polsby (eds.), *Handbook of Political Science*, Vol. 6. Montrey: Addison-Wesley, 1975.

Hans J. Morgenthau. Politics Among Nations l The Struggle for Power and Peace, 4th ed. New York : Alfred A. Knoff. 1978.

Hadley Cantrill. The Human Dimension : Expression in Policy Research. New Brunswick. N. J. : Rutgers University Press. 1967.

Hedley Bull, The Anarchical Society : A Study of Order in World Politics. New York : Columbia University Press. 1977.

_____, "Martin Wright and The Theory of International Relations." *British Journal of International Studies*. Vol. 2. No. 2. July 1976.

James A. Schellenberg. *The Science of Conflict*. New York : Oxford University press. 1982.

James C. Davis, "Toward a Theory of Revolution," American Sociological Review, Vol.6. 1962.

James F. Dunnigan, *How tomMake War,* William Morrow & Company, INC. New York. 1982.

James N. Rosenau, ed., "Toward the Study of National-International Linkages." *Linkage Politics : Essays on the Convergence of National and International System.* New York : The Free Press, 1969.

JCS pub. I: *Dictionary of Military and Associated Terms*, Washington: US Department of Defense, I June 1979.

J. Gabriel, *Clausewitz Revisited : A Study of the Debate over Their Relevance to Deterrence Theory.* Ph. D. Dissertation Washington, D.C. : The American University, 1976.

J. N. Rosenau. *Domestic Sources of Foreign Policy.* New York : Free Press. 1967.

Johan Galtung. "A Structural Theory of Aggression". Journal of Peace Research. Vol. 1. No.2. 1964.

John Dollard. Leonard W. Dood, Neal E. Miller. et. al.. Frustration and Aggression. New Havan : Yale University Press. 1939.

Judson S. Brown. "Principles of International Conflict". Journal of Conflict Resolution, I. Jane. 1957.

Julian Lider, *Military Theory*, Swedish Institute of International Affairs, Gower Pub. Co. Lt., England, 1983.

K. J. Holsti, "Resolving International Conflicts A Taxonomy of Behavior and Some Figures on Procedures", *Journal of Peace Research*, 1966. 9월호. vol.10, no.3.

K. J. Holsti. *The Dividing Discipline*: Hegemony and Diversity in International Theory. Boston : Allen & Unwin. 1985.

Karen Horney. Neurosis and Human Growth. New York : W.W. Norton and Company, 1950.

Karl von Clausewitz, *Von Kriege: Hinterlassens Werk,* Achzehnte Auflage mit Erweitorter Historisch Kritischer Würdigung von Professor Dr. Werner Hahlewg. Bonn: Perd Dümles Verlag, 1973. p. 4; Karl von. Clausewitz, *On War*, ed., and trans, by Michael Howard and Peter Paret. N.J.: Princeton Univ. Press, 1976.

Kenneth Boulding, *Principles of Economic Policy.* Englewood Cliffs: Prentice Hall, 1958.

Kenneth E. Boulding. "National Images and International Systems", Journal of Conflict Resolution, Ⅲ. June. 1959.

King, James E., Jr., ed., *Lexicon of Military Term Relevant to National Security Affairs on Arms and Arms Control,* Washington: Institute for Defense Analyses, 1960.

Konrad Lorenz, On Aggression. New York : Harcourt Barce Jovanovich, 1966.

Leonard Berkowitz, Aggression : A Social Psychological Analysis. N. Y. : McGraw Hill, 1962.

Leon Festinger, A Theory of Cognitive Dissonance. Stanford : Stanford University Press, 1957. : Conflict, Decision and Dissonance. Stanford : Stanford University Press. 1964.

Lewis F. Richardson, *Arms and Insecurity*(Pittsburgh : The Bookwood Press, 1960) : Statistics of Deadly Quarrels. Pittsburgh : Boxwood Press, 1960.

Normax Z. Alcock, *The War Disease.* Oakville, Ontario : Canadian Peace Research Institute Press, 1972.

Quincy Wright, *A Study of War.* 2nd ed., Chicago: University of Chicago Press, 1965.

Quoted in Edward A. Sills and Henry A. Finch, Methodology of the Social Sciences. Flencoe. Ill. : Free Press, 1949.

Ralph K. White. "Misperception and the Vietnam War". Journal of Social Issues. 1966.

Richard N. Rosercrance. *Action and Reaction in World Politics.* Boston : Little. Brown and Co., 1963.

Richmond M. Lloyd, "Strategy and Force Planning Framework" in Strategy and Force Planning Facullty, eds., Strategy and Force Planning. Newport, RI: Naval War College Press, 1995. pp. 1~14: and Richmond M. Lloyd and Lt Col Dino A. Lorenzini, U.S. Air Force, "A Framework for Choosing Defense Forces" Naval War College Review January/Feburary 1981.

Ross Stagner. "The Psychology of Human Conflict". Elton B. Mcneil 편. The Nature of Human Conflict. Englewood Cliffs. N. J. : Prentice-Hall. 1965.

Robert Jervis, et al., Psychology and Deterrence. Baltimore, John Hopkins University Press. 1985; in Richard N. Lebow, Between Peace and War : The Nature of International Crisis. Baltimore, John Hopkins University Press, 1981.

R. J. Rummel, *Field Theory Evlving*. Beverly Hills : Sage 1977. : Raymond Tanter. "Dimensions of Conflict Behavior Within and Between Nations. 1958-1960". Journal of Conflict Resolution. Vol.10. March 1966.

_____, *Understanding Conflict and War*. Vol.1-Vol.5, Berverly Hills: Sage. 1975-1981.: R. J. Rummel. In The Minds of Men. Seoul : Sogang University Press. 1984.

Sanford Rosenzweig. "An Outline of Frustration Theory". J. McV. Hunt ed., Personality and the Behavior Disorders. New York : Ronald Press Company. 1944.

Ted R. Gurr, "Psychological Factors in Civil Violence", World Politics XX. January, 1968.

Ted Robert Gurr, "Sources of Rebellion in Western Societies : Some Quantitative Evidence", in James F. Short, Jr. & Marvin E. Wolfgang (eds). Collective Violence. Chicago : Aldine-Atherton, 1972.

Thomas C. Schelling. *Arms and Influence*, New Heaven: Yale Univ Press 1967.

Urie Brofenbrenner. "Allowing for Soviet Perceptions". in Roger Fisher. ed,. Intentional Conflict and Behavioral Science. The Craigville Papers. N. T. : Basic Book, 1964.

U.S. Marine Corps Doctrinal Publication 1. *Warfighting*. Department of The Navy Headquarters United State Marine Corps Washington, D.C. 20380-1775. U.S. MCDP 1, 20 June 1997.

United States Joint Chiefs of Staff, *Dictionary of United States Military Terms for Joint Usage,* Washington: Joint Chiefs of Staff, 1964.

V. I. Lenin, Collected Works. Moscow : Foreign Language Publishing House, 1963.

William Eckhardt and Ralph K. Whike, "A Test of the Mirror Image Hypothesis : Kennedy and Khruschev". Journal of Conflict Resolution. X I. September, 1967.

William Graham Sumner, War and Other Essays. New Haven : Yale University Press. 1911. excerpted in Bramson and Goethals. eds., War : Studies from Psychology.

Yehezkel Dror, *Public Policymaking Reexamined.* San Francisco: Chandler Publishing Co. 1968.

찾아보기

(ㄱ)

간접전략 19, 51, 112, 113, 115, 117
간접접근 109, 115~117
간접접근전략 20, 106, 108, 109, 111, 115, 240
간접침략 45, 46
갈등 206, 207
감성 168, 169
감시권 56, 57
강압 41, 42, 156, 343, 359, 363
강압전략 50
강태공 62, 63
개연성 137, 169
거부적 억제 44~47, 50, 57
거부적 억제전략 43, 44, 46
건설 29, 52, 122, 173, 216, 254, 277, 298, 350
걸프전쟁 330
게릴라전 108, 110, 140, 143, 216, 338
경제 20, 47, 113, 148, 206, 222, 257, 288, 332
계획 16, 65, 113, 152, 213, 250, 300, 359
공격 19, 52, 102, 150, 209, 305, 352
공격본능이론 179~181
공공정책 22, 247
공세전략 51, 52, 54, 56, 60, 355
공중전 53, 129
공포 40, 88, 102, 180, 198, 324
과학 16, 21, 82, 126, 168, 234, 257, 299
과학기술 20, 25, 125, 151, 219, 256, 275, 330
과학전 15
구변 64
구조균형이론 162, 208, 209
국가 14, 50, 111, 150, 200, 253, 301, 323, 352
국가가치 147, 149, 224
국가기본정책서 257
국가기획체계 256, 257, 263
국가목표 20, 60, 147, 191, 247, 298, 349, 353
국가비전 272
국가수반 14
국가안보 36, 53, 147, 198, 256, 272, 289, 342, 350
국가안보전략 18, 40, 256, 257, 262, 342

국가안보전략지침 257, 259
국가안보정책 37, 147, 160, 256
국가연합 16
국가이익 20, 49, 148, 149, 151, 159, 179, 257, 331, 350
국가전략 15, 32, 60, 115, 149, 222, 257, 260, 298
국가전시지도지침 257, 258, 260
국가총력전 71, 221
국가통수 58, 222, 299
국경선방위전략 56
국공내전 137, 230
국공합작 133
국내분쟁 216, 217
국력 24, 88, 121, 152, 203, 344
국민 19, 56, 108, 150, 200, 255, 322, 361, 363
국민개병 81
국민전쟁 109, 215, 235
국민전쟁시대 15, 17, 18, 235
국방 29, 258, 298, 299, 350
국방과학기술진흥정책서 260
국방기본정책서 259, 260, 272
국방기획체계 258, 259, 261
국방부 25, 272, 286, 299, 300, 343
국방전시정책서 259, 260
국방정보판단서 259, 260
국방정책 45, 228, 257, 260, 342, 350
국방중기계획서 268
국제분쟁 198, 216, 217
국책 22
군대 14, 66, 102, 150, 209, 310, 352
군사 14, 58, 107, 151, 219, 264, 281, 311, 351, 363
군사계획 26, 28
군사과학 35, 39, 95, 354
군사교리 224, 228, 229
군사독트린 351
군사력 13, 50, 108, 150, 200, 258, 324, 350, 360
군사력 역할 271
군사력건설 277

군사령관 14, 95
군사목표 30, 212, 237
군사사상 16, 64, 136, 227, 233, 353
군사이론 23, 68, 113, 225
군사자원 30, 266, 267, 291
군사적 14, 53, 101, 150, 221, 302, 351
군사적 수단 20, 57, 98, 147, 189
군사전략 13, 59, 113, 222, 258, 308, 350, 362
군사전략개념 30, 263, 267, 268, 277, 344, 350
군사전략구비조건 60, 269
군사전략의 유형 40
군사지리 39
군사탄도학 39
군사학 35, 68, 85, 91, 93, 99
군쟁 64
군주론 73, 74, 76, 234
군형 64
그리스 13, 28, 40, 109, 231, 307
근대 16, 78, 99, 174, 230, 235
근접전투 17, 233
기대가치 41
기동력 36, 46, 85, 102, 237, 316, 360
기동전 15, 19, 60, 85, 142, 238
기동전력 52
기술 23, 79, 100, 152, 206, 251, 262, 315, 356
기술형태 39
기습 56, 102, 154, 213, 239, 290, 312, 359
기저가치 41
기획 129, 247, 262, 270, 284, 294
기획의 개념 247, 248
기획의 본질 249, 251
기획의 유형 252
긴요한 이익 148, 149
깜브레 전투 101, 102

(ㄴ)

나세르 55
나토 352
나토국가 49
나폴레옹 18, 66, 73, 83, 90, 101, 108, 233, 236
내부책략 118, 119
냉전 21, 37, 114, 118, 125, 165, 323
냉전시대 49
누적전략 57, 58
능력 29, 57, 103, 150, 206, 254, 300, 355
닉슨 55, 191

(ㄷ)

단기계획 252, 253
단기군사전략 59, 267, 288, 289
단기군사전략기획 267, 287~289, 293, 294
단선작전 96
달성가능성 60, 267
대군사작전론 93~95, 97
대량살상 108, 337
대량살상무기 40, 279, 336, 337, 351, 352, 357
대만 131, 306, 345, 350
대전략 18, 23, 32, 33, 107, 110, 111
대칭전략 51, 59
독일 45, 88, 101, 152, 181, 234, 317, 333
동경 16, 108
동구국가 252
동구사회주의 국가 49
동맹 88, 89, 165, 343, 348, 352
동맹관계 211, 316, 347
동맹국 48, 88, 89, 138, 152, 190, 269, 321, 343, 345
동원 17, 52, 147, 215, 269, 304, 340
동원능력 46, 286
동태적균형이론 210
두헤 120, 126~128, 240, 243

(ㄹ)

러시아 34, 67, 152, 236, 275, 306, 351
러시아 국방정책 351
러시아 군사전략 351
럼멜 202, 206, 207, 208, 210, 211
레닌 114, 142, 174, 194, 195
레바논 53, 216
로마 74, 80, 116, 121, 230, 307, 308, 310, 313, 316
리델하트 18, 29, 100, 107, 115, 240
리처드슨 157, 198, 199
리처드슨 모델 199

(ㅁ)

마르크스 18, 39, 135, 142, 191, 194, 210, 358
마비전 101~106
마비전 사상 101
마비전 전략 103
마찰 50, 73, 169, 171, 172, 219
마찰이론 171
마키아벨리 73, 74, 77, 80, 82, 233
맥킨더 243, 244
모택동 57, 110, 131, 132, 194, 351
모택동어록 135

모택동전략 142, 143
목적 16, 59, 102, 152, 209, 251, 301, 351
목표 17, 58, 101, 151, 201, 250, 301, 351
몰트케 23, 33, 99, 109, 237
무경칠서 65, 135, 136
무기 26, 61, 76, 103, 127, 153, 230, 302, 351
무기체계 215, 277, 286, 303, 338, 341
무력분쟁 216, 217
무력전 14, 15, 18, 21, 40, 160, 343
무형전력 70, 269
문화 20, 47, 148, 150, 160, 175, 219, 256, 275
미국 16, 44, 115, 148, 196, 240, 318, 326, 344
미국의 전략 322, 326, 327, 333, 337
미래전 101, 126~129, 277, 297, 337, 340
미래전 양상 126~128, 297
미사일 50, 157, 302, 330, 339, 348, 360
밀집대형 16, 17, 86, 87, 235

(ㅂ)

방법 17, 50, 103, 157, 209, 251, 304, 353, 363
방어 25, 50, 116, 185, 230, 320, 343, 357
방어능력 45, 46
방위선 51, 56, 57
방위전략 40, 51, 347, 350
방위전략 유형 51
방위정책 37, 346, 347
방위충분성 45, 46, 278, 291
방진 14, 103, 232
베제티우스 40, 79, 234
병세 64
병행공격 58
병행전 전략 58
보복 42, 43, 55, 119, 217, 304, 305, 350
보복능력 43, 44
보복위협 43
보복의지 43, 44
보상적 억제 47, 48
보어전쟁 100
복선작전 96
볼세비키혁명론 142
봉건국가 76
부국강병 63, 131, 162
북경 132, 134
북한 42, 220, 275, 285, 290, 323, 347, 355, 362
북한의 국방정책 352
북한의 군사전략 356
북한의 전쟁수행전략 358, 359
분쟁 47, 103, 154, 186, 204, 279, 344
브레즈네프 55

비군사 15, 148, 347
비군사적 수단 20, 47, 48
비대의명분적 억제 47, 49
비대칭 31, 51, 150
비대칭전략 59
비적대적 억제 47

(ㅅ)

사다트 55
사령관 14, 83, 112, 172, 239, 300
사우디아라비아 329, 332~334, 340
사이버우주권 57
사활적 이익 148
사회 13, 59, 113, 150, 201, 256, 352, 362
사회기반구조 58
사회주의 49, 133, 192, 194, 195, 353, 358
삼위일체 68, 166~168, 171
상호방위조약 42, 44, 54
상호의존적 억제 47, 49
상황적 억제 47~49
샤른호르스트 66, 68, 90
서백후 62
서양 13, 14, 121, 136
선제공격 52, 53, 55, 56, 336, 344, 345, 350, 352
선제공격전략 53, 344
섬멸전 14, 87, 140, 235~237, 239, 243
섬멸전략 20, 38, 68, 90, 359
세계대전 15, 56, 100, 155, 215, 253, 317, 360
세계전쟁 214, 215
소련 18, 53, 134, 187, 216, 253, 317, 354, 360
소모전 15, 68, 105, 153, 350
속도 100, 104, 128, 199, 240, 335, 361
속전속결전략 57, 357, 361
손무 15, 63, 64
손문 131
손자 13, 62, 136, 137, 164
손자병법 15, 63~65, 135~137
수단 16, 52, 103, 150, 213, 251, 302, 351
수세전략 51, 52
수세후 공세전략 52
술 16, 28
스웨덴 24, 45, 234
스위스 45, 52, 68, 88, 91, 93, 238, 242, 329
스키피오 109, 307, 309, 310, 312, 314~317
스키피오전략 307, 311
스파이크만 243
스페인전투 91
시나이반도 53, 54
시리아 53, 190, 309, 311, 337

시민군 73~75, 77, 85, 127
신단계론 134
신민주주의론 134
신속결정작전 337, 339~341
심리 21, 50, 98, 110, 158, 182, 201
심장지역이론 243

(ㅇ)
아랍 46, 60, 209, 345
아미엥전투 102
아프리카 57, 244, 310, 312, 313
앙드레 보프르 18, 33, 59, 100, 112, 113, 115
야전군대 58
억제 23, 50, 108, 157, 223, 258, 303, 350
억제력 38, 47, 117, 119
억제전략 30, 40, 43, 50, 60
억제조건 211
얼 24
에시콜 수상 54
역내방위전략 56
연방체 14
연속적공격 58
연속전략 57
연합 24, 234, 263, 298, 317
연합군 57, 102, 239, 299, 301, 319, 339
연합체 13, 14
열복사선 303, 304
영국 18, 76, 100, 122, 194, 240, 318, 331
예방공격 55
예방전쟁 54, 55, 214
예방전쟁전략 53
오사칠계 64
오스트리아 45, 52, 84, 90, 99, 155, 234
오패 64
왕조전쟁 75, 235
외교 20, 59, 115, 151, 219, 257, 343
외부책략 118, 119
요르단 53, 54
용간 63, 64
용납성 60, 267, 269
용병 17, 59, 74, 87, 136, 228, 315
용병술 14, 16, 75, 105, 110, 222, 309
용병술체계 217, 222
용병전 15
우연성 168, 169, 171
우주권 56, 57
울름전투 90
원자핵 301, 302
월남전 112, 186, 190, 356

월츠 177, 191, 198
위계불균형이론 206
위계불일치이론 207
위계이론 204, 205, 208
위기 42, 50, 53, 131, 153, 155, 157, 201, 275, 276, 323
위기관리 153, 155, 157, 220~222
위기의 단계 156
위료자 13
위협 21, 50, 119, 150, 200, 256, 305, 350
위협 인식기준 151
위협 평가 152
유격전 131, 140, 141, 356, 357, 362
유격전전략 131, 138, 140
유럽 15, 81, 99, 107, 121, 232, 234, 237, 303, 340
유럽남부 57
육도 13, 62
육도삼략 62
의지 32, 50, 102, 150, 210, 227, 363
이데올로기 24, 135, 176, 177, 214, 329
이라크전략 335, 338
이라크전쟁 336, 338~341
이성 70, 158, 167~169, 251
이스라엘 45, 53, 55, 110, 153, 184, 190, 306, 335, 345
이집트 53, 190, 209, 232, 332
이탈리아 45, 52, 73, 126, 253, 307, 310, 321
인계철선 44
인민전쟁전략 131, 231, 351
일본 34, 122, 163, 239, 254, 317, 350
일본의 군사전략 347
일본의 방위정책 346

(ㅈ)
자동발동조건 44
작전 21, 56, 101, 164, 212, 262, 313, 356, 361
작전전략 19, 21, 28
작전형태 105, 300
장군 14, 67, 90, 239, 307, 326
장군의 술 17, 28, 31
장기계획 32, 252~255
장기군사전략 59, 267, 285, 288, 292
장기군사전략기획 60, 267, 270, 285, 288
적합성 45, 60, 267, 269, 272
전격전 215, 240, 242, 243, 357
전구핵무기 303
전략 13, 50, 103, 153, 211, 251, 300, 350, 358
전략가 29, 34, 152, 166, 262

전략론　20, 65, 108, 109, 115, 122, 234
전략론 서설　112, 113
전략사상　14, 62, 97, 229, 230, 240
전략사상의 변천　230
전략의 구비조건　265, 267, 269
전략핵무기　303
전략형태　38, 240
전략환경평가　264, 267, 273, 274, 278, 280, 291, 350
전력　42, 103, 160, 212, 282, 324, 340
전면전　38, 113, 276, 279, 290, 333
전술　13, 56, 100, 158, 222, 277, 303, 356, 360
전술론　16, 65, 78, 81, 234
전술임무　30
전술핵무기　303
전시　13, 59, 126, 216, 258, 286
전쟁　13, 52, 100, 153, 201, 258, 302, 351, 361
전쟁 목적　16, 57, 138, 215, 228
전쟁 목표　287
전쟁 양상　15
전쟁 원인　177, 179
전쟁 원칙　38, 64, 100, 105, 211, 212
전쟁관　35, 48, 73, 111, 235, 358
전쟁론　35, 67, 121, 195, 219
전쟁수행　22, 57, 181, 211, 219, 337, 358, 363
전쟁수행체계　217, 220, 222, 339
전쟁억제　29, 33, 47, 50
전쟁유형　213, 215
전쟁의 원인　35, 36, 173, 191, 202, 228
전쟁의 종결　225, 226
전제국가　76
전진방위전략　56
전투　14, 67, 100, 166, 212, 303, 350, 361
전투력　57, 70, 84, 105, 161, 212, 222, 242, 314, 340, 361
전투수행　38, 39, 70, 213, 345
절대전쟁　70, 72, 170, 214
접근전략　19, 20, 231
정략사상　14
정보　20, 50, 172, 185, 213, 251, 319, 334
정보력　46, 343
정부　14, 48, 107, 155, 221, 258, 308, 362
정책　18, 60, 107, 151, 224, 256, 312, 353
정치　13, 52, 101, 150, 203, 254, 337, 362
정치적 요소　31
제1차 세계대전　15, 18, 29, 101, 111, 237, 317, 320
제2차 세계대전　19, 33, 47, 107, 156, 181, 215, 240, 317, 322

제공권　126, 127, 241, 339
제재적 억제　43, 44, 47
제재적 억제전략　43
제한전　20, 38
조기경보　45, 46, 52, 330, 334
조기경보능력　52
조미니　16, 71, 91, 98, 123, 236, 238
존와든　58
종교전쟁　214, 233~235
종심방어전술　239
종합전략　26
주변지역이론　243
주왕조　13, 63
줄리안 라이드　38
중국　13, 62, 131, 163, 275, 306, 350
중국의 국방정책　349, 350
중국의 군사전략　136
중기계획　252~255, 286
중기군사전략　285
중기군사전략기획　270, 286, 288, 294
중대한 이익　24, 25
중동전쟁　53, 55, 110, 190, 226
중세　16, 74, 76, 109, 230, 232, 233, 235
중요한 이익　25, 148, 149
지구전론　134, 138
지구전전략　57, 131
지도자　31, 130, 132, 156, 187, 189~191, 201, 225, 255, 324, 340
지연전략　23
지정학이론　243
지형　17, 64, 96, 133, 234, 277, 315, 319
지휘　14, 64, 101, 213, 301, 338
지휘관　14, 63, 101, 167, 225, 265, 308, 360
지휘체계　103, 104, 243
직접전략　20, 58, 59, 115
집단방위조약　44
징병제　86, 90, 107, 215, 234

(ㅊ)
참모　14, 91, 112, 265
총력안보전력　161
총력전　14, 113, 214, 225, 236, 243, 318, 363
총합적 억제전략　43, 47, 48
춘추시대　13, 63, 64
춘추전국시대　13, 14
침략　40, 47, 147, 244, 324, 344, 348
침략전쟁　49, 214
침략포기　43, 44
침략행동　42, 47, 48

침투 104, 151, 215

(ㅋ)

카르타고 307, 308, 312~314
칸트 159
쿠바 50, 157, 355
퀸시 라이트 173
클라우제비츠 14, 62, 101, 163, 218, 359, 362

(ㅌ)

탁상전쟁 72, 73
태공망 62, 63
테일러 27, 30
티란해협 53

(ㅍ)

팔랑스 16, 231, 232
페르시아전쟁 15
펠로폰네소스전쟁 15
평시 18, 49, 102, 152, 160, 258, 272, 294
평화 20, 55, 108, 155, 217, 258, 305, 353
평화공존 47
평화연구 38, 226
포에니전쟁 307, 309, 310, 314
포위 45, 105, 237, 312, 328
풀러 35, 100, 101, 103, 106, 240
프랑스 18, 59, 106, 152, 209, 253, 317, 333
프랑스혁명 17, 196
프로이센 67, 71
프롤레타리아 194, 205
프리드리히 23, 67, 81, 91, 93, 99, 234
피렌체 74, 234

(ㅎ)

하우스호프 243
할로웨이 24
합동 25, 263, 297~299
합동군 297~300
합동군사전략 29~299
합동군사전략능력기획서 260, 261, 268, 293
합동군사전략목표기획서 267, 268, 285, 286
합동군사전략서 45, 258, 260, 267, 268, 285, 294
합동기획 259~261, 265
합동기획체계 256, 260, 261
합동작전기획 260, 261, 264, 293
합동전략 263, 297, 298
합동전략기획 260, 263~265
합동전략기획체계 260, 261
합동참모본부 30, 218, 222, 298~300
합참본부 25, 327
항공력 46, 126, 242
해상군사력 123~125
해양력 121~125
해양세력 120
해양전략 122, 123, 238
해양전략론 120, 121
핵무기 19, 112, 189, 262, 279, 302, 303, 346, 351
핵무기종류 302
핵방사선 303, 304
핵심체계 58
핵전 20
핵전략 40, 44, 112, 301, 350
핵전략이론 304
핵확산 305
행군 64, 77, 79, 80, 85, 172
행동방안 27, 28, 30, 265, 282, 283, 292
허실 64, 137
허위정보 53
혁명 17, 74, 109, 189, 210, 217, 235, 341, 355
현대전략 18, 38, 242
현실전쟁 69~71, 170
현지급양제도 86, 90
협동 127, 178, 189, 198, 208, 243, 298, 300
화공 64
화력 35, 105, 106, 111, 213, 240, 242, 243, 328, 360
화생방무기 61, 269
히틀러 107, 110, 156, 190, 239, 243, 317, 319, 321
힘의 전이이론 202~204

황성칠(黃聖七)

울산광역시 울주군 온산읍 출생
부산 동래고등학교 졸업
육군사관학교 졸업(31기)
동국대학교 대학원 졸업(행정학 석사)
고려대학교 대학원 졸업(북한학 박사)
국방대학원 졸업
합동군사대학교 교수
공주대학교, 고려대학교 교수
코리아정책연구원 연구이사
육군 보병 5사단 27연대장 역임

『북한의 한국전 전략』
『군사전략론』
『포병과 6·25전쟁』(공저)
『6·25전쟁 참전자 증언록: 1-3권』(공저)
『중공군의 한국전쟁 교훈』(공역), 등
『남북한 군비통제를 위한 신뢰구축 실현방안 연구』(1992)
『IRAQ 전쟁과 교훈: 이라크 자유작전을 중심으로』(2005)
『북한군의 한국전쟁수행 전략에 관한 연구: 클라우제비츠의 마찰이론을 중심으로』(2008)
『북한의 한반도 전략에 관한 과거와 미래』(2008)
『북한의 군사정책결정 및 지휘체계에 관한 연구』(2009)
『대한독립군의 항일무장독립투쟁 전개과정과 교훈』(2011)
『만주지역 항일 무장독립투쟁의 특징과 의의』(2012) 등

합동군사대학교 교수가 들려주는

군사전략론
MILITARY STRATEGY

초 판 인 쇄 | 2013년 3월 29일
초 판 발 행 | 2013년 3월 29일

지 은 이 | 황성칠
펴 낸 이 | 채종준
펴 낸 곳 | 한국학술정보㈜
주   소 | 경기도 파주시 문발동 파주출판문화정보산업단지 513-5
전   화 | 031) 908-3181(대표)
팩   스 | 031) 908-3189
홈 페 이 지 | http://ebook.kstudy.com
E - m a i l | 출판사업부 publish@kstudy.com
등   록 | 제일산-115호(2000. 6. 19)

ISBN   978-89-268-4196-9 93390 (Paper Book)
          978-89-268-4197-6 95390 (e-Book)